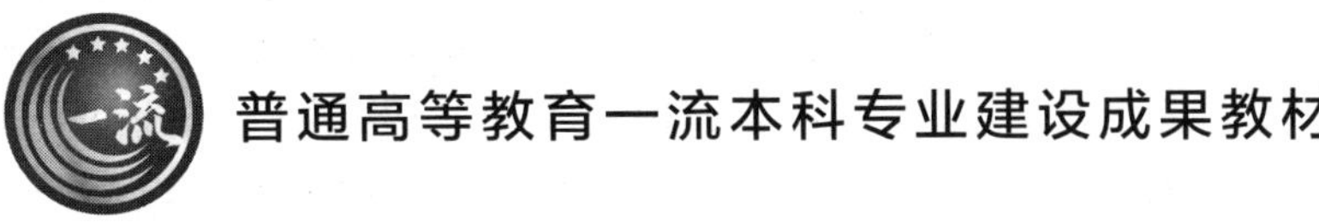

普通高等教育一流本科专业建设成果教材

化工工艺及安全设计

王桂赟　主编　　　邬长城　副主编

化学工业出版社
·北京·

内容简介

《化工工艺及安全设计》是化工工艺与化工安全设计的有机结合。具体内容包括：绪论、烃类热裂解制乙烯、化工流程安全设计、合成氨工艺及安全、氯乙烯和聚氯乙烯工艺及安全、化工装置安全布置。其中，各产品工艺章节在论述工艺过程及工艺原理的同时，还重点关注了各生产工艺中典型单元的基本过程控制方案和安全控制方案。化工流程安全设计主要讲述在管道及仪表流程图中能体现的安全对策措施；化工装置安全布置主要论述在化工厂选址、总平面布置、车间布置及管道布置设计中的安全布置要点，论述了危险性气体检测报警系统、火灾自动报警系统、消防系统、安全卫生设施、火炬系统等化工装置中需独立设置的安全设施。在章节设置上，工艺部分和安全设计部分进行了适当穿插，这样方便引证，相关的知识讲解更加通俗易懂，论述过程中引用现行的相关法规、国家规范及行业规范。

《化工工艺及安全设计》可作为化工背景的安全工程专业、化工安全专业，以及化工工艺及相关专业安全方向的本科生教材，也可以作为化工企业职工的继续教育用书及相关工程技术人员的参考书。

图书在版编目（CIP）数据

化工工艺及安全设计/王桂赟主编；邬长城副主编. —北京：化学工业出版社，2022.12

ISBN 978-7-122-42586-7

Ⅰ. ①化… Ⅱ. ①王…②邬… Ⅲ. ①化工安全-高等学校-教材 Ⅳ. ①TQ086

中国版本图书馆 CIP 数据核字（2022）第 228717 号

责任编辑：任睿婷　杜进祥　　文字编辑：黄福芝
责任校对：宋　夏　　装帧设计：关　飞

出版发行：化学工业出版社
（北京市东城区青年湖南街 13 号　邮政编码 100011）
印　　装：大厂聚鑫印刷有限责任公司
787mm×1092mm　1/16　印张 17¼　字数 447 千字
2023 年 11 月北京第 1 版第 1 次印刷

购书咨询：010-64518888　　售后服务：010-64518899
网　　址：http://www.cip.com.cn
凡购买本书，如有缺损质量问题，本社销售中心负责调换。

定　　价：59.00 元

前言

化学工业是国民经济的支柱产业。化工产品生产过程因涉及的危险性物料品种多、数量大，涉及危险操作的工况多，是事故发生频率较高且事故后果较为严重的工业过程。安全设计是保障化工生产过程安全运行的基础，在预防和遏制事故发生，减少事故损失中发挥着非常重要的作用。了解化工生产过程的特点，可以更加深入地理解化工安全设计中各种安全措施设置的必要性及安全设计过程的复杂性。

要想更好地理解并有效地设计安全对策措施，要求相关的专业人员既要了解化工产品生产过程的特点，又要熟悉和掌握各种安全对策措施的特征及保护功能。将“化工工艺”和“化工安全设计”的内容设置于同一本教材中，便于读者结合学习，可以避免简单记忆相关规定的枯燥性，增加学习的趣味性，取得更好的学习效果，基于此目的，我们编写了本教材。教材力争借助对国家安监部门重点监管的三个化工产品生产工艺，即烃类热裂解制乙烯生产工艺、合成氨生产工艺、氯乙烯及聚氯乙烯生产工艺的讲解，让读者在学习三种产品具体生产技术的同时，了解化工产品生产工艺流程的结构及组织思路，了解反应及其他典型过程工艺条件确立的依据，加深对化学反应工程、化工原理、化工热力学等课程知识的认识。通过对化工流程安全设计及化工装置安全布置设计的讲解，让读者了解主要的化工安全对策措施，熟悉国家现行的相关法规和规范，学习如何将相关的安全对策措施在化工设计中体现出来。在具体内容的安排上，化工工艺和安全设计适当穿插设置，在讲授化工安全设计的内容时结合对应化工工艺产品的案例，在典型化工产品工艺讲述过程中，进一步阐述工艺控制、安全分析、安全控制方案等安全设计的内容。

具体章节安排上，第 1 章为绪论。第 2 章讲述一种产品工艺，即烃类热裂解制乙烯的生产工艺，首先让读者对化工产品生产工艺及其特点有一种具象的认识，方便后续讲述流程安全设计时读者对具体内容的理解。第 3 章为化工流程安全设计，主要讲述在化工流程中能够体现的安全对策措施，包括基本的过程控制系统、安全仪表系统及安全附件，这样安排的目的是方便读者在后续的产品工艺及安全对策措施的学习中，理解透彻、目标明确。第 4 章和第 5 章分别是合成氨生产工艺及安全和氯乙烯、聚氯乙烯的生产工艺及安全，讲述相应产品的生产原理、生产工艺过程、重要的工艺参数，分析重点工艺单元的参数特征及基本过程控制方案和安全控制方案。第 6 章为化工装置安全布置设计，讲述设备安全布置、管道安全布置及相对独立的安全设施，如危险性气体检测报警系统、火灾自动报警系统、消防系统、安全卫生设施、火炬系统等等。

本书为河北工业大学安全工程专业省级一流本科专业建设成果教材。第 1～4 章和第 6 章主要由王桂赟编写和统稿，郧长城、谭朝阳、薛伟参加了编写工作；第 5 章主要由郧长城编写和统稿，吴飞超参加了编写工作。感谢王延吉、赵新强、王淑芳、王桂荣等老师在编写过程中给予的建议和意见！感谢河北工业大学化工学院各位领导的大力支持！感谢化学工程与工艺系和安全工程系各位领导和老师的帮助！

由于作者的水平有限，具体问题分析不够透彻，难免有疏漏存在；加之一手资料的不足，例证不是特别丰富；另外由于篇幅的限制，内容的深度和广度都存在一定的欠缺。恳请广大读者提出宝贵的意见！

编者

2023 年 6 月

目录

第 5 章 氯乙烯和聚氯乙烯工艺及安全 170

第 6 章 化工装置安全布置 209

第1章

绪论

化学工业是利用化学反应生产化学产品的工业，包括无机化学工业、基本有机化学工业、高分子化学工业和精细化学工业等。化学工业是国民经济建设的基础产业，其产品应用于国民经济建设的各个方面。在美、欧等化学工业发达地区，化工生产总值一般占国内生产总值（GDP）的 5%～7%，占工业总产值的 7%～10%，在各工业部门中列第 2～4 位。

新中国成立以来，我国的化学工业取得了举世瞩目的成就。在二十世纪八十年代以前，我国化学工业的重点是无机化工原料、化肥、农药，八十年代后将发展重点转向有机化工原料及合成材料。进入二十一世纪后，前六年我国化学工业的平均增长速率约为 13%，2007～2008 年受全球经济衰退的影响，增速略有下降，2009 年后得到恢复性增长。目前，我国已是化工大国，化工产品种类多、生产规模大。2021 年我国的化学工业产值约占国内生产总值的 14.8%。

化工生产过程因涉及较多有毒、有害、有燃烧爆炸性、有腐蚀性的危险性介质，高温、高压、零度以下的低温等危险性条件较多，所以是事故风险较大的工业过程，也是事故后果较严重的工业过程。化工生产的连续化程度越来越高，流程中的环节相互关联，某个环节出现问题容易引发连锁不良后果；化工生产的规模不断扩大，事故后果的严重性也不断升高。所以化学工业的发展在为国民经济建设做出重要贡献的同时，也带来了许多的环境及安全问题。

化工生产在国民经济建设中的占比较重，化工行业的就业人数也在所有从业人员中占比较大，化工产品的安全生产具有重要的经济和社会效益。为了保证化工产品的安全生产，需要从生产方案的筛选、生产工艺的确立、生产装置的设计、安全管理方法的确立及执行等多方面着手，其中生产装置的安全设计至关重要。本书主要包含化工工艺及化工安全设计两方面的内容，具体在内容安排上力争使二者互相渗透，以方便读者的理解。

1.1 化工工艺

化工工艺是研究由化工原料加工成化工产品的生产过程及基本原理的一门学科。化工产品生产工厂属于流程工厂，其特征是从原料开始加工到输出成品的整个过程，物料始终是在彼此相连的设备或管道或其他通道中传递的，这个传递过程的组合构成生产流程。学习化学工艺学就是在熟悉具体产品生产工艺的同时，了解产品生产流程的组织方式，了解各生产单元的原理、特征及工艺条件确立的依据，了解生产中的技术问题及解决方式。

1.1.1 化工工艺过程

化工产品生产，包括主要过程和辅助过程。其中主要过程为原料预处理，化学反应和产品的精制；辅助过程为流体输送，能量的回收及利用，环境保护及安全等。图 1-1 为化工产品生产过程的示意图。

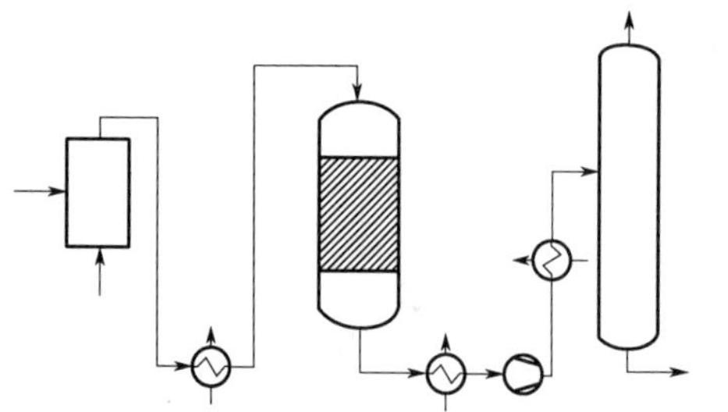

图 1-1 化工产品生产过程示意图

1.1.1.1 原料预处理

化工生产中的原料预处理，就是为使化学反应能顺利进行，而对原料的相态、参数、规格等所作的调整过程。可能包括液体的气化，以满足反应对相态的要求；原料除杂及按比例混合，以满足反应对原料纯度及配比的要求；气体的压缩，以满足反应压力的要求；原料的加热，以满足反应温度的要求；固体颗粒的粉碎、过筛，以满足反应对原料粒度的要求等。

1.1.1.2 化学反应

在化工生产中，化学反应是最重要、最核心的过程。原料预处理是因化学反应的需要而进行的，产品精制是针对化学反应的产物进行的。化学反应的条件是在考虑其热力学特征、动力学特征及反应过程危险性特征的基础上确定的。

化学反应的热力学特征，包括一定条件下反应进行的方向、反应能达到的极限程度及反应的热效应等。清楚这些特征有利于确立温度、组成及压力条件，使希望发生的反应有可能发生，并以尽可能大的平衡推动力进行。

化学反应的动力学特征，反映温度、压力、组成等对反应速率的影响程度。了解反应的动力学特征，可以创造条件加快反应速率，特别是主反应的速率，提高反应器的利用率，并获得更大的目的产物收率。

化学反应要在一个安全的状态下进行。过程的危险性与温度、组成、压力等因素密切相关。过程安全对反应条件的选择有限制作用，如有机物的氧化反应，原料的组成必须在被氧化有机物的爆炸极限范围之外，爆炸极限同时与其他组分的加入、反应的温度及压力都有关系；加氢反应，原料组成及温度必须控制在相应参数的敏感区域之外等。

1.1.1.3 产品的精制

离开反应器的物料通常是混合物，其中包括生成的目的产物、没有反应的原料、副产物、惰性介质及催化剂等。要得到所需纯度的化工产品，就要进行产品的精制。产品的精制可能包括分离及提纯过程。根据反应产物的相态及性质不同，需采取不同的分离和提纯方法。如用于液固分离的过滤、离心过程；用于液液分离的萃取及精馏过程；用于气气分离的精馏、吸收、吸附过程；用于固固分离的结晶过程等。

化工产品品种繁多，生产工艺也千差万别，传统上根据工艺过程特点的不同，化工工艺学细分为相对大众的无机化工工艺学、有机化工工艺学、高分子化工工艺学、精细化学品工艺学和专业特征更明显的酿造工艺学、生物化工工艺学、水泥工艺学、海洋化工工艺学等等。

无机化工涉及的主要产品包括单质、合成氨、无机酸、无机碱、无机盐、氧化物、非金属矿产及其他无机原料。这些产品少部分被直接利用，大多数是化肥及其他无机和有机产品的基础原料。无机化工产品生产工艺的特点是：反应过程通常较为单一，副反应较少。因而分离负荷较轻。

有机化工是以自然界中大量存在的含碳矿物质，如石油、天然气及煤为原料，生产乙烯、丙烯、丁二烯、苯、甲苯、二甲苯、乙炔、苯乙烯、萘、醇、醛、酮、羧酸及其衍生物、卤代物、环氧化合物，以及有机含氮、磷等化合物的工艺。这些产品中，有些具有独立用途，如用作溶剂、萃取剂等，更主要的是作为高分子合成的原材料和精细化学品工艺的原料。有机化工生产工艺过程的特点是：反应体系大多较为复杂，副反应较多。因而分离任务繁重，涉及的分离过程较为复杂。

无机化工和有机化工属于基础化工，特别是其中的主要产品合成氨、“三酸”“两碱”“三烯”“三苯”等的生产规模都较大，属于大宗化学品，其生产工艺更为重要。

高分子化工是以含有不饱和键的有机化工产品为原料，在部分无机及有机化工产品的参与下，经聚合反应生产合成树脂、合成纤维、合成橡胶等高分子化合物的工艺。高分子化工是高分子材料生产的基础，高分子材料在现代材料中占有很高的比例。

精细化工主要是利用基本的有机和无机产品生产洗涤剂、表面活性剂、阻燃剂、增塑剂、染料、香料、涂料、医药、农药等所需的基本原料。

1.1.2 典型无机化工产品的生产方法

典型的无机化工产品包括合成氨，“三酸”，即硫酸、盐酸、硝酸，“两碱”，即烧碱、纯碱，还有各种无机盐。

1.1.2.1 合成氨的生产方法

氨是重要的无机化工产品之一，在国民经济建设中占有重要地位。其中约 80%的氨用于生产化学肥料，其余作为化工产品的原料。含氮的化学品，包括硝酸、硝基类化合物、氨基类化合物，均是直接或间接地以氨为原料生产的。目前氨基本上是以氢气和氮气为原料，在催化剂的作用下合成。原料氮气来自空气，氢气来自水和天然气、石油等碳氢化合物。生产过程包括制气、变换、气体净化（脱碳、脱硫）、氨合成等。制气过程表达为式（1-1），生产中发生的反应还有式（1-2）、式（1-3），总的物质变化过程表达为式（1-4）。

制气 $$C_mH_n + H_2O + O_2(+N_2) \longrightarrow CO + H_2 + CO_2(+N_2) \tag{1-1}$$

变换 $$CO + H_2O = CO_2 + H_2 \tag{1-2}$$

氨合成 $$\frac{1}{2}N_2 + \frac{3}{2}H_2 = NH_3 \tag{1-3}$$

总过程 $$C_mH_n + H_2O + O_2(+N_2) \longrightarrow NH_3 + CO_2 \tag{1-4}$$

1.1.2.2 硝酸的生产方法

硝酸是重要的无机强酸之一，是重要的化工原料。硝酸可用于制造硝酸铵、硝酸钾等化学肥料，通过硝酸分解磷灰石可制得高浓度的氮磷复合肥；浓硝酸是生产三硝基甲苯（TNT）、硝化纤维、硝化甘油等的主要原料；硝酸是有机合成的原料，可用于生产硝基苯、苯胺、各种硝酸酯等；硝酸具有强氧化性，可用于精炼金属。

硝酸是含氮含氧酸，氨是其主要的氮源。目前，硝酸的主要工业化生产方法是以氨为原料，空气作氧化剂，在金属铂的催化作用下制得 NO，NO 再被空气氧化生成 NO_2，NO_2 和水反应生成硝酸并副产 NO，NO 可循环利用。主要反应有式（1-5）～式（1-7），总反应为式（1-8）。

氨的氧化 $$4NH_3 + 5O_2 \xrightarrow{Pt} 4NO + 6H_2O \tag{1-5}$$

NO 的氧化 $$NO + \frac{1}{2}O_2 = NO_2 \tag{1-6}$$

NO_2 的水吸收 $$3NO_2 + H_2O = 2HNO_3 + NO \tag{1-7}$$

总反应 $$NH_3+2O_2 = HNO_3+H_2O \quad (1\text{-}8)$$

1.1.2.3 硫酸的生产方法

硫酸是含氧的无机强酸。硫酸可用于金属冶炼及加工过程，电解法精炼铜、锌、镉、镍时均需加入硫酸，许多钢材在加工前，或加工过程中均需酸洗，使用最多的就是硫酸；工业汽油、润滑油等的生产过程中需要硫酸；许多无机盐，如硼砂、磷酸三钠、磷酸氢二钠、硫酸铜、硫酸锌等的生产过程需要硫酸；其他无机酸，如磷酸、硼酸、铬酸、氢氟酸、氯磺酸等的生产过程需要硫酸；有机酸，如草酸、醋酸等的生产过程需要硫酸。另外，在电镀业、制革业、颜料工业、橡胶工业、造纸工业、涂料工业、制药等诸多行业均需使用硫酸。硫酸是工业上用量最大的无机酸。

硫铁矿是最主要的含硫资源，硫酸主要的工业化生产方法是用空气作氧化剂，焙烧硫铁矿得到 SO_2，SO_2 在 V_2O_5 催化剂的作用下，以空气为氧化剂被氧化为 SO_3，SO_3 被水吸收得到硫酸。过程中主要涉及的反应为式（1-9）～式（1-11）。

硫铁矿焙烧 $$3FeS_2+8O_2 = Fe_3O_4+6SO_2 \quad (1\text{-}9)$$

SO_2 氧化 $$SO_2+\frac{1}{2}O_2 \xrightarrow{V_2O_5} SO_3 \quad (1\text{-}10)$$

吸收 $$SO_3+H_2O = H_2SO_4 \quad (1\text{-}11)$$

含硫物质常常伴生于煤、石油、天然气等资源中，这类物质在利用的过程中要脱硫。在硫含量较大的情况下，脱硫的同时会将其以硫黄的形式回收。回收后的硫黄可以燃烧得 SO_2、SO_3，进而生产硫酸，这是硫酸的另一种重要的工业化生产方法。

1.1.2.4 纯碱的生产方法

纯碱即碳酸钠（Na_2CO_3），是一种重要的化工原料，主要用于生产玻璃制品、陶瓷釉及洗涤用品；纯碱还用于食品加工，作中和剂、膨松剂等；用于电化学除油，化学镀铜、镀铝的浸蚀，电解抛光等；用作冶金助熔剂、炼钢脱硫剂等。

纯碱中的钠来自海水中的 NaCl，碳来自石灰石（$CaCO_3$）。工业上生产纯碱的主要方法是氨碱法。该生产方法包括如下几个过程：①氯化钠水溶液吸收氨气制得氨盐水；②氨盐水制碳酸氢钠；③碳酸氢钠焙烧得到碳酸钠。为了得到二氧化碳，也为了合理利用氨气，还包括石灰石焙烧、生石灰熟化、氨气蒸发等过程。发生的反应包括式（1-12）～式（1-16），总反应为式（1-17）。

氨盐水制碳酸氢钠 $$NaCl+NH_3+CO_2+H_2O \longrightarrow NaHCO_3+NH_4Cl \quad (1\text{-}12)$$

碳酸氢钠焙烧 $$2NaHCO_3 = Na_2CO_3+CO_2\uparrow+H_2O \quad (1\text{-}13)$$

石灰石焙烧 $$CaCO_3 = CaO+CO_2\uparrow \quad (1\text{-}14)$$

生石灰熟化 $$CaO+H_2O = Ca(OH)_2 \quad (1\text{-}15)$$

氨气蒸发 $$Ca(OH)_2+2NH_4Cl = CaCl_2+2NH_3\uparrow+2H_2O \quad (1\text{-}16)$$

总反应 $$2NaCl+CaCO_3 = Na_2CO_3+CaCl_2 \quad (1\text{-}17)$$

制碱工业是我国近代化学工业的基石。天津永利碱厂（现天津渤化永利化工股份有限公司）是中国制碱工业的摇篮和近代化学工业的发源地，始建于 1917 年，坐落在渤海之滨的天津市滨海新区塘沽，创办人为中国著名爱国实业家范旭东先生和著名科学家、制碱权威侯德榜博士。永利碱厂是亚洲第一座采用氨碱法生产纯碱的工厂。

侯德榜（1890年8月9日—1974年8月26日），著名科学家，杰出化学家，侯氏制碱法的创始人，中国重化学工业的开拓者。二十世纪二十年代，突破氨碱法制碱技术的奥秘，主持建成亚洲第一座纯碱厂；三十年代，领导建成了中国第一座兼产合成氨、硝酸、硫酸和硫酸铵的联合企业；四十至五十年代，又发明了连续生产纯碱与氯化铵的联合制碱新工艺，以及碳化法合成氨制碳酸氢铵化肥的新工艺，并使之在六十年代实现了工业化和大面积推广。1926年，中国"红三角"牌纯碱在万国博览会获金质奖章。侯德榜积极交流传播科学技术，培育了很多科技人才，为我国科学技术和化学工业发展做出了卓越贡献。

侯德榜博士

范旭东先生

范旭东（1883年10月24日—1945年10月4日），原名源让，中国化工实业家，中国重化学工业的奠基人，被毛泽东称赞为中国人民不可忘记的四大实业家之一。范旭东先后创办和筹建久大精盐公司、久大精盐厂、永利碱厂、永裕盐业公司、黄海化学工业研究社等企业，并生产出中国第一批硫酸铵产品、更新了中国联合制碱工艺，其所形成的"永久黄"团体，是近代中国第一个大型私营化工生产和研究组织。

1.1.2.5 烧碱及盐酸的生产方法

烧碱即氢氧化钠（NaOH），是最重要的基础化工原料之一。被广泛用于造纸、纺织、化工、医药及水处理等行业。盐酸即氯化氢的水溶液，为一元无机强酸。盐酸可用于酸洗钢材，盐酸也是许多无机、有机化合物生产过程的辅助化学试剂。工业上，烧碱和盐酸可联合生产。

烧碱的钠源也是海水中的氯化钠，主要的工业化生产方法是电解氯化钠水溶液。目前，电解氯化钠水溶液有隔膜法和离子交换膜法。二者的主要区别是，隔膜法中阳极室和阴极室间装有隔膜，电解液可通过隔膜，阳极室和阴极室加入的都是氯化钠水溶液；离子交换膜法中阳极室和阴极室间装有离子交换膜，离子交换膜只能使 Na^+通过，阳极室加入氯化钠水溶液，阴极室加入的是纯水。相比较而言，离子交换膜法能耗更低，在工业生产中占比更大。离子交换膜法生产烧碱的过程为：将精制的盐水加入电解池的阳极室中，阳极室生成氯气，同时产生过量的 Na^+，在阴极室中加入纯水，阴极放出氢气，同时在阴极槽中产生过量的 OH^-，阳极室的 Na^+通过离子交换膜进入阴极室与 OH^-结合生成 NaOH。发生的总反应为式（1-18）。电解过程产生的氯气和氢气通过燃烧可生成氯化氢，氯化氢被水吸收即生成盐酸。

$$2NaCl+2H_2O = 2NaOH+Cl_2\uparrow+H_2\uparrow \quad (1\text{-}18)$$

1.1.3 有机化工产品的生产方法

有机化工产品是以 C 和 H 为主要成分的化学物质，其生产原料是以 C 和 H 为主要成分的矿产资源，包括煤、石油和天然气等。有机化学品的生产过程与原料的类型密切相关。二十世纪初有机化工生产的主要原料是煤，三十年代开始利用石油和天然气，五十年代以后石油化学工业得到了迅速的发展，七十年代后期，能源危机不断爆发，因煤的储量相对丰富，人们又将生产有机化工产品的原料投向了煤。

1.1.3.1 煤为原料生产有机化工产品

煤为可燃的固体混合物，由有机物和无机物组成。无机物主要是水分和矿物质，是煤原料中的杂质成分。有机物的主要元素成分为C、H、O及少量的N、S。煤中有机物的化学结构较为复杂，以芳香环结构为主，是带有烷基侧链，并可能带有含氧、含硫、含氮基团的芳香族化合物的混合物，其缩合芳香环的环数随煤化程度的增加而增加。作为化工原料，主要利用其中的有机物质。

煤的化工利用途径有气化、干馏、液化等，如图1-2所示。合成气是以CO和H_2为主要成分的气体。

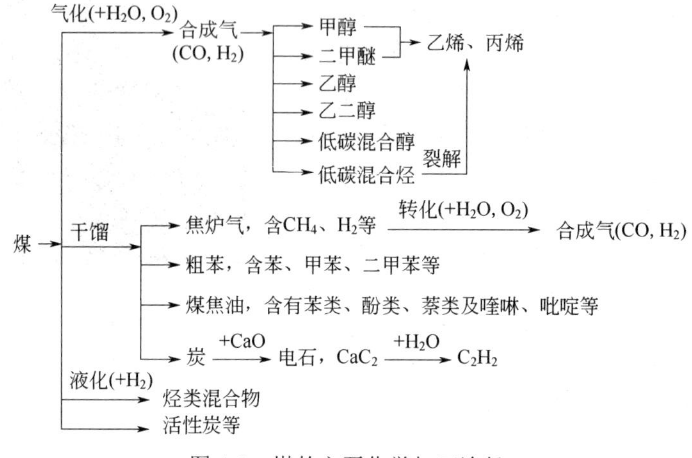

图1-2 煤的主要化学加工途径

1.1.3.2 石油为原料生产有机化工产品

石油是一种黏稠的、深褐色的液体，是多种烃类，包括烷烃、环烷烃、芳香烃的复杂混合物，其元素成分主要是C和H，含有少量S、O、N。石油是液态燃料生产的主要原料。为了更合理地利用石油，工业上首先将其分割成不同馏程范围的组分，这个过程就是炼油过程，也是石油的一次加工过程。

炼油是通过常压和减压的蒸馏过程将石油分割为不同馏程范围，或者说不同C原子数范围的化合物的混合物，这些不同馏程范围的混合物按照应用场合不同，被称作汽油、煤油、柴油等。分割后的物质部分被用作化工原料生产化学产品，部分被用作燃料，或用于其他的场合，图1-3为石油常规的一次加工过程及主要的化工应用途径。可见，石油是生产“三烯”和“三苯”的主要原料。

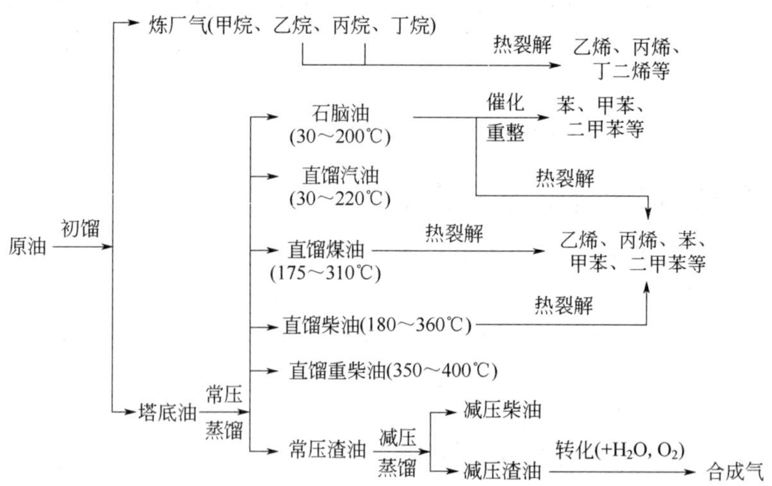

图1-3 石油的分馏及主要的化工应用途径

石油馏分作为化工原料要进行二次加工，而事实上，即使作为燃料，分馏后的成分目前也很少直接使用，一般会进行二次加工，以提高油品的质量和安全性。石油的二次加工过程主要有如下几种。

（1）热裂化

热裂化，也叫热裂解，是馏分油作为化工原料生产烯烃的加工过程，也就是某种馏分油，如石脑油、轻柴油等在高温作用下，发生断链和脱氢反应，使大分子裂解为小分子，饱和烃变为不饱和烃的过程。

（2）催化裂化

催化裂化也是重要的石油二次加工过程。催化裂化是在一定的温度下，480～530℃之间，重质馏分油在硅酸铝催化剂的作用下，发生碳链断裂、异构化、芳构化等反应，转化为裂化气、辛烷值高的汽油和柴油等的过程。

（3）催化重整

催化重整主要是以石脑油为原料，在催化剂的作用下，烃类分子重新排列成新分子的工艺过程。其主要目的一是生产高辛烷值汽油组分，二是为化纤、橡胶、塑料和精细化工生产提供苯、甲苯、二甲苯等原料。除此之外，催化重整过程还可生产化工生产过程所需的溶剂、油品加氢所需的高纯度廉价氢气和民用燃料液化气等副产品。

（4）加氢催化裂化

加氢催化裂化是在 400℃左右，10～15MPa 下，在氧化铝负载钴-镍等的催化剂作用下，重质油发生加氢、裂化和异构化反应，转化为轻质油，包括汽油、煤油、柴油等，或催化裂化，生产裂解制烯烃原料等的加工过程。重质油加氢裂化的同时可脱除油品中的 S 和 N，使芳烃开环，提高了裂解原料的质量，也提高了轻质油的质量，其是生产优质轻柴油的主要方法。

1.1.3.3 天然气为原料生产有机化工产品

天然气是埋藏在地下的古生物经过亿万年的高温和高压等作用而形成的可燃气，是一种无色无味无毒、热值高、燃烧稳定、洁净环保的优质能源。它存在于独立的天然气田，或伴生于油田，也有少量出于煤层。

天然气是一种多组分的混合气体，主要成分是烷烃，其中甲烷占绝大多数，另有少量的乙烷、丙烷和丁烷，此外一般还含有硫化氢、二氧化碳、氮和水汽，以及微量的稀有气体，如氦和氩等。

天然气热值高，燃烧性能好，更多地被作为燃料应用。作为化工原料，目前天然气的主要利用途径是先转化成合成气，再转化为其他化学品。天然气的主要化学利用途径如图 1-4 所示。

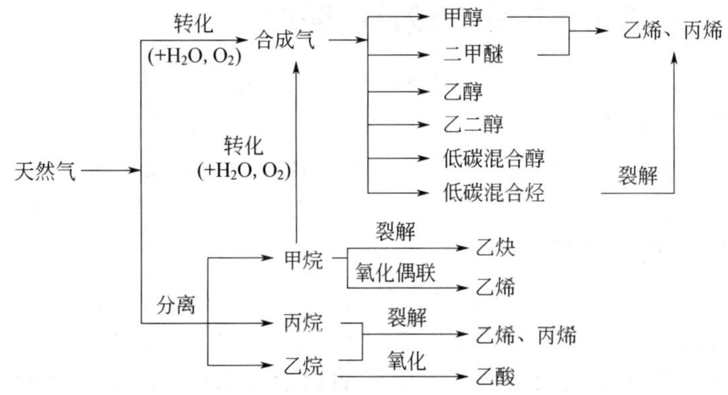

图 1-4　天然气的主要化学加工途径

1.2 化工安全设计

化工安全设计是化工设计的一部分，化工安全设计是将安全措施贯穿于化工设计的整个过程之中。化工生产是危险性很高的生产行业，从项目建设之初，即工程项目设计之时就要有针对性地设置安全措施。

化工设计的任务是为化工厂项目建设提供包括图纸、表格和说明书等的指导性文件。传统上，化工设计的内容分为工艺设计和非工艺设计两部分。工艺设计包括工艺流程的设计、工艺计算、车间布置设计、管道布置设计、概预算编制及向非工艺专业提供设计条件等；非工艺设计包括土建、电气、自动控制、非标设备、给排水、安全卫生、环保、暖通等相关的设计。安全设计既要渗透到每个专业的每个环节中，同时又要考虑设置相对独立的安全设施。

1.2.1 化工安全设计的任务

化工安全设计的任务是在化工设计的过程中，设计出使所建化工装置能在安全的状态下运行的有效设施或保护措施，设计出当装置运行过程中出现事故苗头时能遏制事故发生的有效设施或保护措施，设计出装置发生事故后能尽可能减少事故损失的有效设施或保护措施。

安全设计贯穿于化工设计的每一个环节。流程工厂的安全始于第一张流程图的设计阶段。流程工厂从两方面来确保安全。

（1）本质安全

本质安全是保证过程的每一个环节在不依赖保护和修正设备的情况下尽量安全。包括：工艺条件的选择、原料的选择、操作方式的选择等等。

本质安全设计，如尽可能利用危险性小的原料；反应尽可能符合原子经济的理念，并尽量“吃干榨尽”；过程尽量连续；反应及其他单元过程的条件尽量温和；设备及管道的耐压能力必须高于其使用压力；等等。这些大多是在开发或确立产品的生产工艺路线时重点考虑的内容。

（2）工程化安全

工程化安全是既要确保条件不超高设计，又要确保即使条件超高，也有能在形成事故之前就恢复到安全位置的保护措施。

化工生产的特点决定危险性始终存在，化工安全设计的大多数内容在工程化安全方面。

1.2.2 行业规范对化工安全设计的要求

安全的重要性越来越突出，国家对安全的重视度越来越高，安全设计的内容越来越具体。AQ/T 3033—2022《化工建设项目安全设计管理导则》是专门针对化工安全设计的安全行业规范。基于此规范，化工安全设计人员需具备如下技能：掌握化工生产过程中危险源的分析方法；能针对相应的危险源给出安全对策措施；会对化工设计的内容进行安全设计审查。

1.2.2.1 过程危险源分析

过程危险源分析包括危险源的识别和危险度的分析。前者是定性的，后者是定量或半定量的。前者负责找出危险，后者判断危险的程度。化工项目建设的危险源通常分为：危险物料、危险单元、危险事件及危险事故。危险源的识别方法有：危险与可操作性（HAZOP，Hazard and Operability）分析法、预先危险性分析、安全检查表等等。危险度分析方法有：美国道化学公司的火灾爆炸指数评价方法、英国帝国化学公司的蒙德火灾爆炸毒性指标评价法、事故树分析法、事件树分析法、保护层分析（LOPA，Layer of Protection Analysis）等等。不同的方法有不同的适宜应用场合。危险与可操作性分析法是系统性和全面性较好的危险源识别方法，也是进行化工安全设计时必须要应用的危险源识别方法。

1.2.2.2 安全对策措施

化工安全对策措施分层次设置，如图 1-5 所示的洋葱头模型。可以把模型中的对策措施分为三类：①预防事故发生的措施，包括其中的本质安全设计及基本过程控制；②遏制事故发生的措施，包括其中的监视（报警）、介入，安全仪表系统（重点是联锁），安全附件；③减少事故损失的措施，包括消防、喷淋、防护墙，工厂应急响应和社区应急响应。

图 1-5 化工安全对策措施的洋葱头模型

1.2.2.3 项目安全设计审查

设计阶段，项目安全审查主要包括：本质安全审查；重要设计文件的安全审查；《安全设施设计专篇》审查；HAZOP 审查；安全仪表系统的审查；相关法规及整改意见落实情况的审查；等。

（1）本质安全审查

化工建设项目，要在概念和工艺包阶段进行本质安全审查。包括是否将系统中危险物质的种类、数量和能量降到最低程度；是否用无害或危险性小的物质替代危险性大的物质；尽可能在危险性较小或缓和的工艺条件下处理物料；装置的操作和控制应尽量简单化和人性化，降低人为操作失误的可能。

（2）重要设计文件的安全审查

按照 AQ/T 3033—2022 的要求，设计过程中审查的文件主要包括：①总平面布置图；②装置设备布置图；③危险区域划分图；④工艺管道和仪表流程图（P&ID）；⑤可燃和有毒物料泄漏检测系统设计文件；⑥火炬和安全泄放系统设计资料；⑦安全联锁、紧急停车系统设计资料；⑧其他。

（3）《安全设施设计专篇》审查

化工项目设计完成之后，安全生产监督管理局（简称“安监局”）要对项目建设中安全设施的设计情况进行审查、把关。许多安全设施分布于建设项目的多个方面，如在总图、工艺、设备、土建、电气、自控、给排水等的设计中都有安全设施。安监局对各种文件进行全面审查难度较大，鉴于这种情况，要求建设单位提供由设计单位通过提炼分布于各种设计文件中的安全设施而编制完成的《安全设施设计专篇》，然后安监局依据该专篇对项目的安全设施进行审查。

安全设计人员要按照《危险化学品建设项目安全设施设计专篇编制导则》的要求编制相应的《安全设施设计专篇》。一般地，在安监局审查之前，设计及建设单位要先对《安全设施设计专篇》进行对照审查。

（4）HAZOP 审查

HAZOP 分析既是危险源识别的基本方法，也是检验设计中安全对策措施是否得当或全面的很好的方法。首次工业化的化工工艺，以及涉及重大危险源、重点监管的危险化学品和危险化工工艺的建设项目，应在基础工程设计阶段开展 HAZOP 审查。

（5）安全仪表系统的审查

安全仪表系统是化工装置安全对策措施的主要组成部分之一，系统较为复杂，存在较多的技术问题，所以要特别对其进行如下审查。①整个装置的安全仪表系统与基本的工艺控制系统是否进行了综合考虑和整体设计；②安全仪表系统能否实现要求的安全功能，是否能满足受控装置（设备）的安全完整性等级（SIL）要求；③仪表控制系统是否有防止故障的能力，故障包括仪表动力源故障、仪表功能失效、仪表运行环境变化等，是否有针对仪表控制系统故障采取的对策措施。

1.2.3 化工安全设计的主要内容

根据 AQ/T 3033—2022 对化工安全设计人员的要求，结合安全工程专业人才一般的培养模式和安全工程专业本科生一般的课程设置模式，确立化工安全设计的主要内容。

（1）HAZOP 分析

掌握 HAZOP 分析的基本方法，借助 HAZOP 分析识别出工艺过程中的主要危险因素，并给出基本的对策措施。

（2）化工流程安全设计

① 在了解典型化工生产单元结构及工艺特点的基础上，熟悉其常见的基本过程控制方案。

② 熟悉安全仪表系统的功能、构成及设计原则，熟悉典型化工生产单元基本的安全控制方案。

③ 学习设置于化工装置中的各种安全附件的功能、应用场合及主要的结构和性能参数。

④ 能够在 HAZOP 分析的基础上，针对具体的工艺给出基本过程控制方案、安全控制方案、安全附件，并将其表达在管道及仪表流程图上。

（3）化工装置安全布置

① 熟悉国家关于化工项目安全建设的相关法律法规，熟悉现行的化工及安全方面的国家和行业规范，了解总图运输、化工厂布置等方面的现行规范，进而熟悉化工厂安全选址、总图安全布置、设备安全布置、管道安全布置等相关内容，能读懂相关的布置图，为进行相关设计内容的安全设计审查奠定基础。

② 熟悉化工装置内独立设置的安全设施，包括危险性气体检测报警系统、火灾探测报警系统、消防系统、工业卫生设施、火炬系统等的功能、基本结构、特征及设置要求，为进行相关设计内容的安全设计审查奠定基础。

化工设备的安全问题较为专业，也较为复杂，一般需要专门的课程讲解，本教材较少介绍。

参考文献

[1] 薛为岚. 化学工艺学. 3 版. 北京：化学工业出版社，2022.
[2] 陈五平. 无机化工工艺学. 3 版. 北京：化学工业出版社，2002.
[3] 郭树才，胡浩权. 煤化工工艺学. 3 版. 北京：化学工业出版社，2012.
[4] 张爱明. 天然气化工利用与发展趋势. 天然气化工（C1 化学与化工），2012，37（3）：69-72.
[5] 李崇. 中国硫酸工业现状及“十三五”发展思路. 硫酸工业，2016（1）：1-6.
[6] 钱伯章，杨帆. 当代天然气化工的技术进展. 石油与天然气化工，2001，30（6）：283-286.
[7] 葛庆杰. 合成气化学. 工业催化，2016，24（3）：82-104.
[8] 封瑞江，时维振. 石油化工工艺学. 北京：中国石化出版社，2011.
[9] AQ/T 3033—2022 化工建设项目安全设计管理导则.

思考题

1．化工产品如何分类？典型无机化工产品都有哪些？给出各主要产品的生产方法及元素来源。

2．石油、天然气、煤的主要化学利用途径有哪些？

3．化工生产过程典型的危险特性有哪些？

4．化工产品生产过程都有哪些单元？最重要的是哪个或哪几个单元？如何认识这些重点单元的特性？

5．石油二次加工的方法都有哪些？

6．什么是本质安全？什么是工程化安全？

7．按照 AQ/T 3033—2022 的要求，化工建设项目安全设计审查的内容有哪些？

第2章

烃类热裂解制乙烯

2.1 概述

乙烯、丙烯、丁二烯等低级烯烃的分子中含有双键，化学性质活泼，能与多种物质发生加成反应，同时烯烃作为聚合物单体，能发生自聚和共聚反应，是重要的基础化工原料。但是，自然界中几乎没有烯烃存在，因此这些烯烃都需要用化学的方法生产。

在这些低级烯烃中，乙烯最为重要，产量也最高。乙烯生产技术是石油化工的核心技术，乙烯装置是石油化工的核心装置。乙烯的技术水平、产量、规模标志着一个国家石油化学工业的发展水平。图2-1为2010～2021年间全球乙烯的产能及消费量情况。

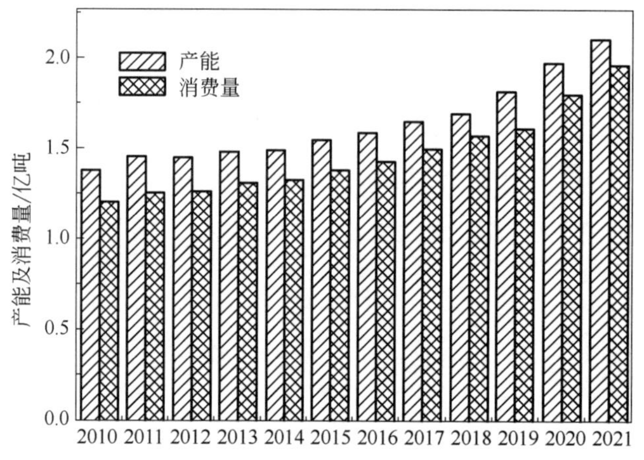

图2-1　2010～2021年间全球乙烯的产能及消费量

改革开放以后，特别是近十几年间，我国的乙烯工业得到了迅速发展，截至2021年，我国的乙烯产能已达到2826万吨/年，如图2-2所示。而且，现在我国在建的乙烯项目较多，未来可能由部分依存进口转为大量出口。

2.1.1　乙烯的性质、用途及制备方法

2.1.1.1　乙烯的物理性质

乙烯为无色易燃气体，难溶于水，难溶于乙醇，易溶于乙醚和丙酮。0℃、1标准大气压下（101.325kPa），密度为1.256g/L，与CO、N_2接近，比空气略轻，常压沸点为－103.7℃，熔点为－169.4℃。

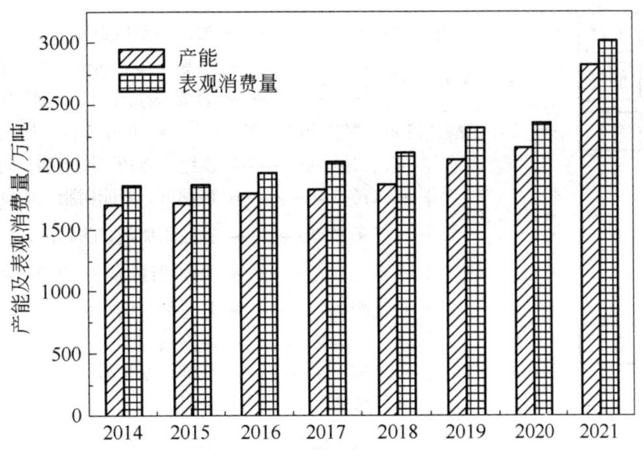

图 2-2　2014～2021 年间我国乙烯的产能及表观消费量

2.1.1.2　乙烯的化学性质

乙烯，结构式 $CH_2{=\!=}CH_2$，分子中具有双键，化学性质活泼，容易被氧化，能与许多物质发生加成反应，也能发生自聚或共聚反应。

（1）氧化反应

① 常温下乙烯极易被氧化剂氧化，如将乙烯通入酸性 $KMnO_4$ 溶液，溶液的紫色褪去，乙烯被氧化为二氧化碳，此法可用于鉴别乙烯。

② 易燃烧，并放出热量，完全燃烧时火焰明亮，并产生黑烟。

$$C_2H_4 + 3O_2 =\!=\!= 2CO_2 + 2H_2O \tag{2-1}$$

③ 部分氧化。

$$C_2H_4 + O_2 \xrightarrow{\text{催化剂，加热}} 2HCHO \tag{2-2}$$

$$C_2H_4 + \frac{1}{2}O_2 \xrightarrow{\text{催化剂，加热}} C_2H_4O \tag{2-3}$$

（2）加成反应

$$C_2H_4 + HCl \xrightarrow{\text{催化剂，加热}} CH_3CH_2Cl \tag{2-4}$$

$$C_2H_4 + H_2O \xrightarrow{\text{催化剂，加热}} CH_3CH_2OH \tag{2-5}$$

$$C_2H_4 + Cl_2 \xrightarrow{\text{催化剂，加热}} CH_2ClCH_2Cl \tag{2-6}$$

（3）聚合反应

$$nC_2H_4 \longrightarrow -\!\!\{CH_2CH_2\}\!\!-_n \tag{2-7}$$

2.1.1.3　乙烯的用途

作为基础的化工原料，乙烯的主要用途是利用其化学性质生产下游产品。图 2-3 中给出了乙烯的下游产品及用途，其中主要的下游产品为聚乙烯，其次为乙二醇、氯乙烯、苯乙烯等。乙烯可以用作脐橙、蜜橘、香蕉等水果的环保催熟气体。

2.1.1.4　乙烯的制备方法

自然界中几乎没有烯烃存在，烯烃需要用化学方法合成。二十世纪三四十年代，乙烯仅有小规模的生产，主要应用乙醇催化脱水制取乙烯，还有从炼焦、炼油工业中提取少量乙烯。二十世纪四十年代开始，石油化工迅速发展，烃类热裂解成为工业上获得低级烯烃的主要方法。二十世纪七十年代以后，潜在的石油资源危机促使人们开发新的乙烯生产技术，包括甲醇制乙烯、甲烷直接转化制乙烯等。

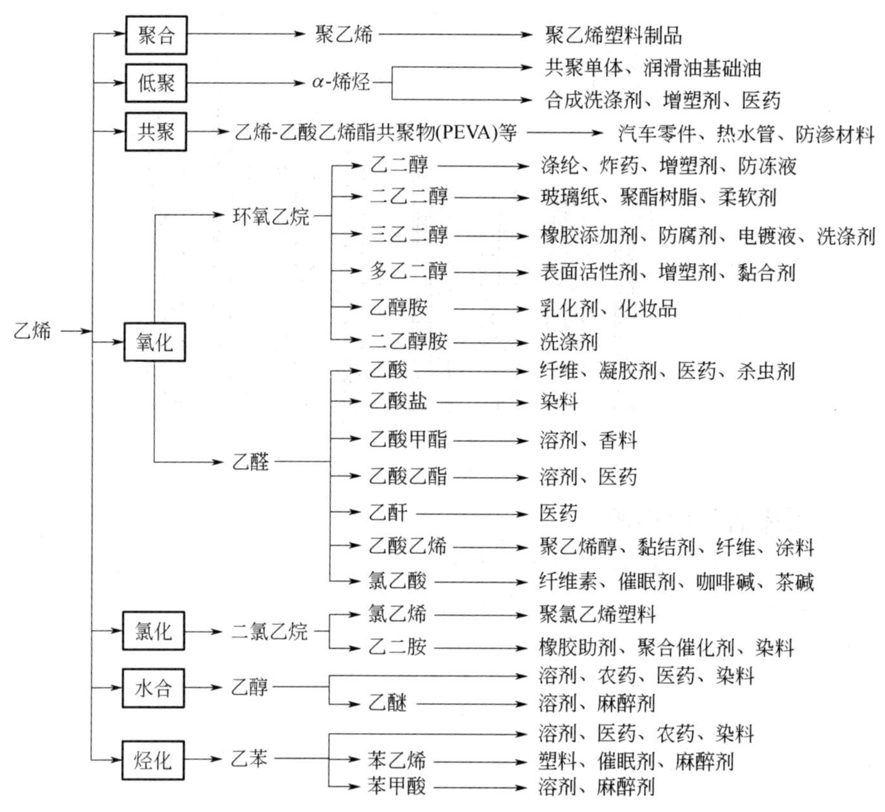

图 2-3　乙烯的下游产品及用途

（1）烃类热裂解制乙烯

烃类热裂解制乙烯是以石油炼制所得烃类（包括石脑油、炼厂气、轻柴油、重柴油、重油等）以及天然气分离所得 C_2 以上烷烃（包括乙烷、丙烷等）为原料，经高温作用，烃类分子发生碳链断裂和（或）脱氢反应，生成包括乙烯在内的小分子烯烃、烷烃及其他分子量不同的轻质和重质烃类。

（2）甲醇制烯烃

甲醇制烯烃（MTO，Methanol to Olefins）是后石油时代备受关注的烯烃制备技术，甲醇可以以天然气或煤为原料经合成气合成制得，然后甲醇脱水制得乙烯。

$$2CH_3OH = C_2H_4 + 2H_2O \tag{2-8}$$

具有代表性的甲醇制烯烃技术有埃克森美孚（ExxonMobil）公司的 MTO 工艺，UOP/海德鲁（UOP/Hydro）公司的 MTO 技术，中国科学院大连化学物理研究所开发的二甲醚甲醇制烯烃（DMTO，Dimethyl Ether Methanol to Olefins）技术。

（3）甲烷直接转化制乙烯

天然气的主要成分为甲烷，甲烷可以通过首先转化为甲醇，再转化为乙烯的方法生产乙烯，也可以直接转化制乙烯。甲烷直接转化制乙烯是指使甲烷通过一步转化反应直接得到乙烯，包括氧气参加转化反应的甲烷氧化偶联制乙烯（简称 OCM）和无氧气参加的甲烷脱氢制乙烯两种路线，后者仍处在实验室研究阶段。

乙烯的生产技术有多种，但成本差别较大。目前以及在以后的很长一段时间内，烃类热裂解制乙烯在生产成本上仍然占有优势，仍是乙烯的主要生产途径。

2.1.2 烃类热裂解制乙烯的发展历程

烃类热裂解制乙烯至今已经有 70 多年的历史，期间经历了各种技术改进。

2.1.2.1 世界热裂解制乙烯的发展历程

因为烃类热裂解过程强吸热，所以裂解反应需要有热量供给，如何供给反应所需的热量成为烃类热裂解制乙烯的关键技术。

（1）蓄热炉裂解

蓄热炉裂解是以蓄热砖为热载体使石油烃裂解制烯烃的技术。首先燃料和空气在蓄热炉中燃烧，将蓄热炉内的蓄热砖加热至高温，然后停止供给燃料和空气，用蒸汽吹扫残存的空气。待残余氧气在安全范围内后，通入裂解原料和蒸汽，发生裂解反应。随着反应的进行，蓄热砖温度逐渐下降。当温度降到一定程度，不适合裂解反应进行时，停止进裂解原料，用蒸汽吹扫，再用燃料和空气进行加热升温。如此反复循环进行。

该技术是二十世纪五十年代初实现工业化的乙烯生产技术，主要以轻烃或石脑油为原料高温裂解制取乙炔并联产乙烯，发展到六十年代末期建成 10 套工业生产装置。但由于技术和经济问题，七十年代后各装置相继停车和关闭。

（2）流动床裂解

流动床裂解是在催化裂化技术基础上发展的烃类裂解技术。以石头或砂子作为热载体在反应器和加热器间循环，类似催化裂解中在再生器和反应器间循环的催化剂，也被称作砂子炉裂解。代表技术有德国鲁奇的 Lurgi-Ruhrgas 砂子炉法、K-K 法、巴斯夫（BASF）流动床法等。

砂子炉裂解法的缺点是能耗大，且其砂子磨损严重，设备磨损也很严重，维修费用较高。为解决磨损问题，日本东京工业大学提出了以焦炭为热载体的流动床裂解法（K-K 法），该法解决了设备磨损问题，但由于焦炭热容量低，循环量大，难以采用较高的操作温度和更短的停留时间，烯烃收率难以进一步提高，因而没有被工业化。

（3）流化床部分氧化裂解

流化床部分氧化裂解是在流化床反应器中将空气或氧气混入原料烃，部分原料烃燃烧放出热量供其余原料烃进行裂解反应，也称作自热裂解法。

流化床部分氧化裂解法的优点是裂解温度容易控制，其主要缺点是裂解气的分离过程较为复杂。过程中产生大量的 CO 和 CO_2，当以空气作助燃剂时，还会混入大量氮气，大幅增加了分离过程的投资和操作费用，没有市场竞争力。

（4）管式炉裂解

管式炉裂解是以间壁加热方式为烃类裂解提供热量，炉管内发生裂解反应，炉管外燃烧燃料气和燃料油供热，热辐射传热。原料为烃类，加入水蒸气作为稀释剂。管式炉裂解法自二十世纪四十年代初实现工业化生产以来，已有近 80 年的历史，在乙烯的生产中占主导地位。

早期的管式裂解炉炉管贴壁水平排列，受炉管支架在辐射室耐热程度的限制，裂解温度不能很高。二十世纪六十年代初期开发了新型的垂直悬吊式立管裂解炉，其吊架与裂解炉辐射高温区隔开悬挂，不受自重的弯曲应力及管架的约束，裂解温度可大幅提高，乙烯收率有显著改善。立管式裂解炉一直沿用至今。

此外还有加氢裂解技术、催化裂解技术等，但都没有大规模工业化。总体而言，管式炉裂解技术仍占主导地位。

2.1.2.2 我国热裂解制乙烯的发展历程

二十世纪六十年代，中国第一个乙烯装置建在兰州化学工业公司（简称兰化）合成橡胶厂，年生产乙烯 5250 吨，其后上海高桥石化公司的乙烯装置于 1964 年建成，两套装置的炉型为方箱型水平管式裂解炉，以炼厂气为原料。同时在二十世纪六十年代，我国兴建了许多小规模的石油化工企业，大多是蓄热炉，但技术不成熟、污染严重、产品能耗高、产品质量低，大多很快停产了。1966 年兰州化学工业公司引进德国鲁奇公司的流化床砂子炉裂解技术，建成了 3.6 万吨/年乙烯装置，生产聚合级乙烯、丙烯，下游配套聚乙烯、聚丙烯、丙烯腈等生产装置。该装置的生产过程物耗、能耗极高，劳动强度很大，污染也很严重，不过作为我国的第一个大型石油化工生产基地，开拓了我国的石油化工之路，也培养了大批石化专业人才。与此同时，上海高桥石化公司也引进了西拉斯的管式裂解炉技术，建成了 3.6 万吨/年聚合级乙烯装置。

随着我国石油资源的不断发现，炼油技术的不断发展，乙烯工业也得到了较迅速的发展。二十世纪七十年代我国开始引进国外先进技术，第一套年产 30 万吨的乙烯装置在北京燕山石化公司建立，1973 年开工，1975 年 5 月建成，采用的是鲁姆斯的 SRT-Ⅱ型炉。上海石油化工厂年产 11.5 万吨乙烯的装置 1974 年开工，1976 年建成，采用了日本东洋工程公司（TEC）的技术。1979 年辽阳石化公司（简称辽化）建成了 7.8 万吨/年乙烯装置，采用的是法国石油研究院（IFP）的管式炉裂解技术。1975 年兰化建成了第二套砂子炉裂解制乙烯装置，吉化公司改进了上海的 11.5 万吨/年乙烯装置，1982 年投产。1984 年末，我国的乙烯生产能力为 72.8 万吨/年，形成了燕山、上海 1 号、兰化、吉化 1 号、辽化、高桥六个乙烯生产基地，其中燕山石化的技术最为先进。

从 1983 年开始，我国先后在大庆、山东（齐鲁石化）、南京（扬子石化）和上海（上海 2 号）引进建设了四套 30 万吨/年乙烯装置，分别于 1986 年 6 月、1987 年 5 月、1987 年 7 月、1989 年 12 月建成投产，大庆石油采用的是美国斯通-韦伯斯特公司的超选择性 USC 裂解炉，以轻烃、常压柴油、石脑油为原料，其他三家公司都采用的是美国鲁姆斯公司的 SRT-Ⅲ型管式裂解炉。

同一阶段，兰化引进凯洛格公司的毫秒裂解炉技术，建成了 8 万吨/年乙烯装置，1988 年 4 月投产，同年 5 月砂子炉停产。1990 年兰化的方箱炉停产，1993 年高桥的方箱炉也停产。

随后掀起了一股小乙烯热，先后在辽宁盘锦、辽宁抚顺、新疆独山子、天津、河南濮阳（中原乙烯）、北京（东方乙烯）、广州等地建成了一批年产 11 万～14 万吨的小乙烯装置。

但乙烯的投资费用与其规模密切相关，表 2-1 所列是以 30 万吨/年乙烯、投资比例 100 为基准，其他生产规模的投资情况。可见，规模增大，产品的投资比例大幅下降。同时，从管理、环保、安全等方面考虑，石化企业集中也较为有利。

表 2-1　乙烯装置规模与投资的关系表

乙烯装置规模/（万吨/年）	15	30	40	50	60	75	100	120
万吨乙烯投资比例	112.5	100	93.4	88.8	85.6	83.0	77.5	74.0

2010 年以后我国新建的乙烯装置，规模均在 60 万吨/年以上。企业生产规模增大，乙烯的生产成本也会相应降低，如表 2-2 所示。

表 2-2　国内热裂解制乙烯装置规模水平指标

指标	2000 年	2005 年	2010 年	2014 年
最大企业规模/（万吨/年）	54.5	90.0	122.0	122.0
平均企业规模/（万吨/年）	27.9	42.1	67.1	75.5
≥100 万吨/年企业产能占比/%	0.0	0.0	36.3	42.8
最大装置规模/（万吨/年）	48.0	90.0	114.0	114.0
平均装置规模/（万吨/年）	24.7	37.9	52.7	58.5
≥80 万吨/年装置产能占比/%	0.0	11.9	45.3	56.8

续表

指标	2000 年	2005 年	2010 年	2014 年
≥100 万吨/年装置产能占比/%	0.0	0.0	28.0	29.5
乙烯收率/%	31.3	31.2	31.9	31.0
双烯收率/%	45.5	45.6	47.0	46.2
吨乙烯综合能耗（折标油）/kg	768.0	699.0	620.0	577.0

为了降低成本，提高企业的抗风险能力，大规模的炼化一体化项目在我国沿海多地获准兴建，这些项目的建成将改变传统的石化经济格局，当然也会对现有的小规模乙烯生产企业造成较大的冲击。

2.2 烃类热裂解制乙烯的反应原理

2.2.1 烃类热裂解反应

烃类热裂解反应就是烃类物质在隔绝空气的情况下，在高温的作用下，C—C 键断裂，大分子变成小分子，C—H 键断裂，饱和烃变成不饱和烃的过程。实际反应过程中，在发生上述裂解反应的同时，裂解的产物还会接着进行反应，包括小分子烷烃的进一步热裂解反应，裂解得到的烯烃发生的加氢、脱氢、缩合、环化等反应，还有深度裂化的析炭反应和进一步环化的结焦反应等。所以烃类热裂解是一个非常复杂的反应体系，产生的反应产物组分也很复杂。针对此复杂的反应体系，人们把裂解过程发生的反应分成了一次反应和二次反应。

一次反应就是原料烃裂解产生乙烯、丙烯及其他烯烃的反应。典型表达式如式（2-9）、式（2-10）。

$$C_{m+n}H_{2(m+n)+2} \longrightarrow C_mH_{2m} + C_nH_{2n+2} \tag{2-9}$$

$$C_nH_{2n+2} \rightleftharpoons C_nH_{2n} + H_2 \tag{2-10}$$

其中式（2-9）的断链反应为不可逆反应，式（2-10）的脱氢反应为可逆反应。

二次反应主要是指一次反应生成的乙烯、丙烯进一步发生的反应，如式（2-11）～式（2-14）。

$$C_nH_{2n} + H_2 \longrightarrow C_nH_{2n+2} \tag{2-11}$$

$$C_nH_{2n} \longrightarrow C_nH_{2n-2} + H_2 \tag{2-12}$$

$$2C_nH_{2n} \longrightarrow C_{2n}H_{4n} \tag{2-13}$$

$$3C_2H_4 \longrightarrow C_6H_{12} \tag{2-14}$$

二次反应的产物还会发生新的二次反应，如特别需要抑制的结焦、生炭反应。结焦和生炭是烯烃经过不同的二次反应路径之后进一步发生的反应。研究表明，烯烃经过缩合、环化的过程易于结焦。

$$2\,C_6H_6 \longrightarrow C_6H_5{-}C_6H_5 + H_2 \tag{2-15}$$

$$2\,C_6H_5{-}C_6H_5 \longrightarrow C_6H_5{-}C_6H_4{-}C_6H_4{-}C_6H_5 + H_2 \tag{2-16}$$

烯烃经过深度裂解、脱氢的过程易于生炭。

$$C_2H_4 \longrightarrow C_2H_2 + H_2 \tag{2-17}$$

$$C_2H_2 \longrightarrow 2C + H_2 \tag{2-18}$$

结焦和生炭会导致裂解炉管内壁沉积焦和炭，显著降低传热效率，增加过程能耗，降低乙烯的收率。

2.2.2 烃类热裂解反应的热力学特点

从热力学的角度考虑，某一个反应是否能够进行，过程的热效应如何，可以由反应的自由焓及过程的热效应来判断。裂解的原料烃中含有各种类型的物质，包括链烷烃、环烷烃和芳香烃，炼厂气中还可能含有烯烃，同时一次反应的产物也有烯烃，上述不同类型的物质在高温下的反应特点不尽相同。

2.2.2.1 链烷烃热裂解的热力学特点

链烷烃是热裂解制烯烃的主要原料成分，特别是其中的正构烷烃。表 2-3 是某些正构烷烃在接近裂解反应温度 1000K 时的自由焓和反应热。

由表 2-3 可以看出：

① 脱氢反应的自由焓值在 1000K 时负得较小或为正值，要在更高温度下才能使各反应的自由焓变为负值，或负得更大，才有可能发生。

② 断链反应较脱氢反应的自由焓更负，相对容易发生。

③ 脱氢和断链反应均为吸热反应，特别是脱氢反应的热效应更大，在反应过程中需要提供足够的能量。

表 2-3　部分链烷烃反应的自由焓和反应热

反应类型	反应	自由焓 ΔG_{1000K} /(kJ/mol)	反应热 ΔH_{1000K} /(kJ/mol)
脱氢反应	$C_nH_{2n+2} \rightleftharpoons C_nH_{2n}+H_2$		
	$C_2H_6 = C_2H_4+H_2$	8.87	144.4
	$C_3H_8 = C_3H_6+H_2$	−9.54	129.5
	$C_4H_{10} = C_4H_8+H_2$	−5.94	131.0
	$C_5H_{12} = C_5H_{10}+H_2$	−8.08	130.8
	$C_6H_{14} = C_6H_{12}+H_2$	−7.41	130.8
断链反应	$C_{m+n}H_{2(m+n)+2} = C_mH_{2m}+C_nH_{2n+2}$		
	$C_3H_8 = C_2H_4+CH_4$	−53.89	78.3
	$C_4H_{10} = C_3H_6+CH_4$	−68.99	66.5
	$C_4H_{10} = C_2H_4+C_2H_6$	−42.34	88.6
	$C_5H_{12} = C_4H_8+CH_4$	−69.08	65.4
	$C_5H_{12} = C_3H_6+C_2H_6$	−61.13	75.2
	$C_5H_{12} = C_2H_4+C_3H_8$	−42.72	90.1
	$C_6H_{14} = C_5H_{10}+CH_4$	−70.08	66.6
	$C_6H_{14} = C_4H_8+C_2H_6$	−60.08	75.5
	$C_6H_{14} = C_3H_6+C_3H_8$	−60.38	77.0
	$C_6H_{14} = C_2H_4+C_4H_{10}$	−45.27	88.8

2.2.2.2 环烷烃热裂解的热力学特点

石油中所含的环烷烃一般是带烷基侧链或不带烷基侧链的环戊烷和环己烷，即五元环和六元环，可以发生开环、脱氢、侧链断裂等反应，生成乙烯、丙烯、丁二烯以及芳烃等。表 2-4 为环烷烃裂解反应的自由焓和反应热。

表 2-4　环烷烃裂解反应的自由焓和反应热

<table>
<tr><th colspan="3">反应</th><th>自由焓 ΔG_{1000K} /(kJ/mol)</th><th>反应热 ΔH_{1000K} /(kJ/mol)</th></tr>
<tr><td rowspan="2">$CH_2—CH_2$
CH_2　CH_2
CH_2</td><td rowspan="2">$\xrightarrow{开环}$</td><td>断链 $C_2H_4+C_3H_6$</td><td>−48.81</td><td>150.55</td></tr>
<tr><td>脱氢 $C_2H_4+C_3H_4+H_2$</td><td>5.97</td><td>331.21</td></tr>
<tr><td>$CH_2—CH_2$
CH_2　CH_2
CH_2</td><td>$\xrightarrow{开环}$</td><td>$CH_2═CH—C_3H_7$</td><td>−4.63</td><td>61.99</td></tr>
<tr><td rowspan="3">CH_2
CH_2　CH_2
CH_2　CH_2
CH_2</td><td rowspan="3">$\xrightarrow{开环}$</td><td>断链 $C_2H_4+C_4H_8$</td><td>−54.42</td><td>336.80</td></tr>
<tr><td>断链 $2C_3H_6$</td><td>−73.09</td><td>323.46</td></tr>
<tr><td>脱氢 $C_2H_4+C_4H_6+H_2$</td><td>−57.60</td><td>456.80</td></tr>
<tr><td>CH_2
CH_2　CH_2
CH_2　CH_2
CH_2</td><td>$\xrightarrow{开环}$</td><td>$CH_2═CH—C_4H_9$</td><td>−10.63</td><td>247.89</td></tr>
<tr><td>CH_2
CH_2　CH_2
CH_2　CH_2
CH_2</td><td>$-3H_2 \longrightarrow$</td><td></td><td>−176.26</td><td>385.18</td></tr>
</table>

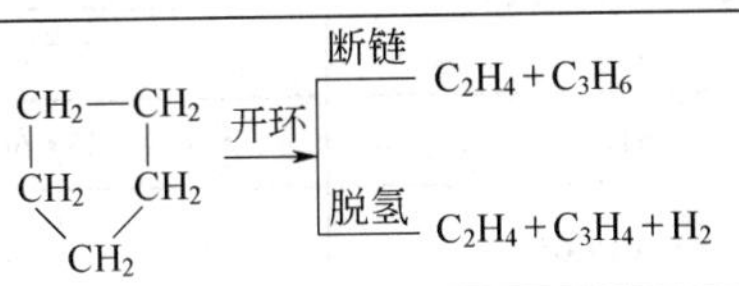

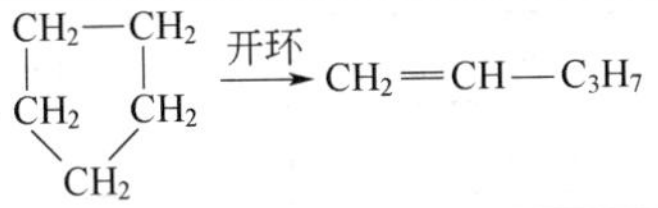

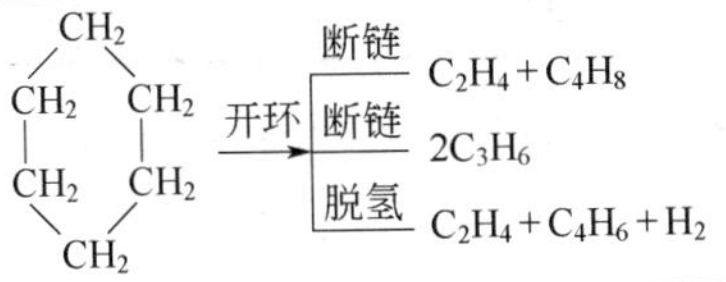

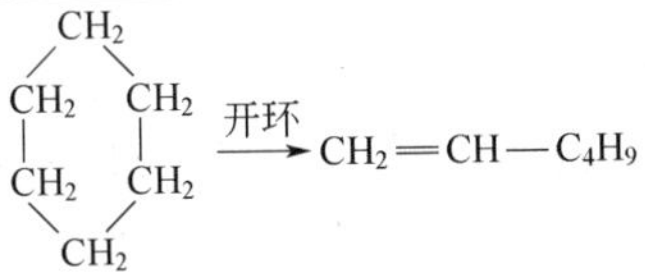

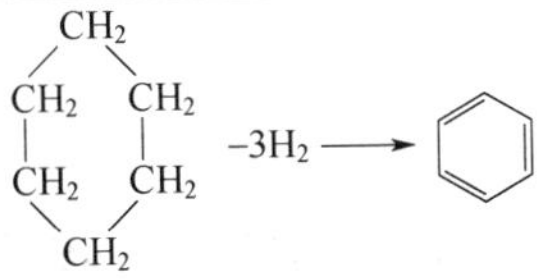

比较可知：

① 环烷烃开环裂解均为强吸热反应，反应过程需消耗大量能量。

② 对比在 1000K 时的自由焓可见，五元环比六元环更难裂解。

③ 对比自由焓可见，六元环脱氢生成芳香烃比断链生成烯烃更容易。

另外，研究表明：环烷烃上的侧链较环本身更容易断裂，长侧链先在侧链的中央断裂，有侧链的环烷烃较无侧链的环烷烃更容易裂解得到烯烃。

裂解原料中环烷烃的含量增加时，乙烯的收率会下降，丁二烯和芳烃的含量会增加。

2.2.2.3　芳香烃热裂解的热力学特点

芳香烃的热稳定性较高，一般发生的反应有脱氢缩合生成联苯或稠环芳香烃，如反应式（2-15）和式（2-16），或长侧链芳香烃的侧链断裂生成短侧链芳香烃。芳香环本身几乎不会开裂。可见裂解原料中存在芳香烃时不利于乙烯的获得。

2.2.2.4　烯烃热裂解的热力学特点

热裂解反应体系中，乙烯、丙烯等烯烃发生的反应主要有进一步裂化、环化、加氢、脱氢等等，而烯烃进一步脱氢后会发生生炭反应，烯烃环化接着会发生结焦反应。部分该类反应的热力学性质见表 2-5。

表 2-5　部分二次反应的自由焓和反应热

<table>
<tr><th>二次反应类型</th><th>反应</th><th>自由焓 ΔG_{1000K} /(kJ/mol)</th><th>反应热 ΔH_{1000K} /(kJ/mol)</th></tr>
<tr><td rowspan="2">烯烃裂化变为小的烯烃或二烯烃</td><td>$C_4H_8 \longrightarrow C_2H_4+C_2H_4$</td><td>−27.57</td><td>101.80</td></tr>
<tr><td>$C_4H_8 \longrightarrow C_4H_6+H_2$</td><td>−3.18</td><td>119.99</td></tr>
</table>

续表

二次反应类型	反应	自由焓 ΔG_{1000K} /(kJ/mol)	反应热 ΔH_{1000K} /(kJ/mol)
烯烃聚合、缩合、环化，生成较大的烯烃或环烷烃	$2C_2H_4 \longrightarrow C_4H_6+H_2$	24.39	18.20
	$3C_2H_4 \longrightarrow C_6H_{12}$（环己烷）	81.99	−438.60
	$C_2H_4+C_4H_6 \longrightarrow$ 苯 $+2H_2$	−118.65	−71.65
烯烃加氢和脱氢	$C_2H_4+H_2 \longrightarrow C_2H_6$	−8.73	−144.22
	$C_2H_4 \longrightarrow C_2H_2+H_2$	51.54	193.01
烯烃分解生炭	$C_2H_4 \longrightarrow 2C+2H_2$	−118.37	−38.53

由表 2-5 可以看出，大分子烯烃裂化为小分子烯烃的反应和烯烃裂化为炔烃的反应均吸热，而烯烃加氢、环化、缩合等反应均为放热反应。因而，高温有利于烯烃脱氢生成炔烃，而低温有利于烯烃的环化、缩合反应。

研究表明，系统温度＜1200K 时，结焦容易发生；系统温度＞1200K 时，生炭容易发生。

对比一次反应和二次反应的热效应可见，一次反应均为吸热反应，二次反应有吸热反应，也有放热反应，其中烯烃环化为环己烷放热量很大。综合而言，从热力学的角度考虑，温度升高有利于一次反应的发生。

2.2.3 烃类热裂解反应的机理

F.O.Rice 提出的烃类热裂解的自由基反应机理得到了人们的普遍认可，该过程的基元反应包括链引发、链增长和链终止三个过程。

链引发过程：烃类分子在受热的情况下，发生共价键的断裂，产生含有不成对电子的自由基。

$$R—R' \longrightarrow R\cdot + R'\cdot$$

$$R—H \longrightarrow R\cdot + H\cdot$$

链增长过程：自由基自身发生分解反应，生成小分子的烃类自由基、氢自由基、烯烃、烷烃；自由基进攻烃分子，生成新的自由基。

$$R\cdot \longrightarrow R'\cdot + \text{烯烃}$$

$$R\cdot \longrightarrow H\cdot + \text{烯烃}$$

$$R\cdot + R'H \longrightarrow RH + R'\cdot$$

链终止过程：烃类自由基、氢自由基间相互碰撞失去活性，形成烷烃或氢气。

$$H\cdot + H\cdot \longrightarrow H_2$$

$$R\cdot + R'\cdot \longrightarrow R—R'$$

$$R\cdot + H\cdot \longrightarrow RH$$

研究表明，链引发过程的活化能较大，在 290～350kJ/mol 之间，链增长的活化能在 30～170kJ/mol 之间，链终止的活化能很小，所以链引发为控制步骤。表 2-6 给出部分物质或基团链引发、链增长及链终止过程的活化能。

表 2-6　乙烷和丙烷裂解基元反应的活化能

反应阶段	基元反应	活化能/（kJ/mol）
链引发	$C_2H_6 \longrightarrow 2CH_3\cdot$ $C_3H_8 \longrightarrow CH_3\cdot + C_2H_5\cdot$	359.5 342.8

续表

反应阶段	基元反应	活化能/（kJ/mol）
链增长	$CH_3\cdot + C_2H_6 \longrightarrow CH_4 + C_2H_5\cdot$ $C_2H_5\cdot \longrightarrow C_2H_4 + H\cdot$ $C_2H_5\cdot + C_3H_8 \longrightarrow C_2H_6 + C_3H_7\cdot$ $CH_3\cdot + C_3H_8 \longrightarrow CH_4 + C_3H_7\cdot$	45.1 170.5 41.8 35.5
链终止	$C_2H_5\cdot + H\cdot \longrightarrow C_2H_6$ $C_2H_5\cdot + CH_3\cdot \longrightarrow C_3H_8$	0.0 0.0

2.2.4 烃类热裂解反应的动力学特点

化学反应动力学可以表征反应温度、组分浓度对各个反应速率的影响程度，是设计反应器、优化反应操作参数的重要依据。

热裂解反应的原料通常是混合物，而其中的每一种组分又可能有多种反应途径，所以其动力学行为非常复杂，研究难度较大。目前报道的烃类裂解反应动力学模型有：自由基机理模型、分子动力学模型、经验模型和集总动力学模型等。

（1）自由基机理模型

自由基机理模型是首先推测反应机理，然后基于反应机理建立动力学模型，再通过实验数据的关联，确立动力学模型参数。这类模型最能反映过程的本质特征，但烃类裂解反应体系非常复杂，即使单一的原料，如丙烷的热裂解，至少可能包括如下基元步骤。

链引发

$$C_3H_8 \longrightarrow CH_3\cdot + C_2H_5\cdot$$

$$C_3H_8 \longrightarrow H\cdot + C_3H_7\cdot$$

链增长

$$C_2H_5\cdot + C_3H_8 \longrightarrow C_2H_6 + C_3H_7\cdot$$

$$C_3H_7\cdot \longrightarrow C_3H_6 + H\cdot$$

$$C_3H_7\cdot \longrightarrow C_2H_4 + CH_3\cdot$$

$$C_2H_5\cdot \longrightarrow C_2H_4 + H\cdot$$

$$CH_3\cdot + C_3H_8 \longrightarrow C_3H_7\cdot + CH_4$$

$$H\cdot + C_3H_8 \longrightarrow C_3H_7\cdot + H_2$$

链终止

$$C_3H_7\cdot + H\cdot \longrightarrow C_3H_8$$

$$2C_3H_7\cdot \longrightarrow C_6H_{14}$$

$$2H\cdot \longrightarrow H_2$$

$$2CH_3\cdot \longrightarrow C_2H_6$$

如果原料是混合物，其中的每一种物质都会引发许多类似的基元反应，而不同反应物引发的活性基团间，以及活性基团与反应物之间也会相互作用，所以要完整地写出所有的基元反应，并建立机理模型难度太大。热裂解的机理模型通常只针对单种反应物体系建立，而且一般只考虑一次反应。

(2) 经验模型

经验模型就是针对某一种原料，基于大量的实验数据，在一定条件下建立主要产物参数，比如乙烯的收率，与原料性能参数及反应操作参数之间的关联式。如西北大学的郝红等针对石脑油、常压柴油和减压柴油建立了乙烯收率 $y_{C_2H_4}$ 与裂解温度、停留时间及芳烃指数之间的关联式。

$$y_{C_2H_4}=-2.2198+0.0466T-0.2858\text{BMCI}-12.8256t \qquad (2\text{-}19)$$

式中，T 为裂解温度，℃；t 为停留时间，s；BMCI 为芳烃指数，无量纲。

经验模型的优点是不特别关注过程中每个反应的速率参数，过程相对简单；缺点是模型的适用范围小。

(3) 分子动力学模型

烃类裂解的分子动力学模型就是将若干个自由基反应步骤归并为分子反应历程，或将若干分子反应历程合并为平均分子反应历程，得到一次反应和二次反应的分子反应计量方程式，以及对应的反应速率式。

$$r_i=k_i\exp\left(-\frac{E}{RT}\right)c_i^n \qquad (2\text{-}20)$$

式中，E 为反应的活化能，J/mol；T 为反应温度，K；R 为气体常数；n 为 i 物质的反应级数，根据经验，简单取 1 或 2；c_i 为 i 物质的浓度，r_i、c_i 的单位有多种；k_i 为指前因子，导出单位。

然后借助实验数据确立相应的指前因子 k_i 和活化能 E。该类模型，一次反应的计量式随着原料的变化而变化，二次反应则基本不变。表 2-7 为徐强等在 SRT-Ⅳ炉上对某石脑油裂解过程建立的分子动力学数学模型参数。

表 2-7 某石脑油裂解过程的分子动力学模型参数

序号	反应	活化能 E/（kJ/mol）	指前因子 k_i/s^{-1}
1	$C_{8.05}H_{17.28}\longrightarrow 0.13H_2+0.88CH_4+1.066C_2H_4+0.235C_2H_6+0.543C_3H_6$ $+0.0353C_3H_8+0.0582C_4H_{10}+0.210C_4H_8+0.221C_4H_6+0.242C_4^+$	219.78	6.565×10^{11}
2	$C_2H_6\longrightarrow C_2H_4+H_2$	272.58	4.652×10^{13}
3	$C_3H_6\longrightarrow C_2H_2+CH_4$	273.08	7.284×10^{12}
4	$C_2H_2+C_2H_4\longrightarrow C_4H_6$	172.47	1.026×10^{12} *
5	$2C_2H_6\longrightarrow C_3H_8+CH_4$	272.75	3.75×10^{12}
6	$C_2H_4+C_2H_6\longrightarrow C_3H_6+CH_4$	252.60	7.083×10^{13}
7	$C_3H_8\longrightarrow C_3H_6+H_2$	214.39	5.888×10^{10}
8	$C_3H_8\longrightarrow C_2H_4+CH_4$	211.51	4.692×10^{10}
9	$C_3H_8+C_2H_4\longrightarrow C_2H_6+C_3H_6$	246.87	2.536×10^{13} *
10	$2C_3H_6\longrightarrow 3C_2H_4$	268.23	7.386×10^{12}
11	$C_3H_6+C_2H_6\longrightarrow 1\text{-}C_4H_8+CH_4$	250.84	1.0×10^{14} *
12	$C_4H_{10}\longrightarrow C_3H_6+CH_4$	249.30	7.0×10^{12}
13	$C_4H_{10}\longrightarrow 2C_2H_4+H_2$	295.44	7.0×10^{14}
14	$C_4H_{10}\longrightarrow C_2H_4+C_2H_6$	256.28	4.099×10^{12}
15	$C_4H_{10}\longrightarrow 1\text{-}C_4H_8+H_2$	260.66	1.637×10^{12}
16	$1\text{-}C_4H_8\longrightarrow H_2+C_4H_6$	209.0	1.0×10^{10}
17	$C_2H_4+C_4H_6\longrightarrow B+2H_2$	144.46	8.385×10^{9} *
18	$C_3H_6+C_4H_6\longrightarrow T+2H_2$	148.98	9.74×10^{8} *
19	$C_4H_6+1\text{-}C_4H_8\longrightarrow EB+2H_2$	242.31	6.4×10^{14} *
20	$2C_4H_6\longrightarrow ST+2H_2$	124.40	1.51×10^{9} *

注：1. B—苯；T—甲苯；EB—乙苯；ST—苯乙烯。

2. 带“*”为二级反应，指前因子的单位为 $m^3/(kmol\cdot s)$。

3. 反应速率的单位为 $kmol/(m^3\cdot s)$。

比较可知，一次反应，如 1、2、3、5 等的活化能都大于 200kJ/mol，而二次反应，如 4、17、18 等的活化能都小于 200kJ/mol。

分子动力学模型的复杂程度和理论基础介于机理模型和经验模型之间，是较为实用的一类模型，比较适用于混合烃原料的裂解过程。

（4）集总动力学模型

针对烃类热裂解反应体系较为复杂的情况，有学者提出了集总动力学模型。该模型将原料分类、产物分类，然后建立不同反应物类型与不同产物类型间的动力学关系。大庆石油学院的老师针对大庆石脑油进行了研究，将石脑油的裂解过程归结为 7 个集总反应过程，如图 2-4 所示，假设这 7 个反应均为一级不可逆反应，然后借助实验数据确定了这 7 个集总反应的动力学参数，见表 2-8。

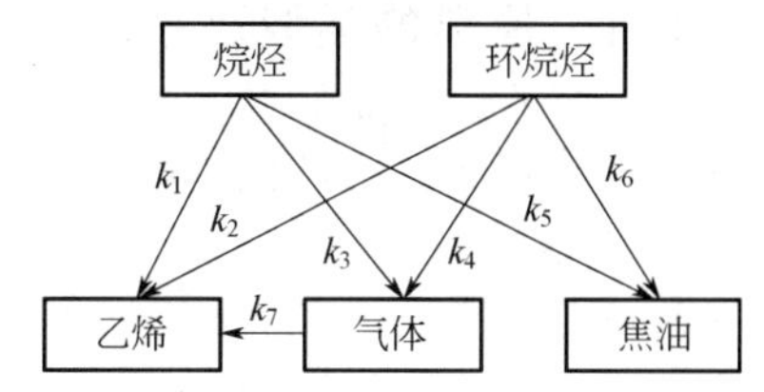

图 2-4　石脑油裂解制乙烯集总动力学反应网络

表 2-8　石脑油裂解集总动力学参数

反应速率常数	指前因子/s^{-1}	活化能/（kJ/mol）	反应速率常数	指前因子/s^{-1}	活化能/（kJ/mol）
k_1	2.34×10^9	186.30	k_5	9.35×10^{13}	232.17
k_2	5.97×10^9	208.65	k_6	7.75×10^7	158.28
k_3	3.77×10^8	167.58	k_7	5.29×10^7	166.94
k_4	4.82×10^9	191.93			

（5）结焦动力学

在烃类的热裂解反应过程中，伴随有结焦反应，该类反应的发生不仅降低烯烃的收率，而且生成的焦炭会附着在炉管内壁，降低传热效率。研究结焦反应的动力学行为对抑制其发生具有一定的指导意义。多数研究表明：与一次反应及二次反应相比，结焦反应的反应速率相对较慢，但其对烯烃的浓度较为敏感。如孙立明等建立了以 1,3-丁二烯为结焦母体的动力学方程。

$$r_c=1.06\times10^{10}\exp\left(-\frac{126190}{RT}\right)\times c_{1,3\text{-}C_4H_6}^2 \qquad (2\text{-}21)$$

式中，r_c 为结焦速率，mg/（m^2 • min）；$c_{1,3\text{-}C_4H_6}$ 为 1,3-丁二烯的浓度，mg/cm^3。

可见，该结焦反应的反应级数为二级。

裂解原料组成复杂，裂解系统反应复杂，而动力学模型都是针对某种原料建立的，大概率不适用于其他原料，了解这些动力学模型，更多的是为了对裂解反应的动力学行为进行定性分析。

总体而言，热裂解反应的动力学特征如下：

① 热裂解一次反应的反应速率基本上可以做一级处理，即反应速率与反应物浓度成正比。

② 缩合、结焦等反应的级数常大于一级。

③ 总体而言一次反应的活化能大于二次反应的活化能。

2.3 热裂解反应结果的影响因素

2.3.1 裂解原料的特性及其对裂解反应结果的影响

2.3.1.1 原料的类型及来源

热裂解制乙烯的原料有多种，来源主要是两个方面：一个是天然气、页岩气加工厂的轻烃，另一个是石油加工过程的产品。种类上一般分为气态烃、轻质油、重质油及原油。

（1）气态烃

气态烃是指常温、常压下为气体状态的烃类，裂解用气态烃包括来自天然气、页岩气加工厂的乙烷、丙烷、丁烷等，和来自炼油厂副产的气态烃、炼厂气。气态烃是理想的制烯烃原料。

（2）轻质油

裂解轻质油包括石脑油、芳烃抽余油和重整拔头油。其中石脑油占主导地位，是石油炼制产品，原油经过常压蒸馏，分馏出初馏点约 200℃的馏分油。用于裂解原料的石脑油根据加工方案可切取不同的馏程范围，分别有 90℃、130℃、160℃、180℃、200℃等，国外将初馏点约 130℃的称为轻石脑油，初馏点约 180℃或初馏点约 200℃的称为全程石脑油。芳烃抽余油和重整拔头油是其他石油产品二次加工过程的副产品。

（3）重质油

裂解重质油包括柴油、加氢尾油和原油。柴油是石油馏分中馏程在 200～400℃的组分，其中 200～350℃的为轻柴油。我国原油中柴油馏分的含量较高，一般地，质量分数在 27%～35%之间，过去曾是我国裂解工艺的主要原料。加氢尾油是重质油加氢裂化的副产品之一，又叫作“未转化油”，是重质油在加氢裂化过程中未裂化的饱和烃，该类油的芳烃指数较低（10 左右），是优质的裂解制烯烃用原料，其裂解所得乙烯、丙烯和丁二烯的收率高于一般的石脑油，现在成为裂解制乙烯用第二大原料来源。原油也曾作为裂解制乙烯的原料被研究，但由于过程操作较为困难，很少被工业化应用。

2.3.1.2 原料的性能及其对裂解反应结果的影响

热裂解制乙烯用轻质油、重质油都是混合物，产地不同，炼油过程控制的条件不同，原料的组成差别很大。原料组成改变，热裂解性能就不同，需要一些性能指标来对裂解原料进行评价。乙烯的收率常常作为评价这些指标的目标函数，乙烯的收率是指单位质量原料所能制得的乙烯的质量分数。

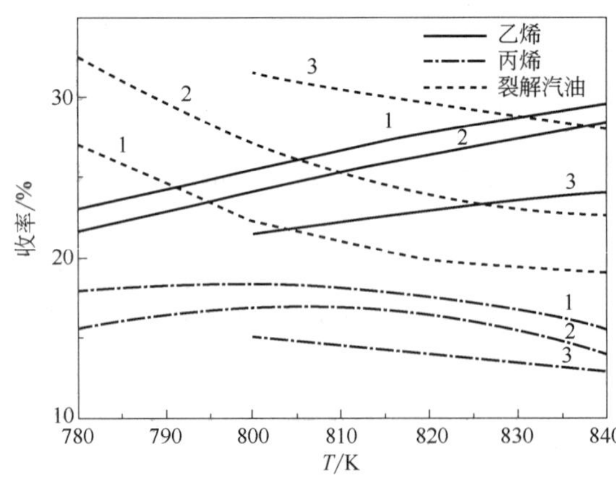

图 2-5　不同石脑油对应乙烯、丙烯及裂解汽油的收率

1—石脑油 1；2—石脑油 2；3—石脑油 3

（1）族组成（PONA 值）

族组成是指原料烃分子中各种烃类的质量分数，各种烃类包括：P——链烷烃，即开环的饱和链烃，亦称作石蜡烃（Paraffin），O——烯烃（Olefin），N——环烷烃（Naphthene），A——芳香烃（Aromatics）。

原料的族组成会影响裂解制乙烯的收率，表 2-9 为三种不同石脑油的族组成，图 2-5 为表 2-9 中三种原料对应的裂解产物中乙烯、丙烯及裂解汽油收率随温度的变化情况。对比图 2-5 和表 2-9 可见，烷烃含量越高，对应的乙烯、丙烯收率越高。相反，其中环烷烃和芳香烃的含量越高，对应的裂解汽油收率越高。族组成是裂解原料最重要的性能评价指标之一。

表 2-9　三种石脑油的族组成

烃	石脑油 1				石脑油 2				石脑油 3			
	正烷烃 *n*-P	异烷烃 *i*-P	环烷烃 N	芳香烃 A	正烷烃 *n*-P	异烷烃 *i*-P	环烷烃 N	芳香烃 A	正烷烃 *n*-P	异烷烃 *i*-P	环烷烃 N	芳香烃 A
C_3	0.1	—	—	—	0.8	—	—	—	—	—	—	—
C_4	2.8	0.3	—	—	3.8	0.8	—	—	0.1	—	—	—
C_5	15.9	10.4	1.4	—	5.6	3.6	0.4	—	0.4	0.4	—	—
C_6	11.4	14.4	5.2	1.0	5.8	6.2	3.0	0.6	0.8	0.7	0.8	0.3
C_7	5.9	8.0	3.8	1.8	5.9	6.5	4.9	1.6	11.8	4.8	6.5	5.2
C_8	2.5	4.9	2.3	2.2	6.3	7.5	4.5	5.0	8.7	16.5	8.7	11.1
C_9	1.3	1.1	0.4	1.2	5.4	3.4	0.9	7.0	6.1	6.1	2.2	3.5
C_{10}	0.6	1.2	—	—	3.5	7.0	—	—	1.8	3.5	—	—
总量	40.5	40.3	13.1	6.2	37.1	35.0	13.7	14.2	29.7	32.0	18.2	20.1

（2）原料氢含量

原料氢含量是指裂解原料中氢的质量分数，不包括游离的氢。原料氢含量越高，裂解性能越好，图 2-6 给出不同氢含量原料裂解所得各产物的收率。

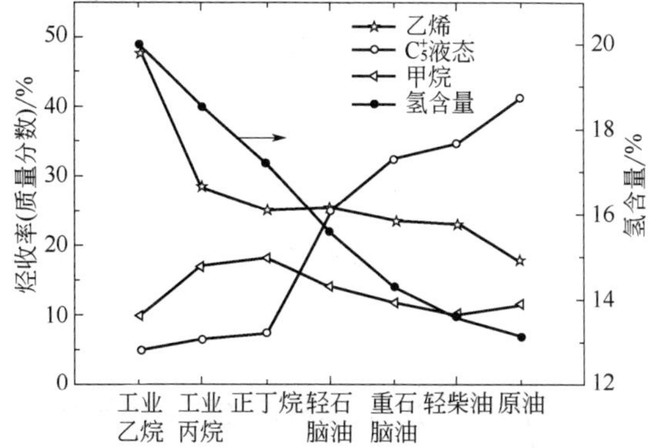

图 2-6　不同氢含量原料裂解时各产物收率

可见，原料氢含量越高，对应的乙烯收率越高。实际上，原料的氢含量和其 PONA 值有一定的对应关系，直链烷烃含量越高，氢含量越高，芳香烃含量越高，氢含量越低。

（3）特性因素

特性因素，K^{UPO} 或 UPO-*K*，简写为 *K*。用沸点和密度表征原油及馏分油化学组成特性的一个参数，烷烃最高，环烷烃次之，芳香烃最小。特性因素的计算式如式（2-22）。

$$K=\frac{1.216\times\sqrt[3]{T}}{d_{15.6}^{15.6}} \tag{2-22}$$

式中，T 为物质的沸点，K；$d_{15.6}^{15.6}$ 为液体相对密度。

表 2-10 为部分烃类的特性因素。

表 2-10　烃类的特性因素

烃	*K*	烃	*K*
链烷烃：		正己烷	12.82
甲烷	19.54	2-甲基戊烷	12.83
乙烷	18.38	3-甲基戊烷	12.65
丙烷	14.71	2,3-二甲基丁烷	16.64
正丁烷	13.51	正庚烷	12.72
异丁烷	13.82	2-甲基己烷	12.71
正戊烷	13.04	3-甲基己烷	12.58
异戊烷	13.06	正辛烷	12.68
2,2-二甲基丙烷	13.39	正壬烷	12.67

续表

烃	K	烃	K
正癸烷	12.68	正丙基环戊烷	11.53
正十一烷	12.70	异丙基环戊烷	11.48
正十二烷	12.74	环己烷	10.99
正十三烷	12.77	甲基环己烷	11.36
正十四烷	12.81	乙基环己烷	11.37
正十五烷	12.80	1,1-二甲基环己烷	11.35
正十六烷	12.90	**芳香烃：**	
正十七烷	12.95	苯	9.73
正十八烷	12.98	甲苯	10.15
正十九烷	13.03	乙苯	10.37
正二十烷	13.07	邻二甲苯	10.28
环烷烃：		间二甲苯	10.43
环戊烷	11.12	对二甲苯	10.46
甲基环戊烷	11.33	正丙基苯	10.62
乙基环戊烷	11.40	异丙基苯	10.57
1,1-二甲基环戊烷	11.41	正丁基苯	10.84
		异丁基苯	10.84

由表 2-10 可见，链烷烃的特性因素较大，环烷烃次之，芳香烃最小。

混合物的 K 值可以用式（2-23）求解。

$$K=\sum_{i=1}^{n} x_{wi} \times K_i \tag{2-23}$$

式中，K_i 为烃 i 的特性因素；x_{wi} 为烃 i 的质量分数。

混合物的组成未知时，K 值用式（2-24）计算。

$$K=\frac{1.216 \times \sqrt[3]{\overline{T}}}{d_{15.6}^{15.6}} \tag{2-24}$$

式中，$\overline{T}$ 为混合原料的体积立方平均沸点，K。

$$\overline{T}=(0.1T_{10}^{1/3}+0.2T_{30}^{1/3}+0.2T_{50}^{1/3}+0.2T_{70}^{1/3}+0.2T_{90}^{1/3}+0.1T_{100}^{1/3})^3 \tag{2-25}$$

式中，T_{10}、T_{30}、T_{50}、T_{70}、T_{90}、T_{100} 为对应原料进行原油恩氏蒸馏，馏出体积分别为 10%、30%、50%、70%、90%、100%时的温度，K。

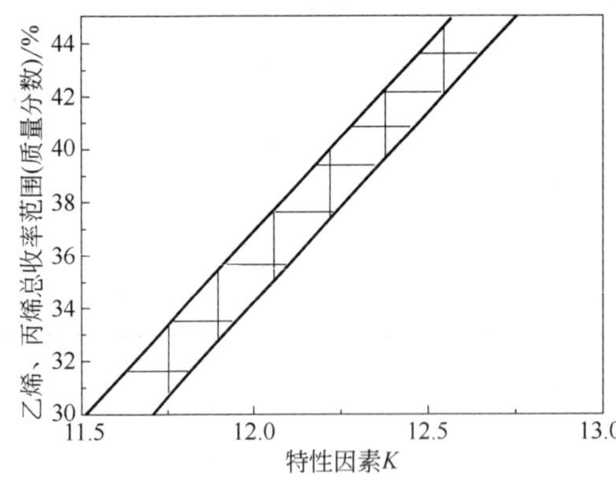

图 2-7　工业试验条件下不同特性因素原料裂解对应的乙烯和丙烯的总收率范围

图 2-7 给出原料特性因素与裂解产物中乙烯、丙烯总收率范围的对应关系。可见，乙烯和丙烯的总收率随着裂解原料特性因素的增大而增大。特性因素是裂解用原料的一个重要的性能评价指标，该参数主要用于液体烃的性能评价。

（4）芳烃指数

芳烃指数（BMCI），原是美国矿务局相关指数（U.S. Bureau of Mines Correlation Index）的缩写，是依据油品的馏程和密度两个基本性质建立起来的关联指标，是表征重质馏分油中芳烃含量的一个指数。

正己烷的芳烃指数设为 0，苯的芳烃指数设为 100，通过测试不同质量配比正己烷和苯的混合物的沸点及相对密度，得出芳烃指数的关联式（2-26）。

$$BMCI=\frac{48640}{T_V}+473.7d_{15.6}^{15.6}-456.8 \tag{2-26}$$

式中，T_V为原料的体积平均沸点，

$$T_V=(T_{10}+T_{30}+T_{50}+T_{70}+T_{90})/5，K$$

图2-8是柴油的BMCI值与其裂解所得乙烯收率的大致对应关系，可见，裂解原料所得乙烯的收率随着其BMCI的增大而减小。

原料的BMCI增大，不仅其裂解对应的乙烯收率会减小，而且裂解过程的结焦程度会增大，工业上常常把BMCI＜35作为裂解用原料的条件。

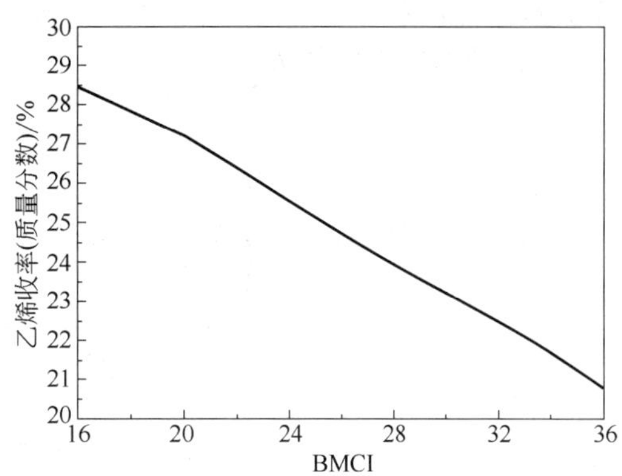

图 2-8　柴油芳烃指数与对应乙烯收率的关系

裂解用原料的性能评价指标有多个，但对于不同的原料，重点关注的指标会有所不同。表 2-11 为不同原料性能指标与主要适用原料的对应关系。

表 2-11　裂解原料性能指标及适用原料

性能参数	适用原料	与高乙烯收率的关系
族组成（PONA）	石脑油，柴油	链烷烃含量高
氢含量	各种原料	氢含量高
特性因素（K）	液体原料	特性因素大
芳烃指数（BMCI）	柴油	芳烃指数小

2.3.2　操作参数对裂解反应结果的影响

裂解反应过程的可调变参数包括反应温度、停留时间和烃分压。

2.3.2.1　温度对裂解反应结果的影响

从热力学的角度考虑，小分子烃类的一次反应需升高至足够的温度，才能使自由焓降为负值，才可以发生有效的一次反应。链烷烃和环烷烃的裂解反应均为吸热反应，温度升高有利于反应的正向进行；环化、缩合等二次反应为放热反应，温度升高可适当抑制这类反应的正向进行。

从动力学的角度考虑，参照表 2-7 的结果，一次反应，即生成烯烃反应的活化能多在200kJ/mol 以上，而烯烃进一步反应及生成苯、乙苯等结焦基础物反应的活化能多数在200kJ/mol 以下，所以温度升高有利于烯烃选择性的提高。

但单就二次反应而言，温度升高，反应速率也加快，特别是当烯烃的浓度升高后，烯烃将因发生二次反应而被迅速消耗掉。要保证乙烯的收率，在提高温度的同时必须缩短反应的停留时间。

2.3.2.2　停留时间对裂解反应结果的影响

停留时间即反应物料在反应器中停留的时间。由于在烃类热裂解制烯烃的反应过程中体积流量会发生变化，所以准确的停留时间不易确定。

① 表观停留时间 t_B

$$t_B=\frac{V_R}{V} \tag{2-27}$$

式中，V_R 为反应器的容积，m^3；V 为气态反应物的体积流量，m^3/s。

表观停留时间实际上就是空时，也就是接触时间。不做特别说明，裂解的停留时间一般指表观停留时间。

② 平均停留时间 t_P

$$t_P = \frac{V_R}{\alpha V'} \tag{2-28}$$

式中，V' 为将原料气折算为平均温度和平均压力下的流量，m^3/s；$\alpha = \frac{出口物料的物质的量}{进口物料的物质的量}$。

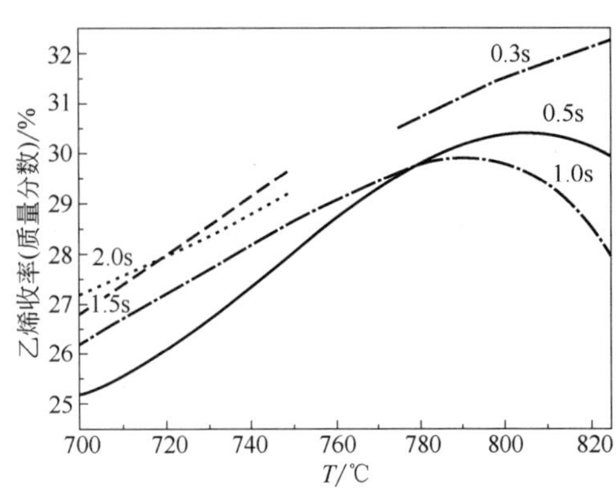

图 2-9 某石脑油裂解时乙烯收率-温度-停留时间的关系

t_P 更接近真实的停留时间。

烃类热裂解制烯烃，如果将一次反应看作主反应，二次反应就是其连串副反应，所以存在适宜的接触时间，对应最大的烯烃收率。而适宜的接触时间与反应的温度有关，温度越高，主、副反应的反应速率越快，对应的适宜接触时间越短。图 2-9 为某石脑油在不同裂解温度和停留时间下对应的乙烯收率。可见，裂解温度在 720℃以下时，相对于 0.5s、1.0s 和 1.5s，停留时间为 2.0s 时对应的乙烯收率最大；裂解温度在 720～750℃之间时，停留时间为 1.5s 对应的乙烯收率最高；裂解温度在 780℃以上时，停留时间为 0.3s 对应的乙烯收率最高，操作温度越高，适宜的停留时间越短。综合比较，高温、短停留时间下，乙烯的收率更高。

2.3.2.3 烃分压对裂解反应结果的影响

从热力学的角度考虑，烃类热裂解一次反应的脱氢反应为体积增大的可逆反应，烃分压降低，有利于这类反应的平衡向右移动，一次反应的断链反应接近不可逆，分压对一次断链反应的平衡几乎没有影响；二次反应中的缩合、环化反应为体积缩小的反应，烃分压降低，有利于抑制这类反应的进行。

从动力学的角度考虑，一次反应和大多数的二次反应均为一级反应，而结焦反应的级数大于一级，所以烃分压降低，结焦反应的速率降低幅度更大，有利于烯烃选择性的提高，也有利于抑制结焦过程的发生。

可见，低的烃分压有利于乙烯收率的提高。

烃分压由反应系统的总压和原料中的烃含量决定。反应的总压不能太低，尤其不能选择负压操作，因为在负压状态下，空气、炉膛中的烟气会进入反应器中引发爆炸。反应的总压也不宜太高，太高不利于烃分压的降低。总压一般为微正压，能克服物料流经系统的阻力即可，可通过加入稀释剂的方法来降低烃分压。烃类热裂解制乙烯的反应物稀释剂通常选择水蒸气，所以烃类热裂解制乙烯也叫作烃类水蒸气裂解制乙烯。选择水蒸气作稀释剂的原因有如下几点。

① 水的热容量大，可对反应物料温度起到稳定作用。

② 水相对易于同裂解产物分离。

③ 高温水蒸气对镍铬有氧化作用，使其耐腐蚀性提高，可以抑制原料中所含硫对镍铬

合金炉管的腐蚀。

④ 高温水蒸气对镍铬有氧化作用，抑制后者对生炭反应的催化作用。

⑤ 可以借助反应 $H_2O+C \longrightarrow CO+H_2$，脱除结炭。

中石化齐鲁分公司的王鹏等探讨了在裂解炉出口压力（COP）为 0.177MPa（绝压）、裂解温度为 828℃的情况下，某轻烃裂解过程中，蒸汽与原料烃的质量比，即稀释比对裂解产物的影响，得出表 2-12 的结果。

表 2-12　某轻烃原料在不同稀释比下的裂解产物收率　　单位（质量分数）：%

组分	稀释比（水蒸气与原料烃的质量比）					
	0.45	0.50	0.55	0.60	0.65	0.70
氢气	0.86	0.87	0.88	0.89	0.90	0.91
甲烷	13.82	13.80	13.77	13.75	13.72	13.69
乙烷	3.58	3.47	3.37	3.27	3.19	3.12
乙烯	28.78	29.09	29.37	29.63	29.87	30.09
丙烷	0.56	0.54	0.52	0.51	0.49	0.48
丙烯	16.06	16.01	15.97	15.94	15.90	15.87
丁烯	4.95	4.91	4.87	4.84	4.80	4.77
丁二烯	4.84	4.89	4.93	4.97	5.01	5.05
C_5	5.00	4.95	4.90	4.86	4.82	4.78
苯	6.23	6.22	6.21	6.20	6.18	6.17
“三烯”收率	49.68	49.99	50.27	50.54	50.78	51.01

可见，随着稀释比的增大，即原料烃分压的减小，乙烯及“三烯”的收率提高，而苯的收率下降。

2.3.2.4　裂解深度

裂解深度是描述烃类热裂解反应进行程度的一个概念，对照于单一反应原料的转化率。根据前面的描述，烯烃的收率随着裂解深度的增大，先升高后降低，控制裂解深度可达到控制烯烃收率的目的。总体而言，裂解深度越高，原料转化得越多，氢气、甲烷的产率越高，气态物料的产率越高，液态产物中的含氢量越低，而裂解深度随反应温度的升高和停留时间的延长而增大。行业内用如下一些参数来表达裂解原料的裂解深度。

（1）转化率

对于单一的反应原料，如乙烷，转化率即可描述裂解深度。

（2）丙烯与乙烯或丙烯与甲烷的收率比

液体馏分油，在一定范围内，其裂解产物中乙烯、甲烷、丙烯的含量随原料裂解进程的变化如图 2-10 所示。可见，丙烯与乙烯或丙烯与甲烷的收率比越小，裂解深度越高。因而可以用丙烯与乙烯或丙烯与甲烷的收率比来表征裂解深度。

（3）液态产物总氢含量

裂解反应的程度越深，裂解的液体产物中氢含量越低。生产实践的经验表明，以馏分油为裂解原料时，一般要控制 C_5^+中的氢含量不低于 8%（质量分数），或液态产物中氢碳原子比 $(H/C)_L$ 不低于 0.96。

（4）动力学裂解深度函数（KSF）

为了综合考虑裂解温度和停留时间对裂解深度的影响，引出了动力学裂解深度 KSF。将裂解反应看作一级不可逆，则 $r_A=kc_A$，而 $r_A=-\dfrac{dc_A}{dt}$，则有 $kc_A=-\dfrac{dc_A}{dt}$；忽略过程中体积流量的变化，则 $c_A=c_{A0}(1-x_A)$，于是有 $kdt=-\dfrac{dc_A}{c_A}=\dfrac{dx_A}{1-x_A}$。而 $t=0$ 时，$x_A=0$，则

$$\int k\mathrm{d}t=\ln\frac{1}{1-x_{\mathrm{Af}}} \tag{2-29}$$

式中，x_{Af}为某一时刻裂解原料的转化率；$\int k\mathrm{d}t$ 即为动力学裂解深度，用 KSF 表示，无量纲。

温度通过反应速率常数影响裂解深度。

图 2-11 给出某石脑油裂解产物收率与裂解深度的关系示意图。

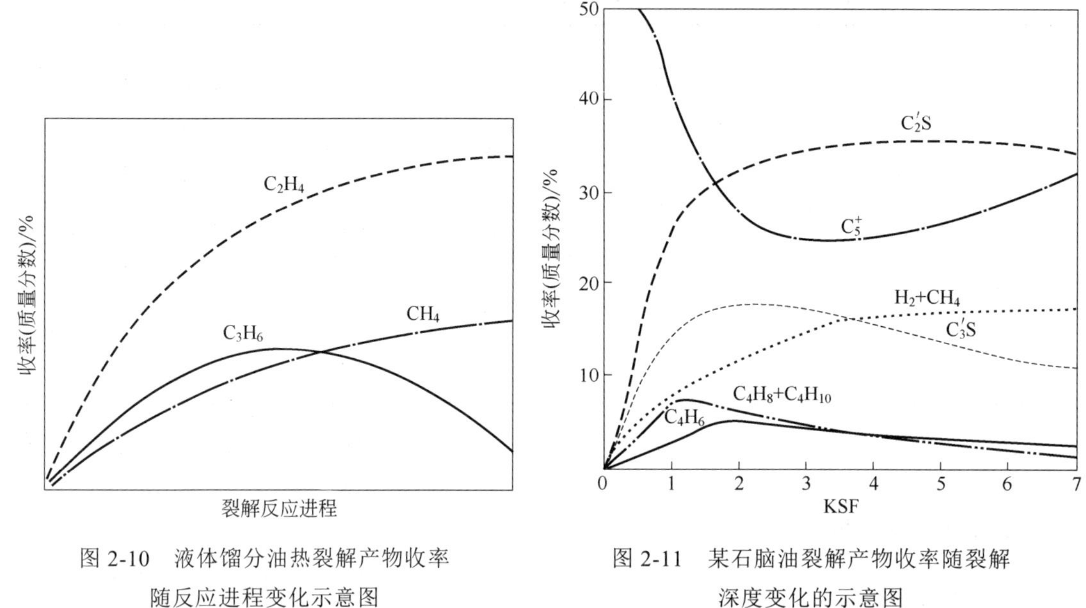

图 2-10　液体馏分油热裂解产物收率随反应进程变化示意图

图 2-11　某石脑油裂解产物收率随裂解深度变化的示意图

对于特定的原料，裂解深度是一个较为科学的控制指标。可以选择前述的某一个指标，如丙烯与乙烯或丙烯与甲烷的收率比，液态烃产物中的氢含量等来表征裂解深度。而在原料一定的情况下，改变停留时间或反应温度即可改变过程的裂解深度。

2.4　烃类热裂解制乙烯工艺

2.4.1　总流程

烃类热裂解制乙烯的原料组成复杂，反应过程复杂，产物组成较原料组成更加复杂。在完成裂解反应之后，要从裂解的产物中得到乙烯、丙烯等产品，就需要对裂解产物进行分离，而裂解产物中还会含有一些影响产品质量或影响裂解产物分离操作的杂质成分，需要对这些杂质成分进行去除。为了有利于除杂及分离，裂解气需要加压，并被深度冷却（简称深冷）。所以烃类热裂解制乙烯的工艺大概分为三大块内容：裂解及预分馏、裂解气压缩净化和深冷分离。如图 2-12 所示。

2.4.2　裂解及预分馏工艺

裂解及预分馏过程的任务是完成裂解反应，并将出裂解炉系统的产物进行粗分，分成：①裂解气，接近常温常压下为气体状态的裂解产物；②裂解汽油，轻组分含量相对较多的液体裂解产物；③裂解重油，重组分含量相对较多的液体裂解产物。

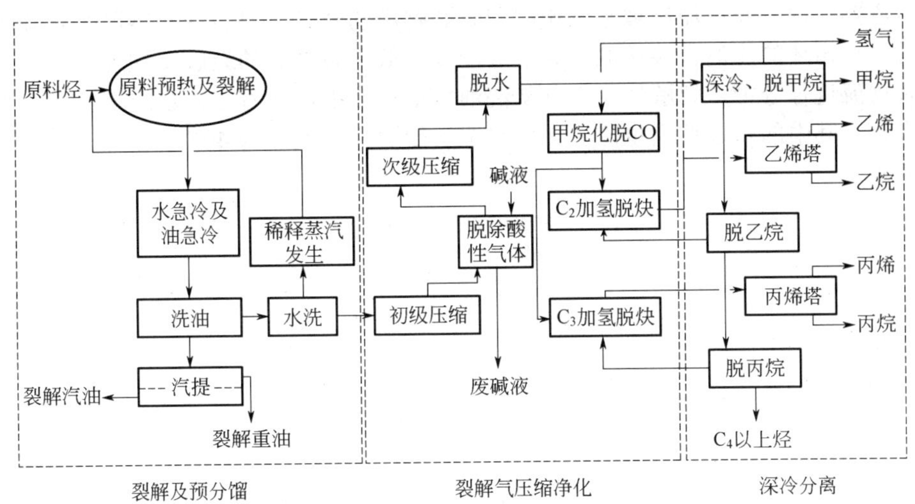

图 2-12　烃类热裂解制乙烯的方框流程图

2.4.2.1　裂解及预分馏工艺过程

（1）裂解反应过程

根据前期的分析，裂解反应过程需考虑如下问题：①裂解反应需要在高温（750℃以上）下进行；②原料中需加入水蒸气，以降低烃分压；③裂解原料在反应器中的停留时间要短。

基于此，要求裂解反应器不仅耐热温度要高，传热强度也要高，以保证在较短的时间内，将物料升高至需要的温度，同时要及时补充反应吸收了的热量。工业上用燃烧燃料的方式供热，所以裂解反应器也称作裂解炉。裂解炉包括三部分：①辐射段，也是炉膛，安置裂解炉管，管内发生裂解反应，管外燃烧燃料供热，热辐射传热；②对流段，回收烟气热量、预热原料等；③烟囱，排放烟气。

（2）急冷

为了抑制二次反应的发生，出裂解反应器的物料要迅速降温以抑制二次反应的发生。出裂解炉物料的温度较高，降温的同时要考虑热量回收，通常设急冷换热器，进行间接换热，回收出裂解炉物料的热量，并副产蒸汽。如果裂解用原料为石脑油、轻柴油等液体原料，则急冷换热器出口物料温度不能降得太低，因为温度太低后，裂解产物中沸点较低的重质组分就容易凝结，然后附着于急冷换热器的管壁上，降低急冷换热器的传热效果，增加物流的阻力。这种情况下，为了进一步降低出急冷换热器物料的温度，在其后设置油急冷器，用循环的冷油与裂解物料直接接触，使其进一步降温。

（3）预分馏过程

冷却后的裂解产物中含有水蒸气、气态烃、轻质液态烃和重质液态烃。利用各类物料沸程范围的不同和溶解性的不同首先对其进行粗分，此即为预分馏。不同的炉型，不同的原料，裂解及预分馏的流程不尽相同，但主要的部分接近。对于以液态轻烃为原料的裂解过程，裂解及预分馏的工艺流程见图 2-13。

原料烃与急冷油换热后进入裂解炉的对流段预热，预热后的原料烃与稀释蒸汽混合，再次进入对流段的下部，混合原料气化并进一步预热后进入辐射段。辐射段中，在外部燃料气

（和燃料油）燃烧供热的情况下，升温至 800℃以上发生热裂解反应。出裂解炉的反应产物进入急冷换热器管程，壳程加压被水汽化的同时裂解产物降温，出急冷换热器的裂解产物进入油急冷器，与循环的冷油直接接触，温度进一步降低。急冷后的裂解产物进入洗油塔，在洗油塔内对物流进行分馏，裂解气及水分从洗油塔塔顶流出，接着进入水洗塔，与冷水逆流直接接触降温，其中的水分被大量冷凝。出水洗塔的裂解气温度为 40℃左右，压力接近常压，送至压缩系统。

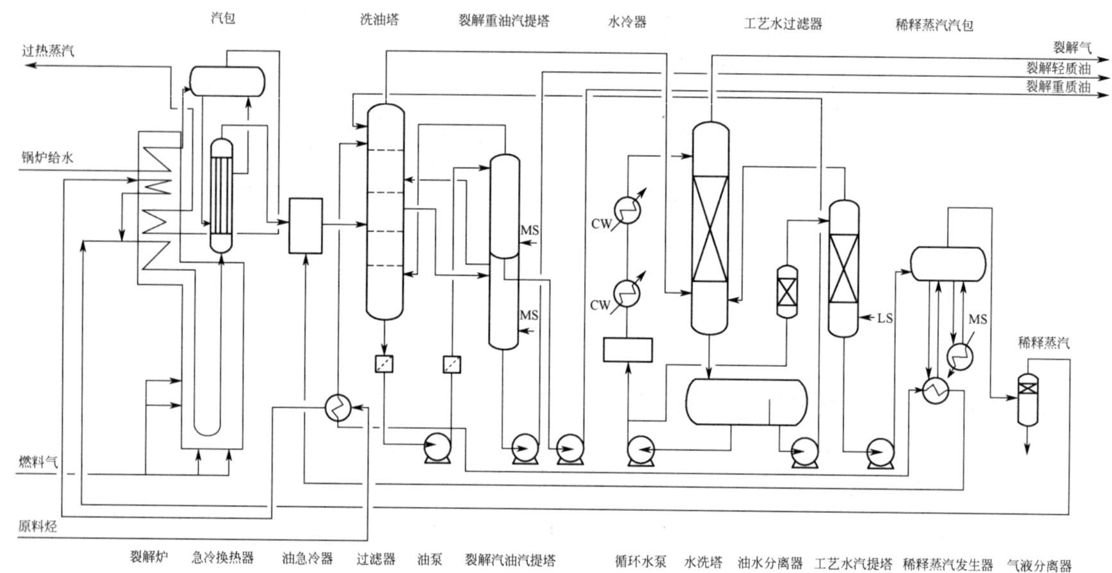

图 2-13　液态轻烃为原料裂解及预分馏的工艺流程

从洗油塔的中部采出轻质燃料油，塔釜出重质燃料油。裂解轻质油进轻质油汽提塔，提出其中夹带的轻烃和水分后作为裂解轻质油产品输出。洗油塔塔釜重质油经重质油过滤器过滤后，分为三股，第一股预热原料烃，并被降温后进入洗油塔，第二股用于产生稀释蒸汽的同时被降温后进入油急冷器，第三股进一步过滤后进入重质油汽提塔，汽提出夹带在其中的轻烃及水分后，作为裂解重质油产品输出。

水洗塔中冷凝下来的水及轻烃进入油水分离器，倾析分离，大部分水分冷却后循环返回水洗塔顶部，少部分水经汽提处理后汽化，作为稀释蒸汽返回裂解炉。

流程补充说明：①裂解生成的大分子物质全部进入重质燃料油中，其中部分物质黏度较高，不断积累可能造成管道或设备进出口堵塞，所以在重质油循环管路上设过滤器；②洗油塔侧线采出的轻质液态烃需经汽提分离其中的轻组分，一方面是为了回收轻组分，更主要的是保证其闪点不高于 75℃，以方便后面的安全运输及应用。

2.4.2.2　裂解炉

裂解炉是烃类裂解制乙烯的关键设备，乙烯工业的进步很大程度上是裂解炉的进步。市场占有率较高的有美国鲁姆斯公司开发的 SRT 型炉，美国斯通-韦波斯公司的超选择性 USC 炉，德国林德-西拉斯公司开发的 LSCC 裂解炉，美国凯洛格公司开发的超短停留时间 USRT 裂解炉，国际动力学技术公司开发的 GK 型裂解炉，等。

（1）SRT 型炉

美国鲁姆斯公司 1945 年开始进行乙烯工厂的研究和设计工作，最初采用炉管水平排列的裂解炉，随后为了提高传热强度，降低停留时间，并延长裂解炉寿命，将裂解炉管改成垂直悬挂，并于 1965 年正式投产第一台 SRT-Ⅰ（SRT，Short Residence Time）裂解炉。该炉型炉管均径，主要适用于乙烷的裂解。

SRT-Ⅰ型炉结构如图 2-14 所示。主体由裂解管和炉体两部分组成。炉膛外壳为钢结构，内砌耐火材料。辐射段由四组炉管组成，每组由 8 根 10m 左右的炉管组成，管径为 76～127mm。炉管通过上部回弯头的支耳，由弹簧吊架吊在炉顶。当炉管受热后，可通过炉底导向装置向下膨胀。烧嘴在炉墙两侧和炉底，即单排双面辐射。一般炉墙每侧有 4～6 排烧嘴，每排 8～11 个；炉底烧嘴沿两侧炉墙排列，每侧 8 个烧嘴。侧壁烧嘴只烧气体燃料，炉底烧嘴既可烧液态油也可烧燃料气。

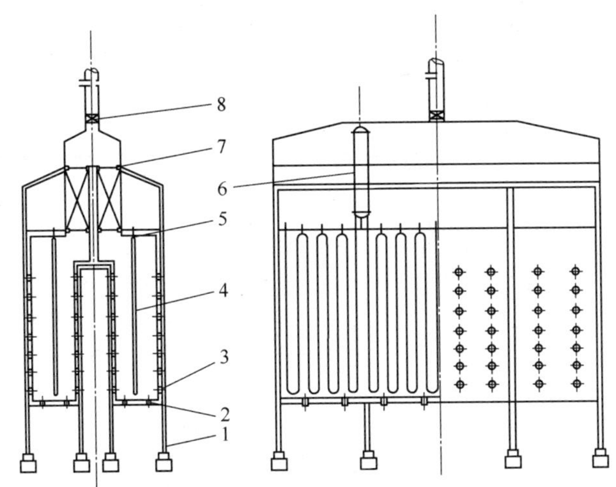

图 2-14　SRT-Ⅰ型炉结构示意图

1—炉体；2—底部烧嘴；3—侧壁烧嘴；4—裂解炉管；5—弹簧吊架；6—急冷换热器；7—对流段；8—引风机

随后鲁姆斯公司和日本三菱油化公司共同开发了 SRT-Ⅱ型炉，并于 1971 年用于 30 万吨/年的乙烯生产。SRT-Ⅱ型炉采用了变径、变程设计，炉管排列方式为 4211，进入反应器的物料急速升温，该炉型可用于石脑油的裂解。1973 年鲁姆斯公司又开发了 SRT-Ⅲ型炉，与 SRT-Ⅱ相比，该炉型采用了 HP-40 炉管（材料为 Cr25-Ni35），耐热温度达到 1100℃，炉膛操作温度可以达到 1320℃，可以进一步缩短停留时间，可用于轻柴油的裂解。1983 年前后，鲁姆斯公司又生产出 SRT-Ⅳ型裂解炉，把前两程炉管改成小口径炉管，增加了炉管数量，增大了传热面积，后程采用大直径单程炉管。炉管排列为 8421 或 8411，适用于从乙烷到轻柴油的各种裂解原料，并且乙烯的收率有所提高。随后的二十世纪八九十年代，鲁姆斯公司又先后开发了 SRT-V和 SRT-VI型炉，在炉管材料、炉管排列、炉管直径及炉膛烧嘴布置上做了进一步的改进，使得能量的利用更加合理，原料的适用性更加广泛。炉型及特征如表 2-13 所示。

其改进之处归纳为如下几点。

① 炉管入口分支由单根粗口径管转变为多根细口径管，增大传热面积，这样可使进口物料迅速升温。

② 炉管排列的程数逐步减少，管径逐渐变粗，延长了清焦的周期。

③ 裂解炉管选用更耐高温的材料，使操作温度可进一步提高。

SRT 型炉是目前世界上使用最多的裂解炉型。

表 2-13　鲁姆斯炉型的改进变化情况

炉型	SRT-Ⅰ	SRT-Ⅱ	SRT-Ⅲ
炉管排列			
开发时间	1953～1964 年	1972 年	1973～1974 年
程数	8	6	4
管长/m	80～90	60.6	51.8
管径/mm	75～133	1 程（64），2 程（96），3～6 程（152）	1 程（64），2 程（89），3～4 程（146）
表观停留时间/s	0.6～0.7	0.47	0.38
适用原料	乙烷到石脑油	乙烷到轻柴油	乙烷到重柴油
单台生产能力/（kt/a）	20～30	30～40	45～50
炉型	SRT-Ⅳ（HC）	SRT-Ⅳ（HS），SRT-V	SRT-VI
炉管排列			
开发时间	1984	1985～1987	1994～1999
程数	4	2	2
管长/m		21.9	21
管径/mm		1 程（41.6），2 程（116）	1 程（>50），2 程（>100）
表观停留时间/s		0.21～0.3	0.1～0.3
适用原料	乙烷到加氢尾油	乙烷到加氢尾油	乙烷到加氢尾油
单台生产能力/（kt/a）	30～60	30～60	50～100

注：HC 表示大容量；HS 表示高选择性。

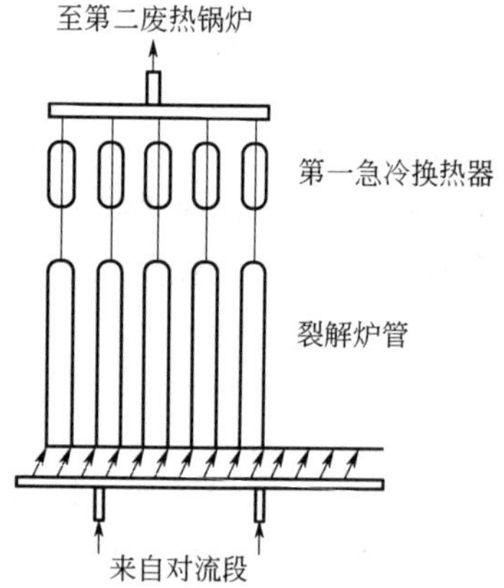

图 2-15　Kellogg 毫秒炉示意图

（2）LSCC 裂解炉

美国西拉斯公司是美国主要的裂解炉设计制造公司之一，1952 年开发了水平管式裂解炉，1967 年完成了立管式裂解炉的工业规模试验，1973 年在罗马尼亚建成了年产 20 万吨乙烯的生产装置。裂解原料为油田气至重质汽油，裂解炉出口温度为 780～850℃，物料的停留时间为 0.5～0.7s。二十世纪七十年代末，德国林德公司和美国西拉斯公司合作开发了 LSCC（Linde Selas Combined Coil）裂解炉，其外形和 SRT 炉类似，但炉管排列有自己的特色。LSCC 炉入口为 4 根小口径管，传热面积较大，有利于物料的迅速升温，然后两两合并，炉管变径，炉管先细后粗，有利于延长清焦周期。裂解炉具有停留时间短（0.2～0.4s）、裂解深度高和选择性好，以及对原料变化有较好的适应性等优点。

（3）USRT 型超短停留时间裂解炉

美国凯洛格公司也一直致力于开发乙烯裂解炉。1951 年即开始生产工业化产品。先后开发了几种炉型，有普通立式炉、三区型炉和超短停留时间裂解炉，最后开发出一种新型的超短停留时间 USRT 型裂解炉。超短停留时间裂解炉也称作毫秒炉，如图 2-15 所示。毫秒炉炉管为单程，停留时间只有 0.05～0.1s，对应的乙烯收率较高。表 2-14 为不同的裂解原料下毫秒炉与普通炉的乙烯收率对比，可见，无论什么原料，毫秒炉对应的乙烯收率都较高。毫秒炉的另一个优点是对原料的适用范围较广，SRT 型炉要求用 BMCI 小于 35 的原料，而毫秒炉可以裂解 BMCI 达到 37 的减压柴油。但毫秒炉的缺点是清焦周期短，因而生产能力较低。

表 2-14 普通炉和毫秒炉的单程收率 单位（质量分数）：%

组分	石脑油		轻柴油		重柴油	
	普通炉	毫秒炉	普通炉	毫秒炉	普通炉	毫秒炉
H_2	0.9	1.1	0.6	0.7	0.5	0.5
CH_4	15.8	14.9	10.0	9.0	9.0	8.2
C_2H_2	0.4	0.9	0.3	0.5	0.2	0.3
C_2H_4	28.6	32.2	24.4	27.0	19.5	21.6
C_2H_6	3.9	3.0	3.1	2.6	3.3	2.8
C_3H_4	0.7	1.3	0.5	0.9	0.3	0.6
C_3H_6	15.0	14.3	14.1	13.8	13.3	12.7
C_3H_8	0.4	0.3	0.5	0.6	0.6	0.6
C_4H_6	4.4	5.6	5.4	6.2	4.8	5.9
C_4H_8	4.2	3.8	5.2	5.5	5.0	4.9
C_4H_{10}	0.5	0.4	0.1	0.1	0.1	0.1
C_5～200℃馏分	21.7	18.9	15.5	15.9	15.9	17.1
燃料油	3.5	3.3	20.3	17.2	27.5	24.7
总计	100	100	100	100	100	100

（4）CBL 炉

在中国石化总公司的组织领导下，在研究裂解反应原理和消化国外裂解技术的基础上，于 1984 年开发出了 CBL-Ⅰ型裂解炉，并于 1988 年 11 月在辽化公司化工一厂建成了 1 台 2 万吨/年乙烯的工业试验炉，之后又相继开发了 CBL-Ⅱ型、CBL-Ⅲ型、CBL-Ⅳ型、CBL-V型和 CBL-VI型裂解炉，并应用到了工业化生产中。

2.4.2.3 急冷换热器

急冷换热器也是裂解及预分馏部分的重点设备，也称作输送管线换热器（TLE 或 TLX，Transfer Line Heat Exchanger）。急冷换热器和汽包所构成的蒸汽发生系统称为急冷锅炉，该系统的作用是急冷裂解物料终止二次反应，并回收热量产生蒸汽。由于降温需要过程，所以二次反应不可避免会发生，因而在此会结焦、生炭。同时，如果操作温度太低，则裂解气中的高沸点组分容易凝结而附着在换热器管壁上，进一步加速结焦过程。

急冷换热器需具备以下性能：①结焦少，操作周期长，清焦方便；②短时间内对裂解气进行迅速降温；③设备运行可靠、安全；④体积小、结构简单、便于维修；⑤造价低且原料适应性强。

急冷换热器常采用管壳式或套管式，管程或内管走裂解气，压力为 0.1MPa 左右，壳程或外管走加压热水，压力为 7.85～11.77MPa。热负荷重，管内外均需承受较高的温度差和压力差。设计的难点之一是设备入口处温差较大，容易因热应力导致设备结构破坏。另一个难点是如何将裂解气均匀地分布到众多的换热管中，使不同的列管尽可能以相近的速度结焦。现在常用的急冷换热器有德国斯密特（Schmidt）公司的 Schmidt 型双套管式急冷换热器，德国 Prima Borsig 公司设计制造的固定管板管壳式换热器（Borsig 型），日本三菱重工和三菱油化联合开发的 M-TLX 型急冷换热器，美国福斯特-惠勒公司的直接蒸汽发生器（DSG 型，Direct Steam Generator），美国斯通-韦伯斯公司开发的 USX 型急冷换热器，等。

2.4.2.4 裂解炉及急冷换热器的结焦与清焦

裂解炉和急冷换热器的结焦是烃类裂解生产乙烯过程的一个重要问题。

（1）结焦的原因

结焦的原因包括：①二次反应的析炭过程；②二次反应的成焦过程；③高沸点组分在炉壁的凝聚过程。前两种是裂解炉里结焦的主要过程，后面一种是急冷换热器结焦的主要过程。焦的主要成分是炭及大分子的碳氢化合物。

（2）结焦的后果

结焦会产生如下后果：①影响传热效果，降低传热强度，并增加能耗；②降低反应的温度，进而降低烯烃的收率；③增加物流的流动阻力；④出急冷换热器物料温度升高，后续的冷却负荷增加。

裂解炉运行一段时间后就需要清焦，前述结焦的后果可以作为判断是否需要清焦的依据。具体包括：①物料经过裂解炉或急冷换热器的阻力降增大到一定的值；②在控制反应温度一定的情况下，燃料消耗量增大到一定值；③急冷换热器出口的温度升高到一定值。

原料不同，清焦周期不同，一般地，原料越重，清焦周期越短。

（3）清焦的方法

可以利用化学反应清除，也可以用物理方法清除。

① 化学清焦

化学清焦包括空气-蒸汽清焦和纯蒸汽清焦。

空气-蒸汽清焦，利用空气燃烧的方法将炭及碳氢化合物燃烧成二氧化碳 $C+O_2 = CO_2$，$C_mH_n+\frac{4m+n}{4}O_2 = mCO_2+\frac{n}{2}H_2O$，或一氧化碳 $C+\frac{1}{2}O_2 = CO$，$C_mH_n+\frac{2m+n}{4}O_2 = mCO+\frac{n}{2}H_2O$。燃烧反应放热，单纯加入空气容易使炉管超温，加入蒸汽，发生吸热反应 $C+H_2O = CO+H_2$，$C_mH_n+mH_2O = mCO+\frac{2m+n}{2}H_2$，清焦的同时可以起到控制炉管温度升高的作用，此法最为常用。

纯蒸汽清焦就是控制温度在较空气-蒸汽清焦高200℃左右的情况下，利用炭或碳氢化合物的蒸汽转化反应进行清焦。

② 物理清焦

物理清焦包括水力清焦和机械清焦。水力清焦通常是用高压水枪将高压水射入炉管内除焦。机械清焦就是直接用器械将附着在管壁的焦、炭等刮下来，用于清除水力清焦除不掉的刚硬存焦。实际过程可能会将几种方法结合使用。

2.4.2.5 裂解及预分馏的工艺条件和过程控制

（1）操作压力及稀释比

反应过程的烃分压由操作压力和稀释比决定。裂解炉出口压力（绝压）通常控制在0.15～0.21MPa之间。太高会影响烃分压，太低则不易克服系统阻力。

稀释比，即水蒸气与原料烃的质量比。稀释比增大，烃分压减小，有利于提高烯烃选择性和抑制结焦、积炭。但稀释比越大，过程的能耗越高，过程的操作负荷越重，所以稀释比要适中。原料不同，稀释比通常控制在不同的范围。原料越轻，越不容易结焦，稀释比越小。表2-15为不同原料常选的稀释比。

表2-15　不同裂解原料常选择的稀释比

裂解原料	氢含量（质量分数）/%	稀释比	裂解原料	氢含量（质量分数）/%	稀释比
乙烷	20	0.25～0.4	石脑油	14.5左右	0.5～0.8
丙烷	18.5	0.3～0.5	轻柴油	13.5左右	0.75～1.0

（2）裂解炉出口温度和停留时间

裂解炉出口温度（COT）的选择也与原料有关，原料越轻，需要的裂解温度越高。一般地，轻柴油及更轻的原料，裂解温度在 800℃以上。对于同一种原料，裂解温度需要与停留时间相匹配。温度越高，停留时间需要越短，普遍的趋势是高温、短停留时间，停留时间大多在 0.5s 以下。

高温和短的停留时间需要有合理的炉管系统和加热系统来保证。

（3）横跨温度

横跨温度，即原料气由对流段进入裂解段的温度。不同的原料，因反应温度不同，其横跨温度也有所不同。原料越轻，横跨温度越高。表 2-16 为不同裂解原料常选择的横跨温度。

表 2-16　不同裂解原料常选择的横跨温度

原料	横跨温度/℃	原料	横跨温度/℃
乙烷	680	石脑油	590
丙烷	630	减压柴油	540
液化石油气	620	加氢尾油	540

（4）过程控制

热裂解反应过程主要控制原料流量（停留时间）、稀释比及裂解深度。原料流量直接调控；稀释比根据原料烃的流量值，从而调节蒸汽的流量来实现；裂解深度通过改变反应的温度来控制，而反应温度通过调节燃料气的流量来实现。裂解深度常用丙烯和乙烯的质量比 $m_{C_3^=}/m_{C_2^=}$ 来表征，通过改变 COT 来调控。即由测得的 $m_{C_3^=}/m_{C_2^=}$ 确定 COT 的设定值，然后通过调节燃料气的流量来控制 COT。控制方案如图 2-16 所示。

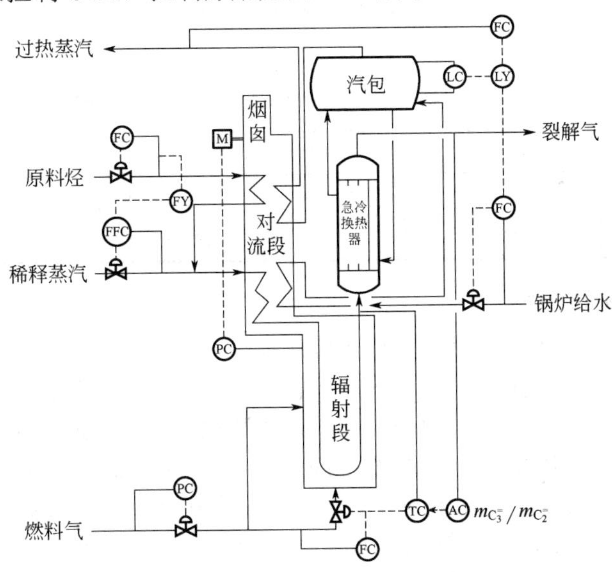

图 2-16　裂解炉的一种工艺参数控制方案

（5）其他工艺条件

裂解气出水急冷换热器的温度与原料有关，原料越重，出口的温度越高，轻柴油通常为 500℃左右，这是自然平衡的结果。清焦过后，换热器的换热效果较好，出急冷换热器的裂解气温度较低，但由于裂解气与高压冷水管的水冷壁接触，其中的部分高凝固点物质会冷凝，并附着在水冷壁上，使传热效率下降，出急冷换热器的裂解气温度就会快速上升，直至出口温度高于裂解气的露点温度，水冷壁结焦度变化缓慢，出口裂解气温度的变化也减小。图 2-17

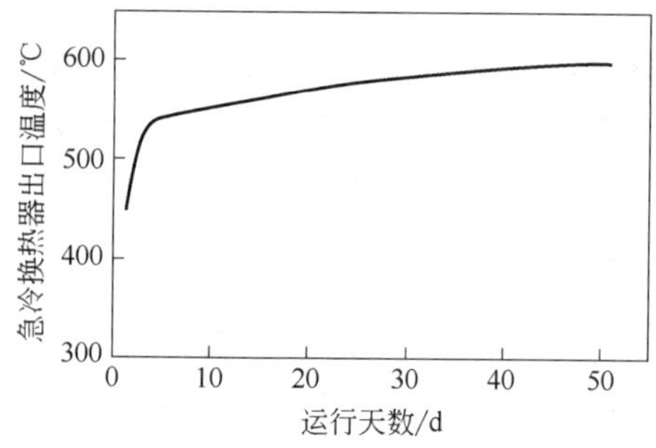

图 2-17 轻柴油裂解急冷换热器出口温度与运行天数的对应关系示意图

为轻柴油裂解急冷换热器出口温度与运行天数的对应关系。

其他点的温度。油急冷器出口裂解气的温度可降至 200～300℃。洗油塔出口气体温度控制在110℃左右，保证其中只含有水蒸气和裂解汽油以下的轻组分，洗油塔塔釜温度的上限受急冷油热稳定温度限制（轻柴油 320～340℃），超过此温度容易发生聚合使急冷油循环使用的次数下降。水洗塔温度取决于冷却水或空冷的条件，出口裂解气的温度一般控制在 40℃左右，保证其中的水分尽量多地冷凝。

2.4.3 裂解气的压缩及制冷

预分馏之后的裂解气中除含有乙烯、丙烯及丁二烯等有效成分外，还含有 CO、CO_2、H_2S、炔烃、水分及 $C_4'S$ 以上较重的组分，需要对其进行净化及分离操作。出裂解及预分馏系统的裂解气压力较低，但后续的分离以及杂质气体的脱除需要在加压下进行，所以要对出预分馏系统的裂解气进行压缩。各种低碳烃之间的分离，最有效的方法是精馏。由于被分离组分的沸点较低，所以对其进行精馏分离，除了压缩，还需要制冷降温。压力越高，制冷的温度越高，压力越低，制冷的温度越低。裂解气分离系统常采用的压力、温度条件及对应的特点如表 2-17 所示。压力升高也有利于干燥脱水过程的进行。整体而言，选择 3.6MPa 压力等级的较多。

表 2-17 裂解气精馏分离常选压力、温度及特点

最高压力/MPa	最低温度/℃	压缩功耗	冷功耗	相对挥发度	材质要求
3.6 左右	−98 左右	相对大	相对小	相对小	相对低
0.6 左右	−130 左右	相对小	相对大	相对大	相对高

2.4.3.1 裂解气的压缩

基于下述两方面的原因，裂解气采用多段压缩。

① 节约压缩功耗。压缩机压缩过程接近绝热压缩，功耗大于等温压缩，若把压缩分为多段进行，段间冷却降温，可节省部分压缩功，段数愈多，愈接近等温压缩。

② 避免裂解气温度升高太多。温度太高，裂解气中的烯烃，特别是二烯烃会发生聚合，生成的聚合物沉积在压缩机内，严重危及操作的安全性。为避免聚合反应的发生，要求以轻柴油或石脑油为原料的裂解气，在压缩机进口温度为 40℃左右的情况下，出口温度<95℃；以轻质烃为原料的裂解气，在压缩机进口温度为 40℃左右的情况下，出口温度<110℃。而裂解气在压缩过程温度会升高，为了避免超过其许可的温度，采用多段压缩，段间冷却降温。

分离过程的压力选择 3.6MPa 时，出裂解及预分馏系统的裂解气设五段压缩完成。各级间设冷却器及分离罐（吸入罐）。如图 2-18 所示。为了防止压缩机喘振，三段出口物流部分返回一段入口，五段出口物流部分返回四段入口。出五段的裂解气用丙烯制冷降温至 15℃左右，使其中饱和的大量水冷凝并分离，以降低后续干燥过程的负荷。

压缩某轻烃为原料制得的裂解气，对应的各段进出口条件见表 2-18。

表 2-18　某轻烃为原料裂解气压缩各段条件

段数	一段	二段	三段	四段	五段
进口温度/℃	38	34	36	37.2	38
进口压力/MPa	0.13	0.245	0.492	0.998	2.028
出口温度/℃	87.8	85.6	90.6	92.2	92.2
出口压力/MPa	0.260	0.509	1.019	2.108	4.125
各段压缩比	2.0	2.08	2.07	2.11	2.04

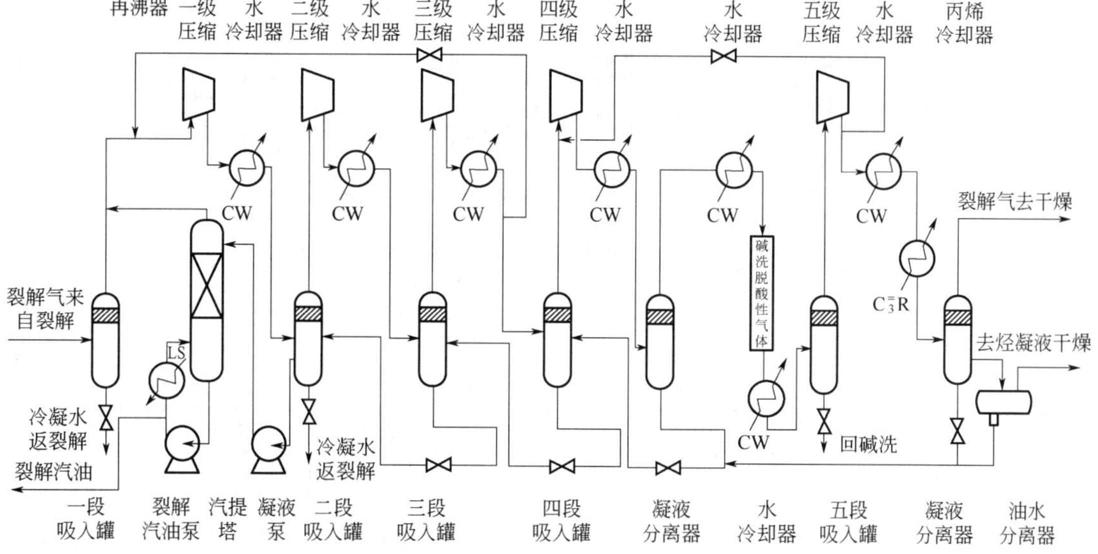

图 2-18　裂解气五级压缩流程图

2.4.3.2　制冷

甲烷、乙烯、丙烯等的分离过程需要在加压的同时降温，最低降至－100℃以下。这需要通过制冷剂的制冷循环来实现。裂解系统所用制冷剂即为本系统的产品，制冷剂及性质见表 2-19。

表 2-19　裂解气分离用制冷剂及性质

制冷剂	沸点/℃	凝固点/℃	蒸发潜热/（kJ/kg）	临界温度/℃	临界压力/MPa
丙烷	－42.07	－187.69	426.22	96.81	4.26
丙烯	－47.70	－185.25	437.94	91.89	4.61
乙烷	－88.63	－183.27	489.86	32.27	4.88
乙烯	－103.71	－169.15	482.74	9.20	5.04
甲烷	－161.49	－182.48	509.37	－82.50	4.64

丙烯的常压沸点为－47.70℃，可作为－40℃温度级的制冷剂；乙烯的常压沸点为－103.71℃，可以作为－100℃温度级的制冷剂。当需要的温度更低时，可以选择甲烷作为制冷剂。

为了合理利用能量，常采用多级节流及多级压缩的制冷循环过程。如图 2-19 所示为丙烯制冷剂的压缩循环流程图。将压缩至 1.6MPa、冷凝为液体的丙烯逐级节流为 0.9MPa、0.5MPa、0.26MPa 和 0.14MPa，相应得到 16℃、－5℃、－24℃和－40℃四个不同温度级的制冷剂。

2.4.4　裂解气的净化

出裂解及预分馏系统的裂解气的典型组成见表 2-20。净化需脱除的成分包括：CO、CO_2、

H_2S、炔烃、水分。其中的 CO_2、H_2S 和水分既影响后续的烃类分离操作，也与 C_1、C_2 及 C_3 烃类的性质差别较大，所以首先被净化脱除；炔烃，包括 C_2 炔烃及 C_3 炔烃的脱除则和 C_1、C_2 及 C_3 烃类的分离过程结合进行；CO 对低碳烃类的分离过程影响较小，且其沸点较低，分离过程中容易富集于氢气中，所以在氢分离后再脱除。

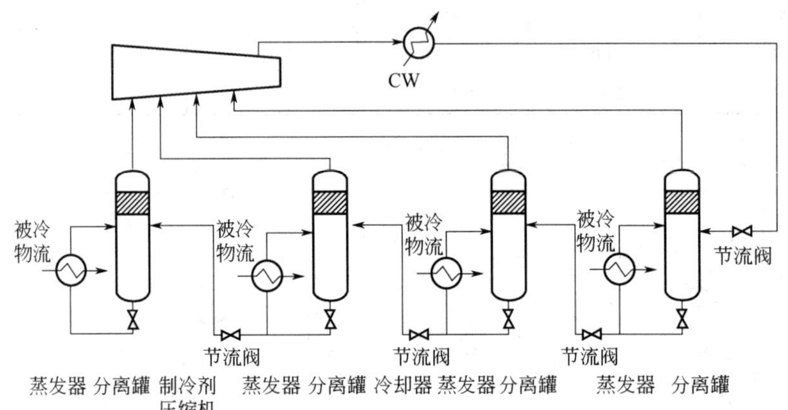

图 2-19 丙烯制冷剂压缩循环流程图

表 2-20 裂解气的典型组成

裂解原料		乙烷	轻烃	石脑油	轻柴油	减压柴油
转化率/裂解深度		65%		中深度	中深度	高深度
组成（摩尔分数）/%	H_2	34.00	18.20	14.09	13.18	12.75
	$CO+CO_2+H_2S$	0.19	0.33	0.32	0.27	0.36
	CH_4	4.39	19.83	26.78	21.24	20.89
	C_2H_2	0.19	0.46	0.41	0.37	0.46
	C_2H_4	31.51	28.81	26.10	29.34	29.62
	C_2H_6	24.35	9.27	5.78	7.58	7.03
	C_3H_4		0.52	0.48	0.54	0.48
	C_3H_6	0.76	7.68	10.30	11.42	10.34
	C_3H_8		1.55	0.34	0.36	0.22
	$C_4'S$	0.18	3.44	4.85	5.21	5.36
	$C_5'S$	0.09	0.95	1.04	0.51	1.29
	C_6～204℃馏分		2.70	4.53	4.58	5.05
	H_2O	4.36	6.26	4.98	5.40	6.15
	平均分子量	18.89	24.90	26.83	28.01	28.38

注：$C_4'S$ 为所有 C_4 物质的总和；$C_5'S$ 为所有 C_5 物质的总和。

2.4.4.1 脱除酸性气体（H_2S 和 CO_2）

裂解气中的 H_2S 和 CO_2 一般被称作酸性气体，是首先选择被脱除的杂质成分。H_2S 主要来源：气体裂解原料带入的 H_2S；气体或裂解原料中所含的硫化物在高温氢解生成的 H_2S。CO_2 主要来源：气体裂解原料带入的 CO_2；结炭与水蒸气反应生成的 CO_2；当裂解炉中有氧进入时，氧与烃类反应生成 CO_2。

H_2S 对裂解气净化及分离用设备和管道有腐蚀作用，并能使干燥用分子筛吸附剂寿命缩短，还能使加氢脱炔用催化剂中毒。CO_2 在深冷操作中能结成干冰，堵塞设备和管道，影响分离过程的正常进行。酸性气体对于乙烯和丙烯的进一步利用也会产生很大的影响，所以要及早将其脱除。裂解气中的酸性气体的摩尔分数一般为 0～0.4%，脱除后一般要求 H_2S 和 CO_2 分别降至 $1mg/m^3$ 以下和 $1\mu mol/mol$ 以下。

裂解气脱除酸性气体可以采用无机碱氢氧化钠吸收法和有机碱醇胺吸收法，二者均为化学吸收过程，区别主要有如下几点。

① 氢氧化钠与酸性气体的反应过程接近不可逆，所以对应的气相中酸性气体的平衡分压较低，酸性气体脱除较为彻底，但吸收液不易再生；醇胺，包括一乙醇胺和二乙醇胺，与酸性气体的反应为可逆反应，所以对应的气相中酸性气体的平衡分压稍高，酸性气体脱除不是很彻底，但吸收液可以再生循环利用，解吸出来的二氧化碳和硫化氢也可以再利用。

② 醇胺溶液碱性较弱，吸收液的 pH 值容易因吸收了酸性气体而下降，对设备有腐蚀作用，所以对设备材质的耐腐蚀性要求更高。

③ 醇胺容易与丁二烯等双烯烃反应，会导致双烯烃的损失。

总体而言，酸性气体含量较低时直接用氢氧化钠碱洗法脱除，如果酸性气体含量较高，可以先用醇胺吸收法脱除大量酸性气体，后面再用氢氧化钠碱洗法彻底脱除少量的酸性气体。

大多数裂解过程酸性气体的含量较低，直接用氢氧化钠吸收法即可。氢氧化钠吸收酸性气体的反应如式（2-30）、式（2-31）。

$$CO_2+NaOH \longrightarrow NaHCO_3 \tag{2-30}$$

$$H_2S+NaOH \longrightarrow NaHS+H_2O \tag{2-31}$$

加压吸收有利于降低气相中酸性气体的含量，但加压会增加相应设备的耐压等级，进而增加投资及运行成本。对于前述的裂解气五段压缩过程，通常将酸性气体的脱除设置在三段或四段压缩之后，压力在 1.0～2.0MPa 之间。

为保证净化气中酸性气体的含量满足要求，也为了充分利用碱液，一般选两段或三段碱洗，裂解气从碱洗塔的下部进入，氢氧化钠溶液从每一段的顶部进入，二者逆流接触完成吸收过程。在吸收塔的下部，酸性气体的浓度较高，如果与其接触的碱液浓度太高，容易生成高浓度的 $NaHCO_3$ 并结晶析出，影响吸收过程的进行；在吸收塔的上部，如果氢氧化钠的浓度太低，则对应的裂解气中酸性气体的浓度不能满足要求，所以碱液的浓度从下至上逐渐升高，不同浓度的碱液通过循环泵在每一段内循环。新鲜碱液连续补充至最上段，碱度降低的碱液逐级补充至下一段。出碱洗段的裂解气再经一段水洗，以除去其中夹带的碱液，防止将碱液带入裂解气压缩机，塔釜连续排出废碱液。图 2-20 为碱洗脱除酸性气体的流程图。

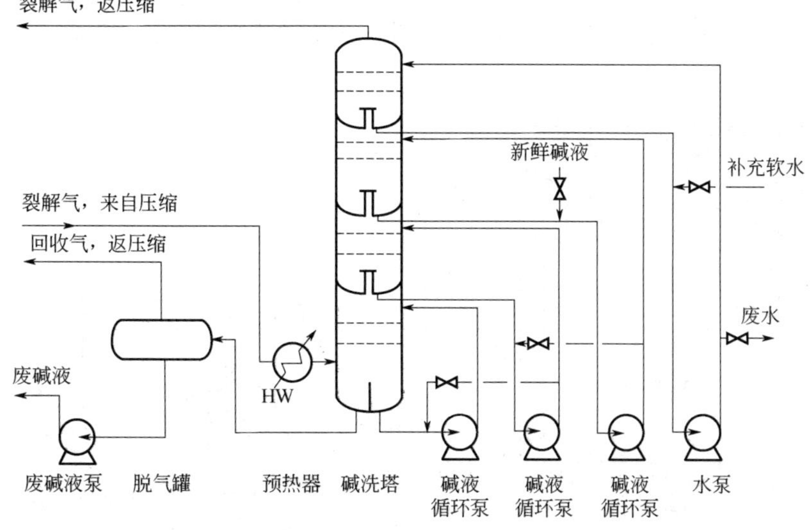

图 2-20　裂解气三段碱洗脱除酸性气体流程

某工艺从下至上碱液的质量分数分别为1%～3%，5%～7%和10%～15%。补充的新鲜碱液的质量分数为20%～30%。

吸收过程，碱液的温度要控制在适当的范围内，40～50℃之间。温度太高，烯烃，特别是二烯烃容易聚合，同时吸收液对设备的腐蚀性增强；温度太低，则裂解气中的重组分会冷凝。两种过程都会使得吸收液乳化，影响吸收过程的正常进行。即使在常温操作条件下，在有碱液存在时，裂解气中的不饱和烃仍会发生聚合，生成的聚合物聚集于塔釜。这些聚合物为液体，但遇空气后形成黄色固体，通常称为黄油。为防止黄油堵塞管道，需将其定期排出处理。

由于 H_2S 与 NaOH 的反应速率比 CO_2 和 NaOH 的反应速率快得多，所以 CO_2 的吸收为控制过程。可以重点监控出系统裂解气中 CO_2 的浓度。

2.4.4.2 脱水

裂解气中会有饱和水蒸气，而低温、高压下水与烃类物质会结合生成烃的水合物结晶，如 $CH_4 \cdot 6H_2O$、$C_2H_6 \cdot 7H_2O$、$C_3H_8 \cdot 8H_2O$ 等，这些水合物会积累堵塞管道。如图2-21所示为裂解气中各组分水合物凝固的温度和压力。裂解气被加压到4.0MPa左右时，乙烯的水合物在14℃左右会结晶；温度低于5℃时，4.0MPa以上，烃类物质的水合物几乎都会结晶。所以为避免这类水合物结晶堵塞管道和设备，在深冷分离之前，一定要将水分脱除，而且要脱除到1μmol/mol以下。裂解气中的含水量为对应温度和压力下的饱和含水量，温度越低，压力越高，含水量越低。为了减小干燥脱水的负荷，脱水过程设置在压缩五段出口，而且由丙烯制冷剂冷却至15℃左右，在保证不形成水合物结晶的情况下，最大限度地让其中的水分冷凝，并分离掉。通常裂解气压缩五段出口的压力为3.5～4.0MPa，经冷却至15℃左右，并经过分离罐分离后，其中的水含量在500～700μmol/mol之间。工业上分离烃类混合物中的少量水，通常用物理吸附的方法，吸附剂选择A型分子筛或活性氧化铝。A型分子筛作为裂解气脱水剂具有如下优点：①低湿度吸附容量大；②选择性较好，A型分子筛极性较强，所以对水分子的吸附性远大于对其他烃类的吸附性，这样不仅减少了烃类的损失，而且延长了吸附剂的寿命；③低温下，A型分子筛的饱和吸附量随温度的升高变化较小。

裂解气脱水通常选用3A分子筛，双塔干燥流程如图2-22所示。一系列塔干燥，一系列塔再生。干燥时裂解气从干燥塔上部进入，脱水后从下部出去进入冷箱，进行随后的脱甲烷操作。再生时，再生用甲烷气体，经蒸汽加热调节到一定温度后从塔的下部进入，对吸附了水的3A分子筛进行再生，再生气从塔的顶部流出，冷却分水后送入燃料系统作燃料用。

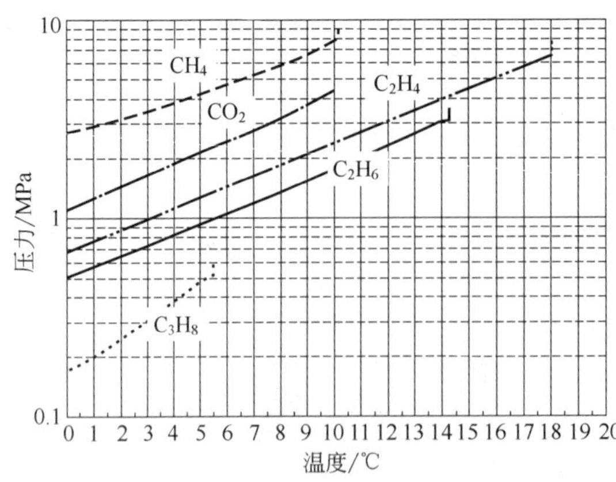

图2-21 裂解气中各组分水合物凝固的温度和压力

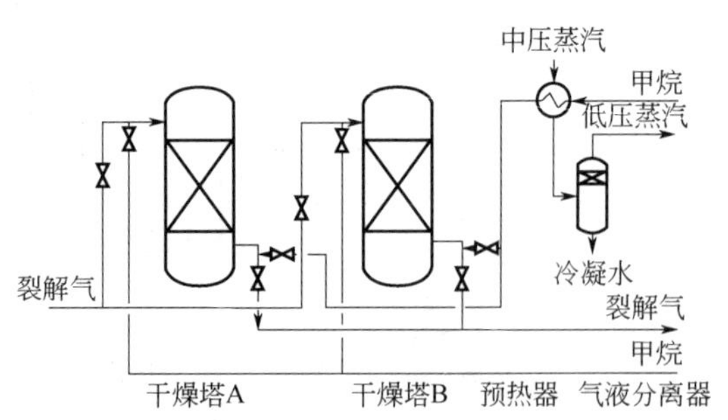

图2-22 裂解气双塔干燥流程示意图

低温、3.6MPa 左右的裂解气进入塔进行吸附脱水；200℃以上、接近常压的甲烷气体对饱和后的分子筛进行再生。

2.4.4.3 脱除炔烃

（1）概述

炔烃是在裂解反应过程中产生的，主要包括 C_2 炔烃（乙炔）以及 C_3 炔烃［丙炔和丙二烯混合物（MAPD，Methylacetylene and Propadiene Mixture）］等。乙烯和丙烯中含有的炔烃往往对其衍生物的生产不利，可能导致催化剂中毒，可能恶化产品质量，可能形成不安全因素，可能产生一些不希望有的副产品。因此，大多数乙烯和丙烯衍生物的生产均对原料烯烃中的炔烃含量提出严格的要求，通常乙烯产品中乙炔的含量要求低于5μmol/mol，丙烯中的丙炔含量要求低于 5μmol/mol，丙二烯含量要低于 10μmol/mol。

炔烃的物理性质和烯烃、烷烃相似，与其他杂质成分相比，炔烃的脱除难度相对较大。已有的炔烃脱除方法有催化加氢法、溶剂吸收法和精馏分离法，溶剂吸收和精馏分离法均可以在脱除炔烃的同时将其回收，但二者的实施难度较大，实施成本较高。在炔烃含量不是很高的情况下，催化加氢法是首选，也是现在普遍采用的脱炔方法。即在催化剂的作用下，使裂解气中的炔烃选择性加氢转化为烯烃。

由于选择性的问题，不适宜在一套反应系统中同时完成 C_2 炔烃和 C_3 炔烃的转化，需要分别进行 C_2 炔烃和 C_3 炔烃的脱除。这样，炔烃的脱除和裂解气的分离过程要结合进行。表 2-21 给出裂解气中部分成分的常压沸点。可见，C 原子数相同的物质沸点相近。所以在裂解气的分离过程中，乙炔容易富集于 C_2 馏分中，丙炔和丙二烯容易富集于 C_3 馏分中。

表 2-21　裂解气中部分成分的常压沸点

物质	主要成分	常压沸点/℃	物质	主要成分	常压沸点/℃
C_0	H_2	−252.8	C_3	C_3H_8 C_3H_6 C_3H_4（丙二烯） C_3H_4（丙炔）	−42.1 −47.7 −34.5 −23.3
C_1	CH_4	−161.5	C_4	C_4H_{10} C_4H_6 C_4H_8（1-丁烯） C_4H_8（2-丁烯）	−0.5 −4.5 −6.3 1
C_2	C_2H_6 C_2H_4 C_2H_2	−88.6 −103.7 −83.8			

裂解气中含有大量氢气，这可以作为炔烃加氢的氢源，那么是分离之前加氢脱炔，还是分离之后再加氢脱炔呢？工业上有前加氢和后加氢之分。前加氢就是指在裂解气中的氢气还没有分离之前，就进行加氢脱炔处理，后加氢就是将裂解气分离之后，再将分离出的氢气引入 C_2 和 C_3 组分中，对其进行加氢脱炔处理，前加氢和后加氢的优缺点见表 2-22。

表 2-22　前加氢、后加氢比较

工艺	优点	缺点
前加氢（主要控制脱除 C_2 炔烃）	工艺相对简单	氢炔比不易调整，加氢选择性相对低，操作稳定性差
后加氢	氢炔比容易控制，加氢选择性较高，催化剂寿命长，操作相对稳定	C_2 中氢含量较高，增加乙烯、乙烷的分离成本

加氢脱炔结合烃类分离可以组合出多种流程，目前应用较多的有：①顺序分离后加氢流程；②前脱乙烷前加氢流程；③前脱丙烷前加氢流程。对应的分离-脱炔流程如图 2-23～图 2-25 所示。

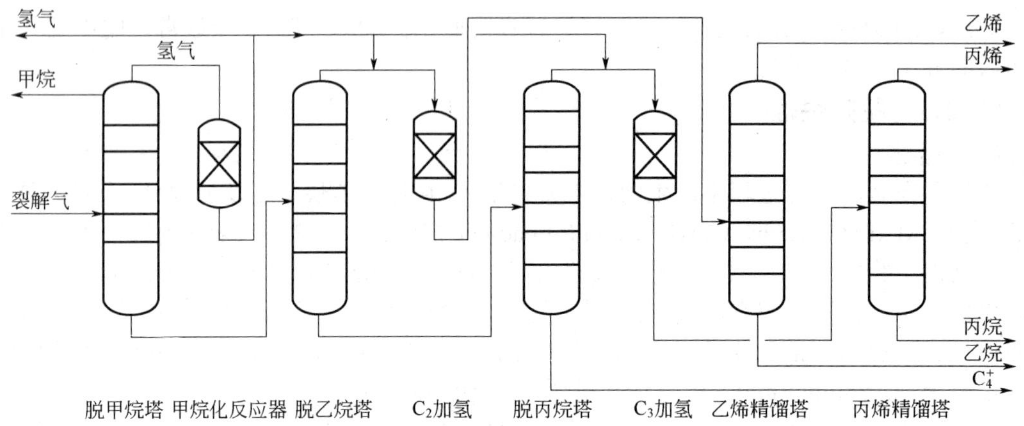

图 2-23　裂解气顺序分离后加氢流程示意图

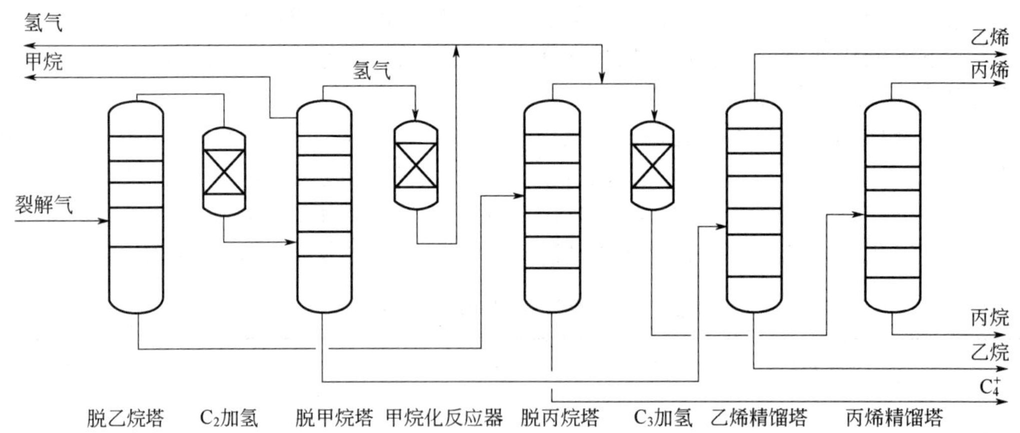

图 2-24　裂解气前脱乙烷前加氢分离流程示意图

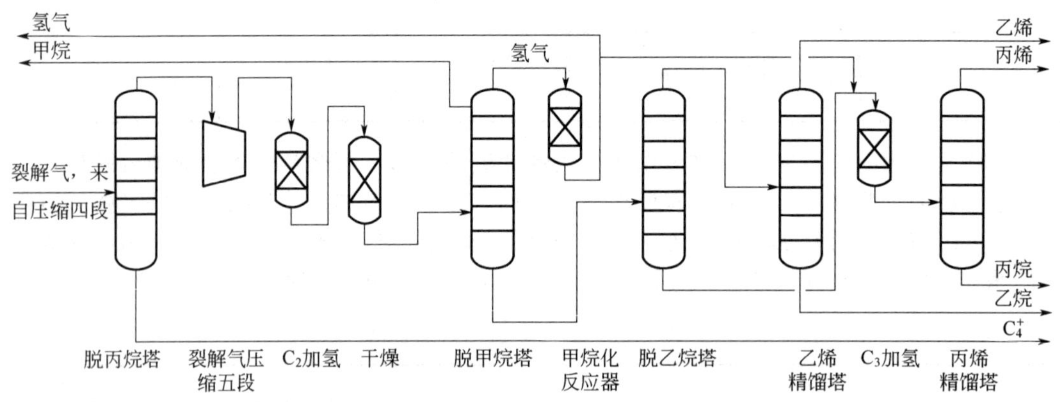

图 2-25　裂解气前脱丙烷前加氢分离流程示意图

顺序分离后加氢流程是将裂解气由轻到重分离，然后将分离得到的氢气分别引入 C_2 和 C_3 中进行脱炔处理，然后再进一步分离各组分。前脱乙烷前加氢工艺是首先将裂解气在脱乙烷塔中分成 C_2^- 和 C_3^+，而后利用裂解气中的氢气脱除 C_2^- 中的乙炔，最后再对其进行逐级分离，该工艺比较适用于 C_3 以上组分含量较高的情况。前脱丙烷前加氢工艺，首先在脱丙烷塔中将裂解气分为 C_3^- 和 C_4^+，而后利用裂解气中的氢气脱除 C_3^- 中的乙炔，再将 C_3^- 由轻到重分离，并利用分离出的氢气对 C_3 进行脱炔处理。该分离工艺适用于 C_4 以上组分含量较高的情况。三者相比较，各有利弊，根据裂解气的成分综合考虑后选择。其中的顺序分离后加氢流程应用较多。后面主要针对顺序分离后加氢脱炔工艺进行讲述。

三种分离脱炔流程中的甲烷化反应器是用来脱除混在 H_2 中的 CO 的，在镍系催化剂上发生气固相催化反应，$CO+3H_2 = CH_4+H_2O$。

在前脱丙烷前加氢工艺中，由于丙烷相对容易液化，所以 C_3^- 和 C_4^+ 分离的操作压力可以适当降低，脱丙烷塔设置在裂解气四段压缩之后、五段压缩之前，可以减少 C_4^+ 组分的压缩功消耗。

（2）C_2 加氢脱炔

对于顺序分离后加氢工艺而言，C_2 加氢脱炔即在催化剂的作用下，将乙烯、乙烷和乙炔混合物中的乙炔加氢反应转化成乙烯。控制得当，可以在将乙炔脱除至 1μmol/mol 以下的同时，增加乙烯的产出量。

① C_2 加氢脱炔工艺。C_2 加氢脱炔的反应如式（2-32）～式（2-34）所示。

主反应： $C_2H_2+H_2 = C_2H_4 \qquad \Delta H_{R,500K} = -179.66\text{kJ/mol}$ （2-32）

副反应： $C_2H_2+2H_2 = C_2H_6 \qquad \Delta H_{R,500K} = -320.23\text{kJ/mol}$ （2-33）

$mC_2H_2+nC_2H_4 \longrightarrow$ 低聚物（绿油） （2-34）

C_2 加氢脱炔的催化剂常选 Pd 系，活性组分是金属 Pd，负载于 α-Al_2O_3 载体上。

C_2 加氢脱炔，在固定床反应器中进行，发生的是气固相催化反应。反应可以在等温下进行，也可以在绝热下进行，绝热过程相对简单，采用相对较多。由于反应放热，所以绝热下反应时，体系温度会升高，温度太高，烯烃、炔烃聚合反应速率加快，形成绿油量增加。绿油会附着于催化剂表面，使其失活，所以为了使反应温度不至于太高，常采用多段绝热床，段间用冷却水给物料降温。C_2 加氢脱炔有产品脱炔和全馏分脱炔两种流程，其中的产品脱炔流程如图 2-26 所示。脱乙烷塔的塔顶产品补入氢气后，先与出加氢反应器的物料换热升温，

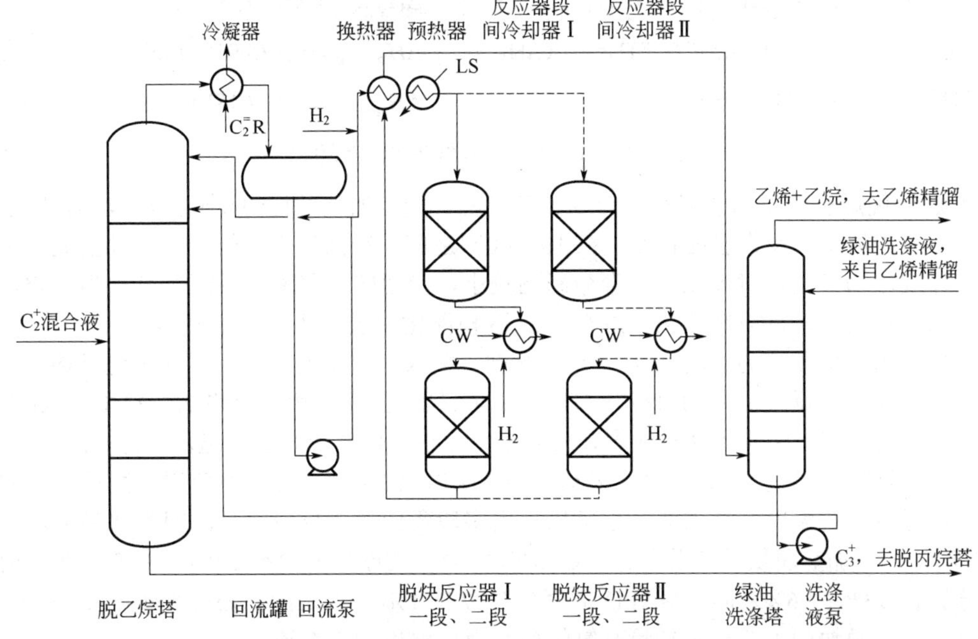

图 2-26 两段绝热床 C_2 产品脱炔流程图

再经低压蒸汽加热到适宜的温度后，进入脱炔反应器。实际生产时不可避免会有少量绿油形成，催化剂需定期再生。为了不影响生产的正常进行，设置两套加氢脱炔装置，一套再生，一套正常生产。绿油为烯烃和炔烃的低聚物，用乙烯塔的 C_2 混合物洗涤后返回脱乙烷塔，最终进入脱丙烷塔，再进入脱丁烷塔，从脱丁烷塔的底部排出用作燃料。

当 C_2 馏分中炔烃含量较高，摩尔分数为 2.0%以上时，为了降低进反应器物料中炔烃的含量，避免反应器超温，选择全馏分脱炔流程。全馏分脱炔是将脱炔反应器设在脱乙烷塔的塔顶出料物流上，出脱炔反应器的物料再冷凝、回流至脱乙烷塔。

② C_2 加氢的典型工艺参数。顺序分离后加氢流程，C_2 的典型组成：乙烷在 9.0%～34%（摩尔分数，余同）之间，乙烯在 65%～92%之间，乙炔在 1.0%～2.5%之间，还有少量的甲烷及 C_3 以上的组分。物流压力在 1.8～2.8MPa 之间，操作参数包括氢炔比、温度和空速。

（a）氢炔比（氢气和乙炔的摩尔比）。首先对炔烃的转化率有影响，氢炔比提高，乙炔的脱除率升高，绿油量会减少，但氢炔比太大，副反应［式（2-33）］会加速，烯烃的选择性会降低，乙烯的损失量增大，一般选择氢炔比在 1.0～2.5 之间。采用多段绝热床时，氢炔比逐步调高。一段入口氢炔比不低于 1∶1，最后一段入口氢炔比不低于 2∶1。

（b）反应的温度。温度升高，加氢反应速率加快，同时聚合反应的速率也加快，一般控制反应器的温度不超过 120℃。绝热下反应时，需根据绝热温升确定入口物料的温度，一般在 35～80℃之间。

（c）空速。空速与停留时间相对应，空速在 1600～11000h^{-1} 之间。

（3）C_3 加氢脱炔

C_3 加氢脱炔是将包含在丙烷、丙烯中的 MAPD 脱除至 5μmol/mol 以下。

① C_3 加氢脱炔工艺。C_3 炔烃包括丙炔（$CH_3C\equiv CH$）和丙二烯（$CH_2=C=CH_2$）。需要在催化剂的作用下，发生选择性加氢反应，生成丙烯，副反应生成丙烷。常用的也是钯系催化剂。C_3 加氢的反应如式（2-35）～式（2-38）。

主反应 $$CH_3C\equiv CH+H_2=C_3H_6 \qquad \Delta H_{R,500K}=-169.29kJ/mol \tag{2-35}$$

$$CH_2=C=CH_2+H_2=C_3H_6 \qquad \Delta H_{R,500K}=-175.91kJ/mol \tag{2-36}$$

副反应 $$C_3H_6+H_2=C_3H_8 \qquad \Delta H_{R,500K}=-127.18kJ/mol \tag{2-37}$$

$$mC_3H_4+nC_3H_6\longrightarrow \text{低聚物（绿油）} \tag{2-38}$$

C_3 加氢脱炔有气相加氢流程和液相加氢流程。气相加氢过程的反应温度较高，绿油生成量较大。液相加氢的操作温度较低，在 10～60℃之间，绿油生成量较少，同时生成的绿油可以随液体反应物流出，对催化剂的寿命影响较小，应用较为普遍。反应物氢气为气相，实际是气液固三相反应，反应在绝热下进行。C_3 液相催化加氢脱炔流程见图 2-27。

来自脱丙烷塔顶部的 C_3 组分经干燥、预热、配入一定量的氢气后进入加氢反应器，进行加氢脱炔反应。出反应器的物料经冷却后进入 C_3 罐。当来自脱丙烷塔的物料中 MAPD 的含量较高时，为了避免因炔烃含量太高，反应速率太快，使反应体系超温，可将 C_3 罐出口的部分 C_3 组分返回至脱氢反应器入口，稀释其中 MAPD 的浓度。为了避免用一段反应器完成脱炔反应，导致系统温度升高太多，也可以采用多段反应器，反应物料段间冷却降温。

② C_3 组分加氢脱炔的工艺条件。C_3 馏分中丙烷的摩尔分数在 2.9%～3.5%之间，丙烯的摩尔分数在 93%～96%之间，MAPD 的摩尔分数在 1%～5%之间，还有少量的 C_2 和 C_4 以上的组分，加氢脱炔的主要控制参量有氢炔比、反应温度和液空速。

（a）氢炔比。氢炔比对过程的影响和 C_2 加氢脱炔类似，一般在 1.2～2.5 之间。

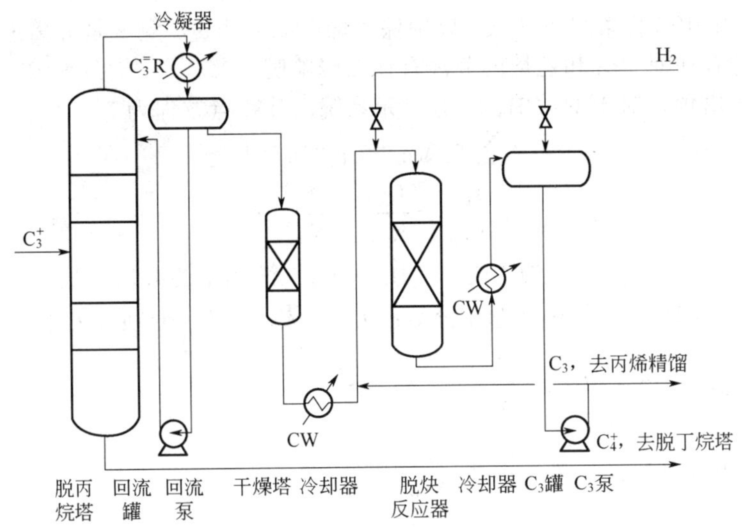

图 2-27　C_3 液相加氢脱炔工艺流程

（b）反应温度。液相脱氢的操作温度在 10～60℃之间。

（c）液空速。液空速在 50～100h^{-1}之间。

含在 H_2 物流中的 CO 用甲烷化的方法脱除，即利用固定床反应器，在镍系催化剂的作用下，使 CO 和 H_2 反应，转化为 CH_4 除去。该过程与本书第 4 章所述含碳物质的甲烷化精脱除过程类似，这里不做详述。

2.4.5　裂解气的精馏分离

裂解气的精馏分离就是将脱除酸性气体和水分后的低分子烃分离开，与烃类相比，氢气的沸点要低很多，所以氢气与烃类的分离通常通过深度冷却使烃类冷凝，而后进行气液分离的方法进行。各种烃类利用它们挥发度的差异进行精馏分离。重要的裂解气精馏分离单元包括：脱甲烷、脱乙烷、乙烯精馏、脱丙烷、丙烯精馏等。精馏分离的能耗比例大致如图 2-28 所示，脱甲烷塔的操作温度最低，能耗最高。重点讲述脱甲烷及乙烯精馏过程。

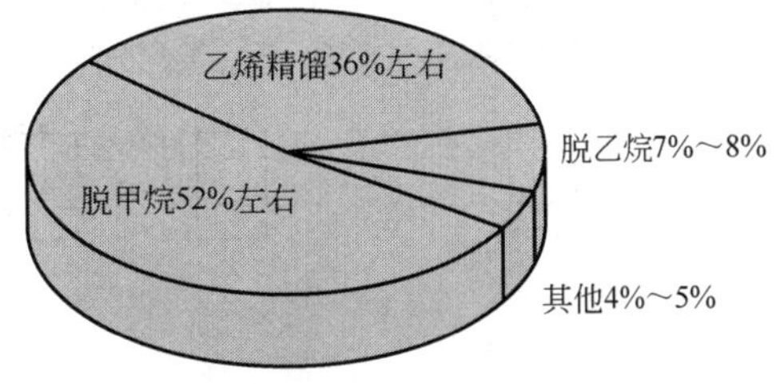

图 2-28　裂解气精馏的粗略能耗比例

2.4.5.1　深冷及脱甲烷

深冷及脱甲烷过程主要完成 H_2、CH_4 和 C_2^+的分离。深冷的目的是把比氢重的组分都冷凝下来，脱甲烷的目的是把 C_2^+和甲烷分开。工业上有前冷和后冷两种工艺。前冷，也称作前脱氢工艺，就是先通过逐级冷凝、分离的方法将 H_2 和含 C 烃类分离开，然后在脱甲烷塔中进行 CH_4 和 C_2^+的分离；后冷，也称作后脱氢工艺，就是所有的物料先进入脱甲烷塔，塔顶馏出 CH_4 和 H_2，塔釜馏出 C_2^+，而后塔顶组分再进行深冷处理，将 CH_4 和 H_2 分开。前脱氢工艺要求深冷的物料相对较多，冷量消耗较大，后脱氢工艺中进入脱甲烷塔的物料量较多，特别是其中的 H_2 含量较高，会影响 CH_4 和 C_2^+的分离。

（1）H_2 对脱甲烷过程的影响

对脱甲烷塔而言：轻关键组分为甲烷，重关键组分为 C_2^+，其中主要是乙烯，氢气为不凝组分。该塔的分离目标是：塔顶分离出的甲烷轻馏分中乙烯含量尽可能低，以保证乙烯的回收率，塔釜产品中甲烷含量尽可能低，以确保乙烯产品的质量。氢气是分离过程的不凝气体，这个不凝气体的存在对甲烷和乙烯的分离有什么影响呢？

在脱甲烷塔塔顶，对于 H_2-CH_4-C_2H_4 三元系统，其露点方程为

$$\sum x_i = x_{CH_4} + x_{C_2H_4} + x_{H_2} = 1 \tag{2-39}$$

或

$$\frac{y_{CH_4}}{K_{CH_4}} + \frac{y_{C_2H_4}}{K_{C_2H_4}} + \frac{y_{H_2}}{K_{H_2}} = 1 \tag{2-40}$$

式中，x_{CH_4}、$x_{C_2H_4}$、x_{H_2} 分别为 CH_4、C_2H_4 和 H_2 在液相中的摩尔分数；y_{CH_4}、$y_{C_2H_4}$、y_{H_2} 分别为 CH_4、C_2H_4 和 H_2 在气相中的摩尔分数；K_{CH_4}、$K_{C_2H_4}$、K_{H_2} 分别为 CH_4、C_2H_4 和 H_2 的气液平衡常数，$K_{CH_4} = \frac{y_{CH_4}}{x_{CH_4}}$，$K_{C_2H_4} = \frac{y_{C_2H_4}}{x_{C_2H_4}}$，$K_{H_2} = \frac{y_{H_2}}{x_{H_2}}$。

由于 $K_{H_2} \gg K_{CH_4}$ 和 $K_{C_2H_4}$，则 $\frac{y_{H_2}}{K_{H_2}} \ll \frac{y_{CH_4}}{K_{CH_4}}$ 和 $\frac{y_{C_2H_4}}{K_{C_2H_4}}$

所以 $\frac{y_{CH_4}}{K_{CH_4}} + \frac{y_{C_2H_4}}{K_{C_2H_4}} \approx 1$，$y_{C_2H_4} \approx \left(1 - \frac{y_{CH_4}}{K_{CH_4}}\right) K_{C_2H_4}$

而塔顶，y_{H_2} 和 $y_{CH_4} \gg y_{C_2H_4}$，所以 $y_{H_2} + y_{CH_4} \approx 1$

于是，K_{CH_4} 和 $K_{C_2H_4}$ 一定的情况下，y_{H_2} 增大，y_{CH_4} 减小，则 $y_{C_2H_4}$ 增大。

也就是说，塔顶气相中氢气的含量升高，将导致其中乙烯的含量升高，即大量氢气进入脱甲烷塔，将导致乙烯的损失量增大。

或者，在塔顶氢组分含量升高的情况下，想要保证 $y_{C_2H_4}$ 不变，根据上面的表达式，$K_{C_2H_4}$ 和 K_{CH_4} 就需降低，那就要降低操作温度，这样又增加了能耗。所以氢气的大量存在对 CH_4 和 C_2^+ 的分离是非常不利的。前脱氢工艺应用相对较多。

（2）前脱氢脱甲烷流程

图 2-29 为 3.1～3.3MPa 下前脱氢脱甲烷的工艺流程图。

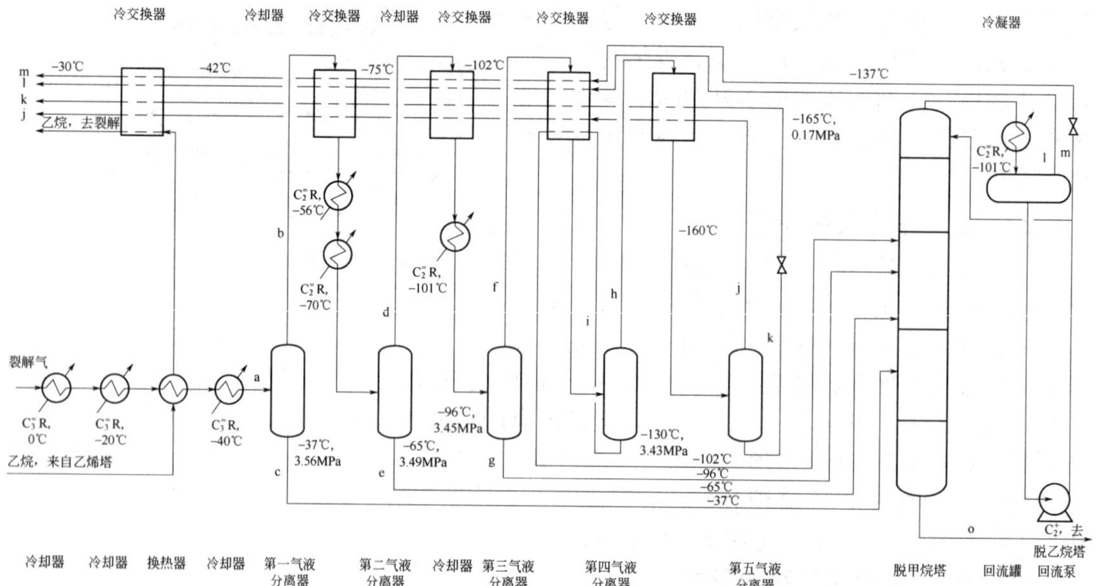

图 2-29　3.1～3.3MPa 下前脱氢脱甲烷工艺流程

（$C_2^=R$ 为乙烯制冷剂；$C_3^=R$ 为丙烯制冷剂）

经干燥并预冷至－37℃左右的裂解气，在第一气液分离器中分离，凝液送入脱甲烷塔（第一股），未冷凝气体经冷却器和冷交换器冷却至－65℃左右进入第二气液分离器。分离器的凝液送脱甲烷塔（第二股），未冷凝气体经冷却器和冷交换器冷却至－96℃左右进入第三气液分离器。分离器的凝液送脱甲烷塔（第三股），未冷凝气体经冷交换器与冷物流进行冷量交换后，温度降至－130℃左右进入第四气液分离器。分离出的液体经冷量交换后送入脱甲烷塔（第四股）。未冷凝气体再经冷交换器换冷，降温至－160℃左右进入第五气液分离器。第五分离器顶部流出富氢气体，经冷量回收后排出系统，底部液态的富甲烷液体经节流降温，回收冷量后排出系统。脱甲烷塔的塔顶馏出物主要含有甲烷，还有少量的氢气和乙烯等，经塔顶冷凝、气液分离后，气体回收冷量后输出系统，液体节流，再回收冷量后输出系统。表 2-23 为图 2-29 对应各物流的典型组成。

表 2-23　前脱氢高压甲烷过程各物流的典型组成

组分	含量（摩尔分数）/%													
	a	b	c	d	e	f	g	h	i	j	k	l	m	o
H_2	15.05	27.81	0.89	36.39	0.96	48.62	0.99	70.29	1.05	91.48	0.98	4.19	0.12	
CO	0.12	0.23		0.30		0.41		0.60		0.78				
CH_4	29.37	41.67	15.73	46.75	25.74	46.65	47.04	28.95	85.52	7.74	98.33	95.74	99.11	1.00
C_2H_2	0.44	0.31	0.59	0.19	0.70	0.05	0.59		0.16					0.79
C_2H_4	34.09	23.99	45.29	14.44	53.88	4.00	44.65	0.16	12.43		0.67	0.07	0.76	60.79
C_2H_6	7.30	3.83	11.15	1.67	10.60	0.26	5.74		0.82		0.02		0.01	13.05
C_3H_4	0.40		0.84											0.71
C_3H_6	10.67	2.02	20.28	0.25	7.55	0.01	0.97		0.02					19.08
C_3H_8	0.35	0.05	0.68	0.01	0.20		0.02							0.62
C_4^+	2.21	0.09	4.55		0.37									3.96
Σ	100	100	100	100	100	100	100	100	100	100	100	100	100	100

流程补充说明如下：

① 不同分离器塔底馏出物料的组成和温度不同，随着分离器级数的增大，物料的温度越来越低，其中轻组分的含量越来越高，所以进脱甲烷塔的位置越来越高。

② 冷交换器实际是一些冷箱，低温物料在此放出冷量，冷却流经冷箱的物流。

③ 从第五分离器和脱甲烷塔回流罐底部流出的液体甲烷经节流减压后气化放出大量冷量，被冷箱回收，并用于冷凝（冷却）其他物料。

脱甲烷塔的操作压力是裂解制乙烯生产过程中压力的较高点，是出五段压缩的裂解气经干燥系统损失部分阻力，再经深冷分离氢气之后又降低少量压力后的压力。3.6MPa 级分离过程，脱甲烷塔的操作压力在 3.1～3.3MPa 之间。上述压力下，脱甲烷塔的塔顶温度在－100℃左右，塔釜温度在 0℃左右。

2.4.5.2　乙烯精馏

乙烯精馏过程是通过精馏的方法将乙烯和乙烷分开，得到主产品乙烯。该精馏过程乙烯为轻关键组分，乙烷为重关键组分，分离得到的乙烯作为产品送下游产品生产工序或储存系统，乙烷则经冷量回收后返回裂解反应系统。通常原料中 C_2 的摩尔分数高于 99.6%，还含有少量的甲烷、氢气等轻组分，摩尔分数在 0.12%～0.15%之间，C_3 及以上的重组分摩尔分数在 0.1%～0.25%之间。

分离要求：聚合级乙烯要求乙烯摩尔分数在 99.9%以上，甲烷和乙烷的总含量在 1000μmol/mol 以下，丙烯的含量在 250μmol/mol 以下，其他杂质的含量在 10μmol/mol 以下。塔釜乙烷中乙烯摩尔分数在 1.15%以下，此乙烷返回裂解系统裂解制乙烯，若乙烯含量太高，裂解时容易结焦。

（1）乙烯塔操作压力

压力是精馏过程的重要操作条件。乙烯精馏，整体在加压下进行，但具体在怎样的压力下进行，不同的工厂有不同的选择。根据相律，$f=C-p+2$，即自由度=组分数-相数+2。对于二元体系，$f=2-2+2=2$，在组成要求一定的情况下，自由度为1。即精馏塔的塔顶，乙烯的组成要求一定的情况下，压力确定，温度即随之确定。压力越高，对应的操作温度越高，压力越低，对应的操作温度越低。精馏塔的操作压力要考虑以下几个方面的问题。

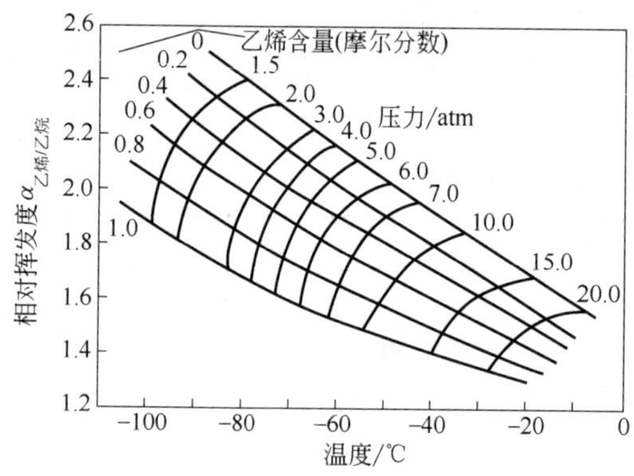

图 2-30　乙烯和乙烷的相对挥发度与液相组成及操作压力间的关系

（1atm=101325Pa）

① 脱甲烷的压力。乙烯精馏在脱甲烷之后，操作压力肯定较前者低。

② 相对挥发度。乙烯和乙烷的相对挥发度决定了二者分离的难易程度，而两者的相对挥发度，$\alpha=(y_A/x_A)/(y_B/x_B)$与物料组成和压力有关。图 2-30 为乙烯和乙烷的相对挥发度与液相组成及操作压力间的关系。可见，乙烯对乙烷的相对挥发度随着液相中乙烯含量减小而增大，随着操作压力的升高（对应的操作温度也升高）而减小。所以操作压力增大是不利于提高乙烯和乙烷的相对挥发度的，相应地高压下操作需要更多的塔板数或更大的回流比。

③ 材质。操作压力低，则对应的操作温度低，对设备的材质要求高，所以低压操作设备费用投入更高。

④ 乙烯的输出压力。出乙烯塔的物料要送入下游生产工序或者进行储存，精馏的操作压力高于下游生产工序或后续储存系统所需的压力，则可减少出系统乙烯的增压费用。

⑤ 能耗。低压则操作温度低，冷量消耗大，后续乙烯增压的压缩能耗大，但乙烯和乙烷的相对挥发度大，循环比低，物料循环能耗低；高压则操作温度高，冷量消耗少，但由于较高压力下乙烯和乙烷的相对挥发度小，精馏循环比大，物料循环能耗高。

实际生产中，不同操作压力均有选择，如表 2-24 所示为几个乙烯工厂乙烯塔的操作参数。从表中可以看出操作压力对操作温度、塔板数及回流比的影响。

表 2-24　几个乙烯工厂中乙烯精馏塔的结构及操作参数

厂别	塔径/mm	实际塔板数			塔压/MPa	温度/℃		回流比
		精馏段	提馏段	合计		塔顶	塔釜	
L	1300	41	29	70	0.57	−70	−49	2.4
B	3400	90	29	119	1.9	−32	−8	4.5
S	2300	79	30	109	2.0	−29	−5	4.7
Y	1800	84	32	116	1.9	−30	−7	4.65

（2）乙烯精馏的流程

图 2-31 为乙烯精馏的工艺流程图。补充说明如下几点。

① 冷量利用。由于整塔在较低的温度下操作，所以物料的冷量要考虑利用。塔釜再沸器在为循环物料升温的同时冷却丙烯制冷剂；中间再沸器在给物料升温的同时冷却热裂解气。

② 侧线采出。由于原料中还含有甲烷、氢气等轻组分，所以，乙烯并不由塔顶采出，而是由乙烯含量最高的某块塔板采出，如 Lummus 典型的高压乙烯精馏工艺，乙烯从第 9 块塔板采出。

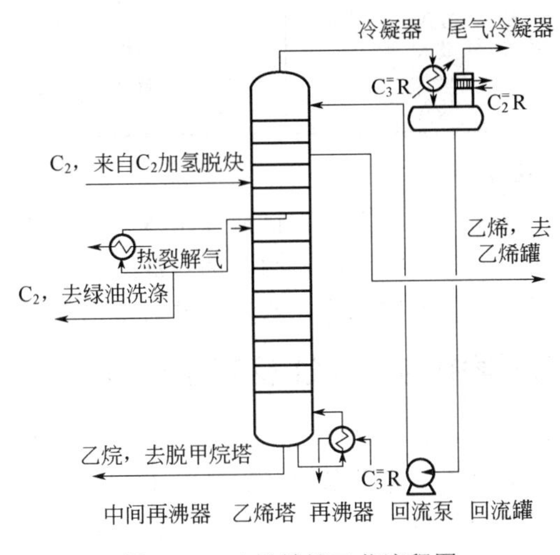

图 2-31　乙烯精馏工艺流程图

2.5 烃类热裂解制乙烯的危险性及安全措施

2.5.1 乙烯生产中物料的危险性及安全措施

乙烯工厂加工处理的大量油品和轻烃均为易燃易爆物质，其中部分物质的着火和爆炸性质见表 2-25，可见大部分物质的闪点低，爆炸极限范围宽，多属于甲级火灾危险性物料。处理不当，极易发生重大火灾和爆炸事故。

表 2-25　乙烯工厂部分物料的着火、爆炸性质

物质	闪点 /℃	自燃温度 /℃	爆炸极限（体积分数）/%		物质	闪点 /℃	自燃温度 /℃	爆炸极限（体积分数）/%	
			上限	下限				上限	下限
氢气		500	4.1	74.2	1-丁烯	−80	384	1.6	10.0
甲烷	−190	538	5.0	15.0	异丁烯	−77	465	1.8	8.6
乙烷	−135	472	3.0	12.5	丁二烯	−78	420	2.0	16.3
乙烯	−136	450	2.7	36.0	一氧化碳		610	12.5	74.2
乙炔	−17.8	305	2.5	82.0	汽油	<28	510～530	1	6
丙烷	−104	450	2.3	9.5	煤油	28～45	380～425	1.4	7.5
丙烯	−108	460	2.0	11.1	轻柴油	45～120			
正丁烷	−60	365	1.9	8.5	重油	>120	230～240		
异丁烷	−82.8	462	1.9	8.5					

乙烯生产过程中涉及主要物料的毒性见表 2-26。

可见乙烯工厂的主要危险是燃烧和爆炸。为了避免燃爆事故的发生，总体来讲要注意以下两点。

（1）控制和消除火源

控制高温和明火。避免金属与金属或金属与非金属的摩擦与撞击；对高温及明火设备，如裂解炉加强防护；控制静电、放射线等。

表 2-26 乙烯工厂部分物料的毒性

名称	侵入途径	毒害	健康危害
乙烯	吸入	低毒	具有麻醉作用
甲烷	吸入	微毒	具有麻醉作用
乙炔	吸入	微毒	具有麻醉作用
1-丁烯	吸入	微毒	具有麻醉作用
丁二烯	吸入	低毒	麻醉及刺激作用

（2）妥善处理危险化学品

危险化学品要合理排放及储存。气态烃类排放要引入火炬系统；丁二烯等不稳定物质存放时需加入稳定剂或阻聚剂等；防止跑、冒、滴、漏，注意管道腐蚀状况；防止可燃性气体聚集，注意通风。另外，结合工艺过程的特点要采取针对性的安全应对措施。

2.5.2 乙烯生产过程中的危险性及安全措施

乙烯生产过程中有高温工艺，如裂解过程；有低温工艺，如脱甲烷、乙烯精馏等分离过程；有高压过程，除了裂解反应及预分馏系统，后面的工艺过程均在较高的压力下运行；有反应过程，如裂解反应及 C_2 和 C_3 的加氢脱炔反应、甲烷化脱 CO 的过程；有压缩过程，且压缩的均为危险性物料，如裂解气压缩，制冷剂乙烯、丙烯的压缩；有危险性物料的储存系统。所有这些过程或系统均为危险性较大的过程。需要设置许多安全硬件设施。

（1）消防设施

作为危险性较大，装置规模通常也较大的乙烯生产装置，要设置由相关专业人员专门设计和建造的消防设施。

（2）火炬系统

乙烯装置加工和处理大量烃类物质，在非正常情况下，如装置的开、停车，生产过程中的紧急停车，设备切换、安全阀和调节阀动作，安全阀或调节阀泄漏，等，不可避免地将大量烃类物质排出设备之外。为满足安全和环保的要求，必须将排出的轻质烃类经火炬焚烧后放空，这个过程需由火炬系统完成。乙烯装置必须配套有火炬系统，单独设置或者和其他装置共用。

（3）个人安全卫生防护设施

根据 HG 20571—2014《化工企业安全卫生设计规范》和 GBZ 1—2010《工业企业设计卫生标准》的要求，在乙烯生产装置内设置必要的用于保证相关从业人员安全的卫生防护设施。包括：通风设施、紧急冲淋系统、安全警示标志、劳动防护用品，防噪声、防辐射设施。如在酸性气体吸收塔附近、精馏塔附近、储罐附近都要设置紧急冲淋系统及洗眼器；对噪声较大的设备或区域，如裂解气及制冷剂压缩区域，采取相应的隔声设计；在罐区、装置区设置如禁止烟火、禁止吸烟、必须穿防护服等安全警示标志。要为从业人员配备防护鞋、防护眼罩、防护服等个人防护用品。要在适当的位置配置适宜的急救设备。

（4）安全仪表系统（Safety Instrumented System，SIS）

按 GB/T 50770—2013《石油化工安全仪表系统设计规范》的规定，针对重要的生产单元，包括裂解、压缩、精馏、C_2 加氢脱炔等单元，设置相应的安全仪表系统。

乙烯工厂设有全面紧急停车系统，发生如下情况，乙烯装置启动全面紧急停车系统。

① 电源故障，装置内动力电源中断。

② 冷却水故障，装置内停冷却水。

③ 仪表失控。

④ 发生火灾、爆炸等重大事故。

⑤ 地震等破坏力很强的自然灾害。

全面紧急停车时，一般均通过装置全面紧急停车联锁系统使裂解炉、压缩机系统紧急停车，在各单元系统紧急停车的基础上根据故障情况进行二次处理，然后按正常停车方法使装置完全停车。

（5）火灾自动报警系统和危险性气体检测报警系统

燃烧爆炸事故是乙烯工厂的主要事故类型，按照 GB 50116—2013《火灾自动报警系统设计规范》和 GB/T 50493—2019《石油化工可燃气体和有毒气体检测报警设计标准》的要求，在装置内的重点部位，如罐区、裂解炉区、精馏分离区域、压缩机附近、泵附近设置相应的火灾和危险性气体检测报警系统。

（6）设置安全附件

为了遏制事故的发生，在乙烯装置的设备及管道上设置安全阀、爆破片、阻火器、止逆阀等安全附件。

参考文献

[1] 胡杰，王松汉．乙烯工艺与原料．北京：化学工业出版社，2018.

[2] 李振宇，王红秋，黄格省，等．我国乙烯生产现状与发展趋势分析．化工进展，2017，36（3）：767-773.

[3] 王强．我国乙烯工业发展历程漫谈．乙烯工业，2008，20（1）：60-64.

[4] 王红秋，郑轶丹．我国乙烯工业强劲增势未改．中国石化，2019（1）：27-30.

[5] 赵文明．我国乙烯行业发展现状分析．化学工业，2015，33（6）：12-20.

[6] 胡徐腾．天然气制乙烯技术进展及经济性分析．化工进展，2016，35（6）：1733-1738.

[7] 陈滨．乙烯工学（石油化工工学丛书）．北京：化学工业出版社，1997.

[8] 李作政．乙烯生产与管理．北京：中国石化出版社，1992.

[9] 胡资平．石油化工重大技术装备国产化 20 年回顾．石油化工设备技术，2004，25（1）：2-6.

[10] 何细藕．国外大型裂解炉的发展．乙烯工业，1999，11（3）：1-8.

[11] 朱大震．乙烯裂解炉炉型、原料和收率的评述．金山油化纤，1990（2）：40-46，73.

[12] 瞿辉，任旸．乙烯：40 年规模增长 60 倍．中国石化，2018（12）：34-37.

[13] 朱和．中国乙烯行业回顾、展望与思考．炼化广角，2012（3）：67-72.

[14] 米镇涛．化学工艺学．2 版．北京：化学工业出版社，2006.

[15] 邹仁鋆．石油化工裂解原理与技术．北京：化学工业出版社，1979.

[16] 吴指南．基本有机化工工艺学．2 版．北京：化学工业出版社，2012.

[17] 王子宗．石油化工设计手册（修订版），第一卷，石油化工基础数据．北京：化学工业出版社，2015.

[18] 张利军，张永刚，王国清．石脑油裂解反应模型研究及应用进展．化工进展，2010，29（8）：1411-1417.

[19] Roda B，Valerie B V，Paul-Marid M，et al．Mechanistic modeling of the thermal cracking of methylcyclohexane near atmospheric pressure，from 523 to 1273K：Identification of aromatization pathways．Journal of Analytical and Applied Pyrolysis，2013，103：240-254.

[20] 张兆斌，李华，张永刚，等．丁烷热裂解自由基反应模型的建立和验证．石油化工，2007，36（1）：44-48.

[21] 李蔚，张兆斌，周丛，等．裂解炉管内自由基反应模型的研究进展．乙烯工业，2010，22（2）：1-6.

[22] 张凯，李奇安，李悦．裂解反应动力学模型研究概况．当代化工，2012，41（7）：751-755，759.

[23] 郝红，熊国华，张粉艳，等．烃类裂解烯烃产率分布模型．西北大学学报（自然科学版），2001，31（2）：135-138.

[24] 徐强，陈丙珍，何小荣，等．石脑油在 SRT-Ⅳ型工业炉清洁辐射管中裂解的数学模拟．计算机与应用化学，2001，18（3）：223-228.

[25] 张红梅，尹云华，孙守罡，等．石脑油裂解集总动力学模型．大庆石油学院学报，2009，33（4）：72-75.

[26] 孙立明，冯树波，等．轻柴油裂解结焦动力学的研究．石油学报（石油加工），1998，14（1）：18-21.

[27] 赵岩，何小荣，邱彤，等．乙烯热裂解炉模拟平台的开发及应用．计算机与应用化学，2006，23（11）：1065-1068.

[28] 张红梅，顾萍萍，张晗伟，等．丙烷热裂解反应机理的分子模拟．石油学报（石油加工），2012，28（6）：986-990.

[29] 苏君雅，汤渭龙，李似欣. 轻柴油裂解反应动力学模型. 华东石油学院学报，1985（4）：72-80.
[30] 何细藕. 烃类蒸汽裂解原理与工业实践（一）. 乙烯工业，2008，20（3）：49-55.
[31] 王鹏，王文彬，郭岩锋，等. 烃分压对乙烯裂解炉产物收率的影响. 齐鲁石油化工，2016，44（2）：92-95.
[32] 李云龙，李红军. PyorCarck1-1 型裂解炉在乙烯装置上的应用. 乙烯工业，2006，（18）4：33-36.
[33] 许江，马艳捷，程中克，等. USC 裂解炉出口温度、炉管构型对循环乙烷裂解性能的影响. 现代化工，2018，38（10）：209-212.
[34] 何细藕. 烃类蒸汽裂解制乙烯技术发展回顾. 乙烯工业，2008，20（2）：59-64.
[35] 王国清，周先锋，石莹，等. 乙烯裂解炉辐射段技术的研究进展及工业应用. 中国科学：化学，2014，44（11）：1714-1722.
[36] 马林. 乙烯裂解炉技术的进展. 化工设备与管道，2010，47（1）：12-15.
[37] 何细藕. 乙烯裂解炉技术进展. 现代化工，2001，21（9）：13-17.
[38] 王子宗，何细藕. 乙烯装置裂解技术进展及其国产化历程. 化工进展，2014，33（1）：1-9.
[39] 中石化赴美工作考察团. 鲁姆斯乙烯技术的进展. 石油化工动态，1996，4（8）：36-37.
[40] https://max.book118.com/html/2017/1210/143515925.shtm.
[41] 袁欣，关延军，孙东民. 裂解深度过程控制技术的应用. 乙烯工业，2016，28（2）：58-61.
[42] 吴国良. 先进过程控制在乙烯精馏塔中的应用分析. 石油化工自动化，2002（4）：31-38.
[43] 高峰，彭双伟，王海洋，等. 乙烯精馏塔先进控制. 当代化工，2002，31（4）：236-239.
[44] 何有平. 先进控制在乙烯和丙烯精馏塔中的应用. 乙烯工业，2013，25（2）：8-12.

思考题

1. 分析乙烯在国民经济建设中的重要地位。
2. 试述乙烯的主要用途和工业化生产方法。
3. 分析热裂解制乙烯的原料类型、来源及主要的性能指标。
4. 分析烃类热裂解制乙烯的反应类型、反应特点。
5. 分析裂解原料中加入水蒸气的原因，水蒸气加入量确立的依据。
6. 分析出裂解炉物料急冷的原因，冷激过程的实施方法。
7. 分析裂解炉及急冷换热器结焦的原因，结焦后的表现，清焦的方法。
8. 裂解气压缩的原因是什么？为何采用多级压缩？
9. 分析裂解气的杂质气体的类型，杂质气体的危害、来源及脱除方法。
10. 分析裂解反应中温度、停留时间、烃分压对反应结果的影响，简述上述参数的控制方法。
11. 乙烯生产中重点的精馏单元有哪几个？以乙烯精馏为例，分析精馏分离操作的压力对工艺过程的影响。
12. 分析氢气含量对甲烷和 C_2^+精馏分离过程的影响。
13. 绘制裂解制乙烯的方框流程图，并分析各单元的作用和过程原理。
14. 分析烃分压太低、裂解温度太高给裂解反应过程带来的危险后果。
15. 分析 C_2 加氢反应过程中氢气流量太高、反应温度太高带来的危险后果。

第 3 章

化工流程安全设计

化工流程是某一个化工产品从原料到产品的变化过程。化工流程通常用流程图的方式表达，即用图形的方式表达物流的变化过程。在化工装置的建设中，流程图是最重要的设计文件之一。化工流程图有不同的形式，管道及仪表流程图（P&ID，Piping and Instrumentation Diagram）是最复杂、最系统、最全面的化工流程图，其中包含物流变化过程中涉及的所有管线、仪表、设备、附件、管件、阀门、保温、伴热等设施。P&ID 中的设施大部分是为了保证工艺生产能连续稳定进行，并生产出合格产品而设置的，还有部分设施是专门为预防、遏制事故的发生，缓解事故的损失而设置的，也就是体现在化工流程图中的安全设施。P&ID 的正确性和完整性是化工厂设计质量的重要保证。认识、熟悉、理解一个化工生产过程要从认识、熟悉和理解其 P&ID 开始。本章所述化工流程安全设计重点讲述在 P&ID 中体现的安全设施。

图 1-5 所示的化工安全对策措施的洋葱头模型，对应对策措施的说明见表 3-1。其中除了本质安全和工厂周围社区应急响应之外，很多主动性安全措施都会在 P&ID 中体现。

表 3-1　安全对策措施说明

序号	对策措施	描述
1	本质安全设计	从根本上消除或减少工艺系统存在的危害
2	基本过程控制系统（BPCS，Basic Process Control System）	按照工艺的要求，对基本工艺参数，如温度、压力、液位、流量等的控制，参数控制在正常范围内，就可以避免事故的发生
3	报警、介入	危险性参数或其他危险信息发出报警信号，如某操作参数越限、现场危险性气体含量达到阈值等等，人员迅速干预防止不良后果发生
4	安全仪表系统（SIS，Safety Instrumented System）	针对特定危险事件通过检测参数越限或设备异常，如泵停转或转速异常等，控制过程进入功能安全状态
5	主动物理保护（安全附件）	设置安全阀、防爆板等安全附件阻止容器发生灾难性破坏
6	被动物理保护	采用阻火器防止火焰蔓延；设置防火、防爆墙减小事故损失；储罐区设置围堤、围堰防止危险性物料外溢；消防系统及时扑灭火焰
7	工厂和周围社区应急响应	按设定好的应急响应方案，人员有序撤离、事故有序处理

图 3-1 为一简化的 P&ID 示例，其中包含基本工艺过程控制、报警、安全仪表系统及安全附件等表 3-1 所示的 2、3、4、5 的内容。

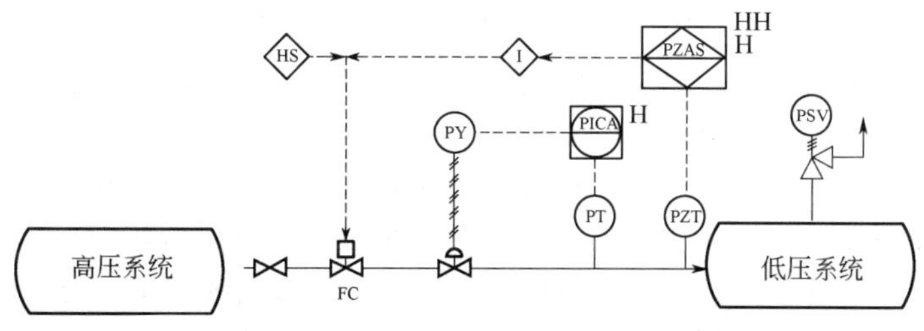

图 3-1　某高、低压系统的过程控制方案

3.1 化工流程安全设计的内容

基于前述考虑，化工流程安全设计的内容就是在 P&ID 中体现的安全设计的内容。具体包括：基本过程控制；化工安全控制；化工设备及管道的安全附件。

（1）基本过程控制

基本过程控制，是指将生产过程中涉及的温度、压力、流量、液位等基本参数控制在一定的范围内。一个工艺过程，工艺操作参数控制范围的确立，主要是从保证生产质量指标的实现和系统稳定运行的角度考虑的，如反应器的操作温度、物料流量，精馏塔的塔釜温度、回流比等。事实上，如果能把工艺参数维持在满足工艺要求的正常范围内，那么过程通常就是安全的，危险往往发生在工艺参数超出正常范围之后。所以，熟悉基本参数的控制范围、控制要求及控制方案是认识和保证流程安全运行的前提。

（2）化工安全控制

工艺参数在正常的参数控制范围内变化时，过程是稳定、安全的，当参数超越了正常的控制范围后，就可能引发事故。轻则使生产过程的稳定性下降，不能正常运行，或产品的质量不能满足要求，重则会引发事故，甚至发生人身伤亡事件。这就需要在参数越限时进行预报警、干预，甚至联锁停车，即安全控制的内容，具体的就是从众多的工艺操作参数中识别出可能引发事故的越限参数，分析后果的严重性，确立参数报警及联锁的超量值和需要联锁时联锁停车的停车逻辑关系等。

（3）化工安全附件

安全附件是保证各类设备安全启动、安全运行及发生故障时可及时动作，从而避免发生事故或减少事故损失的辅助构件或物理设备。如止逆阀、安全阀、阻火器等。这类辅助构件设置于化工流程中，在保证生产过程安全性方面发挥着非常重要的作用。

安全措施的投入都伴随着经济的投入，同时，不当的安全措施可能对正常的生产过程带来不良影响，所以安全措施并非越多越好。既能保证过程的安全性，又能使过程可连续、平稳、经济地运行才是得当的措施。危险源的辨识及风险度的评估是采取得当措施的关键。危险源的辨识有多种方法，相比较而言，危险与可操作性（HAZOP，Hazard and Operability）分析是一种系统识别过程危险性的有效方法。AQ/T 3033—2022《化工建设项目安全设计管理导则》中规定首次工业化或重要的化工项目设计中必须进行 HAZOP 审查。HAZOP 的结果是系统设置安全设施的重要依据。

3.2 危险与可操作性分析

化工过程的安全问题比较琐碎、繁杂，设计过程特别容易考虑不周。针对此特点，二十世纪六十年代英国帝国化学公司（ICI）开发出 HAZOP，用于探明生产装置和工艺过程中的危险及其原因，并寻求必要的对策。事实证明此方法的应用效果良好，得到了普遍的认可。该方法被列入国际电工委员会安全标准（IEC 61882）、美国劳动部职业健康与环境署的高危险化学品过程安全管理国际标准（OSHA-PSM Standard-29-CFR 1910-119）、美国化学工程师协会化工过程安全中心的安全规范。我国国家安全生产监督管理总局（现应急管理部）2007 年 12 月 12 日印发的《危险化学品建设项目安全评价细则》中明确：对国内首次采用新技术工艺的建设项目的工艺安全性分析，除选择其他安全评价方法外，尽可能选择危险与可操作性分析。

3.2.1 HAZOP 方法概述

HAZOP 分析是由有经验的、跨专业的专家小组对装置的设计和操作提出有关安全的问题，而后共同讨论解决问题的方法。研究中，连续的工艺流程被分成许多片段（节点），根据设计参数引导词，对工艺或操作可能出现的与设计参数偏离的情况提出问题，组长引导小组成员寻找产生偏离的原因。如果偏离导致危险发生，小组成员将对该危险后果做出简单的描述，评估现有的安全措施是否充分，并为设计和操作推荐更为有效的安全保障措施。如此对设计的每段工艺反复使用该方法分析，直到每段工艺或每台设备的每个参数都被讨论过，HAZOP 分析工作才算完成。

HAZOP 的特点是系统、全面。专家组涵盖了与项目相关的所有专业的人员，分析的对象包含了全流程（或全过程）的每一个部分（或每一个时段）。

HAZOP 分析可应用于化工项目建设的各个阶段，不同的阶段着重解决的问题不同，分析的深入程度不同。如在工艺包设计阶段进行，可以帮助设计者设置最基本的安全措施；在装置开车前进行，可以帮助分析现有安全措施是否得力，以及是否需要增加新的安全措施。HAZOP 分析以开会的形式进行，参加的人员包括组长（主席）、秘书及与项目建设或生产相关的各专业的人员。具体的工作分三个阶段：①准备阶段，成立分析小组、确立分析进程和收集相关资料；②会议分析阶段，组长引导小组成员进行具体的分析工作，过程中所有成员都可以自由地陈述自己的观点，不同的成员间相互补充、促进，最终得出大家都认可的分析结果；③编制分析报告阶段。

3.2.2 HAZOP 的分析流程及分析用术语

3.2.2.1 HAZOP 的分析流程

HAZOP 的分析流程如图 3-2 所示，可以按照如下的顺序进行：①划分节点；②节点的简单描述；③节点的设计意图概述；④找出偏差；⑤分析偏差的原因；⑥分析偏差的后果；⑦描述针对现有原因及后果给出的保护措施；⑧在现有保护措施都生效的情况下，对某一偏差引发某一后果的风险性进行评估；⑨针对风险评估结果给出新的建议措施。

3.2.2.2 HAZOP 的分析用术语

在 HAZOP 分析过程中涉及很多的术语，对于这些术语的意义及相关的问题需要有足够的认识，以方便进行相应的分析。

（1）分析节点

HAZOP 分析节点，也称作分析片段。对于连续操作的过程，通常是按照流程的顺序，从进入系统的第一根管线开始，到设计意图的下一个改变或工艺条件的重大变化或进入下一个设备之前进行划分。一般而言，可以按独立的操作单元划分，如进料混合器、换热器、反应器、精馏塔等等。对于间歇过程，则按照时间顺序，从生产过程的第一个操作开始，到下一个操作过程发生实质性的变化之前进行划分，如投料、升温、反应、降温等等。片段划分的大小要适宜，片段划分的太小，则工作量太大，片段划分的太大，则部分中间参数的偏差会被忽略。

（2）设计意图的描述

设计意图的描述是为了充分了解该片段的特征，如该片段的作用、物料特性、工艺参数及参数控制范围和控制方法等。了解得越详细，越有利于对相应偏差做出合理的分析。

（3）偏差

HAZOP 分析的基点是参数偏差会导致事故的发生或者是事故发生的体现，所以偏差的确立非常重要。引导词作用于工艺参数形成有意义的偏差，如压力过高、流量过低、无液位等等。HAZOP 分析常用的引导词如表 3-2 所示。

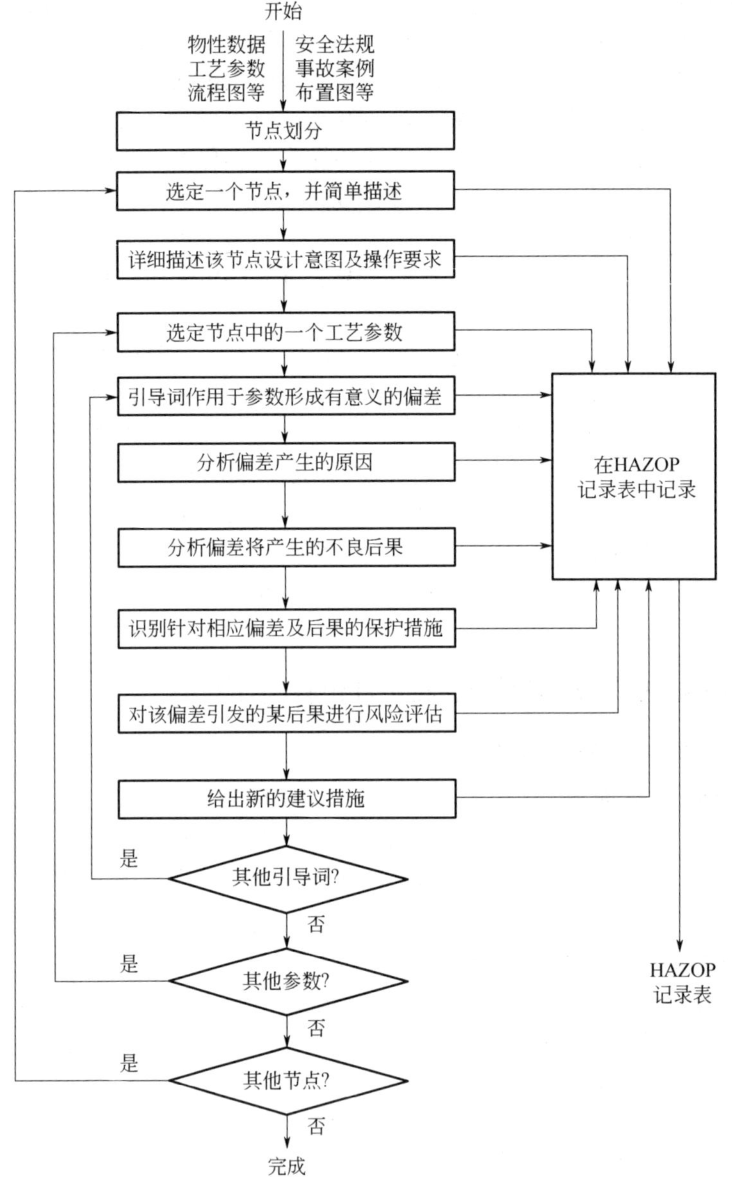

图 3-2 HAZOP 分析流程图

表 3-2 HAZOP 分析常用引导词

引导词	意义	引导词	意义
无（NO）	与原设计意图不符	异常（OTHER THAN）	代替了原设计
偏大（MORE）	高于设计值	偏早（EARLY）	时间上早于原设计意图
偏小（LESS）	低于设计值	偏晚（LATE）	时间上晚于原设计意图
伴随（AS WELL AS）	有伴随于原设计的过程	偏前（BEFORE）	次序上先于原设计意图
部分（PART OF）	较原设计意图有缺失	偏后（AFTER）	次序上后于原设计意图
反向（REVERSE）	与设计意图相反		

不是所有的引导词作用于所有的参数都可以形成有意义的偏差。表 3-3 为连续生产的化工装置中常见的有意义的偏差组合。

表 3-3　连续生产的化工装置常见的偏差

参数	偏差						
	无 NO	偏大 MORE	偏小 LESS	伴随 AS WELL AS	部分 PART OF	反向 REVERSE	异常 OTHER THAN
流量	无流量	流量过大	流量过小	混入其他物流	缺失了部分物流	逆流	相变或错误物流
温度		温度过高	温度过低				
压力	无压力	压力过高	压力过低			负压	
真空度		真空度过高	真空度过低			正压	
液位	没有液位	液位过高	液位过低				
pH 值		偏高	偏低				
流速		偏快	偏慢				
反应	没有反应	反应过快	反应过慢	副反应太多	反应不完全		催化剂中毒
时间		过长	过短				

（4）偏差的原因

找出偏差的原因是为了给出预防事故发生的对策措施。偏差的原因会有很多种，能否找得充分需要有一定的经验，也需要有一定的方法。一般地，可以从如下几方面考虑。

① 设备或设施方面的原因，如仪表故障、机械故障、设备或管线破裂、设备或管线堵塞等等。

② 人员的失误，阀门装反、阀门开错，或加料顺序错了、加料时间没控制好。

③ 设计的问题，如必要的安全附件没有设置，保温、伴热没有设计或设计不当，材料选择不当，没有设置必要的仪表系统，等。

④ 外部原因，断电、地震及其他外界原因。

⑤ 管理或规程问题，管理混乱或操作规程不合理。

④和⑤具有普遍性，针对性不强，一般地，较少被列入 HAZOP 分析的原因中。重点考虑①②③。表 3-4 给出一些常见的偏差原因，供分析时参考。

表 3-4　常见的偏差原因

偏差	原因
无流量	阀门关闭、流量控制仪表系统故障、管线破裂、管线堵塞、泵损坏、未设保温或伴热、伴热或保温损坏
流量过小	流量控制仪表系统故障、管线破裂、管线堵塞、泵损坏、伴热或保温损坏
流量过大	流量控制仪表系统故障、混入其他物流
逆流	安装问题、设计问题
混入其他物流	换热器列管破裂、高压串入低压
缺失了部分物流	分管道堵塞或破裂
相变或错误物流	温度或压力异常导致发生相变、换热器管道破裂、分离罐分离效果不好
温度过高	温度控制系统故障、移热系统故障、放热反应速率太快
温度过低	温度控制系统故障、加热系统故障、自热式反应过程热平衡破坏
压力过高	压力控制系统故障、泄压阀损坏、管道堵塞、后阀门未打开、高压串入低压系统、温度太高

续表

偏差	原因
压力过低	压缩机故障、进料管道破裂、压力控制系统故障、容器破裂、泄压阀或放空阀故障、泄压阀未回位或放空阀未关、温度降低导致蒸汽冷凝
没有液位	容器或管线破裂、液位控制系统故障、排液阀打开后未关闭
液位过高	液位控制系统故障、排液系统故障堵塞、进料泵未及时关闭
液位过低	液位控制系统故障、容器破裂、排液系统漏液

（5）偏差后果

偏差后果是指在没有任何安全对策措施的情况下，相应的偏差会引发的后果。需要分析者根据所掌握的知识、取得的经验和对过程的了解给出。一般地，可以从以下几方面考虑。

① 针对本系统、本设备的后果，如压力升高，爆炸，生产不合格产品。

② 对下游系统的影响，导致下游参数偏差。

③ 对上游系统的影响，如压力升高，倒流。

④ 对全厂及周围环境的影响，如危险性介质外漏，污染环境，甚至发生人身伤亡事故。

（6）对策措施

安全对策措施从大的方面可以分为 3 类：①预防事故发生的措施；②遏制事故发生的措施；③减缓事故损失的措施。

其中①通常是针对偏差原因的措施，②和③通常是针对后果的措施，如图 3-3 所示。如果将原因和后果分析清楚了，对策措施就相对容易给出。

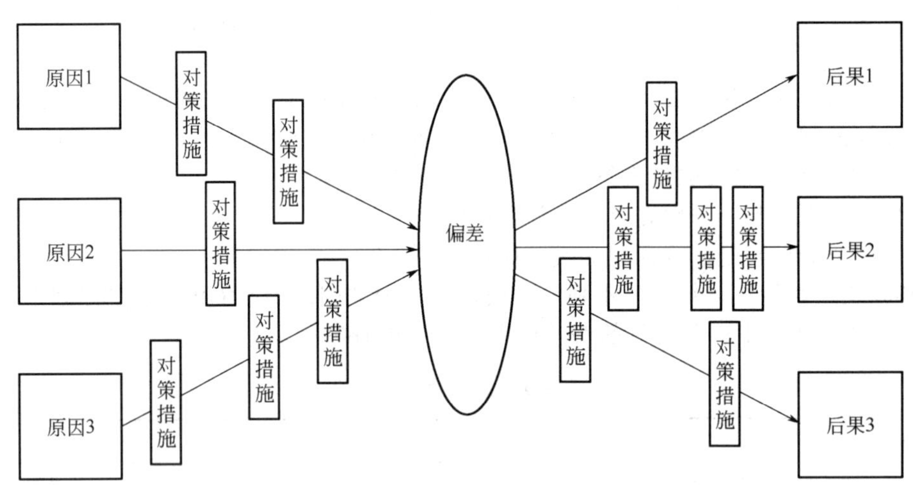

图 3-3　偏差事件的原因、后果及对策措施关系图

下述安全对策措施供分析时参考。

① 预防事故发生的措施：选择可靠设备，包括防爆电机、耐压能力足够的设备、设备选材的耐腐蚀性等；工艺参数越限报警、越限严重后联锁；经常维护易损坏的仪表系统；设危险性气体检测系统；管道设置止逆阀、过滤器、盲板等安全附件；安全巡视。

② 遏制事故发生的措施：压力、温度等参数越限报警及联锁；设置安全阀、防爆板等泄压安全附件。

③ 减缓事故损失的措施：设置火灾、危险性气体检查报警系统；设置紧急切断系统；设置危险性物料备用储存系统；设置防火防爆墙；设围堤、围堰；设灭火系统。

3.2.3 HAZOP 分析结果

HAZOP 分析结果通常以表格的形式表达，表格的形式不尽相同。除了偏差（或引导词+参数）、偏差原因、偏差后果、对策措施之外，还可能有风险评估结果、建议等。通常在概念设计或工艺包设计阶段，HAZOP 分析结果的表格内容相对简单，可如表 3-5 所示。在详细设计或投产之前，HAZOP 分析结果的表格内容应该更加丰富，如表 3-6 所示，可能增加原因-后果对偶形成事故情景的风险分析内容。

表 3-5 HAZOP 分析记录表例 1

<table>
<tr><td colspan="2">节点序号</td><td colspan="2">节点描述</td><td>设计意图</td></tr>
<tr><td colspan="2"></td><td colspan="2"></td><td></td></tr>
<tr><td colspan="2">图号</td><td colspan="2">会议日期</td><td>参加人员</td></tr>
<tr><td colspan="2"></td><td colspan="2"></td><td></td></tr>
<tr><td>序号</td><td>偏差</td><td>原因</td><td>后果</td><td>对策措施</td></tr>
<tr><td rowspan="2"></td><td rowspan="2"></td><td>1</td><td></td><td></td></tr>
<tr><td>2</td><td></td><td></td></tr>
</table>

表 3-6 HAZOP 分析记录表例 2

<table>
<tr><th rowspan="2">序号</th><th rowspan="2">偏差</th><th rowspan="2">原因</th><th rowspan="2">后果</th><th rowspan="2">对策措施</th><th colspan="3">风险</th><th rowspan="2">建议</th></tr>
<tr><th>L</th><th>S</th><th>R</th></tr>
<tr><td rowspan="5"></td><td rowspan="5"></td><td rowspan="2">1</td><td>1.1
原因 1 对应后果 1</td><td>1.1.1
针对原因 1 的措施 1
1.1.2
针对后果 1.1 的措施 1
1.1.3
针对后果 1.1 的措施 2</td><td>原因 1 引发后果 1.1 的频率</td><td>后果 1.1 的严重程度</td><td>原因 1 引发后果 1.1 的风险高低</td><td></td></tr>
<tr><td>1.2
原因 1 对应后果 2</td><td>1.2.1
针对后果 1.2 的措施 1</td><td>原因 1 引发后果 1.2 的频率</td><td>后果 1.2 的严重程度</td><td>原因 1 引发后果 1.2 的风险高低</td><td></td></tr>
<tr><td rowspan="3">2</td><td>2.1</td><td>2.1.1
2.1.2</td><td></td><td></td><td></td><td></td></tr>
<tr><td>2.2</td><td>2.2.1</td><td></td><td></td><td></td><td></td></tr>
<tr><td>2.3</td><td>2.3.1
2.3.2</td><td></td><td></td><td></td><td></td></tr>
</table>

注：L，likelihood，频率；S，severity，严重程度；R，risk，风险。

进行 HAZOP 具体分析时可以参数优先，也可以引导词优先。引导词优先是先选定一个引导词，如 MORE，然后就 MORE 作用于不同参数形成的偏差进行分析，分析完毕后换下一个引导词进行相应的分析。

【例 3-1】 液态烃热裂解制乙烯，试对裂解炉的原料烃进料流量进行 HAZOP 分析。

解： 节点选裂解炉，分析结果如表 3-7 所示。

表 3-7 裂解炉原料烃流量的 HAZOP 分析结果

节点序号	节点描述	设计意图
1	原料烃和稀释蒸汽混合，经裂解炉对流段预热后进入裂解炉辐射段的炉管内发生裂解反应，炉膛烧燃料油和燃料气供热	通过调节稀释蒸汽与原料烃的流量比控制烃分压；通过调节燃料油流量控制裂解温度，进而保证乙烯的收率

续表

图号			会议日期	参加人员
序号	偏差	原因	后果	对策措施
1	烃流量太低	1. 烃流量控制系统故障； 2. 原料烃输送管道破裂； 3. 原料烃输送泵故障	1. 裂解炉管烧坏； 2. 物料在反应器中停留时间太长，乙烯收率降低； 3. 物料损失并给周围环境带来安全隐患	1. 设低烃流量报警，超低烃流量联锁； 2. 经常检查维护烃流量控制仪表系统，设烃流量手动控制阀； 3. 定期巡视管道、设备系统； 4. 设原料烃输送备用泵
2	烃流量太高	1. 烃流量控制系统故障； 2. 原料烃预热器破裂，混入加热介质	1. 烃类裂解反应进行不完全； 2. 产物中引入其他杂质； 3. 烃分压升高，影响乙烯的收率	1. 设高烃流量报警； 2. 经常检查维护流量控制仪表系统； 3. 定期维护换热器
3	无烃流量	1. 原料烃输送管道破裂； 2. 原料烃输送泵故障	1. 裂解炉管烧坏； 2. 烃原料预热盘管烧坏； 3. 物料损失并给周围环境带来安全隐患	1. 设低烃流量报警，超低烃流量联锁； 2. 定期巡视管道、设备系统； 3. 设原料烃输送备用泵

【例 3-2】 某燃料油加氢反应过程，如图 3-4 所示，在一釜式反应器中进行。液体原料一次加入，氢气连续加入，用氮气稀释以降低氢气的浓度，防止发生爆炸，基本过程控制方案如图所示。试就引导词“没有（NO）”组合的偏差进行 HAZOP 分析。

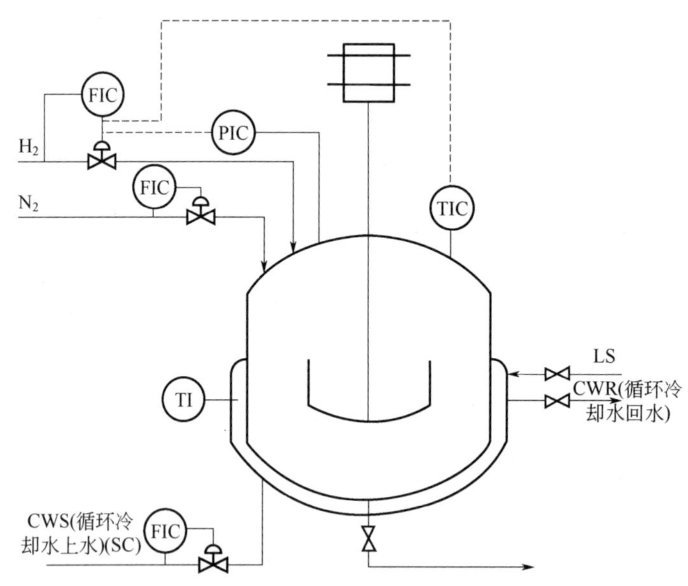

图 3-4 某燃料油加氢反应过程示意图

解： 节点选加氢反应器，分析结果见表 3-8～表 3-10。

表 3-8 加氢反应 HAZOP 分析结果（1）

节点序号	节点描述	设计意图
1	燃料油加氢反应过程，液体原料一次加入，氢气连续加入，反应结束后一次出料	过程中通氮气稀释，以降低氢气的浓度，防止发生爆炸。开始通低压蒸汽加热到反应所需温度，待温度升高后通冷却水降温。设氢气量控制，并控制反应釜温度、压力

续表

<table>
<tr><td colspan="2">图号</td><td colspan="2">会议日期</td><td>参加人员</td></tr>
<tr><td colspan="2"></td><td colspan="2"></td><td></td></tr>
<tr><td>序号</td><td>偏差</td><td>原因</td><td>后果</td><td>对策措施</td></tr>
<tr><td rowspan="5">1</td><td rowspan="5">没有氮气</td><td rowspan="2">1. 氮气控制系统故障</td><td>1.1 反应器超温</td><td>1.1.1 安装氮气备用控制阀或手动旁路阀
1.1.2 设反应器超温报警及联锁</td></tr>
<tr><td>1.2 反应器超压，甚至爆炸</td><td>1.2.1 设反应器超压报警及联锁
1.2.2 设安全阀和（或）防爆板</td></tr>
<tr><td rowspan="3">2. 氮气输送管道或储存设备破损</td><td>2.1 反应器超温</td><td>2.1.1 设氮气低流量报警及联锁
2.1.2 加强巡视
2.1.3 同 1.1.2</td></tr>
<tr><td>2.2 反应器超压</td><td>2.2.1 同 1.2.1 和 1.2.2</td></tr>
<tr><td>2.3 氮气损失</td><td>2.3.1 同 2.1.1 和 2.1.2</td></tr>
</table>

表 3-9 加氢反应 HAZOP 分析结果（2）

<table>
<tr><td colspan="2">节点序号</td><td colspan="2">节点描述</td><td>设计意图</td></tr>
<tr><td colspan="2">1</td><td colspan="2">燃料油加氢反应过程，液体原料一次加入，氢气连续加入，反应结束后一次出料</td><td>过程中通氮气稀释，以降低氢气的浓度，防止发生爆炸。开始通低压蒸汽加热到反应所需温度，待温度升高后通冷却水降温。设氢气流量控制，并控制反应釜温度、压力</td></tr>
<tr><td colspan="3">图号</td><td>会议日期</td><td>参加人员</td></tr>
<tr><td colspan="3"></td><td></td><td></td></tr>
<tr><td>序号</td><td>偏差</td><td>原因</td><td>后果</td><td>对策措施</td></tr>
<tr><td rowspan="8">2</td><td rowspan="8">没有冷却水</td><td rowspan="2">1. 冷却水流量控制系统故障</td><td>1.1 反应器超温</td><td>1.1.1 安装备用的冷却水控制阀或手动旁路阀
1.1.2 设反应器超温报警及联锁</td></tr>
<tr><td>1.2 反应器超压、爆炸</td><td>1.2.1 设反应器超压报警及联锁
1.2.2 设安全阀和（或）防爆板</td></tr>
<tr><td rowspan="2">2. 冷却水管堵塞</td><td>2.1 同 1.1</td><td>2.1.1 设冷却水低流量报警系统
2.1.2 设过滤器
2.1.3 同 1.1.2</td></tr>
<tr><td>2.2 同 1.2</td><td>2.2.1 同 1.2.1，1.2.2</td></tr>
<tr><td>3. 冷却水源无水</td><td>同 1.1，1.2</td><td>3.1.1 加强巡视
3.1.2 同 1.1.2，1.2.1 及 1.2.2</td></tr>
<tr><td>4. 输水泵故障</td><td>同 1.1，1.2</td><td>4.1.1 设备用水泵
4.1.2 同 1.1.2，1.2.1 及 1.2.2</td></tr>
<tr><td rowspan="2">5. 水管破裂</td><td>5.1 冷却水外溢、损失</td><td>5.1.1 同 2.1.1</td></tr>
<tr><td>5.2 同 1.1，1.2</td><td>5.2.1 同 1.1.2，1.2.1 及 1.2.2</td></tr>
</table>

表 3-10 加氢反应 HAZOP 分析结果（3）

节点序号	节点描述	设计意图
1	燃料油加氢反应过程，液体原料一次加入，氢气连续加入，反应结束后一次出料	过程中通氮气稀释，以降低氢气的浓度，防止发生爆炸。开始通低压蒸汽加热到反应所需温度，待温度升高后通冷却水降温。设氢气流量控制，并控制反应釜温度、压力

续表

图号		会议日期		参加人员
序号	偏差	原因	后果	对策措施
3	没有氢气	1. 氢气控制仪表系统故障	1.1 生产无法正常进行	1.1.1 安装备用的氢气控制阀或手动旁路阀 1.1.2 设氢气低流量报警
		2. 氢气管道或容器破裂	2.1 损失氢气	2.1.1 设氢气低流量报警 2.1.2 加强巡视 2.1.3 设氢气泄漏检测报警系统
			2.2 泄漏氢气遇明火爆炸	2.2.1 设氢气泄漏检测报警系统

3.2.4 LOPA 分析简述

3.2.4.1 LOPA 分析方法概述

LOPA 即保护层分析（Layer of Protection Analysis），是一种半定量的风险评估技术。使用初始事件(IE，Initial Event)发生频率、需要时独立保护层(IPL，Independent Protection Layer)失效概率的数量级大小及后果的严重程度来近似表征场景（偏差事件引发事故后果）的风险高低。进而判断，采取相应保护措施后风险是否降到了可接受的程度，或者要让风险降到可接受的程度还需要增设怎样的安全保护措施。

下述情况需要在 HAZOP 或预先危险性分析（PHA）的基础上进行 LOPA 分析。

① 确定某个场景的风险水平。

② 确定事故场景中各种保护层降低的风险水平。

③ 确定安全仪表功能（SIF，Safety Instrumented Function）对需要增设安全仪表的安全完整性等级（SIL，Safety Integrity Level）的要求。

④ 确定过程中的安全关键设备或安全关键活动。

后果的严重程度通常是确定的，独立保护层主要通过降低风险发生的频率来达到降低场景风险等级的目的。图 3-5 为 LOPA 分析中初始偏差事件，在采取相应的独立保护层保护后，风险逐步降低的情况。

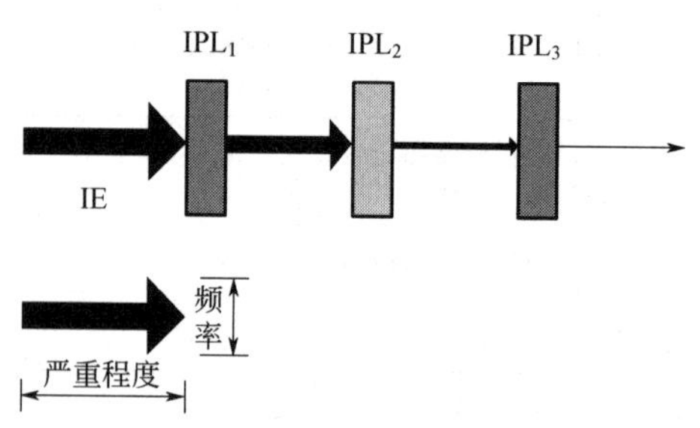

图 3-5 LOPA 分析中保护层使风险逐步降低情况的示意图

3.2.4.2 场景频率的确定

（1）场景频率的计算

初始事件 IE 在现有独立保护层措施下，引发后果 C 发生的频率用式（3-1）计算。

$$f_i^C = f_i^I \times \prod_{j=1}^{J} PFD_{ij} \times P_i^E P_i^C \tag{3-1}$$

式中，f_i^C 为初始事件 IE 引发后果 C 发生的频率，次/年；f_i^I 为初始事件 IE 发生的频率，次/年；PFD_{ij} 为初始事件中第 j 个阻止后果 C 发生的独立保护层要求时的失效概率，0～1 之间；P_i^E 为使能事件或使能条件发生的频率，没有就取 1；P_i^C 为条件修正因子，初始事件使后果 C 发生的必要条件，没有就取 1。

由于大多数失效概率数据都是以“次/年” 表达，所以当某个偏差不是连续发生时，需要对失效概率进行修正。通常可用某个元件一年运行时间的百分率修正。

可见要想计算某个场景的发生频率，需确立初始事件的发生频率及独立保护层需要时失效的概率。这是一些半经验的数据，如何获得呢？一般地，有如下三种来源。

① 行业统计数据。

② 企业统计数据。

③ 基于失效模式、影响和诊断分析（FMEDA）的数据，或故障树分析（FTA）的数据，等等。

选用初始事件的发生频率及独立保护层需要时失效概率需要注意如下几点。

① 来源与使用场景尽可能接近。

② 统计要有代表性，还要有意义，即数据量足够大。

③ 频率取整到最近的数量级。

（2）初始事件及其发生频率

初始事件的识别。对于 LOPA 评估与 HAZOP 分析相结合的情况，LOPA 的初始事件，基本对应于 HAZOP 的偏差原因。

文献[13]给出化工行业典型的初始事件频率，见表 3-11，供分析时参考。文献[10]给出某化工企业采用的初始事件频率，可参照。

表 3-11 化工行业典型的初始事件频率

初始事件	频率范围/（次/年）	初始事件	频率范围/（次/年）
压力容器疲劳失效	10^{-7}～10^{-5}	冷却水失效	10^{-2}～1
管线疲劳失效-100m-全部断裂	10^{-6}～10^{-5}	泵密封失效	10^{-2}～10^{-1}
管线泄漏（10%截面积）	10^{-4}～10^{-3}	卸载/装载软管失效	10^{-2}～1
常压储罐失效	10^{-5}～10^{-3}	BPCS 仪表控制回路失效	10^{-2}～1
垫片/填料爆裂	10^{-6}～10^{-2}	调节器失效	10^{-1}～1
第三方破坏（挖掘机、车辆等外部影响）	10^{-4}～10^{-2}	小的外部火灾	10^{-2}～10^{-1}
起重机载荷掉落	10^{-4}～10^{-3}	大的外部火灾	10^{-3}～10^{-2}
雷击	10^{-4}～10^{-3}	LOTO（锁定 标定）程序失效（多个元件的总失效）	10^{-4}～10^{-3}
安全阀误开启	10^{-4}～10^{-2}	操作员失效（假设执行正常的操作规程，操作员经过正规的培训，且不疲劳、不紧张）	10^{-3}～10^{-1}

注：LOTO，lockout-tagout，“上锁挂牌”。

（3）独立保护层及需要时的失效概率

独立保护层是指能够阻止场景向不良后果继续发展的一种设备、系统或行动，并且独立于初始事件和场景中的其他保护层。独立保护层的有效性和独立性必须具有可审查性。

这里的独立保护层基本对应于 HAZOP 的安全对策措施。包括本质安全设计、基本过程控制系统、关键报警和人为干预、安全仪表系统、主动物理保护（安全阀、防爆板等）、被动物理保护（工厂应急响应、社区应急响应）等。

其中基本过程控制系统大多数作为初始事件，可能会作为独立保护层；关键报警和人为干预可以作为独立保护层；安全仪表系统可以作为一种独立保护层，且是主要的独立保护层，其需要时失效的概率与其 SIL 等级相对应，而其安全完整性与其类型、冗余水平、测试频率等有关，是定量相对准确的一类保护层。主动物理保护（安全阀、防爆板等）可以作为独立保护层；被动物理保护，如水喷淋系统、防火堤、防爆墙等则视具体情况确定是否可以作为独立保护层以及确定相应的 PFD，如水喷淋系统，可以根据其需要时能被触发的可靠性而确定其 PFD。工厂应急响应和社区应急响应通常不被作为独立保护层，因为影响因素众多，PFD太难确定。表 3-12 为文献[11]给出的部分独立保护层需要时的失效概率。

表 3-12　典型独立保护层的 PFD 值

保护层范围		保护层说明	PFD
本质安全设计		如果正确执行，将大幅降低后果发生的频率	$10^{-6}\sim10^{-1}$
基本过程控制系统		如果与初始事件无关，BPCS 可确认为是一种独立保护层	$10^{-2}\sim10^{-1}$
报警、介入	人员行动有 10min 的响应时间	简单的、记录良好的行动，行动要求具有清晰可靠的指示	$10^{-1}\sim1$
	人员对 BPCS 指示或报警的响应，有 40min 的响应时间	简单的、记录良好的行动，行动要求具有清晰可靠的指示	10^{-1}
	人员行动，响应时间 40min	简单的、记录良好的行动，行动要求具有清晰可靠的指示	$10^{-2}\sim10^{-1}$
安全仪表	SIL1	典型组成：单个传感器+单个逻辑解算器+单个最终元件	$10^{-2}\sim10^{-1}$
	SIL2	典型组成：多个传感器+多通道逻辑解算器+多个最终元件	$10^{-3}\sim10^{-2}$
	SIL3	典型组成：多个传感器+多通道逻辑解算器+多个最终元件	$10^{-4}\sim10^{-3}$
主动物理保护	安全阀	防止系统超压，其有效性对服役条件比较敏感	$10^{-5}\sim10^{-1}$
	爆破片	防止系统超压，其有效性对服役条件比较敏感	$10^{-5}\sim10^{-1}$
被动物理保护	防火堤	降低储罐溢流、破裂、泄漏等严重后果	$10^{-3}\sim10^{-2}$
	地下排污系统	降低储罐溢流、破裂、泄漏等严重后果	$10^{-3}\sim10^{-2}$
	开式通风口	防止超压	$10^{-3}\sim10^{-2}$
	耐火材料	为消防提供额外的响应时间	$10^{-3}\sim10^{-2}$
	防爆墙/舱	通过限制冲击波，保护设备/建筑物等，降低爆炸的危险后果	$10^{-3}\sim10^{-2}$

注：安全完整性等级（SIL）在安全仪表的小节介绍。

【例 3-3】 某带夹套的间歇釜式反应器中进行氯乙烯聚合反应，夹套内通冷却水移热，以控制反应的温度。已有的独立保护措施有：泵故障切换、反应温度高报警、安全阀。试分析某一台冷却水泵故障，导致反应釜超温，进而引发爆炸这个后果发生的频率，并对比没有保护措施时该事故的发生频率。

解：将各独立保护层需要时失效的概率代入式（3-1）

$$f_i^C = f_i^I \times PFD_1 \times PFD_2 \times PFD_3 \times P_i^E \times P_i^C$$

式中，f_i^C 为由冷却水泵故障导致发生爆炸事故的频率；f_i^I 为冷却水发生故障的频率，参照表 3-11 取 1×10^{-1} 次/a；PFD_1 为需要时泵故障切换失效的概率，根据经验取 1×10^{-2}；PFD_2 为需要时反应器高温度报警失效的概率，参照表 3-12 取 1×10^{-1}；PFD_3 为需要时安全阀失效的概率，参照表 3-12，结合相关行业对该措施的重视程度，取 1×10^{-3}；P_i^E 为使“冷却水泵故障，导致反应釜超温”可能发生的条件，因为是间歇反应，大约有一半时间不通入冷却水，所以 P_i^E 取 0.5；P_i^C 取 1，不需要修正，全年都在生产。

$$f_i^C = (1\times10^{-1}\text{次/a})\times10^{-2}\times10^{-1}\times10^{-3}\times0.5 = 5\times10^{-8}\text{次/a}$$

如果没有保护措施，则

$$f_i^{C'} = (1\times10^{-1}\text{次/a})\times0.5 = 5\times10^{-2}\text{次/a}$$

即在没有保护措施的情况下，冷却水泵故障导致发生爆炸事故的频率为 5×10^{-2} 次/a，取整为 10^{-1} 次/a；设置上述三重独立保护措施后，上述事故发生的频率为 5×10^{-8} 次/a，取整为 10^{-7} 次/a。

3.2.4.3 风险评估

（1）场景发生频率等级

在进行风险评估时，根据某一个场景发生频率的高低不同，将其分为 4 个、5 个或更多个级别。如石化行业划分为如表 3-13 所示的 7 个级别。据此划分方式，例 3-3 的事件发生频率，未采取保护措施时为 6 或 7 级，采取保护措施后是 1 级。

表 3-13 场景发生频率的等级

场景频率	等级	场景频率	等级	场景频率	等级
$10^{-1}\sim10^{0}$	7	$10^{-4}\sim10^{-3}$	4	$10^{-7}\sim10^{-6}$	1
$10^{-2}\sim10^{-1}$	6	$10^{-5}\sim10^{-4}$	3		
$10^{-3}\sim10^{-2}$	5	$10^{-6}\sim10^{-5}$	2		

（2）后果严重程度等级

某初始事件 IE 引发某后果 C 发生的频率确定后，要结合后果的严重程度，来确定风险等级的高低。事故后果的严重程度，可根据事故的类型分为数个级别，如表 3-14～表 3-16 所示，分了 5 个级别。

表 3-14 安全与健康相关事件的可容许风险

严重程度	安全与健康相关的后果	可接受频率/（次/a）
5 级，灾难性的	大范围的人员死亡，重大区域影响	10^{-6}
4 级，严重的	人员死亡，大范围的人员受伤和严重健康影响，大的社区影响	10^{-5}
3 级，较大的	严重受伤和中等健康损害，永久伤残，大范围的人员轻微伤，小范围的社区影响	10^{-4}
2 级，较小的	轻微受伤或轻微的健康影响，药物治疗，超标暴露	10^{-2}
1 级，微小的	没有人员受伤或健康影响，包括简单的药物处理	10^{-1}

表 3-15 环境相关事件的可容许风险

严重程度	环境相关的后果	可接受频率/（次/a）
5 级，灾难性的	超过 $10m^3$ 溢油的环境污染，不可复原的环境影响	10^{-5}
4 级，严重的	$1\sim10m^3$ 的溢油，灾难性的环境影响	10^{-4}
3 级，较大的	$0.1\sim1m^3$ 的溢油，严重的环境影响，大范围的损害	10^{-3}
2 级，较小的	$0.01\sim0.1m^3$ 的溢油，暂时的和短暂的环境影响	10^{-2}
1 级，微小的	小于 $0.01m^3$ 溢油	10^{-1}

表 3-16 财产相关事件的可容许风险

严重程度	财产相关的后果	可接受频率/（次/a）
5 级，灾难性的	超过 1000 万元直接财产损失，长时间生产中断	10^{-4}
4 级，严重的	100 万～1000 万元的直接财产损失，生产中断	10^{-3}
3 级，较大的	10 万～100 万元的直接财产损失	10^{-2}
2 级，较小的	1 万～10 万元的直接财产损失	10^{-1}
1 级，微小的	小于 1 万元的直接财产损失	1

（3）风险矩阵

风险矩阵是以后果严重程度等级为行（或列），场景发生频率等级为列（或行）建立的矩阵，而后行列结合确立风险的等级，如图 3-6 所示。后果严重程度分 5 个等级，事故场景发生频率分 7 个等级，结合后的风险等级分为Ⅰ、Ⅱ、Ⅲ、Ⅳ4 个级别。这就是表 3-6 所要求的风险等级。

事故发生频率等级(L)						
	7	Ⅱ	Ⅱ	Ⅲ	Ⅳ	Ⅳ
	6	Ⅱ	Ⅱ	Ⅲ	Ⅲ	Ⅳ
	5	Ⅰ	Ⅱ	Ⅱ	Ⅲ	Ⅲ
	4	Ⅰ	Ⅰ	Ⅱ	Ⅱ	Ⅲ
	3	Ⅰ	Ⅰ	Ⅰ	Ⅱ	Ⅱ
	2	Ⅰ	Ⅰ	Ⅰ	Ⅰ	Ⅱ
	1	Ⅰ	Ⅰ	Ⅰ	Ⅰ	Ⅰ
风险(R)		1	2	3	4	5
		事故后果严重程度(S)				

图 3-6　事故风险矩阵图

事实上，与风险矩阵配套的，通常会有一个不同风险等级的应对要求。如表 3-17 所示为一应对要求示例。

表 3-17　不同风险等级的应对要求

风险等级	描述	应对要求
Ⅳ	严重风险（绝对不能容忍）	必须通过工程和/或管理上的专门措施，限期（不超过 6 个月内）把风险降低到Ⅱ以下
Ⅲ	高度风险（难以容忍）	应当通过工程和/或管理上的专门措施，限期（12 个月内）把风险降低到Ⅱ以下
Ⅱ	中度风险（在控制措施落实的情况下可以容忍）	具体依据成本情况采取措施。需要确认程序和控制措施已经落实，强调对它们的维护工作
Ⅰ	低风险（可以接受）	不需要采取措施

3.3　化工过程安全控制

化工参数控制是化工流程设计的重要内容。化工生产过程中，所有的工艺参数，包括温度、压力、流量、液位等等都需要控制在一定的范围内，工艺参数超出控制的范围就会使得生产的产品质量下降，或生产过程偏离原来的稳定操作状态，甚至导致事故的发生。一般地，基本过程控制系统 BPCS 的主要任务是将参数控制在正常的范围内，除此之外，BPCS 在多数情况还会针对参数的越限设置报警提示。而对于越限严重后可能导致事故发生的部分参数，系统中除了设置越限报警，还需要设置安全联锁系统，这就是化工安全控制的任务。安全控制和 BPCS 都是化工自动控制的重要组成部分。

3.3.1　化工自动控制系统简述

3.3.1.1　自动控制系统的构成

化工自动控制系统在化工生产过程中占有举足轻重的地位，其控制过程的准确性、先进性、稳定性直接决定着化工生产过程的先进性、稳定性和安全性。21世纪初，随着计算机技术、信息技术的发展，化工自动控制系统发生了结构性的变革，发展到现在，形成了被大家普遍接受的集散控制系统（DCS，Distributed Control System）、可编程序控制（PLC，Programmable Logic Controller）系统等控制系统技术。

化工自动控制系统的结构如图3-7所示，包括对象、检测变送、控制、执行等几个部分。

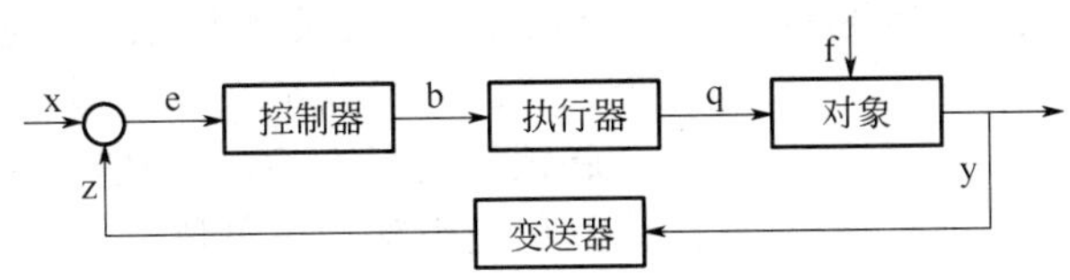

图3-7 单回路控制系统方块图

3.3.1.2 自动控制的类型

按达到的目的，自动控制系统分为基本过程控制系统和极限控制系统。

（1）基本过程控制系统（BPCS）

基本过程控制系统又可依具体目的的不同简单地分为两类，一类是为了达到某些技术质量指标而设置的，如反应器温度的控制、原料配比的控制；精馏塔塔顶回流比的控制，塔釜温度的控制；等等。另一类是为了物料、能量平衡，生产过程运行稳定而设置的，如原料的流量、精馏塔的塔釜液位、回流罐的液位等等。

（2）极限控制系统

极限控制系统在正常工况下，不执行。在非正常工况时，参数如温度、压力、流量、组成等达到（或超越）极限值时，采取强有力的措施，避免其越限太大，引发事故。极限控制有两类，一类为安全联锁控制，另一类为超驰控制。

① 安全联锁控制。安全联锁控制是操作参数达到第一极限时报警，设法排除故障，若未能及时排除，参数达到第二极限状态时，经联锁动作，自动停车。安全联锁控制为硬保护。

② 超驰控制。超驰控制是当自动控制系统接到事故报警、偏差越限的故障信号时，设法排除故障。与此同时，改变操作方式，按使该参数脱离极限为主要控制目标进行控制，以防该参数进一步越限，但不停车。这种操作方式一般会使原料质量降低，但能维持生产运行，避免停车。超驰控制为软保护。

图3-8为一简单的超驰控制过程。利用液氨的气化来冷却物料，一般地，通过调节液氨的流量控制被冷物料的出口温度。但当氨冷却器的液位太高时，为了防止出口气氨夹带液氨，损坏氨制冷系统的压缩机，此时的液氨流量要受高液位信号的控制。这种情况下，出氨冷却器的被冷物料温度可能达不到工艺的要求，但保证了氨制冷系统的安全运行。

超驰控制系统相对复杂，本书的极限控制主要关注安全联锁控制系统。

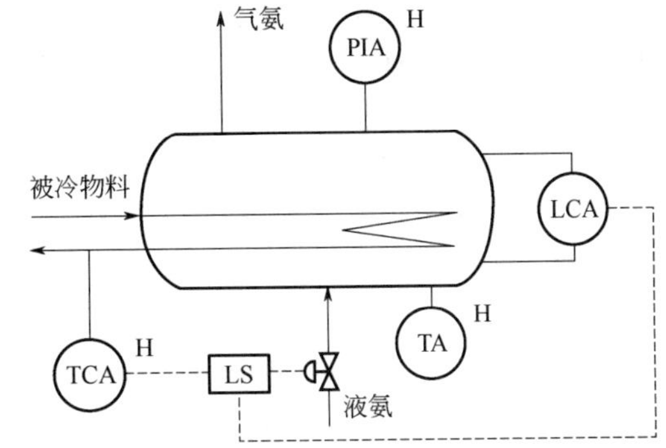

图3-8 氨冷系统的超驰控制

（3）联锁系统

联锁系统是一个电气开关系统，当它收到一个或多个从按钮、位置开关、工艺开关等传递来的电气开、关信号后，便驱动电气系统内的设备完成一系列预定的动作，如输出信号到电磁阀、电机的启动器、开关、报警等。

基本工艺过程控制系统中也可能设置联锁系统，典型的如具有备用泵的系统，在其中一台工作泵出现故障后，引发联锁动作，工作泵停止，关闭工作泵前后截断阀，打开备用泵前后截断阀，启动备用泵。人工按钮也可引发上述联锁动作。

安全联锁控制系统是针对生产过程中某些参数越限严重引发事故，或发生异常情况可能导致事故，或预防事故损失扩大而设置的联锁系统。后果严重度较低，或涉及面较小的安全联锁系统可以和 BPCS 的 DCS 系统共用部分元件，但后果严重的参数越限或特殊情况，需要设置完全独立的安全联锁系统，即紧急停车系统。

安全联锁系统具有手动按钮，必要时手动停车；具有复位按钮，危险消除后可复位。

基本过程控制和安全联锁控制系统的参数范围示意如图 3-9 所示。基本过程控制一方面将参数控制在适宜的范围内，另一方面当参数超过正常范围后发出报警信号，提醒采取行动；安全联锁控制则在参数超越正常范围后报警，对于越限严重可能引发事故的参数，则在参数达到联锁值时联锁停车。

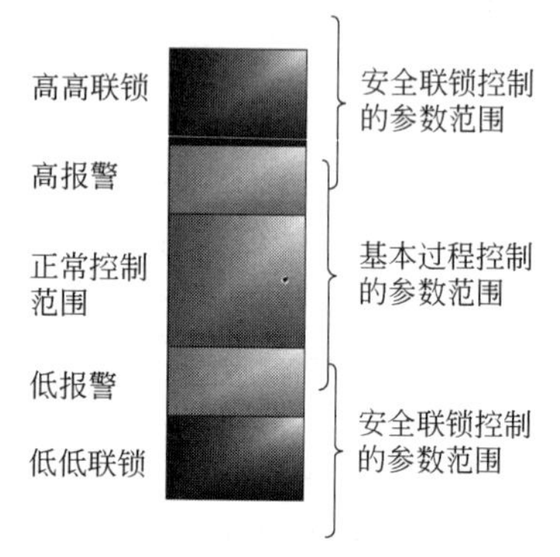

图 3-9 基本过程控制和安全联锁控制的参数范围示意

（4）安全仪表系统

安全仪表系统（SIS，Safety Instrumented System）是指在化工生产过程中能实现一个或多个安全功能的仪表系统。按照 GB/T 50770—2013《石油化工安全仪表系统设计规范》，安全仪表功能是指为了防止、减少危险事件发生或保持过程安全状态，用测量仪表、逻辑控制器、最终元件及相关软件等实现的安全保护功能或安全控制功能。

安全联锁系统是安全仪表系统中最重要的部分。有的公司把危险性气体检测报警系统、火灾探测报警系统都归为安全仪表系统。

（5）基本过程控制系统和安全仪表系统的区别

基本过程控制系统和安全仪表系统的特点不同，二者的主要区别包括以下三点。

① 目的不同，基本过程控制是保证生产平稳运行，并生产出合格产品；安全仪表系统是为了预防事故的发生和减少事故的损失。

② 基本过程控制是工艺参数的动态控制，即参数始终处于动态调整过程；安全仪表系统对工艺参数进行连续监测，在正常情况下是静止的，不采取任何动作，但当参数发生异常波动或故障时，它会按照预先设定的程序采取相应的安全动作。

③ 工艺控制系统对应的是连续的模拟量控制，对应执行阀门开度的变化；安全仪表系统对应的是开关量控制，开关量信号的输入、输出只有两种状态，即“有”和“无”，或者“开”和“关”。

（6）紧急停车系统

紧急停车系统（ESD，Emergency Shutdown Device）就是当工艺过程中的某些变量发生异常时，或收到某种指令后，由控制系统指令工艺过程紧急地、安全地停止生产（局部系统或全系统），以免造成巨大财产损失和人员伤亡。装置在运行过程中，紧急停车系统时刻监视工艺过程的状态，判断危险条件，并在危险出现时适当动作，以防止事故的发生。化工装置中的紧急停车系统是安全仪表系统的一部分，是其中较重要的一部分。

（7）集散控制系统（DCS）

集散控制是一种实现过程自动控制的计算机控制形式。目前化工生产的 BPCS 普遍采用

DCS。该控制系统是以微处理器为基础，采用控制功能分散，显示操作集中，兼顾分而自治和综合协调的设计原则而建立的现代化仪表控制系统。其基本构成如图 3-10 所示。

① 现场控制站。执行控制任务，直接与生产过程相连接，对控制变量进行检测、处理，并产生控制信号驱动现场执行机构，实现生产过程的闭环控制。同时将控制信息传送至操作员站、工程师站及上位管理站，是 DCS 最重要的部分。

② 现场监测站。又叫数据采集站，现场采集数据，并对采集的数据进行预处理，加工后送到操作员站及工程师站，实现对过程变量的实时监测和打印。

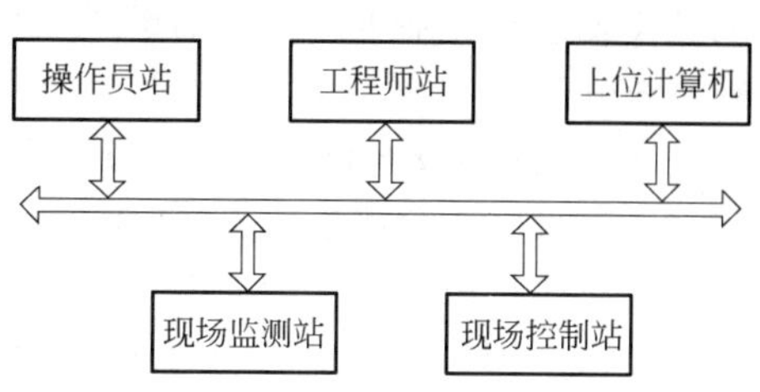

图 3-10 集散控制系统基本构成图

③ 操作员站。操作人员进行过程监测和过程控制操作的设备或设备区域。操作员站提供良好的人机交互界面，用以实现集中显示、集中操作和集中管理等功能。

④ 工程师站。工程师对 DCS 进行离线的组态工作和在线的系统监督、控制及维护的计算机站。操作员站和工程师站位于工厂或车间的控制室。

⑤ 上位计算机。是指工厂的管理信息系统。

⑥ 通信网络。连接各个功能区域的数据线。

DCS 控制系统具有集中管理，分散控制的特点。

3.3.2 安全仪表系统

这里讲述的安全仪表系统主要指安全联锁控制系统。

3.3.2.1 安全仪表系统的设计原则和仪表设置要求

(1) 安全仪表系统的设计原则

安全仪表系统设计时遵循的主要原则：

① 安全仪表系统的设计应兼顾可靠性、可用性、可维护性、可追溯性和经济性等，应防止设计不足和过度设计。

② 安全仪表系统的功能应根据过程的危险与可操作性分析结果进行。

③ 安全仪表系统应符合系统对其安全完整性等级的要求。

安全完整性等级是安全功能的等级，一般地，由低到高分为 4 级，SIL1～SIL4。表 3-18 为安全仪表功能不同安全完整性等级对应的平均失效概率要求。

表 3-18 安全仪表功能不同安全完整性等级的要求

安全完整性等级（SIL）	低要求操作模式的平均失效概率 PFD_{avg}	安全完整性等级（SIL）	低要求操作模式的平均失效概率 PFD_{avg}
4	$10^{-5} \leqslant PFD_{avg} < 10^{-4}$	2	$10^{-3} \leqslant PFD_{avg} < 10^{-2}$
3	$10^{-4} \leqslant PFD_{avg} < 10^{-3}$	1	$10^{-2} \leqslant PFD_{avg} < 10^{-1}$

石油化工工厂或装置的安全完整性等级一般不高于 SIL3 级。

④ 安全仪表系统和基本过程控制系统应该是相互独立的控制回路系统。

⑤ 安全仪表系统应设计为故障安全型。当安全仪表系统内产生故障时，应能按设计的预定方式，将过程转入安全状态。

(2) 安全仪表系统的仪表设置要求

安全仪表系统的元件和基本过程控制系统的元件共用可节省投资，但是否可共用，要根据系统对安全仪表功能要求的安全完整性等级决定。

① SIL1 级安全仪表功能，测量仪表可与基本过程控制系统共用；SIL2 级安全仪表功能，测量仪表适宜与基本过程控制系统分开；SIL3 级安全仪表功能，测量仪表应该与基本过程控制系统分开。

② SIL1 级安全仪表功能，测量仪表可采用单一测量仪表；SIL2 级安全仪表功能，测量仪表适宜采用冗余测量仪表；SIL3 级安全仪表功能，测量仪表应该采用冗余测量仪表。

③ SIL1 级安全仪表功能，控制阀可与基本过程控制系统共用，但应确保安全仪表系统动作优先；SIL2 级安全仪表功能，控制阀适宜与基本过程控制系统分开；SIL3 级安全仪表功能，控制阀应该与基本过程控制系统的阀门分开。

④ SIL1 级安全仪表功能，可采用单一控制阀；SIL2 级安全仪表功能，适宜采用冗余控制阀；SIL3 级安全仪表功能，应该采用冗余控制阀。

控制阀的冗余方式可采用一个调节阀和一个切断阀，也可以采用两个切断阀。

⑤ SIL1 级安全仪表功能，逻辑控制器适宜与基本过程控制系统分开；SIL2 级安全仪表功能，逻辑控制器应该与基本过程控制系统分开；SIL3 级安全仪表功能，逻辑控制器应该与基本过程控制系统分开。

⑥ SIL1 级安全仪表功能，可采用冗余逻辑控制器；SIL2 级安全仪表功能，适宜采用冗余逻辑控制器；SIL3 级安全仪表功能，应该采用冗余逻辑控制器。

3.3.2.2 紧急停车系统设计的原则

紧急停车系统属于安全仪表系统，一般地，应该是安全仪表功能为 SIL3 级的安全仪表系统。ESD 系统设计时既要保证出现危险时能及时动作，同时也要尽可能地避免误动作，因为停车损失通常都较大。紧急停车系统设计时要遵循下述原则。

（1）独立设置的原则

ESD 的检测元件、传感器、控制元件及切断阀（电磁阀）要与 BPCS 的对应元件独立设置，即 ESD 与 BPCS 的实体分离。不适宜采用信号分配器，将模拟信号分别接到 ESD 和 BPCS。独立设置的原因如下。

① 降低基本过程控制功能和安全控制功能同时失效的概率，用于 BPCS 的 DCS 硬件常集成在一起，相对容易发生故障，独立设置就使得维护 DCS 部分故障时，不会危及安全保护系统。

② 对于大型装置或旋转机械设备而言，ESD 要求快速响应，这有利于保护设备，避免事故扩大，并有利于分辨事故原因。而 BPCS 的 DCS 处理大量的过程监测信息，因此其响应速度难以很快。

③ BPCS 的 DCS 系统是过程控制系统，是动态的，需要人工频繁干预，这有可能引起人为误动作；而 ESD 是静态的，不需要人为干预，独立设置 ESD 可以避免人为误动作带来的不良后果。

但 ESD 和 DCS 间通常会信息互通。ESD 联锁动作的阀位信号会传给 DCS，所以操作员可以随时观察到 ESD 系统的阀位开关情况。图 3-11 为某聚乙烯过程的基本过程控制 DCS 过程、安全的 ESD 系统及信息传送示意图。

（2）采用可靠技术、合理结构的原则

ESD 仪器仪表的选择要性能绝对可靠，符合相应的安全认证要求；系统元件要冗余设置，符合生产过程对该安全仪表系统的安全仪表功能的安全完整性等级要求。

冗余就是重复配置系统的一些部件，当系统发生故障时，冗余配置的部件介入并承担故障部件的工作，由此减少系统的故障时间。具体包括：硬件冗余，即增加硬件，这个较为常用，如图 3-12 所示；软件冗余，即增加程序，如同时采用不同算法的程序；时间冗余，指令重复执行、程序重复执行，比如延时 5s；信息冗余，就是增加数据位。

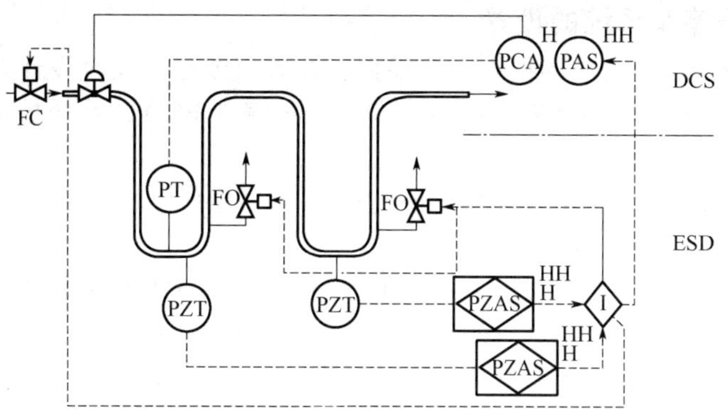

图 3-11　某聚乙烯过程的 DCS 和 ESD

裂解制乙烯工艺过程复杂，危险性高，安全仪表的整体水平通常评定为 SIL3 级。设计时其紧急停车部分的检查变送仪表，如烃流量检查变送仪表、裂解炉炉膛负压检查变送仪表、汽包液面检查变送仪表、C_2 加氢脱炔反应器温度的检查变送仪表等，均需采用 3 台检测变送器同时检测变送至 3 个主处理器，然后根据输送信号的情况进行 3 取 2 或 3 取 1 表决后才可决定是否输出对应参数的越限信号。同时输出信号须通过获得 SIL3 级认证的卡板直接驱动现场电磁阀，中间不可接输出继电器和保险丝。为实现可靠切断物料，系统配置 2 套串联的电磁阀，停车条件满足时，控制器发出 2 个联锁信号到 2 个电磁阀，执行相应的开启或关闭操作。

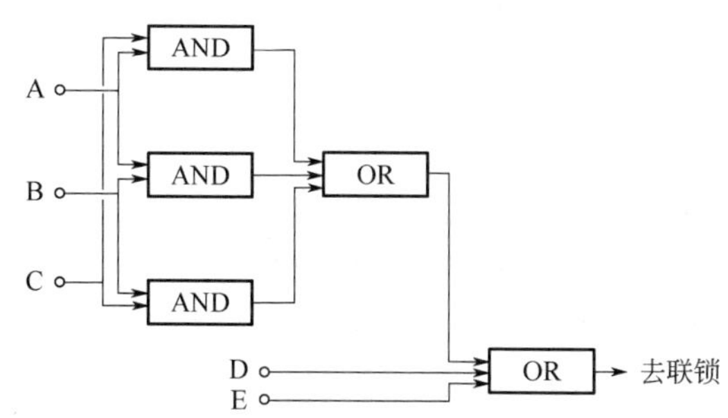

图 3-12　三取二冗余设置示意图

（3）故障安全原则

ESD 系统本身在出现故障时能自动置于安全状态，相关联的现场仪表、联锁阀等的设置也遵循“故障安全”原则。所有开关类现场检测仪表均选用常闭型，即正常操作情况下接点闭合，故障情况下接点打开触发联锁动作。所用热电偶/热电阻及报警设定器均具有断线保护功能。去电气配电室用以开停泵的接点信号用中间继电器隔离，中间继电器的励磁电路设计为故障安全型等。

ESD 系统在正常运行状态下，其输入/输出卡件应该是励磁的和对外供电，在系统故障或失电时为非励磁状态。输出回路的执行机构应该为带弹簧复位的单作用方式，即故障关（FC）或故障开（FO），电磁阀或中间继电器正常状态是励磁的，停电和联锁对应的状态相同。例如：裂解制乙烯的反应系统，原料烃输送管路上的联锁阀门选通电开，失电或失气关；而蒸汽保护管路上的联锁阀选择通电关，失电或失气开。

（4）中间环节最少原则

ESD 系统设置在安全、可靠的情况下尽可能简单，越复杂越容易发生问题。

独立设置的 ESD 系统，需是通过国际或国家权威部门认证的系统。比如，当隐患点数较少时，可用 TüV 认证（德国 TüV 专为元器件产品定制的一个安全认证标志）的继电器系统实现。当隐患点数较多时，可采用通过认证或符合国际标准的可编程序控制系统实现。如：美国霍尼韦尔（Honeywell）公司生产的故障安全控制系统 FSC（Fail Safe Control），该系统是具有高度可靠性和高度完整性的安全系统，已通过 TüV 认证，适用于重要的安全控制场合。

3.3.2.3 紧急停车系统的设置

ESD 的具体设计过程由自动控制专业根据工艺人员或过程安全设计人员的要求完成，但作为过程安全设计人员，应该能够协助自控专业人员编制 ESD 的系统技术规格说明书，其主要内容包括以下几点。

① 提出对紧急停车及安全联锁系统的功能要求，并列出联锁停车和报警事件一览表。提出对危险的误停车可靠性的要求。

② 提出对安全度等级的要求。一般工业过程，用于 ESD 的安全仪表功能的安全完整性等级为 SIL3 级，实用性为 99.9%～99.99%，故障发生概率为 10^{-4}～10^{-3}。

③ 列出紧急停车及安全联锁系统的 I/O（输入/输出）表和有关的控制要求，包括过程变量的正常操作范围和报警设定值、联锁停车设定值等。

输入是引发联锁的点，输出是联锁后需要动作的点。

④ 说明紧急停车及安全联锁事件所涉及的最终执行元件、事件起因、动态响应及工艺过程可能引起的过程共模故障等过程信息。

⑤ 确定过程输入输出功能关系，以功能图或逻辑图表示逻辑运算功能之间的关系。

⑥ 确定励磁或非励磁停车、手动或自动停车、ESD 系统在失电或气源故障后动作、复位功能及旁路维护开关的设置。

其中的停车逻辑图可以直观地表达引发停车及停车后联锁动作的逻辑关系。图 3-13 为某烃类热裂解制乙烯，单台裂解炉的联锁停车逻辑关系图。其中左边是引发联锁停车的因素，右边表达的是联锁停车后的动作。同时可见，该裂解炉装有侧壁烧嘴，烧燃料气，装有底部烧嘴，部分可烧燃料气，部分可烧燃料油。其中引发本台裂解炉全面停车的因素包括：

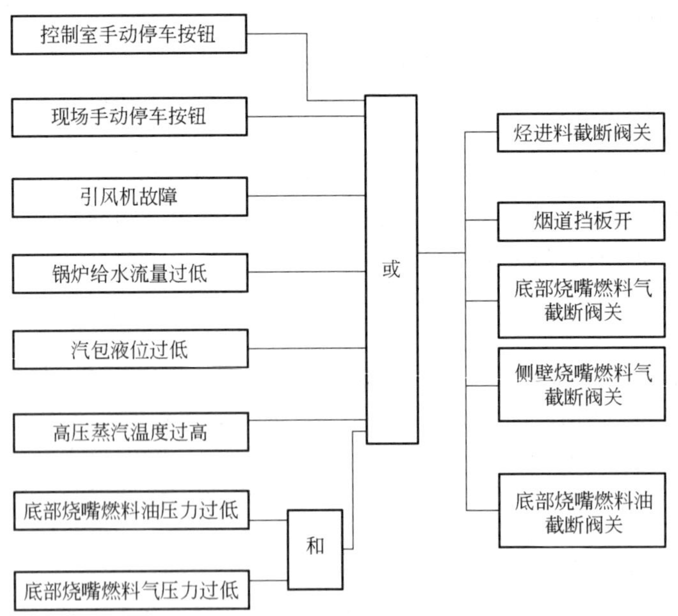

图 3-13 某乙烯工厂裂解炉系统联锁停车逻辑关系图

① 引风机故障，引风机停止工作可能导致燃烧炉内正压，向外喷火，严重时导致火灾

发生。

② 锅炉给水流量过低，可能导致急冷锅炉过热，烧坏，甚至引发锅炉物理爆炸。

③ 汽包液位过低，设置原因同上。

④ 高压蒸汽过热温度过高，设置原因同上。

⑤ 底部烧嘴燃料气和燃料油压力同时过低，裂解反应所需的热量无法保证，正常的裂解反应不能进行。燃料气压力低，还可能导致回火，引起燃烧气输送管道爆炸。

⑥ 现场手动停车按钮或控制室停车按钮动作。

联锁停车的顺序为：烃进料阀关，烟道挡板开，底部烧嘴燃料气截断阀关，侧壁烧嘴燃料气截断阀关，底部烧嘴燃料油截断阀关。

3.4 化工安全附件

在化工生产流程中，除了包含有工艺生产必需的设备、管道、阀门、仪表等以外，还有许多装设于设备或管道上的附件，这些附件很多是基于过程能够安全运行而增设的。本节主要讲述这方面的内容。重点讲述各类附件的作用，装设的位置，各类附件选用时需确立的重要参数等，至于具体参数的计算，读者需查阅相关的书籍或规范，本书不做详细讲解。各类附件在顺序安排上没有特殊的考虑。

3.4.1 管道过滤器

化工生产过程中涉及的过滤器有两类，一类为设备，按设备设计或选型。另一类为管道附件，设置于管道上，本节涉及的为后一种，即管道过滤器。

管道过滤器是为清除流体中的固体杂质，防止杂质进入设备，如泵、压缩机，或进入特殊部件，如流量仪表、疏水器、燃料烧嘴等，或堵塞管道所装设的管道附件。通常装设在流体中可能存在机械杂质的上述各设备及部件的前面，以保证相应的设备、部件的安全运行。

3.4.1.1 管道过滤器的类型

按功能分，管道过滤器有临时管道过滤器和永久管道过滤器，前者在开工，或停车时间较长，再开车时设置，生产正常后即拆除掉。后者则和其保护的设备或特殊部件同时投用，长久运行。从外形上分，常用的管道过滤器有 Y 形过滤器、T 形过滤器和篮式过滤器，如图 3-14 所示。

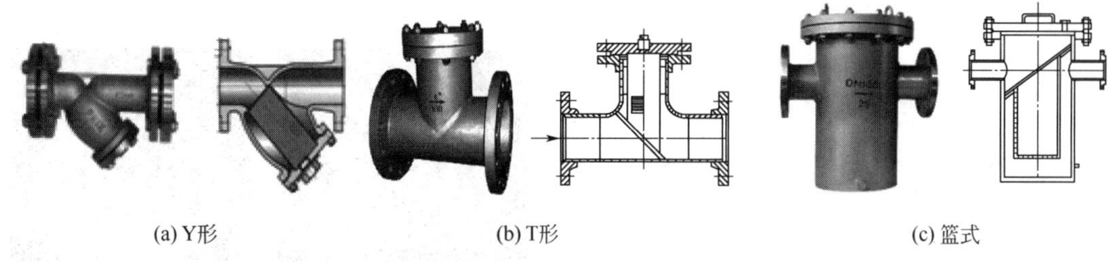

(a) Y形　(b) T形　(c) 篮式

图 3-14　Y 形、T 形和篮式的管道过滤器

3.4.1.2 管道过滤器的选型要点及性能参数

过滤器的材料、公称压力、连接方式与对应管道的相同或接近；过滤面积需为对应管道横截面积的 3 倍以上；过滤目数要根据工艺的特点、可能的杂质类型确定，既要对所保护的设备及特殊部件起到保护作用，又要考虑过程的阻力降不能太大。

选型时一则考虑管道尺寸，一般地，管径<100mm 时选 Y 形，100mm<管径<300mm 时选 T 形，管径再大选篮式。另一则考虑介质的杂质含量及黏度，杂质含量较低的情况，选 Y 形或 T 形，当杂质含量较高时，或黏度较大时选篮式，篮式过滤面积较大，杂质容量也较大。

管道过滤器订货时需确定丝网的目数，丝网过滤目数与能截留的颗粒直径相对应。表 3-19 为不锈钢丝网的结构参数。

表 3-19　不锈钢丝网结构参数

目数/in	可截粒径/μm	丝径/mm	开孔面积百分数/%	目数/in	可截粒径/μm	丝径/mm	开孔面积百分数/%
10	2032	0.508	64	50	356	0.152	50
20	955	0.315	57	60	301	0.122	51
30	614	0.234	53	80	216	0.102	47
40	442	0.193	49	100	173	0.081	46

注：1in=25.4mm。

3.4.2　限流孔板

限流孔板安装在管道上，通过增加阻力损失的方法，来限制流体的流量或降低流体的压力。限流孔板通常用于下述情况。

① 需要降压，且降压的精度要求不高。

② 管道阀门的上下游压力降较大，为了减少流体对阀门的冲蚀，并使液体经孔板降压后不会气化，在阀门的上游装一限流孔板。

③ 需要连续流过小流量的地方，如：泵的冲洗管道，热备用泵的旁路管道等。

④ 需要降低压力降，以减少噪声的管道上，如加压气体的放空管道上。

⑤ 需要降低压力降，以降低过程的危险性，如分析取样管道上。

图 3-15 为一限流孔板应用实例，界外输送高压乙烯至聚乙烯工序的乙烯管道上设限流孔板。开车时，聚乙烯界内设备接近常压，界外高压乙烯管道和界内设备压差较大，直接送气，对阀门及管道冲击太大，设旁路平衡线，平衡线管道上设限流孔板。开车时，先开平衡线上阀门，系统压力缓慢升高，等压差较小时，再开主管线，这样可减缓两端的压差变化。

3.4.2.1　限流孔板的类型

限流孔板按孔板上的开孔数分为单孔和多孔孔板，如图 3-16 所示。按孔板的个数分为单板和多板。

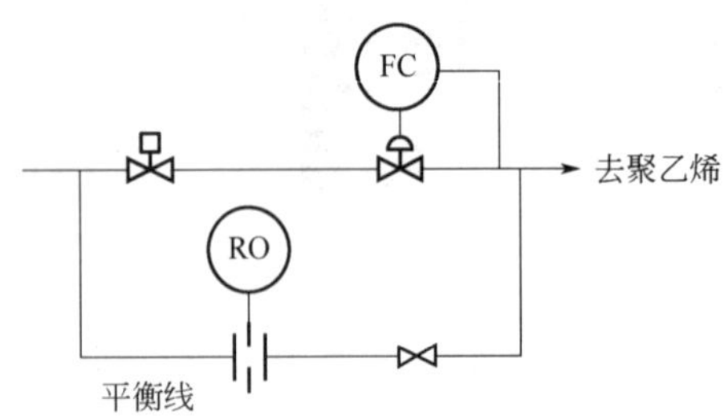

图 3-15　压力平衡线上的限流孔板

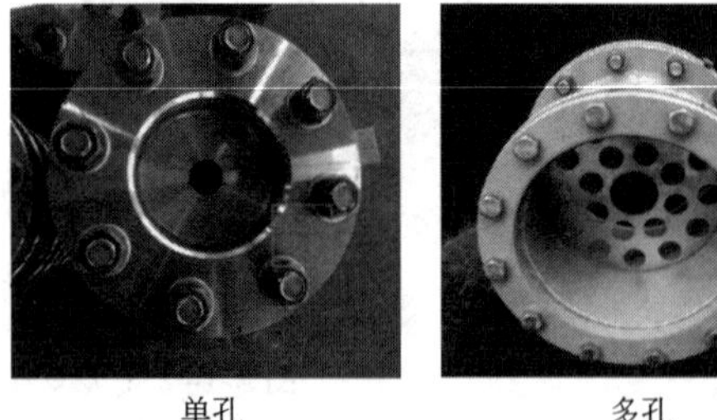

图 3-16　限流孔板实物图

3.4.2.2　限流孔板的选型要点

① 输送气体和蒸汽，限流孔板的板后压力不能小于板前压力的 55%，否则容易发生阻

塞现象。当需要降的压力较高时选用多个孔板串联，每一个板的板后压力不能小于板前压力的 55%。

② 输送液体，压力降小于等于 2.5MPa 时选单板，大于 2.5MPa 时选多板。

③ 管道的公称直径小于 150mm 时选单孔，管道的公称直径大于 150mm 时选多孔。

限流孔板的材料、公称压力、公称直径一般都同管道。限流孔板的重要参数是孔径的大小。其大小决定了流体经过小孔后压力降低的程度。孔径的详细计算可参见 HG/T 20570.15—1995。

3.4.3 安全阀和爆破片

设备或管道正压超过 0.1MPa（表压）时需要进行安全保护。安全阀和爆破片都是超压保护的安全附件，前者可恢复，后者不可恢复。

安全阀是一种自动阀门，如图 3-17 所示。它不借助任何外力而利用介质本身的力来排出被保护设备或管道中额定数量的流体，以防止压力超过额定的安全值，当压力恢复正常后，阀门再行关闭并阻止介质继续流出。

爆破片装置是由爆破片、夹持器等零件装配组成的一种压力泄放安全装置，如图 3-18 所示。当爆破片两侧压力差达到预定温度下的预定值时，爆破片即破裂，泄放出被保护设备或管道内的压力介质。

图 3-17 安全阀

图 3-18 爆破片

安全阀和爆破片的特点对比如表 3-20 所示。

表 3-20 安全阀与爆破片的特点对比

特点	爆破片	安全阀
动作特点	一次性爆破	动作后可恢复
动作后损失	损失大，要停车	损失小，不需停车
适用场合	不是经常超压	经常超压
使用要求：温度范围；压力范围；腐蚀性；黏度	范围宽，要求低	范围窄，要求高
防超压动作：灵敏性；正确性；可靠性	都较好	相对较差
结构、类型	结构简单，类型多	结构复杂，类型少

3.4.3.1 安全阀和爆破片的设置

当容器需要安装泄放装置，且没有特殊要求时，应优先选用安全阀。

（1）安全阀的设置

下述情况设置安全阀。

① 独立的压力系统，由切断阀与其他系统分开。如：压缩后的裂解气分离过程，每个独立的单元系统，包括脱除酸性气体的吸收系统、脱水的干燥系统、乙烯精馏系统等均需用

安全阀保护。

② 容器的压力物料来源处没有安全阀。

③ 设计压力小于压力来源处压力的容器和管道。

④ 容积式泵和压缩机的出口管道上。

⑤ 由不凝气的积累产生超压的容器。

⑥ 加热炉被加热介质的出口管道，如果设有切断阀或者调节阀时，该介质管道上，在加热炉与切断阀或者调节阀之间设安全阀。

⑦ 放热反应可能失控的反应器出口切断阀上游的管道上。

⑧ 管程可能破裂的热交换器低压侧出口管道上。

⑨ 减压阀组的低压侧管道，因为低压侧管道耐压能力较低。

⑩ 容器内的压力可能小于大气压力，而容器不能承受此负压条件时。

（2）爆破片的设置

下述情况设置爆破片。

① 压力有可能迅速上升的容器，如分子量增大的化学反应、化学爆炸、爆燃等。C_2 加氢脱炔的反应器上应设爆破片。

② 泄放的介质含有颗粒、易沉淀、易结晶、易聚合，或介质黏度较大。使用安全阀时容易影响安全阀的正常开启。

③ 泄放介质有强腐蚀性，使用安全阀时其价格较贵。

④ 需要较大泄放面积，安全阀的泄放面积达不到要求。特别是短时间内需要大量泄放介质的情况。

⑤ 使用温度较低而影响安全阀工作特性时。

⑥ 对密封有较高的要求。

（3）安全阀和爆破片同时设置

有些情况下，安全阀和爆破片可能并联或串联设置。

① 为了避免因爆破片破裂损失大量工艺物料，而安全阀又不适宜与介质长期接触的场合，如物料腐蚀性强，而又严禁泄漏，这时可以在安全阀的入口装一爆破片。

② 如果泄放总管有可能存在腐蚀性气体环境，为了防止腐蚀性气体对安全阀的长期腐蚀，可以在安全阀分支出口装一爆破片。

③ 为了防止在异常工况下压力容器内的压力迅速升高，或增加火灾情况下的泄放面积，安装一个或几个爆破片，并与安全阀并联，安全阀的启动压差低于爆破片的爆破压差。

安全阀和爆破片串联设置时，爆破片动作时不允许产生碎片。

3.4.3.2 安全阀的类型和主要结构参数

安全阀由弹簧作用或由导阀控制，当入口处静压超过设定压力时，阀瓣上升以泄放被保护系统的超压，当压力降至回座压力时，可自动关闭。安全阀从阀门开度分，有全启式和微启式，前者用于可压缩流体，后者用于不可压缩流体；从作用原理上分，有直接作用式，如弹簧式安全阀，非直接作用式，如导阀式安全阀，前者结构相对简单，应用较为广泛，但相对容易发生泄漏，后者结构复杂，但不容易泄漏。

除了公称压力、公称直径、材料等普通的参数，安全阀的重要结构参数是整定压力和喉径。整定压力，也叫设定压力，是安全阀阀瓣在运行条件下开始升起时的介质压力。安全阀的整定压力要大于被保护设备或管道的工作压力，小于其设计压力，可以是在工作压力的基础上加一个值或为工作压力的一个倍数，粗略地，选工作压力的 1.05～1.1 倍。当所得值小于 0.18MPa 时，可适当提高安全阀整定压力与工作压力的比值。

喉径即安全阀喉部的直径，决定了安全阀动作时的介质排放量。严格的整定压力及喉径值可参照 GB/T 12241—2021 确定或找专业人员完成。

3.4.3.3 爆破片的类型和主要结构参数

爆破片从形状分有正拱型、反拱型和平板型。平板型在使用过程中容易变形，影响工作压力，所以只用于要求不高的情况。为了防止爆破片动作时产生的碎片引发二次事故，正拱型还分为正拱普通型、正拱开缝型和正拱槽型，其中的正拱开缝型稍有碎片，正拱槽型无碎片；反拱型有反拱普通型、反拱带刀型、反拱鳄齿型、反拱十字槽型、反拱环槽型等等，分别适用于不同的压力范围及不同的介质，除了反拱普通型，其他反拱型爆破时均不产生碎片。

爆破片的主要结构参数有启动压力和泄放面积。启动压力也称作爆破压力，粗略地，可参照表 3-21 确定。

表 3-21 爆破片最小爆破压力与被保护容器或管道工作压力的关系

爆破片类型	载荷性质	最小爆破压力
正拱普通型	静载荷	$\geqslant 1.43p_w$
正拱开缝型	静载荷	$\geqslant 1.25p_w$
正拱型	脉冲载荷	$\geqslant 1.7p_w$
反拱型	静载荷、脉冲载荷	$\geqslant 1.1p_w$
平板型	静载荷	$\geqslant 2.0p_w$

注：p_w 为被保护容器或管道的工作压力，均为表压。

爆破压力及泄放面积的严格计算可参照 GB 567.2—2012 或由专业人员完成。

3.4.4 止逆阀

止逆阀也叫止回阀、单向阀，是设置于流体输送管道上，防止因流体倒流而带来不良后果的一类阀门。止逆阀根据阀门前后流体的压差自动启闭，不具有调节功能。在泵出口、压缩机出口管道上通常会设置止逆阀，防止停机时驱动电机反转，导致转动件损坏；在某些容器介质泄放管道上，设置止逆阀，防止泄放物料倒流；在公用工程物料连接装置的管道截断阀下游设置止逆阀，防止工艺物流倒流污染公用工程物料。

3.4.4.1 止逆阀的类型

止逆阀从启闭件型式上分有直通式、旋启式、蝶式等，如图 3-19 所示。直通式结构简单，但阻力损失较大；旋启式阻力损失较小，密封性较差；蝶式流体阻力损失较小，密封性也较好，但耐压能力较差。

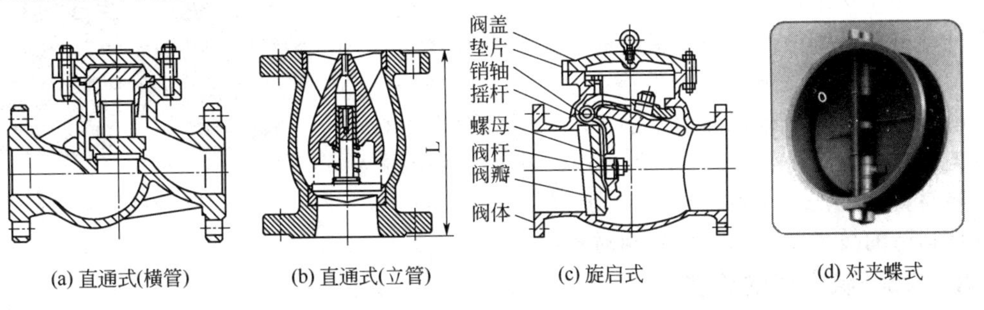

(a) 直通式(横管)　(b) 直通式(立管)　(c) 旋启式　(d) 对夹蝶式

图 3-19 不同类型的止逆阀

3.4.4.2 止逆阀的选型要点及性能参数

对夹蝶式止逆阀的流通阻力较小，但耐压能力较差，所以一般装设于低压管道上，其操作压力不高于 6.4MPa；粗略地，中高压的小口径管道，如公称直径小于 50mm 时选直通式，大于 50mm 时通常选旋启式。

止逆阀的性能参数和大多数阀门一样，包括类型、材料、公称压力、公称直径、连接面形式等。可参照其他阀门的选择方式确定。

3.4.5 阻火器

阻火器是一种阻止易燃气体、液体蒸汽的火焰蔓延和防止回火而引发爆炸事故的安全附件。由阻火芯、外壳及配件构成。阻火芯是其核心部件，由一种具有许多细小通道或缝隙，能够通过气体，但可阻断火焰的材料组成。当火焰进入阻火器后，被阻火元件分成许多细小的火焰流，由于传热效应（气体被冷却）和器壁效应，使火焰流猝灭。

3.4.5.1 阻火器的类型

按使用场合分，阻火器有放空阻火器和管道阻火器，前者装设于危险性物料的储罐上或其他的放空管道上，用以防止外部火焰、火星进入储罐或其他设备内；后者装设于危险性气体输送的密闭管道上，用以防止管路系统一端的火焰蔓延到管路系统的另一端，如图 3-20 所示。

(a) 放空阻火器

(b) 管道阻火器

图 3-20 放空阻火器和管道阻火器

阻火器按阻火性能分，有阻爆燃型阻火器和阻爆轰型阻火器。爆燃型传播即混合气体的火焰在管道内以低于声速的速度传播的燃烧过程；爆轰型传播即混合气体的火焰在管道内以高于声速的速度传播的燃烧过程。

按阻火构件的结构分，阻火器有填充型、丝网型、板型、波纹型、液封型等。

填充型阻火器以砂砾、卵石、玻璃球、陶瓷球或金属球等为填充物质，利用填充物颗粒间的缝隙达到阻火的目的，结构简单，容易制造，但质量大，阻力大，容易堵塞。金属丝网型阻火器的阻火层由具有一定目数的单层或多层金属丝网重叠组成，阻火效果与丝网目数及层数有关，层数增加的同时，阻力也在增加。金属丝网型阻火器结构简单，容易制造，但阻爆范围小，阻力大，容易堵塞，不耐烧。板型阻火器，有平行板型和多孔板型。平行板型的阻火层由不锈钢薄板垂直平行排列而成，形成许多细小的通道，板间隙在 0.3～0.7mm 之间。多孔板型的阻火层由薄的不锈钢板平行重叠而成，板上有许多小的缝隙或许多小孔。板型阻火器的优点是阻爆性能好，机械强度高并易于清洗，缺点是质量大、耐烧性能差、成本高，一般只做成小型的阻火芯。

波纹型阻火器的阻火层由铝、铜、黄铜、不锈钢、铜镍合金等材料压制成的薄波纹板组成。如图 3-21 所示，将一条波纹板带与一条薄平板带缠绕在芯子上，形成小三角形通道。其孔隙的有效截面积不小于阻火层截面积的 0.7。其特点是，有效截面积大，流体阻力小，阻爆燃的范围宽，阻火层易置换清洗，是目前应用最为广泛的一类阻火器。缺点是制造的技术要求高，成本相对较高。

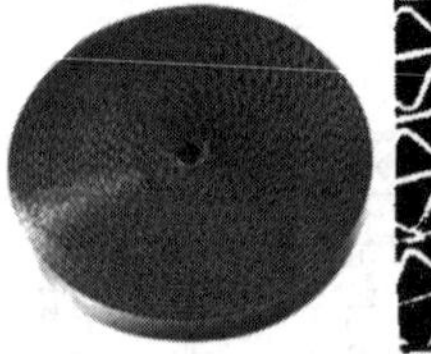

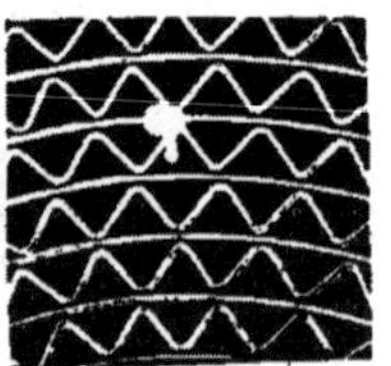

图 3-21 波纹型阻火器构件

3.4.5.2 阻火器的设置

放空阻火器通常设置于下列部位。

① 化学油品闪点低于43℃的储罐（槽车），其直接放空的管道上。

② 储罐（槽车）内物料的最高工作温度大于或等于其闪点时，其直接放空的管道上。

③ 可燃气体的在线分析设备的放空汇总管线上。

④ 进入爆炸危险场所的内燃发动机排气口管道上。

⑤ 储存甲、乙类液体和轻柴油的固定顶罐上。

管道阻火器通常设置于下列部位。

① 输送有可能产生爆燃的混合气体的管道，在接收设备的入口处。

② 输送自行分解爆炸，并引起火焰蔓延的气体物料的管道，如乙炔的输送管道。在接收设备的入口或由试验确定的阻止爆炸最佳位置上。

③ 火炬排放气进入火炬头前的管道上。

④ 与明火设备连接的可燃气体减压后的管道上。如乙烯裂解炉的燃料气输送管道上。

3.4.5.3 阻火器的性能参数

阻火器的性能参数包括型式、材料、公称压力、公称直径和最大实验安全缝隙等。

火焰波在管道内的传播速度不仅与介质的性质、温度、压力有关，还与阻火器与点火源之间的距离、安装位置、阻火器与点火源间的管道形状有关。阻爆轰型还是阻爆燃型由试验或根据物质性质确定。

阻火器的壳体宜采用碳素钢，性能符合相关的国家标准；阻火芯宜采用不锈钢制造，性能也要符合相关的国家标准；阻火器内部及连接处的垫片不得使用动物、植物纤维等可燃材料。

阻火器的公称压力选相应工作温度下系统可能达到的最大压力。阻火器的公称直径同对应管道的直径。

3.4.5.4 最大实验安全间隙

最大实验安全间隙（MESG，Maximum Experimental Safe Gap）是选择阻火器的重要依据，阻火器的MESG值要小于介质在操作工况下的MESG值。

国际统一规定，MESG值为1bar（1bar=0.1MPa）、20℃下，刚好使火焰不能通过的间隙宽度（狭缝长为25mm）。GB/T 3836.11—2022《爆炸性环境 第11部分：气体和蒸气物质特性分类 试验方法和数据》对MESG的测定方法做了规定，其中附了部分气体的MESG测定值，如表3-22所示。其中的混合物浓度是指该气体与空气混合物的浓度。

表3-22 部分气体的MESG值

气体名称	最易传爆混合物浓度（体积分数）/%	MESG/mm	气体名称	最易传爆混合物浓度（体积分数）/%	MESG/mm
一氧化碳	40.8	0.84	庚烷	2.3	0.91
甲烷	8.2	1.14	正己烷	2.5	0.93
乙烷	5.9	0.91	辛烷	1.94	0.94
乙烯	6.5	0.65	丙酮	5.9	1.01
乙炔	8.5	0.37	2-丁酮	4.8	0.9
丙烷	4.2	0.92	氢气	27	0.29
正丁烷	3.2	0.98	氨气	24.5	3.18
戊烷	2.55	0.93			

阻火器的MESG粗分为3个级别，如表3-23所示，根据阻火介质的MESG值选择适宜的阻火器级别。

表 3-23 阻火器的 MESG 级别

级别	ⅡA	ⅡB	ⅡC
适用介质的最大实验安全间隙/mm	MESG≥0.9	0.5>MESG>0.9	MESG≤0.5

3.4.6 安全水封

安全水封是一种特殊的安全设施，装设在不溶或微溶于水的气体输送管道上，或气体容器的排放管道上，起到将非水溶性气体封闭在某个空间中的作用。除此之外，水封还可以起到稳压、阻火、止逆及安全泄放的作用，是一种特殊的安全设施。

（1）止逆、阻火作用

煤常压气化，生成的煤气储存于气柜中，在煤气气柜的进出口输送管道上装设安全水封，既可以起到止逆的作用，即防止气柜里的气体倒流回前系统，以及后系统的气体倒流入气柜，也可以起到阻火的作用，即阻止火焰在前系统、气柜和后系统之间的蔓延。如图 3-22 所示。电石乙炔法生产乙炔的工艺中，在乙炔的输送管道上设置有多个用于阻火和止逆的安全水封，如图 3-23 的水封Ⅱ。

（2）安全泄压作用

乙炔发生反应器上装设的安全水封可以起到安全泄压的作用，如图 3-23 所示的水封Ⅰ。正常操作时，系统内的压力低于水封Ⅰ的压力，高于水封Ⅱ的压力，产出的乙炔气体通过水封Ⅱ输送到后系统；当出现异常，导致反应器压力超过水封Ⅰ的压力时，可通过水封Ⅰ泄压，避免反应器超压引起事故发生。

安全水封的局限性在于，受水密度的限制，其适用的操作压力范围较小，当系统压力太高时，则需要的水封高度太高，可实施性显著下降。

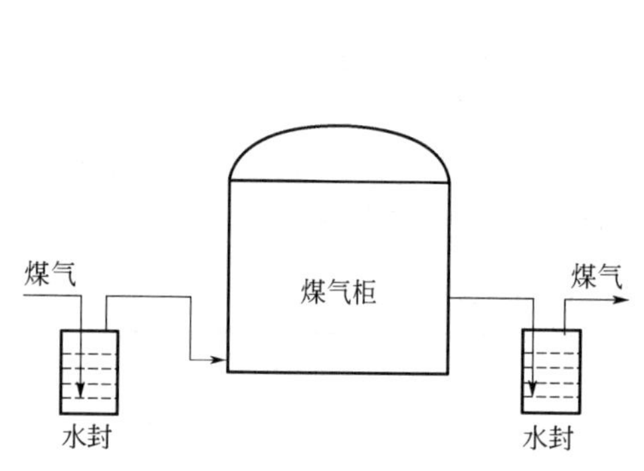

图 3-22 煤气输送管道上的水封

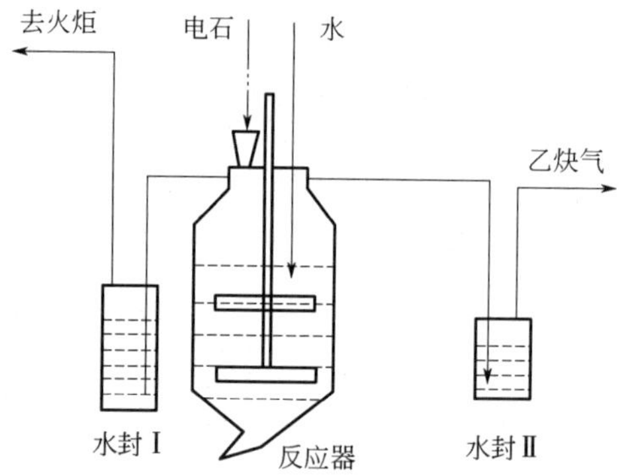

图 3-23 乙炔反应系统水封

3.4.7 盲板

盲板装设于管道上，用于将盲板前后的生产介质完全隔离，防止由于切断阀关闭不严而影响生产正常进行，甚至造成事故。盲板通常用于下述情况。

① 原始开车阶段，对系统进行强度和严密性试验时，通常会分段进行，不同试验区间设置盲板。

② 界区外连接到界区内的各种工艺物料管道，装置停车时，若该主管道仍在运行，则在切断阀处设盲板。

③ 装置为多系列，从界区外来的总管分为若干分管道，进入每一系列，在各分管道的切断阀处设置盲板。

④ 装置定期维修、检修，或相互切换时，在涉及需要完全隔离的管道处设盲板。如输送高毒性物料的泵，维修时，泵的前后截断阀处要加设盲板。

⑤ 冲压管道、置换气管道与设备相连时，在切断阀处设置盲板。

⑥ 装置内涉及高危险性物料，设备和管道的排气管、排液管、取样管，在其阀后设盲板或死堵。

⑦ 装置分批建设时，相互联系的管道，在切断阀处设置盲板。

⑧ 正常生产时，需要完全切断的管道上设置盲板。

3.4.7.1 盲板的类型

盲板从结构上分为 8 字盲板和圆形盲板，还有与圆形盲板互换的插环，如图 3-24 所示。

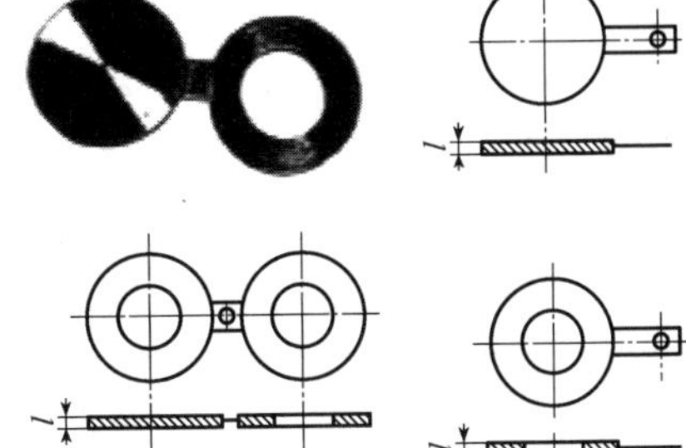

图 3-24 8 字盲板和圆形盲板

3.4.7.2 盲板的选型要点及性能参数

盲板的选型参数包括盲板的形式（8 字或圆形）、公称直径、公称压力、连接面形式、材料、厚度等。

大多数情况下选用 8 字盲板，8 字盲板在盲死和接通间切换相对方便。如在裂解制乙烯的原料气进裂解炉管道上，以及裂解气出急冷换热器的管道上加设 8 字盲板，用于裂解炉进行清焦时的严格切断，并方便在盲死和接通之间转换。在 C_2 加氢脱炔的进反应器和出反应器的管道上加设 8 字盲板，用于反应器在运行和再生间切换。

对于吹扫、打压等一次性使用的情况可使用圆形盲板，另外当管径较大时，8 字盲板拆卸不方便，也可选用圆形盲板。

盲板的密封性较为重要，为了保证其密封性，要选择合适的与法兰的连接面形式，与管法兰类似，有全平面（FF）、凹凸面（MFM）、榫槽面（TG）、环连接面（RJ）等，根据要求选择。盲板的其他结构尺寸根据管道的尺寸及对应管系的公称压力、连接面形式等参照相关的标准确定。

盲板装设时一定要标明正常开启，还是正常关闭。另外在满足要求的情况下，尽可能少装。

3.4.8 呼吸阀

呼吸阀是固定在储罐顶上的通风装置，可以在一定范围内，在储罐内外压差的作用下，从外部吸入罐内气体或将罐内气体排到罐外，从而维持罐内压力的正常状态，防止罐内超压或真空使储罐损坏，同时也可减少罐内液体的挥发损失，减少罐内物质对环境的污染和降低发生事故的频率。一般情况下，进料及环境温度升高时容易发生罐内升压的情况，相反在出料及环境温度降低时会出现罐内压力降低的情况。呼吸阀是一种低压储罐的安全保护设施。

3.4.8.1 呼吸阀的设置

GB 50160—2008（2018 版）规定，甲$_B$、乙类固定顶储罐要设置阻火器和呼吸阀。SH/T 3007—2014 规定储存甲$_B$、乙类液体的固定顶储罐和地上卧式储罐，采用氮气或其他惰性气体密封保护系统的储罐要在其通向大气的管道上设呼吸阀。

3.4.8.2 呼吸阀类型及重要参数

呼吸阀按作用原理分为直接荷载式和先导式，前者结构简单，应用较多；按适用的温度范围不同，有全天候型呼吸阀和普通型呼吸阀；按是否直通大气分为带接管的呼吸阀和不带接管的呼吸阀，如图 3-25 所示。普通型和全天候型呼吸阀的适用温度范围如表 3-24 所示。

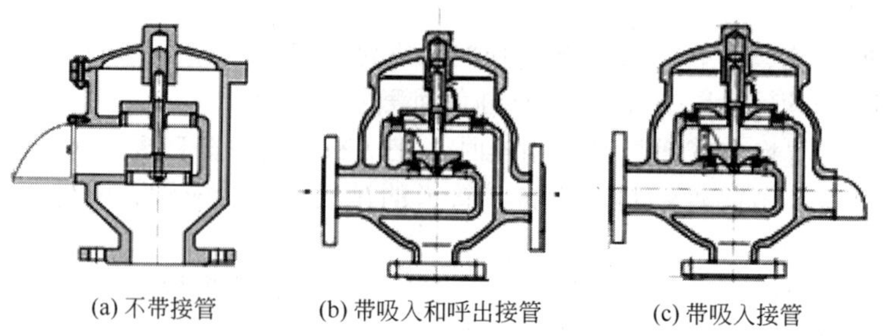

(a) 不带接管　　(b) 带吸入和呼出接管　　(c) 带吸入接管

图 3-25　呼吸阀结构图

表 3-24　呼吸阀适用温度

产品类型	适用操作温度/℃	型式代号
全天候型	−30～60	Q
普通型	0～60	P

呼吸阀的公称直径与其额定通气量相适应，如表 3-25 所示的几个规格。当储罐的通气量较大时，则增加呼吸阀的个数，不宜采用更大公称直径的阀门。

表 3-25　呼吸阀选用规格尺寸

规格 *DN*/mm	50	80	100	150	200	250	300	350
额定通气量/（m^3/h）	150	300	500	1000	1800	2800	4000	5400

呼吸阀的开启压力有五个级别，如表 3-26 所示。

表 3-26　呼吸阀的开启压力等级

等级	等级代号	开启压力 p_s/Pa	等级	等级代号	开启压力 p_s/Pa
1	A	+355，−295	4	D	+1375，−295
2	B	+665，−295	5	F	+1765，−295
3	C	+980，−295			

注：“+”为呼出开启压力；“−”为吸入开启压力。

3.5　管道及仪表流程图

管道及仪表流程图，即 P&ID，是借助统一规定的图形符号和文字代号，表达建立化工工艺装置所需的全部设备、仪表、管道、阀门及其他辅助构件等内容的图纸。这些设备、仪表、管道、阀门及辅助构件按照能满足工艺要求，以及安全、经济的目的组合起来，完成化工生产过程。管道及仪表流程图具有描述工艺装置的结构和功能的作用，其不仅是设计、施工的依据，也是化工厂管理、运行、操作、维修等的重要依据，是化工厂最重要的技术文件之一。P&ID 一般以工艺装置的主项（工序或工段）为单元绘制，工艺过程很简单时，可以以装置为单元绘制。化工设计中还有一类反映各种公用工程物料特征的管道及仪表流程图，简称为 U&ID 图，表达装置内的公用工程包括循环冷却水、蒸汽、燃料、密封油、冲洗油、空气、化学药剂等的管道及仪表流程图。一般重点关注 P&ID。

管道及仪表流程图中，管道和仪表是表达的重点，为了更好地理解其内容，对管道的基本性能参数要有一定的了解。

3.5.1 管道的基本性能参数

管道的基本性能参数包括材料、设计压力、设计温度、规格尺寸等。

3.5.1.1 管道材料

化工管道材料的类型见表 3-27。

表 3-27 管道材料类型

<table>
<tr><th>大分类</th><th>中分类</th><th>小分类</th><th>名称</th></tr>
<tr><td rowspan="7">金属管</td><td>铁管</td><td>铸铁管</td><td>高级铸铁管、延性铸铁管</td></tr>
<tr><td rowspan="3">钢管</td><td>碳素钢管</td><td>普通钢管、高压钢管、高温钢管</td></tr>
<tr><td>低合金钢管</td><td>低温用钢管、高温用钢管</td></tr>
<tr><td>合金钢管</td><td>奥氏体钢管</td></tr>
<tr><td rowspan="2">有色金属管</td><td>铜及铜合金管</td><td>铜管、铝黄铜管、耐蚀耐热镍基合金管</td></tr>
<tr><td>铅管、铝管、钛管</td><td></td></tr>
<tr><td colspan="2">橡胶管</td><td>橡胶软管、橡胶衬里管</td></tr>
<tr><td rowspan="4">非金属管</td><td colspan="2">塑料管</td><td>聚氯乙烯管、聚乙烯管、聚四氟乙烯管</td></tr>
<tr><td colspan="2">石棉管</td><td>石棉管</td></tr>
<tr><td colspan="2">混凝土管</td><td>混凝土管</td></tr>
<tr><td colspan="2">玻璃陶瓷管</td><td>玻璃管、玻璃衬里管、陶瓷管</td></tr>
</table>

管道材料选择要考虑强度、耐化学腐蚀性、耐温性能、耐高压性能、加工性能，以及价格低廉、供应方便等方面的因素。金属管道强度较高，耐高温、耐高压性能较好，易释放静电，是化工管道的首选材料类型。简单地，可参照表 3-28 选择，详细的要参阅相关文献。

表 3-28 管道材料选择参照表

<table>
<tr><th colspan="2">管道类型</th><th>选用材料</th><th>一般用途</th></tr>
<tr><td rowspan="3">无缝钢管</td><td>中低压用</td><td>普通碳素钢、优质碳素钢、低合金钢、合金结构钢</td><td>输送对碳钢无腐蚀或腐蚀速度很小的各种流体</td></tr>
<tr><td>高温高压用</td><td>20G、15CrMoG、12Cr2MoG</td><td>合成氨、尿素、甲醇的生产</td></tr>
<tr><td>不锈钢</td><td>1 Cr18Ni9Ti 等</td><td>输送液碱、丁醛、丁醇、液氨、硝酸、硝铵溶液等介质</td></tr>
<tr><td rowspan="3">焊接钢管</td><td>低压流体输送用</td><td>Q195、Q215、Q235、Q295、Q345 等</td><td rowspan="3">输送水、压缩空气、煤气、冷凝水和采暖系统的管路</td></tr>
<tr><td>螺旋缝电焊钢管</td><td>Q235、16Mn 等</td></tr>
<tr><td>不锈钢焊接钢管</td><td>1 Cr18Ni9Ti 等</td></tr>
<tr><td rowspan="3">有色金属管道</td><td>铜及铜合金拉制管</td><td>T2、T3、TU1、TU2、TP1、TP2、H96、H68、H62</td><td>机器和真空设备上的管路及压力小于 10MPa 时的氧气管路</td></tr>
<tr><td>铅及铅合金管</td><td>纯铅、铅锑合金（硬铅）</td><td>输送质量分数 15%～65%的硫酸、二氧化硫，质量分数 60%的氢氟酸等酸性介质。铅管的最高使用温度为 200℃，加压时不宜高于 140℃</td></tr>
<tr><td>铝及铝合金管</td><td>工业纯铝</td><td>输送脂肪酸、硫化氢及二氧化碳。铝管的最高使用温度为 200℃，加压时不宜高于 180℃；不可以输送浓硝酸、乙酸、碱液、含氯离子的化合物</td></tr>
</table>

输送高危或特殊介质时需考虑具体的要求。如：输送极度危害介质、高度危害介质及液化烃的压力管道应采用优质钢制造；临氢操作时，应考虑发生氢损伤的可能性；用于−29℃及以下温度时，材料应做过低温冲击韧性实验；输送碱性或苛性碱介质时要考虑有发生碱脆的可能；等等。

3.5.1.2 管道的压力

（1）管道的公称压力

管道及其附件的公称压力（*PN*）是指与机械强度有关的设计给定压力，它一般表示管道及附件在规定温度下的最大许用工作压力。管道的公称压力有一定的系列。不同国家的规范有不同的系列，我国的不同标准，在公称压力等级系列的确定上也会有不同。

GB/T 1048—2019《管道元件　公称压力的定义和选用》将公称压力分为：*PN*2.5、*PN*6、*PN*10、*PN*16、*PN*25、*PN*40、*PN*63、*PN*100、*PN*160、*PN*250、*PN*320、*PN*400 十二个级别。单位为 bar。

上述系列中 *PN*2.5 为低压管道；*PN*6～*PN*63 为中压管道；*PN*100～*PN*400 为高压管道。

（2）管道的设计压力（p_e）

管道及其组成件的设计压力不应低于其正常操作过程中，由内压（或外压）与温度构成的最苛刻条件下的压力。

管道设计压力需根据管道的工作压力（p_w）及工作条件确定，一般为正常工作压力的一个倍数，比如常选 1.5。设计压力确立时需注意如下几方面的问题。

① 管道设计压力不得低于最大工作压力。

② 装有安全泄放装置的管道，其设计压力不得低于安全泄放装置的开启压力（或爆破压力）。

③ 所有与设备相连接的管道，其设计压力应不小于所连接设备的设计压力。

④ 输送制冷剂、液化气等低沸点介质的管道，将阀门关闭或介质不流动时介质可能达到的最大饱和蒸气压作为设计压力。

⑤ 管道及管道附件与超压泄放装置间的通路可能被堵塞或隔断时，设计压力按不低于可能产生的最大工作压力确定。

设计压力确定后圆整到公称压力系列对应的值，就是管道的公称压力。公称压力＞设计压力＞工作压力。

⑥ 特殊要求

中石化工程建设公司对输送危险性介质的管道进行了最低公称压力限制，如表 3-29 所示。

表 3-29　特殊介质最低公称压力

输送介质	最低公称压力/MPa	输送介质	最低公称压力/MPa
油品、油气	一般地，1.6	气氨或液氨	2.5
	设计温度＞200℃时，2.5	氢气	2.5
液化烃	2.5	有毒化学药剂	2.5

3.5.1.3 管道的直径

（1）管道的公称直径

为了简化管道直径规格，统一管道器材元件的连接尺寸，对管道直径进行了标准化分级，并称之为“公称直径”（*DN*）。公称直径表示管子、管件等管道器材元件的名义内直径，但不一定等于其内径。在相同的管道系列中同一公称直径管道的外径相同，内径因管道壁厚的不同而不同。管道外径的规定和管道的公称压力有一定的关系，表 3-30 为管道公称直径系列及其在公称压力 160MPa 情况下管道对应的外径。

表 3-30　公称直径系列及对应的外径

公称直径/mm	英制直径/in	外径/mm		公称直径/mm	英制直径/in	外径/mm	
		系列Ⅰ	系列Ⅱ			系列Ⅰ	系列Ⅱ
6	1/8	10.3		200	8	219.1	219
8	1/4	13.7		250	10	273.0	273
10	3/4	17.1		300	12	323.9	325
15	1/2	21.3	18	350	14	355.6	377
20	3/4	26.9	25	400	16	406.4	426
25	1	33.7	32	450	18	457	480
（32）	$1\frac{1}{4}$	42.4	38	500	20	508	530
40	$1\frac{1}{2}$	48.3	45	600	24	610	630
50	2	60.3	57	700		711	720
（65）	$2\frac{1}{2}$	76.1	76	800		813	820
80	3	88.9	89	900		914	920
100	4	114.3	108	1000		1016	1020
（125）	5	139.7	133	1200		1219	1220
150	6	168.3	159	1400		1422	1420

注：系列Ⅰ为美系大外径管；系列Ⅱ为欧系小外径管。

（2）管道公称直径的确定

管道直径应根据流体的流量、性质、流速及管道允许的压降损失综合考虑。对于大直径、厚壁合金钢管直径，应通过建设费用和运行费用的经济比较确定。一般地，可采用流速限制法确定。

① 确定预定流速。根据介质特性及工作条件确定预定流速。常用管道的流速范围推荐如表 3-31 所示。表 3-31 中推荐的预定流速，主要考虑了流体流经管道的摩擦阻力损失，而针对危险性介质如煤气、氢氮混合气等，同时考虑了限制摩擦产生的静电。

表 3-31　常用流体的流速范围推荐表

介质	工作条件或管径范围	推荐流速/（m/s）	介质	工作条件	推荐流速/（m/s）
饱和蒸汽	$DN>200$ $100\leqslant DN\leqslant 200$ $DN<100$	30～40 25～35 15～30	饱和蒸汽	$p_e<1$MPa 1MPa$\leqslant p_e<$4MPa 4MPa$\leqslant p_e<$12MPa	15～20 20～40 40～60
过热蒸汽	$DN>200$ $100\leqslant DN\leqslant 200$ $DN<100$	40～60 30～50 20～40	二次蒸汽	要利用 不利用	15～30 60
高压乏汽		80～100	乏汽	受压容器排出 无压容器排出	80 15～30
压缩气体	负压 $p_e\leqslant$0.3MPa（表） 0.3MPa$<p_e<$0.6MPa（表） 0.6MPa$\leqslant p_e<$1MPa（表）	5～10 8～12 10～20 10～15	氧气	$p_e<$0.05MPa（表） 0.05MPa$\leqslant p_e<$0.6MPa（表） 0.6MPa$\leqslant p_e\leqslant$1MPa（表） 2MPa$\leqslant p_e<$3MPa（表）	5～10 6～8 4～6 3～4

续表

介质	工作条件或管径范围	推荐流速/（m/s）	介质	工作条件	推荐流速/（m/s）
压缩气体	1MPa≤p_e<2MPa（表） 2MPa≤p_e<3MPa（表） 3MPa≤p_e<30MPa（表）	8～12 3～8 0.5～3	煤气	管道 50～100m 长 p_e<0.027MPa（表） 0.027MPa≤p_e<0.27MPa（表） 0.27MPa≤p_e<0.8MPa（表）	 0.75～3 8～12 3～12
半水煤气	0.1MPa≤p_e≤0.15MPa（表）	10～15	天然气		30
烟道气	烟道内 管道内	3～6 3～4	石灰窑气		10～12
氮气	5MPa≤p_e≤10MPa	2～5	氢氮混合气	20MPa≤p_e≤30MPa	5～10
氨气	负压 p_e≤0.3MPa（表） 0.3MPa<p_e<0.6MPa（表） 0.6MPa≤p_e<2MPa（表）	15～25 8～15 10～20 3～8	乙炔气	p_e≤0.01MPa（表） 0.01MPa<p_e<0.15MPa（表） 0.15MPa≤p_e<2.5MPa（表）	3～4 4～8 ～4
乙烯气	22MPa<p_e<150MPa（表）	5～6	氯	气体 液体	10～25 1.5
氯化氢	气体 液体	20 1.5	溴	气体（玻璃管） 液体（玻璃管）	10 2
水及黏度相近液体	0.1MPa<p_e<0.3MPa（表） 0.3MPa≤p_e<1MPa（表） 1MPa≤p_e<8MPa（表） 8MPa≤p_e<30MPa（表）	0.5～2 0.5～3 2～3 2～3.5	氢氧化钠溶液	浓度<30%（质量分数） 30%≤浓度<50%（质量分数） 50%≤浓度<73%（质量分数）	2 1.5 1.2
锅炉给水	>0.8MPa	1.2～3.5	蒸汽冷凝水		0.5～1.5
液氨	负压 p_e<0.6MPa（表） 0.6MPa≤p_e<2MPa（表）	0.05～0.3 0.3～0.8 0.8～1.5	浓硫酸		1.2
气体	离心式压缩机吸入管	10～20	水及相近液体	离心泵吸入管道 常温 70～110℃	 1.5～2 0.5～1.5
	离心式压缩机排出管 p_e<1MPa（表） 1MPa≤p_e<10MPa（表） p_e>10 MPa（表）	 8～10 10～20 8～12		普通离心泵排出管道 高压离心泵排出管道	1.5～3 3～3.5

② 确定公称直径。参照表 3-31 确定的预定流速，根据物料的流量，利用式（3-2）粗算管道的直径。

$$d'=\sqrt{\frac{4V}{\pi u'}} \tag{3-2}$$

式中，d' 为粗选管道直径，m；V 为物料流量，m^3/s；u' 为预定流速，m/s。

求得 d' 后，在对应公称直径系列中，d' 向上圆整得出对应管道的公称直径 d。

③ 压降校核。计算物流流经管道的压降。不可压缩流体的压降可利用式（3-3）计算。

$$\Delta p_F=\frac{\Delta p}{L}=\lambda\frac{\rho}{d}\times\frac{u^2}{2} \tag{3-3}$$

式中，Δp_F 为单位长度管道的压降，Pa/m；λ为摩擦因子，无量纲；ρ 为流体密度，kg/m^3；u 为流体流速，m/s。

比较管道压降与许用压降Δp_{Fe}，当$\Delta p_F<\Delta p_{Fe}$时，则确定的管径可用，否则需重新确定。

常用管道的许用压降可按表 3-32 计算。

表 3-32　100m 管道许用压降参考值

<table>
<tr><th colspan="2">管道类别</th><th>100m 最大压降/kPa</th><th colspan="2">管道类别</th><th>100m 最大压降/kPa</th></tr>
<tr><td rowspan="4">液体管道</td><td>泵进口</td><td>8</td><td rowspan="4">气体或蒸汽</td><td rowspan="2">压缩机进口管
101kPa＜p_e≤111kPa
111kPa＜p_e≤0.45MPa
p_e＞0.45MPa</td><td rowspan="2">
1.96
4.5
0.01p_e</td></tr>
<tr><td>泵出口
DN40、DN50
DN80
DN100 以上</td><td>
93
70
50</td></tr>
<tr><td>循环冷却水</td><td>30</td><td>压缩机出口管
p_e＜0.45MPa
p_e＞0.45MPa</td><td>
4.5
0.01p_e</td></tr>
<tr><td>自流液体管道</td><td>5</td><td>工艺用加热蒸汽
p_e≤0.3MPa
0.3MPa＜p_e≤0.6MPa
0.6MPa＜p_e≤1MPa</td><td>
10
15
20</td></tr>
</table>

另外，各类管道参照表 3-33 选最小管径。

表 3-33　管道的最小管径

管道类型	最小公称直径/mm	管道类型	最小公称直径/mm
中低压工艺管道	15	高压工艺管道	6
公用物料管道	15	黏度大易堵流体管道	25
管廊上管道	50	地下管道	50
排液管	20	高点放空管	15

3.5.2　管道及仪表流程图的内容及绘制

3.5.2.1　管道及仪表流程图的内容

P&ID 包括流程图和首页图。

(1) 流程图的内容

流程图用图形表达工艺流程涉及的所有设备、管道、仪表、阀门、特殊附件等，用文字和数字表达设备、管道、仪表、特殊附件等的功能及代号。

(2) 首页图的功能

首页图就是对流程图中所用管线、图形符号的说明，首页图可以帮助读者读懂流程图。通常包括下述内容的说明：①隔声、隔热代号说明；②特殊的设备、机器图例；③管道、管件、阀门及管道附件图例；④设备名称和位号说明；⑤物料代号；⑥管道号说明；⑦自控的检测、控制系统符号说明；⑧其他需要说明的符号、代号。

3.5.2.2　P&ID 绘制的基本要求

(1) 图幅大小

目前 P&ID 图纸绘制时建议采用 1#图纸或 0#图纸，前者使用更多。同一个装置要选用同一种图幅。

(2) 图线

管道及仪表流程图中的管线按表 3-34 规定的宽度绘制。

表 3-34 P&ID 图上管线的宽度

管线类型	粗实线	中实线	细实线	细虚线
宽度/mm	0.6～0.9	0.3～0.5	0.15～0.25	0.15～0.25
适用范围	① 主物流管线 ② 位号线	① 公用工程管线 ② 管道的图纸接续标志	① 设备的轮廓线 ② 阀门、管件的图形符号，仪表的图形符号 ③ 保温、伴热	仪表线

（3）图面的布置方式

① 设备一般是顺着流程从左到右布置。塔、反应器、压缩机、储罐、换热器、加热炉等若设置在地上，则一般从图面水平的中线往上布置；泵、鼓风机、振动机械、离心机、运输设备、称量设备布置在图面底部 1/4 以下。其他设备布置在工艺流程要求的相对位置，如高位冷凝器布置在回流罐的上面，再沸器靠塔放置。中线以下 1/4 高度供走管道使用。

② 一般工艺管线由图纸左右两侧方向出入，尽可能左进右出，并表达与其他图上的管线的衔接方式。具体的：带箭头，并注出连接图号、管线号、介质名称、相接设备的位号等。

③ 放空或去泄压系统的管线，在图纸的上方离开图纸。

④ 公用工程管线有两种表示方法，一种同工艺管线，从左右或底部进入图纸，对左进右出没有要求。公用工程代号可以写在边长 9mm 的正菱形内。另一种是在相关设备附近注上公用工程代号，如 CW、HS 等。

⑤ 图面不宜太挤，四周要留出空隙，推荐的空隙如图 3-26 所示。一张图上的设备不宜太多，A1 号图纸上的设备一般为 5 台左右，A0 号图纸上的设备一般为 8 台左右。

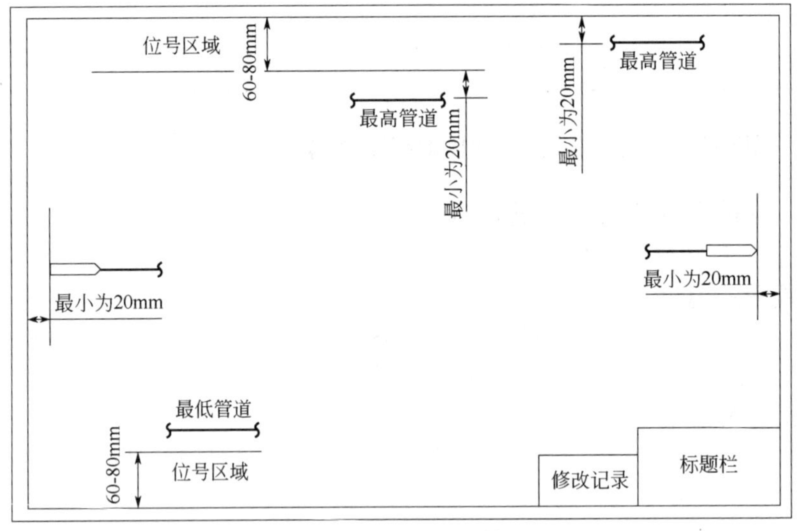

图 3-26 P&ID 图的布局

3.5.2.3 设备及设备位号的表达

（1）设备的绘制

P&ID 上设备的绘制有如下规定。

① 用细实线画出装置内全部操作和备用的设备，在设备的邻近位置注明设备的位号。

② 设备可参照 HG/T 20519—2009 的图例绘制。图例中没有的可根据其内部结构及外形特征绘制。重要的设备接口宜画出。

③ 设备不按比例绘制，但给出相对大小。

④ 不同类型的设备没有位差要求的就按流程顺序绘制，有位差要求的，应表示其相对高低位置，对某些需要满足泵的汽蚀余量或介质自流要求的设备应标注其离地面的高度，一般塔类和某些容器均有此要求。地下或半地下的设备、机器在图上要表示出一段相关的地面，如图 3-27 所示。

⑤ 设备绝热层要进行标注。需要隔热和伴热的设备要画出，如图 3-28 所示。化工设备和管道基于下列原因，需要进行隔热。

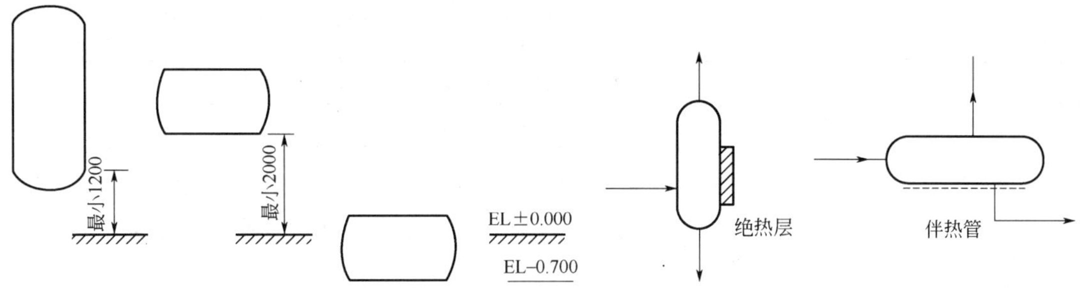

图 3-27　设备安装高度有要求时 P&ID 的表达　　　图 3-28　需要隔热或伴热的设备（机器）示例

（a）表面温度大于 50℃的管道，或根据生产工艺要求需要保温的设备和管道。

（b）需阻止或减少热介质及载热介质在生产和输送过程中的热量损失。

（c）需阻止或减少冷介质及载冷介质在生产和输送过程中的冷量损失。

（d）需阻止或减少冷介质及载冷介质在生产和输送过程中的温度升高。

（e）需阻止低温设备或管道外壁表面凝露。

（f）设备和管道发出的噪声大于工程规定的允许噪声级别时，需用隔声材料包裹相应的设备或管道。

需要将设备或管道维持在较高的温度时，设置伴热，根据需要可能是蒸汽伴热或电伴热、热油伴热等等。

⑥ 未落实（包括订货）的设备、机械、仪表、控制方案等在图上注明“待定”“注（1）”“详图（A）”“说明（1）”等，或用局部详图表示。

⑦ 成套供应的设备，有限定供货范围的设备、仪表等要标注。分界线要清楚，亦可以用细双点划线（—··—··—）把范围框起来。供货范围分界线要清楚，注以供货对象缩写字母 B.B 或 B.V 等（B.B 由买方负责，B.V 由卖方负责）。如图 3-29 所示。

（2）设备的位号

P&ID 上所有的设备都要对应给出位号，设备的位号包括 3～4 个单元，如图 3-30 所示。

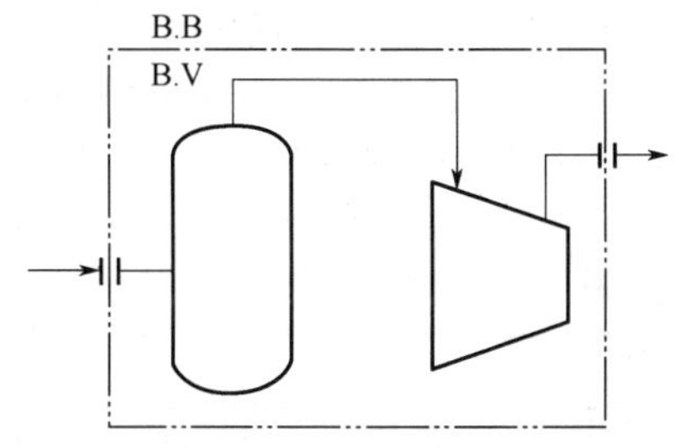

图 3-29　成套供应设备的表达方式

P　01　01　A
①　②　③　④

图 3-30　设备位号的构成

①—设备类别代号；②—主项代号；③—同类设备的顺序号；④—相同设备的尾号

设备类别代号为设备英文名称的首字母，如表 3-35 所示。主项代号是 2 位数字，01～99，设计时由项目经理划分；同类设备的顺序号也是 2 位数字，01～99，每个主项单独编制；相同设备的尾号用大写的英文字母，按字母顺序编制，如几台功能相同的泵、储罐等。

表 3-35 设备类别代号

设备类别	代号	设备类别	代号	设备类别	代号
塔	T（Tower）	泵	P（Pump）	反应器	R（Reactor）
换热器	E（Heat Exchanger）	压缩机、风机	C（Compressor）	工业炉	F（Furnace）
容器	V（Vessel）	烟囱、火炬	S（Stack）	起重运输设备	L（Lift）
其他机械	M（Machine）	其他设备	X		

P&ID 上，设备位号标注在两个位置，如图 3-31 所示，一个正对设备在图纸下端或上端的位号区，给出位号组合号，即包含位号、位号线和设备名称；另一个在设备的旁边，给出位号及位号线，位号线为粗实线。

3.5.2.4 管道及管道号

P&ID 上要绘出和标注全部工艺管道及与工艺有关的一段辅助及公用管道，在每根管道的适当位置上标绘物料流向箭头，箭头一般标绘在管道改变走向、分支和进入设备的接管处。工艺管道包括正常操作所用的物料管道、工艺排放系统管道，以及开、停车时需要的临时管道。

（1）管道组合号的构成

管道组合号要反映管道内物料的类型、管道的公称直径、管道的等级，以及隔声隔热情况。不同的行业或标准，管道组合号有不同的编制方式，按照 HG/T 20519—2009 的规定，管道组合号如图 3-32 所示，共包含 6 个单元。

物料代号为英文名称的首字母缩写，表 3-36 为部分典型物料的代号。

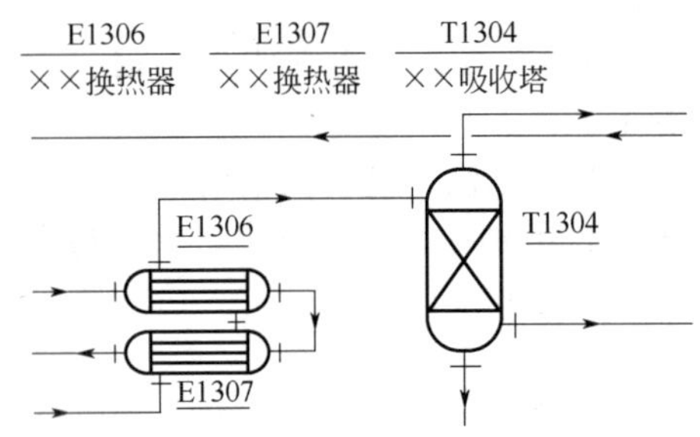

图 3-31 P&ID 图上设备位号的表达

PG 01 01 - 100 - M1B - H
① ② ③ ④ ⑤ ⑥

图 3-32 管道组合号的构成

①—管道内物料代号；②—主项代号；③—同类管道的顺序号；④—管道的公称直径；⑤—管道的等级代号；⑥—隔声隔热代号

表 3-36 部分物料的工艺代号

物料代号	物料名称	物料英文名称	物料代号	物料名称	物料英文名称
P	工艺管线	Process Stream	PL	工艺液体	Process Liquid
PA	工艺空气	Process Air	PGL	气液两相流	
PG	工艺气体	Process Gas	PW	工艺水	Process Water

续表

物料代号	物料名称	物料英文名称	物料代号	物料名称	物料英文名称
AR	空气	Air	FO	燃料油	Fuel Oil
CW	循环冷却水	Cooling Water	BD	排污	Blow Down
LS	低压蒸汽	Low Pressure Steam	VT	放空	Vent
MS	中压蒸汽	Medium Pressure Steam	DR	排液、导淋	Drain
HS	高压蒸汽	High Pressure Steam	SC	蒸汽冷凝水	Steam Condensate
LN	低压氮气	Low Pressure Nitrogen	VE	真空排放气	Vacuum Exhaust
MN	中压氮气	Medium Pressure Nitrogen	IA	仪表空气	Instrument Air
FG	燃料气	Fuel Gas	BFW	锅炉给水	Boiler Feed Water

（2）管道的等级代号

管道等级代号表达管道的公称压力及材料，由 3 个子单元构成，如图 3-33 所示。

M 1 B
① ② ③

图 3-33 管道等级代号
①—公称压力；②—材料等级顺序号；③—管道材料类别

管道公称压力等级代号如表 3-37 所示；管道材料类别代号如表 3-38 所示；管道材料等级顺序号为公称压力、管道材料类别相同的情况下的顺序号，1 位阿拉伯数字。

表 3-37 管道公称压力等级代号

美国机械工程师协会（ASME）标准		国内标准	
代号	压力/lbf	代号	压力/MPa
A	150	H	*PN*2.5
B	300	K	*PN*6.0
C	400	L	*PN*10
D	600	M	*PN*16
E	900	N	*PN*25
F	1500	P	*PN*40
G	2500	Q	*PN*63
		R	*PN*100
		S	*PN*160
		V	*PN*250
		W	*PN*320

表 3-38 管道材料类别代号

代号	材料	代号	材料	代号	材料
A	铸铁	D	合金钢	G	非金属
B	碳钢	E	不锈钢	H	衬里及内防腐
C	普通低合金钢	F	有色金属		

（3）管道的隔声隔热代号

管道的隔声隔热代号见表 3-39。

表 3-39　管道隔声隔热代号

代号	功能类型	备注	代号	功能类型	备注
H	保温	采用保温材料	S	蒸汽伴热	采用蒸汽伴管和保温材料
C	保冷	采用保冷材料	W	热水伴热	采用热水伴管和保温材料
P	人身防护	采用保温材料	O	热油伴热	采用热油伴管和保温材料
D	防结露	采用保冷材料	J	夹套伴热	采用夹套和保温材料
E	电伴热	采用电热带和保温材料	N	隔声	采用隔声材料

（4）管道组合号的标注

管道组合号要标注在管子的上端或左端，如图 3-34 所示。

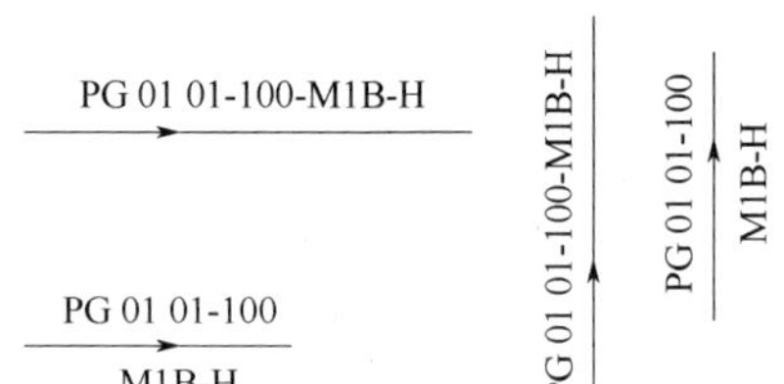

图 3-34　P&ID 上管道组合号的标注方式

（5）管道号编制的一般原则

① 在满足设计、施工和生产方面的要求，并不会产生混淆和错误的情况下，管道号的数量尽可能少。

② 辅助和公用工程系统管道，进入不同的主项时，其管道组合号中的主项代号和顺序号均发生变更，在图纸上注明变更处的分界标志。

③ 装置外供给的原料，其主项代号以接受方的主项代号为准。

④ 放空和排液管道若有管件、阀门和管道，则应标注管道组合号，若放空和排液管道系排入工艺系统自身，其组合号按工艺物料编制。

⑤ 从一台设备管口到另一台设备管口之间的管道，无论其规格和尺寸改变与否，应编一个号。

⑥ 一根管道与多台并联设备相连时，若管端有封头，则总管编一个号，各分管各编一个号，若总管无封头，则总管道离其最远的设备连接管道编一个管道号，其余各分管各编一个管道号。

⑦ 下述情况不标注管道号：（a）阀门、管路附件的旁路管道，如调节阀的旁路，管道过滤器的旁路，疏水阀的旁路，大闸阀的开启旁路，等；（b）管道上直接排大气的放空短管以及就地排放的短管，阀后直排大气的安全阀出口管及安全阀前入口管；（c）设备管口与设备管口直连，中间无短管（如重叠直连的换热器接管）；（d）仪表管道；（e）卖方在成套设备中提供的管道。

（6）管道的衔接

一张图上的管道与其他图纸的管道和设备衔接时，一般将其端点绘制在图的左方或右方，以空心箭头标出物流方向，注明管道号或来去设备的位号及其所在管道及仪表流程图的图号，图号写在箭头内，如图 3-35 所示。

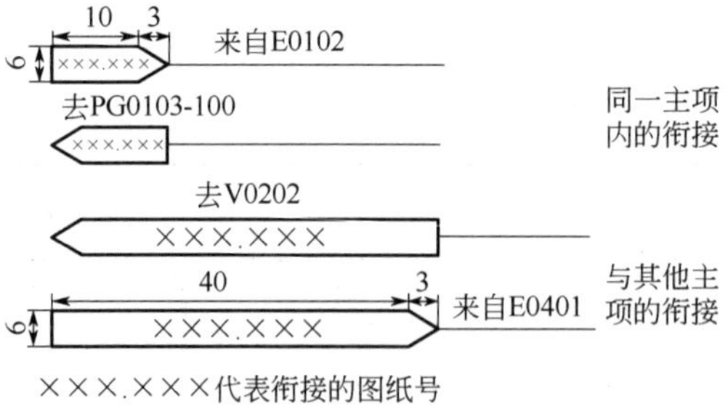

图 3-35　P&ID 上管道衔接的表达

（7）管道隔热及伴热

所有管道的保温及伴热都要在对应的管线上表达。伴热要全部画出，保温只在适当的位置画一小段，如图 3-36 所示。

（8）管道等级及直径的变化

管道号不变，但管道的等级发生变化的，要标注，如图 3-36 所示。

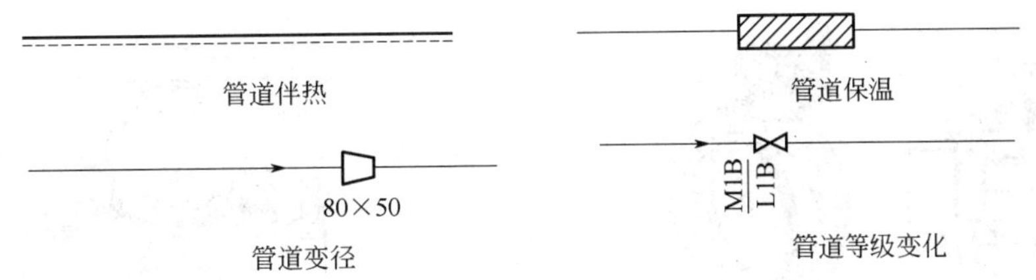

图 3-36 管道保温、伴热、变径、变等级的表达方式

3.5.2.5 阀门及其在管道及仪表流程图上的表达

各类物流管道上都会设置用于调节物流流量或截断物流流动的阀门，P&ID 上要画出所有的阀门，并表达阀门的类型。

（1）常用阀门的类型及特点

一般的阀门按照其功能分为两类，一类为双位阀，另一类为可调节阀。

① 双位阀，也是截断阀、切断阀，只有开和关两个阀位，控制流体通过或完全截断。

② 可调节阀，也叫调节阀，可在全开到全关的任一点上调节物流。

阀门按照结构及作用原理不同分为如下一些类型。

① 闸阀。闸阀的启闭件是闸板，如图 3-37（a）所示。闸板的运动方向和流体的流动方向垂直，闸板有楔式和平行式。闸阀的优点是密封性好，流体流动阻力较小，其缺点是结构复杂，容易损坏，且损坏后不易修复。闸阀主要用作截断阀。闸阀开度小时，闸板背面产生涡流，易引起闸板的侵蚀和振动，可在开度较大的情况下调节流量。

② 截止阀。截止阀的启闭件是塞形的阀瓣，如图 3-37（b）所示。密封面呈平面或锥面，阀瓣沿流体的中心线做直线运动。与闸阀相比，截止阀的调节性能较好，阀瓣开启高度只要达到管道公称直径的 30%时，介质就已经达到最大流量。截止阀结构简单，制造、维修也较为方便，其缺点是流体阻力损失大、密封性较差。截止阀主要用作调节阀，也可以作截断阀。当管径较大时，截止阀所需的关闭压力较大，所以其主要装设在小口径管道上。

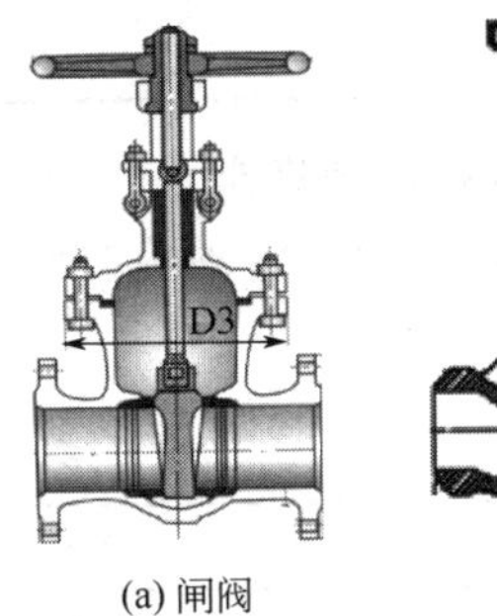

(a) 闸阀

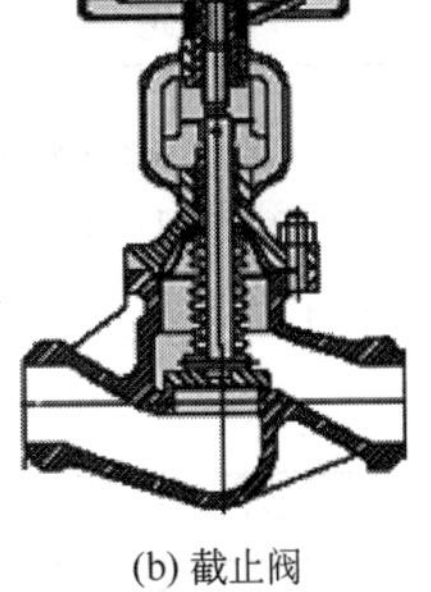

(b) 截止阀

图 3-37 闸阀和截止阀的结构示意图

③ 球阀。球阀的启闭件是一个有孔的球体，如图 3-38（a）所示。球体绕垂直于流体通道的轴线旋转，使球体的孔道与介质流道的吻合程度不断改变达到调节流量的目的。球阀的优点是结构简单，便于制造、维修，密封性也较好，流体阻力小，启闭迅速，也不易产生振动和噪声。球阀主要用于小管径管道的开启和关闭，也可以作为调节阀，但调节精确度不是很高。

④ 旋塞阀。旋塞阀和球阀类似，只是阀体为柱塞状，密封面更大，密封性更好，更适用于小口径的管道。

⑤ 蝶阀。蝶阀的启闭件是一个圆盘形的蝶板，如图 3-38（b）所示。蝶板在阀体内绕其自身的轴旋转，达到阀门启闭的目的。蝶阀的优点是尺寸小、质量轻、开关迅速，适用于空间小、口径大的管道。其缺点是密封性较差。

⑥ 隔膜阀。隔膜阀的启闭件是一块橡胶或塑料等软质材料制成的隔膜，隔膜将阀体内腔和驱动部件隔开，省去了填料密封结构，如图 3-39 所示。隔膜阀结构简单，密封性好，便于维修，流体阻力小，耐腐蚀性好。由于隔膜材料的限制，隔膜阀一般适用于温度低于 200℃，压力小于 1.0MPa 的油品、水、酸、碱介质和含悬浮物的介质，不适用于有机溶剂和强氧化性介质。

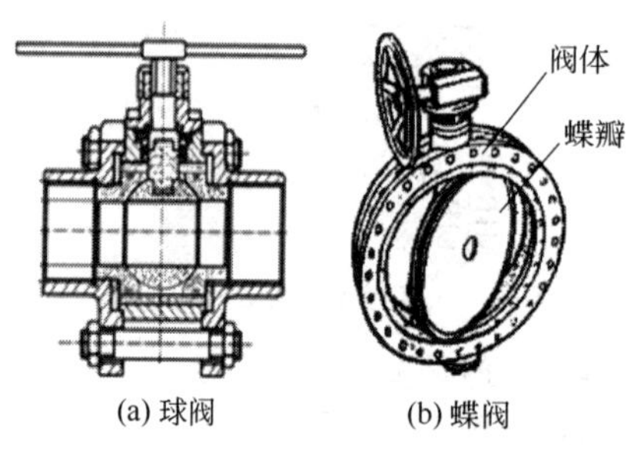

图 3-38 球阀和蝶阀的结构示意图

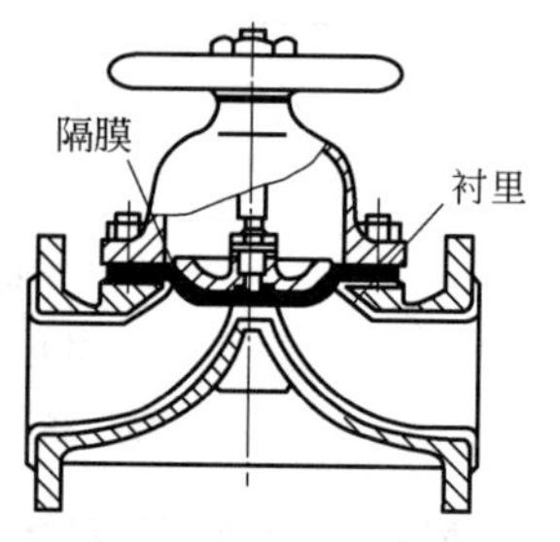

图 3-39 隔膜阀结构示意图

（2）阀门类型选择的一般原则

阀门选择要考虑介质的性质、操作状态、管径大小、阀门功能等多方面的因素。阀门的性能参数除了其结构类型外，还有阀体材料、密封面材料、公称压力等等。

一般地，需要调节流量的管道要选择调节性能较好的截止阀、蝶阀等，后者适用于大管径的情况。不需要经常调节流量，同时对管道阻力降要求较高时选用闸阀、球阀。如：泵的入口、出口截断阀、调节阀的旁路阀、压力玻璃板液面计连接管、压力表取压嘴、放空气/排液管系等。表 3-40 给出了不同类型阀门的适用情况，供选择时参考。

表 3-40 阀门类型选择参考

阀门类型	截断	快速切断	流量调节	压力调节
闸阀	普遍适用	有条件适用	有条件适用	
截止阀	有条件适用		普遍适用	普遍适用
球阀	普遍适用	普遍适用	有条件适用	
旋塞阀	普遍适用	普遍适用	有条件适用	
蝶阀	有条件适用		有条件适用	有条件适用
隔膜阀	普遍适用		普遍适用	有条件适用

（3）阀门的绘制规定

在 P&ID 图上要求将阀门的形式表达出来，常见的阀门图例如表 3-41 所示。阀门大小为 3mm×6mm，细实线。

表 3-41 P&ID 图上的阀门图例

阀门类型	图例	阀门类型	图例
截止阀		隔膜阀	
球阀		蝶阀	
闸阀		止逆阀	
旋塞阀			

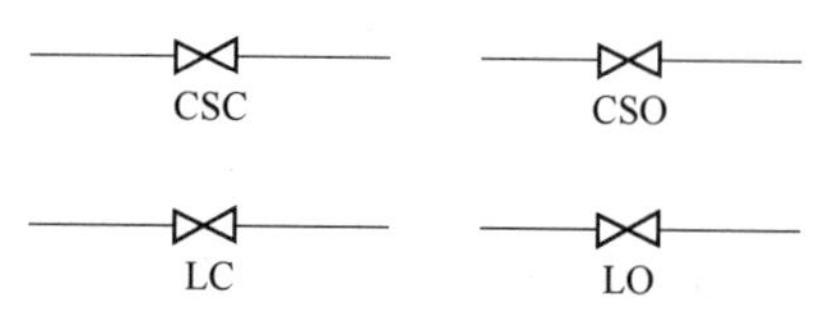

图 3-40 特殊要求阀门在 P&ID 图中的表达

对于有特殊要求的阀门在 P&ID 图中要有特别表达，如对阀门的开启和关闭状态有严格要求，不经相关程序不能随便开启或关闭的；安全阀与设备或管道间的阀门，未经许可不得关闭。CSO 表示阀门在开启状态下铅封，CSC 表示阀门在关闭状态下铅封；LO 表示阀门在开启状态下加锁，LC 表示在关闭状态下加锁，如图 3-40 所示。

3.5.2.6 控制仪表系统的表达

在 P&ID 图中，以规定的图形符号和文字代号表示所有的检测、指示、控制功能仪表，包括一次仪表及传感器，并进行编号（可由自动控制专业完成）、标注。调节阀自身的特征，如气动、电动或液动，气开或气关，有无旁路手动阀，是否有排放，等等，根据需要也要表达清楚。P&ID 图上，要用规定的图形符号和文字代号表示所有的工艺分析取样点，并编号和标注。

（1）图形符号

图形符号表达仪表类型。不同的规范，不同的设计公司图形符号的功能含义会有一定的差异，具体应用时需参阅相关的规范，阅读时需对照相应的首页图。本教材主要参阅 HG/T 20505—2014，并在阅读部分 P&ID 案例的基础上，给出应用较普遍的一些常用图形符号及其代表的仪表类型，如表 3-42 所示。在 P&ID 上，图形符号用细实线绘制，圆的大小为 10～12mm，同一个工程要大小一致。

表 3-42 P&ID 图上的仪表图形

图形符号	控制方式	图形符号	控制方式	图形符号	控制方式
	控制室仪表		现场仪表		现场仪表盘
	集散控制，控制室仪表		安全仪表，位于控制室		安全联锁
	集散控制仪表		安全仪表		

（2）仪表位号

仪表位号包括两部分内容，一部分为字母代号，表达的是控制内容，另一部分为数字代号，是仪表的编号。

字母代号分两个单元，第一个单元为首位字母，包括变量代号和修饰词，变量代号表达参数类型，修饰词是对该参数的修饰，主要是差、比等；第二个单元，也就是后继字母，表达仪表功能。不同字母的含义见表 3-43。

数字代号分两个子单元，第一个子单元为主项代号，同对应项目的主项，2 位阿拉伯数字；第二个子单元为同类型仪表的顺序号，1～3 位阿拉伯数字。

表 3-43 控制仪表字母代号说明

字母类型	首位字母		后继字母		
	第 1 列	第 2 列	第 3 列	第 4 列	第 5 列
	变量代号	修饰词	读出功能	输出功能	修饰词
A	分析		报警		
B	烧嘴、火焰				
C	电导率			控制	关位
D	密度	差			偏差
E	电压（电动势）		检测元件		
F	流量	比率			
G	可燃、有毒气体		视镜、观察		

续表

字母类型	首位字母		后继字母		
	第 1 列	第 2 列	第 3 列	第 4 列	第 5 列
	变量代号	修饰词	读出功能	输出功能	修饰词
H	手动				高
I	电流		指示		
J	功率		扫描		
K	时间	变化速率			
L	物位		灯		低
M	水分、湿度				中间
O					开位
P	压力				
Q	数量	累积	积算、累积		
R	核辐射		记录		运行
S	速度、频率	安全		开关	停止
T	温度			传送	
U	多变量			多功能	
V	振动			阀/风门	
W	重量、力		取样器		
X	未分类		未分类		
Y	事件			辅助	
Z	位置			驱动器	

注：读出功能是指在仪表上可以直接读出的，输出功能是以某种信号的方式输出的。

安全仪表功能为 SIL3 级的安全仪表系统，要求针对同一个监控对象的同一个参量，系统的检测、变送、控制及执行元件，与基本过程控制系统的对应元件要实体分离，独立设置。为了区别，HG/T 20505—2014 将独立于 BPCS，专门用于 SIS 的参量代号后加了 Z，如 TZ 表示专门用于 SIS 的温度，同样，FZ、LZ、PZ 等分别表达专门用于 SIS 的流量、液位和压力。本教材按此规范处理。

（3）信号线

信号线为细线，为了区分不同类型的信号，通常会选择不同类型的细线，具体的含义要结合首页图理解，常用的几类信号线如表 3-44 所示。

表 3-44　常用仪表信号线

线型	应用	线型	应用
—//—//—//—//—//—//—//—	气动信号	—o—o—o—o—o—o—o—o—o—o—	内部信号线、串级控制
----------------------	电动信号或不定义仪表线	—•—•—•—•—•—•—•—•—•—•—	独立仪表控制系统间连接
————————————	仪表连接线		

（4）仪表系统的阀门

自动控制系统的执行元件为阀门，阀门也有各种各样的形式，本教材简化处理，只区分调节阀和截断阀，如表 3-45 所示。

表 3-45　控制系统阀门的表达

图例	功能说明	图例	功能说明
	调节阀		截断阀
FC	调节阀，故障关	FC	截断阀，故障关
FO	调节阀，故障开	FO	截断阀，故障开

（5）分析取样

所有的分析取样点要标出，并编号，圆圈的大小同仪表，如图 3-41 所示。

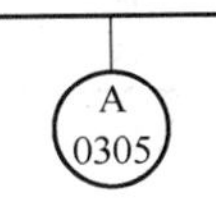

图 3-41　分析取样图例

图 3-42 为部分过程控制仪表在 P&ID 图上的表达方式。

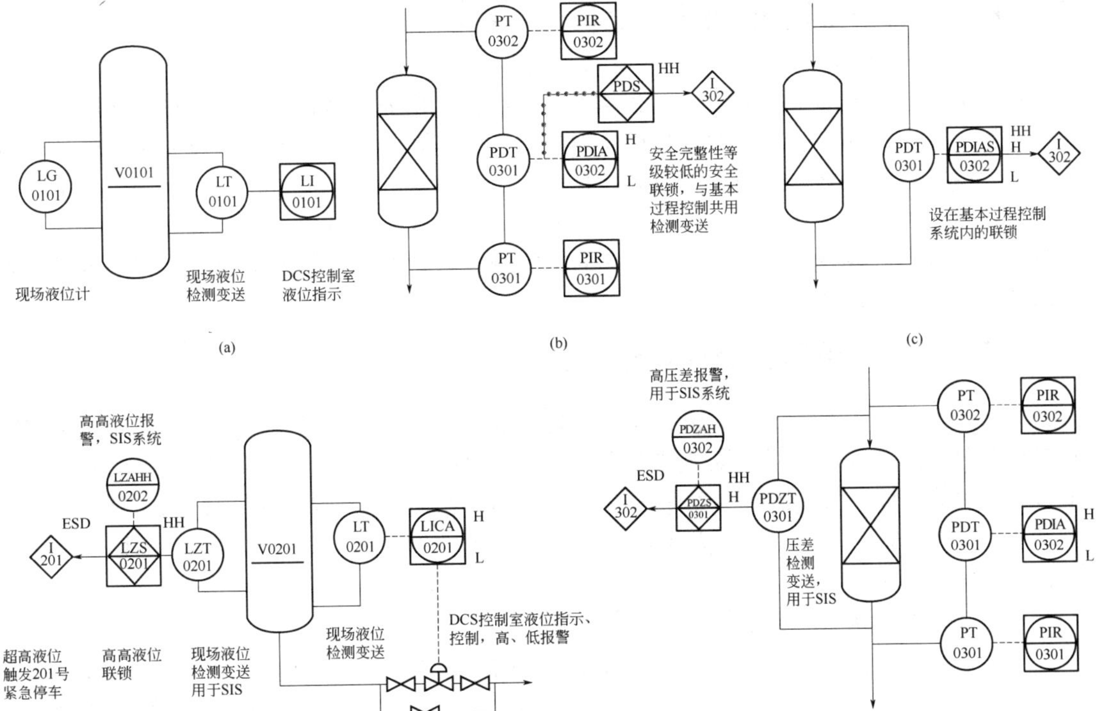

图 3-42　P&ID 上的工艺及安全仪表图例

3.5.2.7　特殊管道附件的表达

P&ID 中所有的特殊附件，如阻火器、限流孔板等都要表达，并编号。特殊管件的图例及代号如表 3-46 所示。编号及标注方式同现场仪表。

表 3-46　P&ID 中特殊管件的表达

特殊附件	图例	代号	特殊附件	图例	代号
阻火器			Y 形过滤器		

续表

特殊附件		图例	代号	特殊附件		图例	代号
爆破片			RP	安全阀			PSV
8字盲板	正常开启			圆形盲板	正常开启		
	正常关闭				正常关闭		
限流孔板	单板 双板		RO	疏水阀			T

注：没有特殊规定的特殊管道附件可以统一用 SP 表达，如果有多种需要用 SP 表达的特殊附件，可以分小类，如 SP01、SP02 等等。

3.6 各类设备单元的流程安全设计

某一个化工产品的生产流程可以分割为不同的设备单元，各设备单元包括设备及其附属的管线、仪表、管件等。每一类设备单元都有自己的特点，认识各类设备单元过程的流程特点，并掌握其流程安全设计的主要内容，是对整个装置进行流程安全设计的基础。本节分设备单元讲述流程安全设计，包括各种设备单元的特点，各种设备单元的基本过程控制内容及一般的控制方案，各种设备单元可能存在的危险越限参数及对应的安全控制内容，各种设备单元常设的安全附件。

3.6.1 反应单元的流程安全设计

反应单元是化工产品生产的核心单元，是流程安全设计的重点单元。反应器因反应物料的相态不同、操作方式不同有很多种类型，如釜式反应器、管式反应器、固定床反应器、流化床反应器等，有连续操作的釜式反应器，还有间歇操作的釜式反应器。反应器的型式不同，特点不同。很多化学反应过程的热效应较大，控制不当容易发生事故，反应单元也是化工装置中最危险的设备单元之一。

3.6.1.1 反应单元的基本工艺过程控制

反应单元的质量指标通常包括反应后反应物的转化率和目的产物的选择性。通过控制原料配比、反应的温度、反应的时间来达到相应的目的。对于气相反应，压力要控制在一定的范围内，但连续的反应过程，压力是在压缩系统的出口控制的。

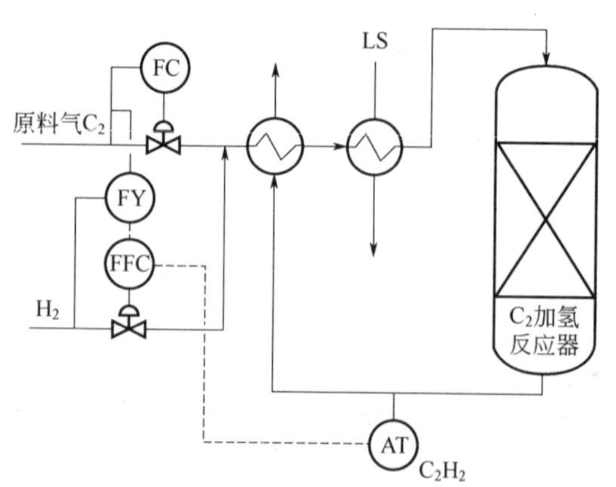

图 3-43　C_2 加氢脱炔的进口流量及氢炔比控制方案

（1）组成及反应时间的控制

对于连续反应过程，原料的配比通过调节进入反应器的各股物流的流量及流量的比来实现；反应时间，即物料在反应器中的停留时间通过控制物流的总流量实现。图 3-43 为 C_2 加氢脱炔氢炔比的控制方案。根据反应器出口物流中乙炔的含量，给出氢炔比的设定值，然后根据实测的氢炔比调节氢气的流量。

（2）温度的控制

由于反应速率的要求，如催化反应必须在催化剂的活性温度之上，反应才能以可接受的速率进行，所以对反应器而言，通常既要控制反应过程的温度，又要控制进反应器物料的温度。连续换热的反应过程可以通过调节加热或移热介质的流量或温度来控制反应的温度，如图 3-44（a）、图 3-44（b）所示。进反应器的物料可能利用出反应器的热物流加热，此时介质的总流量不宜变化太大，可以通过设置副线调节进反应器物流的温度，如图 3-44（c）所示。也可以用某种加热介质来预热原料，此时可以通过调节加热介质的流量来控制入反应器物流的温度。

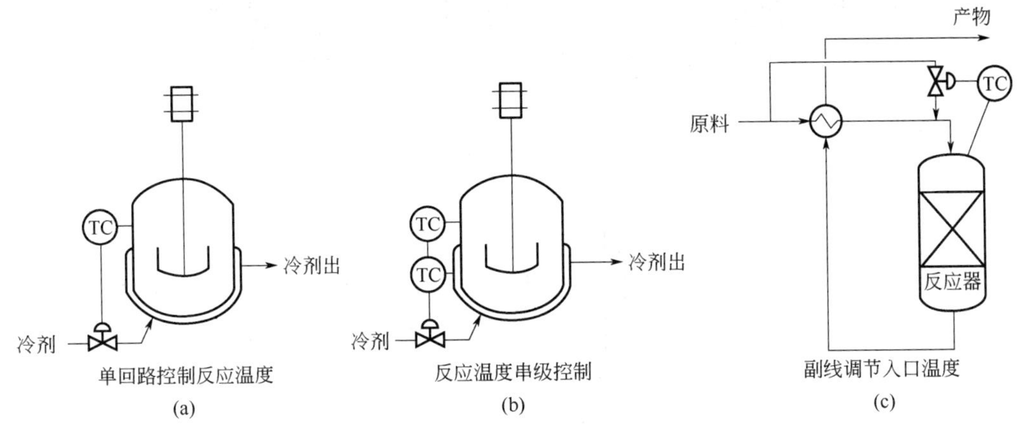

图 3-44 反应单元温度控制方案

3.6.1.2 反应单元的安全控制及安全附件

发生放热反应的单元最容易发生的事故是超温，甚至爆炸，超温的原因往往是反应速率太快，反应失控。化学反应速率与温度及反应物的浓度有关，所以对于可能存在超温的情况要严格控制温度、浓度等敏感参数。反应单元常设的参数越限联锁有：温度超高、压力超高联锁，以及某个物质的浓度或流量超高，或某个物质的浓度超低联锁等。对于连续换热的反应过程，可能设置移热介质流量超低或温度超高联锁。

为防止爆炸事故的发生，反应器需设超压保护附件，安全阀或爆破片，或二者的组合。对于可能由反应的快速进行而使得反应器的压力瞬间升高的情况要设爆破片，为了尽可能避免因爆破片动作，而导致频繁停车现象的发生，可以并联设置安全阀和爆破片，使安全阀的启动压力低于爆破片的爆破压力，既达到对反应器超压保护的目的，又避免频繁停车。

某加氢过程的工艺、安全控制方案及安全附件见图 3-45。氢气流量、反应器压力和温度控制均通过调节氢气管道阀门的开度实现，并设温度、压力、氢气流量高报警。设氮气流量低报警，循环冷却水流量低报警。

独立的安全仪表系统：设反应器温度高报警、高高联锁；反应器压力高报警、高高联锁，联锁过程为关闭氢气进料阀，打开放空阀。

设安全阀和爆破片，安全阀的启动压力低于爆破片的爆破压力。在放空管道上设放空阻火器。

3.6.2 精馏单元的流程安全设计

化工生产过程的另一重要的工艺过程为分离过程，包括精馏、吸收、萃取等，其中的精馏分离应用最多，如裂解气的精馏分离，包括乙烯乙烷的分离、丙烯和丙烷的分离、脱甲烷、脱乙烷、脱丙烷等等。本小节主要讲述精馏过程的流程安全设计。

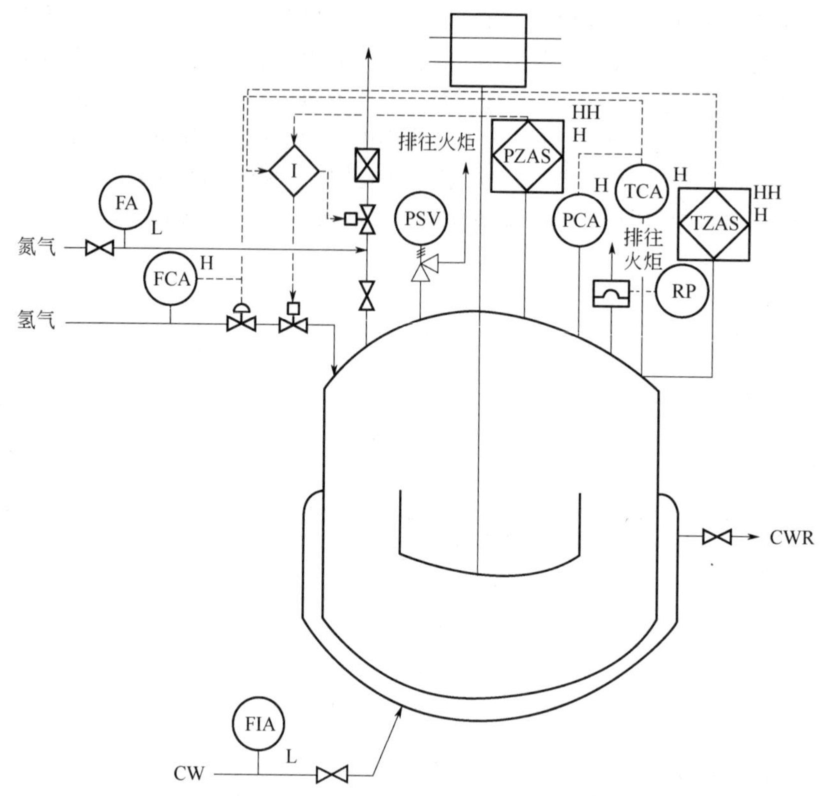

图 3-45 某液体加氢过程的工艺、安全控制方案及安全附件

精馏就是通过反复部分气化和部分冷凝，将混合液中沸点不同的各组分分离开。气化和冷凝需要的热量和冷量分别从精馏塔的塔釜和塔顶输入。

3.6.2.1 精馏单元的工艺控制

精馏过程的主要质量指标是塔顶输出物中轻组分的含量或（和）塔釜输出物中重组分的含量。在塔压一定的情况下，双组分体系的自由度为 1，温度与组分浓度一一对应。由于组成的测量信息反馈较慢，所以精馏过程经常在将塔压控制稳定的情况下，通过控制灵敏板的温度来控制精馏产品的质量。精馏塔的塔压控制方案有多种，图 3-46 为常见的加压塔和常压塔塔压控制方式。

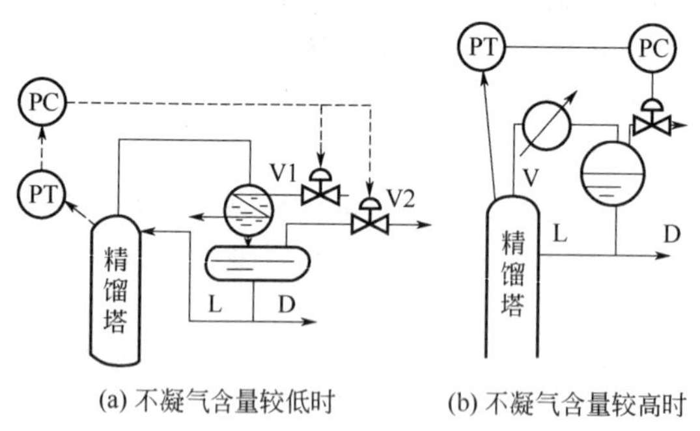

(a) 不凝气含量较低时　(b) 不凝气含量较高时

图 3-46 加压和常压塔的常见塔压控制方案

精馏段的温度及塔顶馏出物浓度对回流比较为敏感。回流量增大，塔顶温度降低，塔顶馏出物中轻组分浓度升高。提馏段温度与塔釜热物流流量相关。塔釜热物流流量增大，塔釜温度升高，塔釜馏出液轻组分含量减少，重组分浓度升高。塔顶回流量和塔釜热物流的流量是精馏塔操控的主要手段。另外，为了保证物料平衡及过程稳定，精馏塔还需要控制进料量、塔釜液位及回流罐液位。常见的二元系精馏的工艺控制方案如图 3-47 所示。

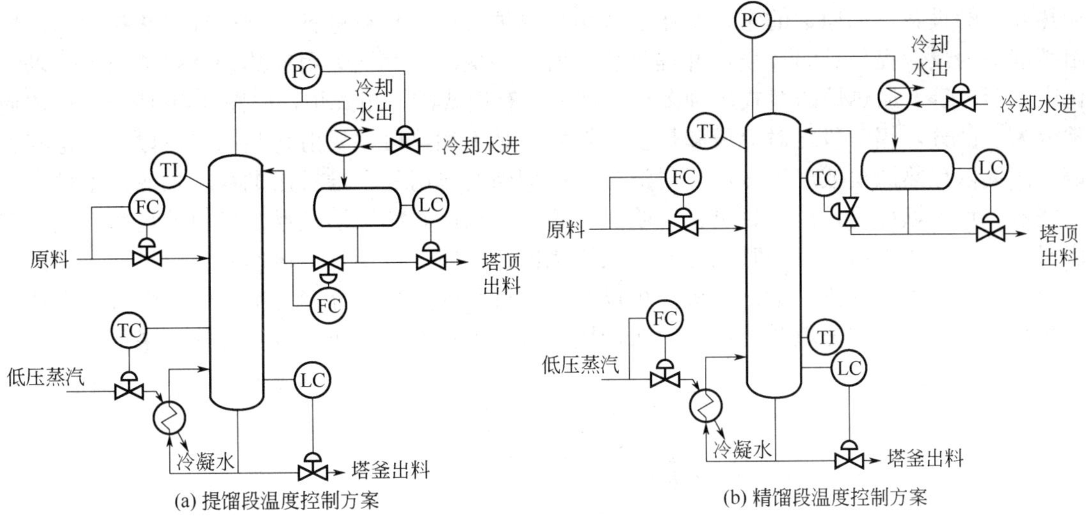

图 3-47　二元系精馏简单的工艺控制方案

3.6.2.2　精馏单元的安全控制

精馏塔的塔压很重要，压力变化，会使已经建立的组成与温度的对应关系发生变化，输出产品的质量就不稳定，要设置精馏塔压力高报警、低报警。对于在低温下操作的精馏过程，塔压高还可能引发爆炸事故，此时要设联锁保护系统。如乙烯的精馏，在－5℃以下操作，塔压高可能是操作温度失控，大量物料气化所致，设高塔压联锁。

处理热敏性介质时，精馏塔要设置塔釜温度高报警，如脱乙烷塔、脱丙烷塔、脱丁烷塔等，塔釜温度在 70～80℃之间时，其中的不饱和烃就有少量的聚合，继续升高温度，则聚合反应加速，生成的聚合物堵塞再沸器及塔釜出料管，使操作无法正常进行，上述精馏塔均要设塔釜温度高报警，甚至高高联锁停车。

塔釜液位控制着精馏塔内液体的累积，决定着操作的稳定性。液位太高，下层塔板传质效果恶化、产品不合格；淹过再沸器蒸汽管，破坏再沸循环的稳定性。液位太低，将导致塔釜泵抽空；如果塔釜加热量没有及时调整，容易引发气体大量气化，发生冲塔现象；同样会破坏塔釜再沸循环的稳定性。所以要设置精馏塔的塔釜液位高报警、低报警，对于后果严重的设越限联锁。

精馏塔的压差，主要是上升气相克服板上液层产生的压降，其大小反映了精馏操作的稳定性，太大、太小分别是液泛和漏液的体现。精馏塔要进行压差指示，并设压差太高、太低报警。

精馏塔塔顶回流罐液位太高，不凝气夹带液体量增大，导致轻组分损失；液位太低，则塔顶回流泵容易抽空，或不凝气会串入回流液，所以常设塔顶回流罐液位高、低报警。

对于非常压操作的精馏塔，如乙烯生产过程中的所有精馏塔，都要设置安全阀。

图 3-48 为乙烯精馏的工艺及安全控制流程图。设独立的塔压高报警、高高联锁。乙烯精馏在－5℃以下操作，塔压高可能是操作温度失控，大量物料气化所致，失控将导致危险性物料外溢，甚至发生爆炸。联锁过程为：停止进料，停止塔釜加热，系统自动控制压力使超压气体去火炬，停回流泵，停物料输出，系统保温、保压、保液位。这也是精馏塔典型的联锁停车步骤。

3.6.3　加热炉单元的流程安全设计

加热炉就是以空气为氧化剂，燃烧燃料油、燃料气或煤等燃料放出热量，以产生蒸汽或加热介质的设备。如原油的常、减压蒸馏用加热炉对塔釜物料进行再沸处理；热裂解制乙烯用裂解炉为反应提供高温环境，并提供反应所需热量；蒸汽锅炉用加热炉加热加压水，以汽化产生蒸汽等。加热炉的型式多种多样，常见的有筒式炉、箱式炉，如图 3-49 所示。炉体通常分为三部分，辐射段、对流段和烟囱。辐射段是主加热段，辐射传热；对流段主要是回收烟气热量以预热原料或产生蒸汽，对流传热；烟囱的作用是引导排出烟气。加热炉由炉体、燃烧器、点火燃烧器、风门、风机、吹灰器等构件构成。燃烧器是燃烧燃料的场所；点火燃烧器是点火用燃烧器，点炉时先点着点火燃烧器；风门，包括进口风门和出口风门，分别调节空气进入量和烟气排出量；风机，可以有引风机和鼓风机，分别为抽出炉膛烟气，维持炉膛负压和鼓入空气加速燃料燃烧；吹灰器用来吹扫炉管上的积灰，改善传热效果。

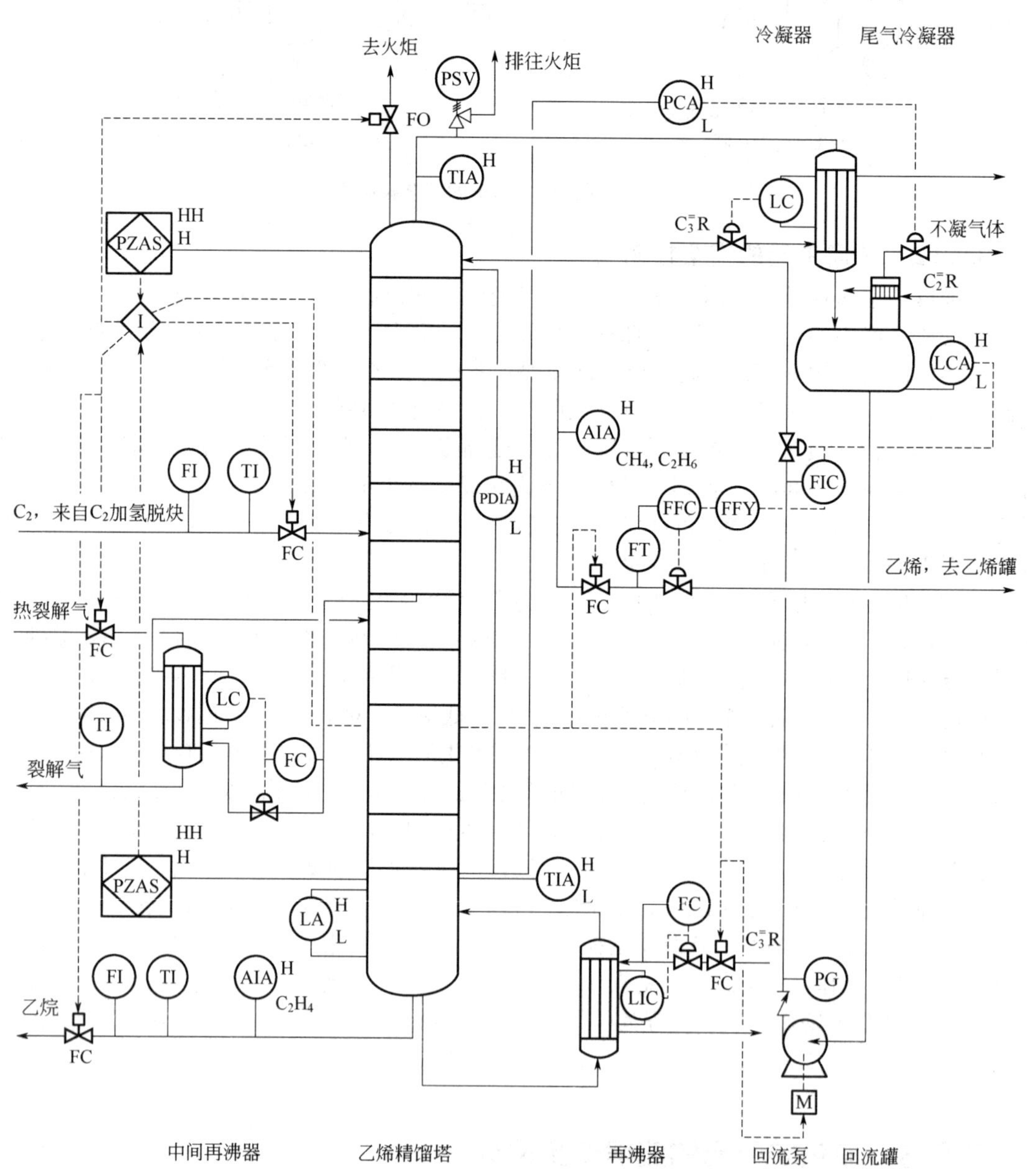

图 3-48　乙烯精馏的过程控制流程图

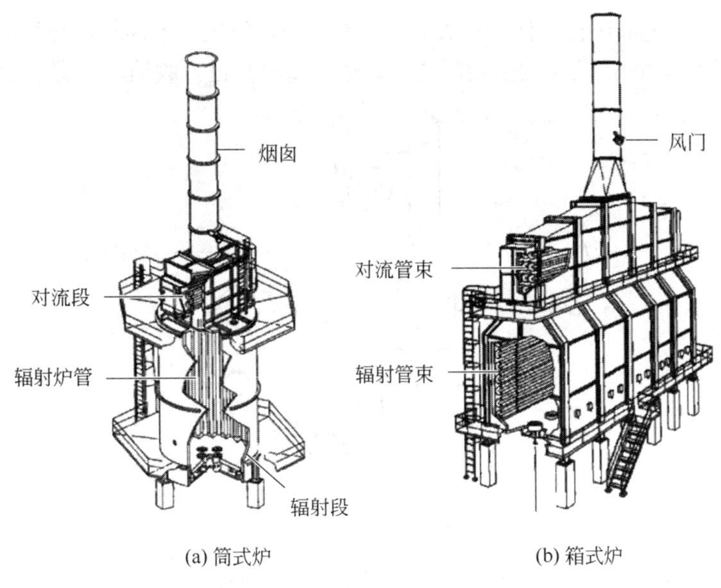

图 3-49 加热炉炉体的简单构造

3.6.3.1 加热炉单元的工艺控制

加热炉的工艺控制，一要保证被加热介质达到要求的温度，二要保证燃料能被充分燃烧，以降低能量损耗。控制的工艺参数包括：被加热介质的温度，炉膛的真空度及烟气的氧含量。炉膛要呈微负压状态，一是为防止炉火外喷，二是炉膛负压有利于助燃剂空气的进入。一般地，炉膛口的真空度在 20～50Pa 之间。控制烟气的氧含量，既要保证有足够的氧使燃料能充分燃烧，又要使得空气量不能太大，否则不仅烟气温度太高，带走的热量增多，而且烟气的露点升高，烟气中氮氧化物的含量也升高。烟气中的氧含量根据燃料的种类及过剩空气系数确定，烧燃料气时，过剩空气系数一般为 1.05～1.15，烧燃料油时过剩空气系数为 1.15～1.25，油气混烧时，过剩空气系数为 1.10～1.15。总体而言，烟气中氧的体积分数在 1.8%～3.8%之间。如乙烯裂解炉在油气混烧时，过剩空气系数为 1.15 左右，烟气氧体积分数控制在 2%～3%之间。被加热介质的温度通常通过调节燃料的流量实现；炉膛的真空度通过调节烟道风门的开度或引风机的转速实现；烟气氧含量通过调节进风道风门的开度或鼓风机的转速实现。

3.6.3.2 加热炉单元的安全控制及安全附件

加热炉常发生的事故有向外喷火和炉膛熄火。当炉膛的负压不够时，炉膛内火焰就会从看火孔等部位向外喷火。若运行中炉膛熄火（如脱火），燃料油或燃料气没有及时切断，还继续进入炉膛，当炉膛内可燃物质与空气混合物的浓度达到爆炸极限时，由余热点燃可能引发炉膛爆炸。针对这些问题，加热炉常设的安全越限参数有：引风机故障联锁停炉或炉膛压力高报警、高高联锁；燃料气压力高报警，燃料气压力低报警、低低联锁等。当燃料为燃料油时，需要用高压蒸汽将燃料油雾化后通入烧嘴燃烧，为了较好地雾化，蒸汽与燃料油间要有一定的压差，需设蒸汽与燃料油压差低报警、低低报警、低低联锁。被加热介质流量低报警、低低联锁，被加热介质流量太低会导致炉管烧坏。大型炉子还会出现部分火嘴熄火的情况，针对此可以在每个火嘴处设火焰检测器，检测到火嘴熄火后切断对应火嘴的气源。

燃料气、燃料油管道上常设管道过滤器，防止机械杂质堵塞烧嘴，吹扫用蒸汽或氮气管道上要设止逆阀，防止燃料气倒流入相应的管道或管网系统。加热炉燃料气调节阀前的管道压力

≤0.4MPa（表压），且无低压自动保护仪表时，应在每个燃料气调节阀与加热炉间装设阻火器。如图 3-50 为一小型加热炉的工艺及安全控制方案。该系统没有设置联锁，只有参数越限报警。

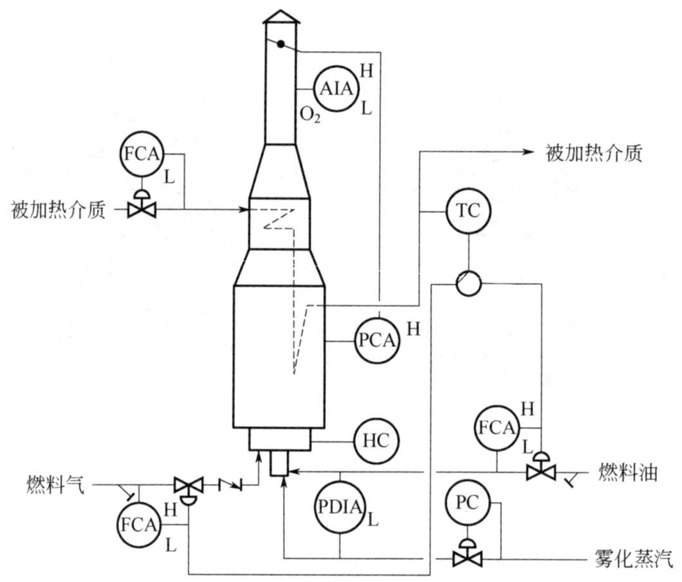

图 3-50　典型的加热炉工艺及安全控制方案

乙烯裂解炉设引风机故障、侧壁烧嘴燃料气压力低、底部烧嘴燃料气和燃料油压力低引发联锁停车，见图 3-13 所示的停车联锁逻辑图。

3.6.4　锅炉（汽包）的流程安全设计

锅炉是重要的化工生产设备，用来产生生产中大量需要的蒸汽，锅炉为压力容器，是危险性较高的一类设备。化工厂锅炉主要有两类，一类为蒸汽锅炉，另一类为废热锅炉，如图 3-51 所示。前者通过燃烧燃料产生蒸汽，后者则回收生产过程中热物流的余热产生蒸汽。

无论哪一类锅炉，汽包是其重点设备，作用是分离蒸汽和冷凝水，其安全问题较为突出，本部分主要关注汽包的流程安全问题。

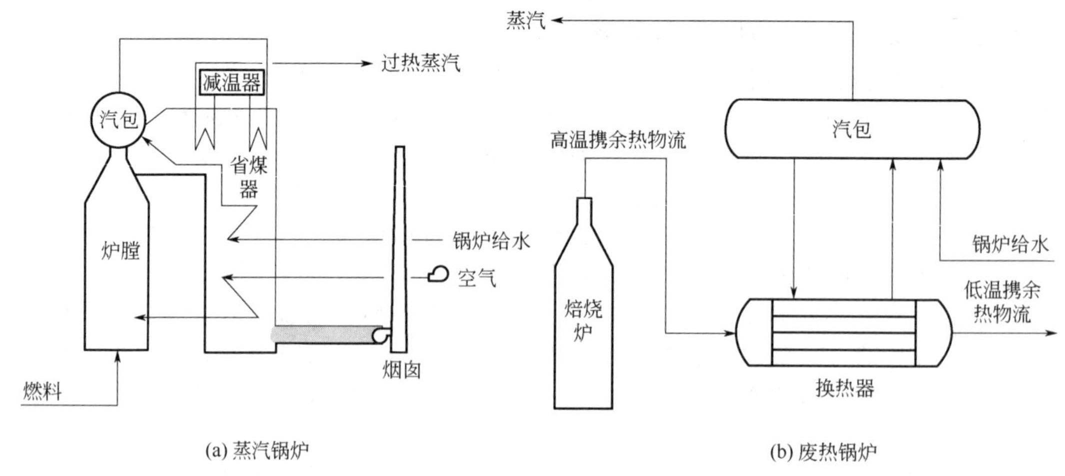

图 3-51　化工厂锅炉产汽示意图

3.6.4.1 汽包的工艺控制

锅炉的主要工艺参量是所产蒸汽的压力。对于蒸汽锅炉，可以通过调节燃料的流量控制蒸汽的压力；对于废热锅炉，可以通过调节蒸汽的输出量控制蒸汽的压力。作为汽液分离设备，液位也是汽包的重要控制参数，液位太高蒸汽中容易夹带水滴，影响蒸汽的输送及使用性能，液位太低则容易发生事故。锅炉给水流量是液位主要的调节手段。同时，汽包蒸汽的输出量会影响汽包的压力，进而影响汽包内水的密度，形成假液位，所以，对于蒸汽流量可能有波动的情况，要考虑蒸汽流量对汽包液位的影响。汽包液位的控制有单冲量控制、双冲量控制和三冲量控制。单冲量是通过调节锅炉给水的流量控制液位，适用于蒸汽流量变化较小的情况；双冲量控制是同时考虑液位及蒸汽流量的变化来调节锅炉给水的流量；三冲量控制则采用汽包液位、蒸汽流量、锅炉给水流量三个变量来控制汽包的液位。图 3-52 为其中的一种，也是应用较多的一种汽包液位的三冲量控制方案。锅炉给水中会含有盐分，水蒸发为蒸汽，盐分会留在汽包中，如果不定期排出，其会在汽包中积累，所以汽包均设置有排污管线。根据锅炉的大小，可连续排污，也可以定期间歇排污。

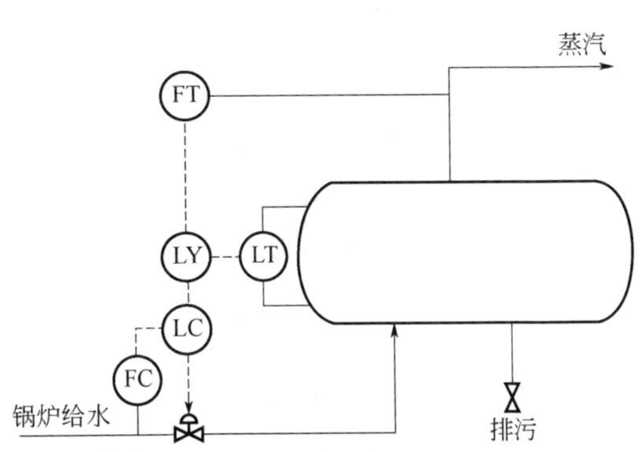

图 3-52 锅炉汽包的三冲量控制方案

3.6.4.2 汽包的安全控制及安全附件

锅炉汽包容易发生的事故是物理爆炸。锅炉缺水，然后在高温的情况下补水，致使水在瞬间蒸发，产生大量气体，压力迅速升高，发生爆炸。因而汽包液位的监控非常重要，要设液位低报警、低低报警、低低联锁。液位太高，易造成蒸汽带水，使蒸汽品质恶化，造成过热器结垢烧坏，并影响汽轮机的安全，所以也要设液位高报警、高高报警或高高联锁。一般地，汽包的 50% 是正常水位，低于 20%报警，低于 15%联锁，高于 80%报警，高于 85%联锁。汽包缺水导致低液位的原因一则是供水不足，再则是漏水。针对供水不足，设锅炉给水流量低报警、低低报警或低低联锁。汽包在发生爆炸之前温度会升高、压力会大幅度上升，所以要设温度高报警、高高报警或高高联锁，设压力高报警、高高报警或高高联锁。

作为压力容器，汽包必须装设安全阀。额定蒸发量大于 0.5t/h 的锅炉，至少装设两个安全阀；额定蒸发量小于或等于 0.5t/h 的锅炉，至少装一个安全阀。蒸汽输出管路设止逆阀，防止蒸汽倒流，破坏锅炉正常操作，造成严重的假液位，引发事故。锅炉给水管道上设止逆阀，防止突然断水，或汽包压力太高时锅炉水倒流，损坏泵体，或使汽包水位迅速下降，引发事故。图 3-53 给出某汽包的简化 P&ID 图。其中针对汽包液位这一较重要的参数，安全仪表系统和过程控制系统独立检测、变送、控制、执行。液位低低联锁引入包含该汽包的工艺生产单元的紧急停车系统。

3.6.5 离心泵的流程安全设计

泵是输送液体或给液体增压的机械设备，是化工生产中最常用的设备之一。按作用原理泵分为两大类，动力式和容积式。动力式主要有离心式和轴流式，容积式主要有旋转式和活塞式等，如图 3-54 所示。离心泵适用范围较宽，最为常用；轴流泵用于大流量、低扬程的物流输送；旋转式容积泵常用于高黏度、低流量流体的输送；活塞泵适用于高压、低流量液体的输送。本节重点讲述离心泵。

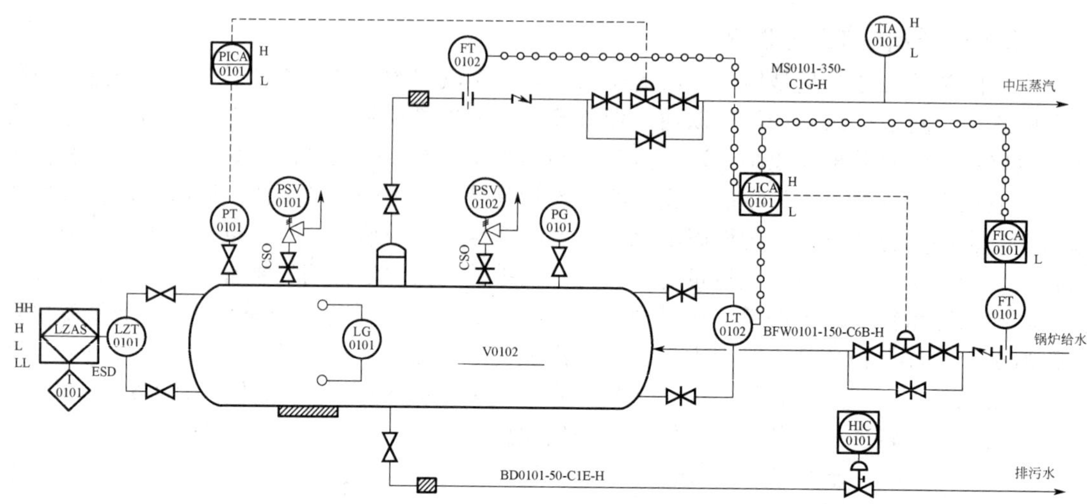

图 3-53　某汽包单元的管道及仪表流程图

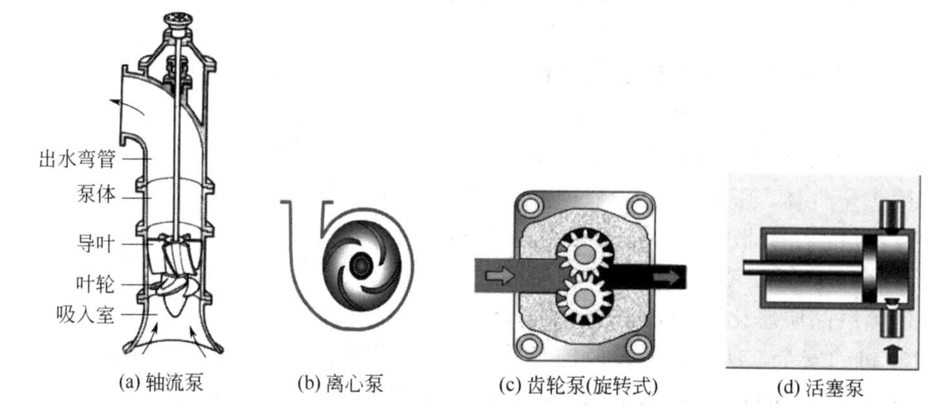

图 3-54　不同类型的泵

3.6.5.1　离心泵的工艺控制

离心泵的型号要根据输送流体的流量、扬程、压头、工作温度、介质性质等选择。选定的泵设置于流程中之后，主要关注其出口流体的压力及流量，流体压力和扬程（压头）成正比。特定的泵，其转速、压头及排出量之间符合一定的关系，示意如图 3-55（a）所示。

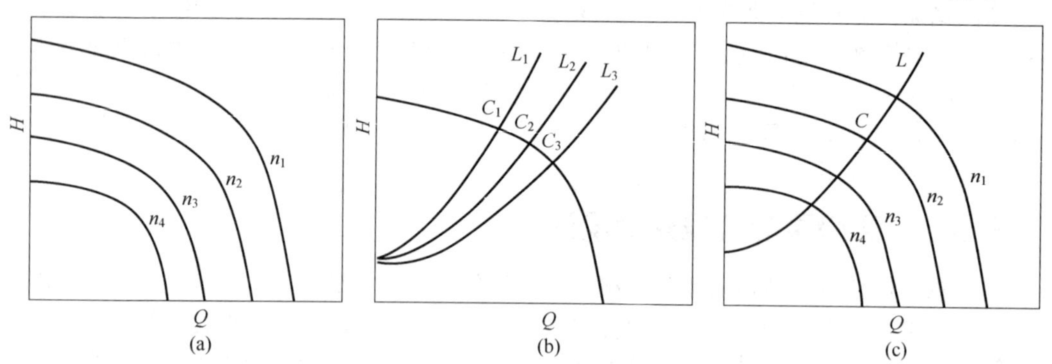

图 3-55　离心泵的工作特性曲线

Q—泵出口液体流量；H—泵的压头；n—泵的转速，$n_1>n_2>n_3>n_4$；L—管路特性曲线；C—操作点离心泵一般设出口压力指示，并在一定范围内调节流量。泵出口流体流量的调节方式有如下三种。

（1）直接调节出口流量

通过调节泵出口管道上阀门的开度控制输出物流的流量，如图 3-56（a）所示，该法较为常用。工作曲线如图 3-55（b）所示，L_1、L_2、L_3 分别为不同阀门开度下管路的特性曲线，特定的转速下，流量越大，压头越小；流量越小，压头越大，L_3 开度最大。该调节方法的优点是管路系统简单，缺点是能量损失相对较高，适用于阀门整体开度较大且流量变化范围较小的情况。

（2）变速控制

通过调节泵电机的转速调节输出物流的流量，如图 3-56（b）所示。工作曲线如图 3-55（c）所示，随着泵转速的提高，出口流量和泵的压头都增高。该法的优点是能量利用合理，缺点是泵的造价相对较高。

（3）调节回流流量

输出管道上设一循环回路，通过调节回路上阀门开度的大小来调节输送物流的流量，如图 3-56（c）所示。该调节方法的优点是泵的工作状态稳定，缺点同样是有能量损失，适用于要求输出流量较小的情况。

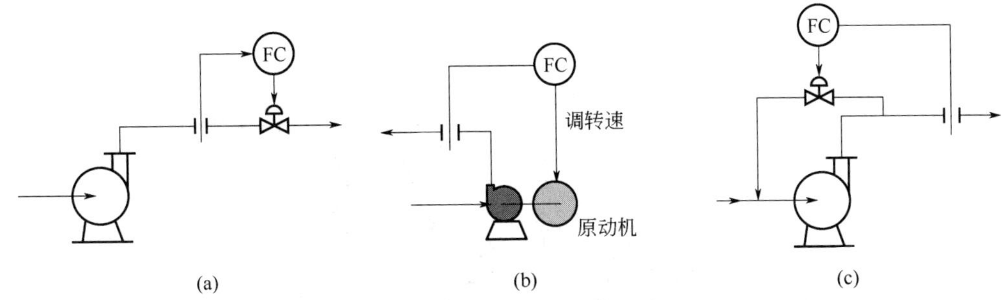

图 3-56　泵出口流量的调节方式

3.6.5.2　离心泵的安全控制及安全附件

泵属于易损设备，常设有备用泵系统。对于设有备用泵的系统，可能会设流量超低和泵转动异常联锁，一般是工艺联锁，放在 DCS 系统中。操作过程中，工作泵出现问题后停止运行，联锁打开备用泵系统。大型泵，功率大于 400kW 时，还会设轴承温度高报警、轴承振动大报警、润滑油流量低报警或联锁等，和后期介绍的压缩机系统类似。

泵的出口设止逆阀，防止停泵时介质倒流，损坏泵体；泵的吸入管上一般要安装管道过滤器，开车或正常运转时，清除阻挡管线中的杂质，以免损坏泵的叶片。若只是开车用可设临时过滤器。泵易损坏，需经常截断维修或更换，在泵的入口和出口处设截断阀，同时在泵的出口设放空阀，入口设排液阀。液化烃及操作温度等于或高于其自燃点的可燃液体设备至泵的入口管道应在靠近设备根部设置切断阀。当设备容积超过 $40m^3$ 且与泵的间距小于 15m 时，该切断阀应为带手动功能的遥控阀，遥控阀就地操作按钮与泵的间距不应小于 15m。

图 3-57 为某加氢原料油泵输送系统的控制方案图。其中的 BPCS 和 SIS 独立设置。BPCS 设泵出口流量控制及低流量报警；SIS 设流量低报警、低低流量联锁，联锁后关泵、关出口截断阀。

运行温度高于 230℃的备用泵（或低温运行的泵），需要设置暖泵旁通线（或冷泵旁通线），以免泵启动时因剧烈的温度变化而损坏。如图 3-58 所示，为两种暖泵旁路的设置方式。当泵的运行温度高于 150℃时，需要设轴承冷却水系统。

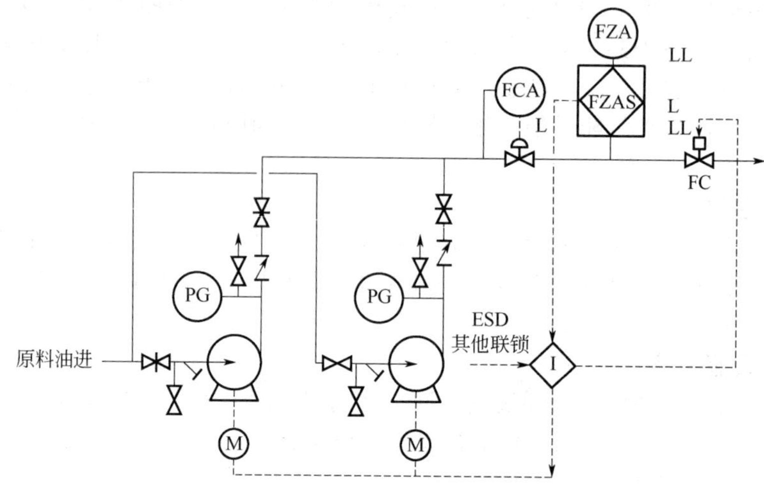

图 3-57 某加氢物流的低流量联锁系统

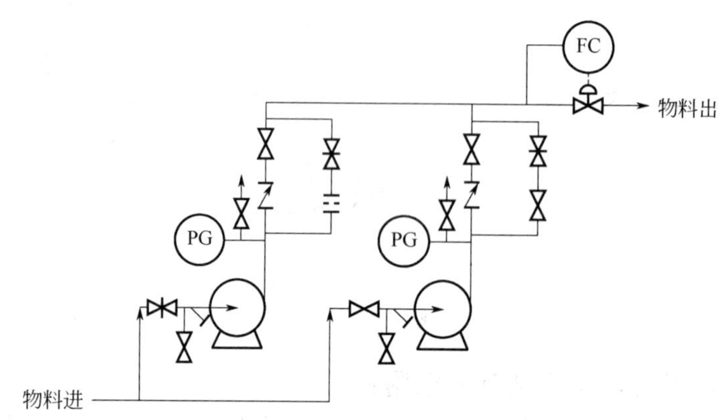

图 3-58 带暖泵旁路的泵输送物料系统

3.6.6 压缩机系统的流程安全设计

化工生产中应用风机、鼓风机及压缩机输送气体。风机和鼓风机的排出压力较低，前者一般小于 30kPa（表压），后者在 30～100kPa 之间，压力较高的气体输送过程需要用压缩机。压缩机的安全问题更加突出，且基本覆盖风机和鼓风机的问题。

压缩机与泵类似，从作用原理上分离心式和容积式。前者通常应用于气体处理量较大的情况，后者适用于处理量较小、压缩比较高的情况。相比于容积式压缩机，离心式压缩机具有体积小、质量轻、流量大、运行效率高、供气均匀、运转平稳、气量控制范围宽、经济性较好等优点，所以应用更为广泛。

压缩机通常是一套装置，除了压缩机之外，还配有：吸入罐，或称作缓冲罐，用来缓冲进口气体的压力，同时分离其中的冷凝水；润滑油系统，减少高速旋转的轴和轴承间的摩擦阻力；密封油（或密封气）系统，防止被压缩气体外逸。为防止轴承温度太高，还可能有冷却水系统。

3.6.6.1 离心式压缩机系统的工艺控制

离心式压缩机的工作特性与离心泵类似，工作特性曲线如图 3-59 所示。离心式压缩机的基本过程控制方式也与离心泵类似，调速、节流或旁路，调速法应用相对较多。离心式压缩机的驱动设备可以是电动机或汽轮机，调速就是调节电动机的转速或汽轮机的转速，汽轮机的转速可以较方便地通过调节蒸汽的流量来实现。

离心式压缩机有一个缺点是控制不当，容易发生喘振。喘振是一种非正常工况下的振动，喘振会周期性地增大噪声和振动，严重时甚至损坏压缩机。离心式压缩机的工作特性曲线图上通常会给出喘振区，如图 3-59 所示。引发喘振的主要因素有：①入口流量太低（一般在额定负荷的 25%以下）；②出口压力太高。压缩机系统常设防喘振回路，方法是将压缩机出口的部分物流引回到进口。压缩机设进口温度、压力指示，出口温度、压力指示，吸入罐液位控制指示，防喘振控制回路。

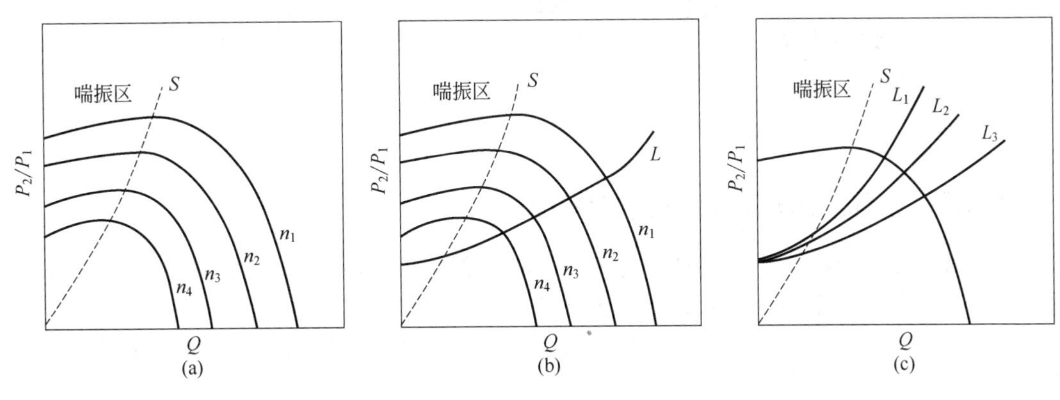

图 3-59 离心式压缩机的工作特性曲线

3.6.6.2 压缩机系统的安全控制及安全附件

压缩机系统常设的越限参数包括：①吸入罐液位高报警，或高高联锁。液位太高，可能导致压缩机吸入气中夹带液体，损坏压缩机。②吸入罐液位低报警，或低低联锁。液位太低，可能导致吸入罐液封漏气。③设轴承温度高报警、高高联锁。轴承温度太高，可能导致轴和轴承膨胀，严重时抱死，无法转动。④设轴承位移高报警、高高联锁。轴承位移太大，可能导致压缩机动静部分碰摩、叶片折断、大轴弯曲、叶轮碎裂等恶性事故。⑤轴承振动高报警、高高联锁。轴承振动太大，可能导致压缩机损坏。⑥对于需要润滑油的系统设润滑油流量低报警、低低联锁。润滑油流量太低，润滑效果下降，可能使得轴和轴承温度升高。⑦对于压缩危险性气体的压缩机系统设密封气压力（密封油流量）低报警、低低联锁。密封气压力太低，可能导致危险性气体外漏严重，引发事故。如裂解气压缩机、丙烯压缩机、乙烯压缩机均设有密封油系统及对应的低流量报警、联锁系统。⑧压缩过程气体温度会升高，对于压缩介质有温度限制的情况，要在压缩机的进出口管道上设温度高报警。如裂解气压缩机的每段出口气体设温度高报警，因为温度太高，可能导致其中的不饱和烃聚合。⑨设吸入压力（流量）低报警，排出压力低报警。排出压力太低可能导致压缩系统运行不正常。

压缩机的出口要设止逆阀，防止流体倒流，损坏压缩机。图 3-60 为典型的压缩机系统工艺及安全控制方案。

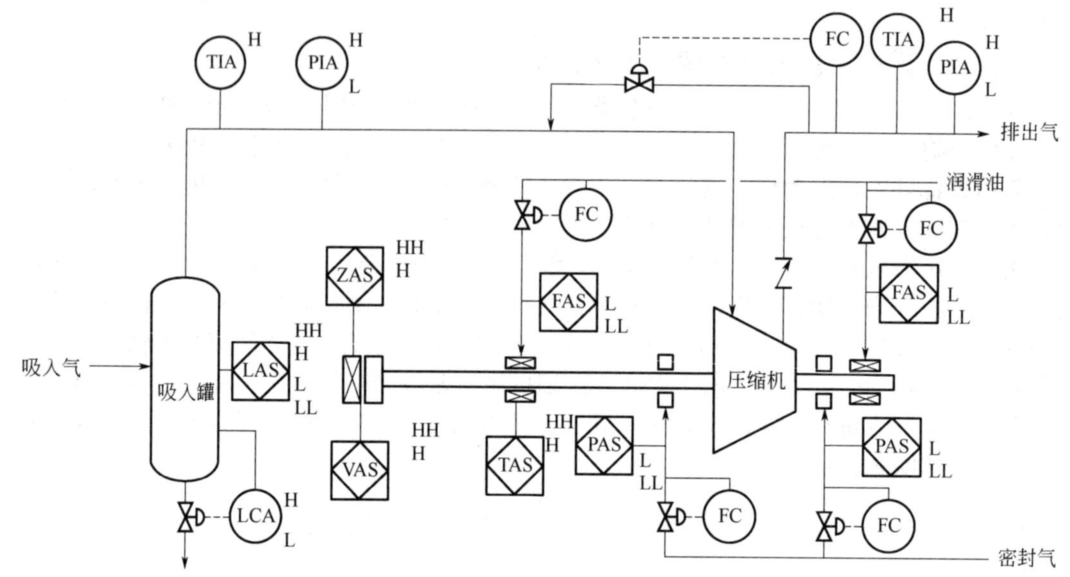

图 3-60　压缩机系统的工艺及安全控制方案

3.6.7　液体储罐的流程安全设计

液体储罐是化工生产中常用的储存设备。液体储罐因容纳的危险性物料较多，常常构成化工生产装置的重大危险源。特别是压力式和低温的液体储罐。

从储存物料的温度及压力分，液体储罐有常温常压储罐、压力式储罐和低温储罐。不同类型液体储罐重要的工艺参数及安全附件见表 3-47。

表 3-47　液体储罐的类型、参数及安全附件

<table>
<tr><th colspan="2">储罐类型</th><th>介质</th><th>重要的安全附件</th><th>重要的参数</th></tr>
<tr><td rowspan="3">常温常压</td><td>固定顶</td><td rowspan="2">低蒸气压、高沸点的甲$_{B}$、乙类液体</td><td>呼吸阀、阻火器</td><td rowspan="3">液位、温度、压力</td></tr>
<tr><td>浮顶式</td><td rowspan="2"></td></tr>
<tr><td>固定顶</td><td>丙、丁类液体</td></tr>
<tr><td colspan="2">压力式</td><td>甲$_{A}$，沸点低于 45℃或在 37.8℃时蒸气压大于 88kPa 的甲$_{B}$类液体，液氨</td><td>安全阀、阻火器</td><td>液位、温度、压力</td></tr>
<tr><td colspan="2">低温</td><td>甲$_{A}$类液体，液氨</td><td>安全阀、阻火器</td><td>液位、温度、压力</td></tr>
</table>

相对于常温常压储罐，压力式及低温储罐的安全问题更加突出。从工艺控制和安全控制的角度看，压力式储罐和低温储罐的控制方案有很多类似的地方。

3.6.7.1　压力式及低温储罐的工艺控制

压力式储罐及低温储罐的压力、温度、液位是重要的参数，需要设现场及控制室压力、温度、液位的指示。压力式储罐要进行压力控制。低温储罐需增加一套冷冻液循环系统或储存介质冷冻系统来维持储罐的低温。对于设冷冻液循环系统的低温储罐，可以通过调节冷冻液的流量或温度控制储罐的温度，对于设有储存介质冷冻系统的低温储罐，则通过控制冷冻系统的工作状态来控制储罐的温度。低温储罐还常设氮封系统，氮封的作用：①维持罐内正压，防止空气进入；②出料时保证罐底泵的正吸入压头（NPSHA）。

3.6.7.2 压力式及低温储罐的安全控制及安全附件

压力式及低温储罐要设置温度高报警。温度太高，液体气化量增大，使储罐压力升高，控制不当容易泄漏。压力式及低温储罐要设置压力高报警。原因同上。储罐设液位低报警。液位太低可能抽出罐底的沉积液，甚至将储罐抽扁。低液位有时可能与出料泵关联，液位低到一定值联锁停泵。液位高报警。液位太高可能使罐内物料外泄。高液位可能和进料泵或进料管线阀门关联，当液位高到一定值时进料泵或进料阀联锁关闭。

压力式及低温储罐设安全阀，罐体超压泄放；氮封调压系统要在氮气管道上设铅封开阀门，并在供气管道上设止逆阀，防止罐内物料倒流入氮气系统；储存物料的火灾危险性等级较高时，需要在放空管道上设置阻火器。

乙烯在常温常压下为气体，其常压沸点为－103.9℃。为了减小储存的容积，乙烯常以液态储存，低温加压或低温常压，前者常用于乙烯作为中间原料，需要向下游输送的情况，后者常用于乙烯作为产品出售的情况。乙烯采用低温常压储存时温度要在－104℃以下，加压则可以使储存温度适当提高。

某容积为 1500m^3 的乙烯球型储罐，为乙烯工厂的乙烯中间储罐，为维持乙烯产出与消耗间的平衡而设置。液体乙烯来自上游的乙烯精馏工序，输出的液态乙烯经气化、加压后被送至下游的聚乙烯、乙二醇等生产装置。

储罐的操作温度－35℃，操作压力 1.68MPa，即低温加压储存。储罐的设计温度为－45℃，设计压力 2.16MPa。图 3-61 为该乙烯储罐的工艺及安全控制方案。

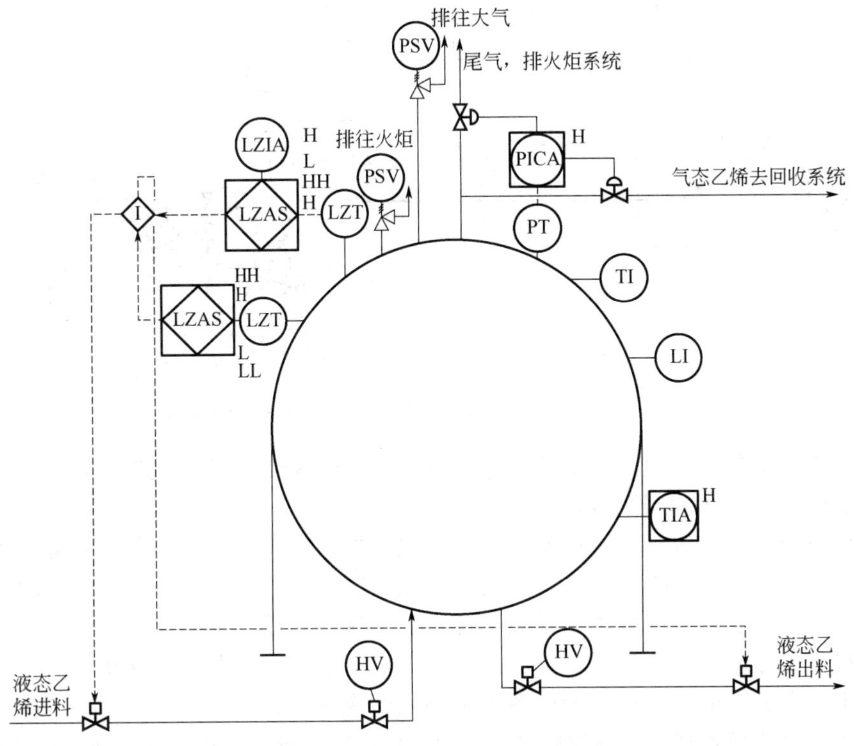

图 3-61　乙烯储罐的工艺及安全控制方案

球罐设现场液位计及控制室液位显示，液位高、低报警及联锁。液位太高，高到罐内液体容积占总容积的 90%时，联锁关进料阀；液位太低，低至以正常的出料速度，10～15min

即可将罐内乙烯抽光时，关出料阀。

设压力控制，现场及控制室压力指示，设压力高报警。通过调节通往回收系统的管道阀门控制压力在 1.68MPa 左右。当某种原因导致罐内压力升高，高至 1.85MPa 时报警，同时打开排往火炬管道的调节阀控制罐内压力，如果压力继续升高则由安全阀保护。

设现场及控制室温度指示及温度高报警，温度高于－32℃时温度报警。

设 2 级超压保护安全阀，达到安全阀 1 的启动压力 2.05MPa 时，安全阀 1 打开，气体排往火炬系统。如果压力继续升高，达到安全阀 2 的启动压力 2.1MPa 时，则安全阀 2 也打开，气体直接排往大气。液体进料及出料管道上均设遥控切断阀，方便发生事故时远程切断。

工艺系统和联锁系统独立检测液位。

环氧乙烷在空气中的爆炸极限为（体积分数）3%～100%，属于甲 $_A$ 类火灾危险性物料。环氧乙烷的常压沸点为 10.4℃，常采用低压低温的方式储存。某环氧乙烷储罐，罐内设冷管，用－15℃左右的乙二醇水溶液移热并控制介质的温度，设低压氮封系统，并控制储罐的压力。储罐工作温度为 0℃，压力为 0.1MPa（表压）。储罐的工艺及安全控制方案如图 3-62 所示。

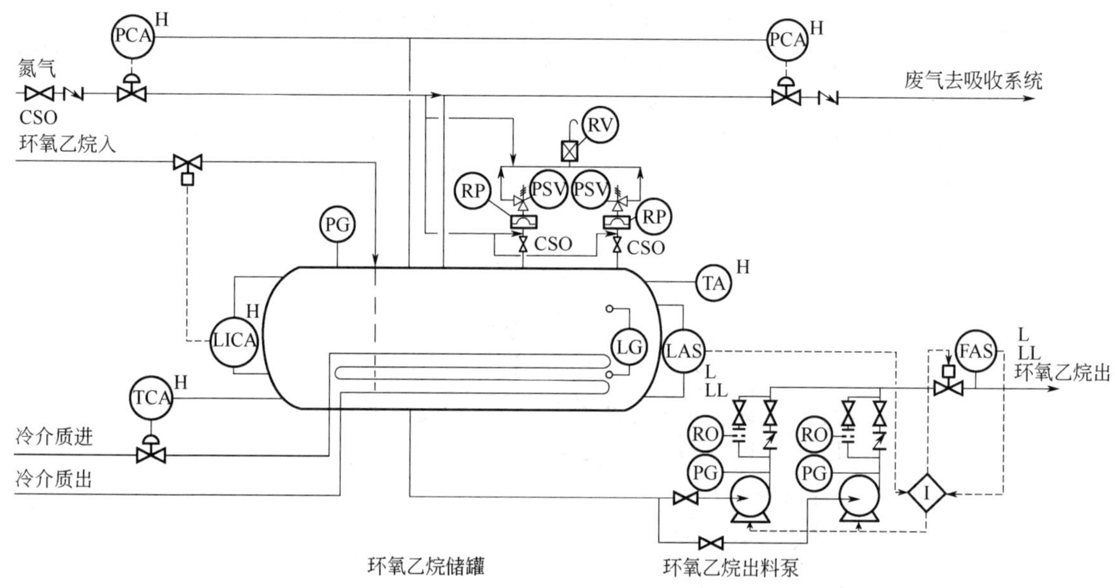

图 3-62　环氧乙烷低温储罐的工艺及安全控制方案

设液位指示报警及联锁，高液位，高于罐内高度的 85%时切断进料阀，低液位，低于罐内高度的 20%时，关闭出料泵及出料阀。

通过调节冷介质的流量控制储罐的温度，温度控制在 0℃左右，设温度高报警。

通过调节氮气进入和排出管道上阀门的开度控制储罐的压力，并设压力高报警。排放气中含有少量的环氧乙烷，去吸收系统吸收掉环氧乙烷后再放空。

设出料流量低报警、低低联锁。防止流量太低，泵空转、发热引发事故。出料泵有备用系统，由于输送的是低温物料，所以备用泵要处于冷备用状态。

为防止环氧乙烷异常气化导致储罐超压而损坏，罐上设安全阀。针对环氧乙烷容易自聚，可能会影响安全阀正常动作的特点，设双套安全阀，相互备用，并在安全阀的前面设置爆破片。同时在爆破片的前面及安全阀的后面设氮气吹扫，防止由于环氧乙烷的自聚而影响其顺利泄放。

安全阀排放的环氧乙烷气体有可能处于爆炸极限范围之内，因此不宜直接连到火炬系统，而通过独立设置的带放空阻火器的管道高空排放至大气。

参考文献

[1] 中国石油化工股份有限公司青岛安全工程研究院．HAZOP 分析指南．北京：中国石化出版社，2008.
[2] 廖学品．化工过程危险性分析．北京：化学工业出版社，2000.
[3] 罗莉．HAZOP 在石油化工设计中的应用．石油化工设计，2006，23（4）：15-18.
[4] 国家安全生产监督管理局．危险化学品安全评价．北京：中国石化出版社，2003.
[5] 赵文芳，姜春明，姜巍巍，等．HAZOP 分析核心技术．安全、健康和环境，2005，5（3）：1-3.
[6] QSY 1364—2011 危险与可操作性分析指南.
[7] AQ/T 3049—2013 危险与可操作性分析（HAZOP 分析）应用导则.
[8] 马莉，韩文辉，王朝晖．HAZOP 研究在柴油加氢精制装置的应用．石油化工安全环保技术，2010，26（3）：41-44，51.
[9] 赵庆贤，邵辉，葛秀坤，等．基于 HAZOP 方法的加氢工艺自动化安全控制．中国安全生产科学技术，2010，6（6）：169-172.
[10] AQ/T 3054—2015 保护层分析（LOPA）方法应用导则.
[11] GB/T 32857—2016 保护层分析（LOPA）应用指南.
[12] 刘昌华．保护层分析（LOPA）中的独立保护层探讨．安全、健康和环境，2011，11（11）：42-45.
[13] 美国化工过程安全中心（Center for Chemical Process Safety）．保护层分析——简化的过程风险评估．白永忠，党文义，于安峰，译．北京：中国石化出版社，2010.
[14] 朱春丽，陈迪，何骁勇．LOPA 方法在安全仪表系统 SIL 分析中的应用．仪器仪表装置，2014（5）：14-16，30.
[15] 王骥程，祝和云．化工过程控制工程．2 版．北京：化学工业出版社，1991.
[16] 厉玉鸣，王建林．化工仪表及自动化．4 版．北京：化学工业出版社，2006.
[17] 孟繁荣．石油化工装置过程控制设计手册．北京：中国石化出版社，1995.
[18] 乐建波．化工仪表及自动化．3 版．北京：化学工业出版社，2009.
[19] SY/T 6069—2020 油气管道仪表及自动化系统运行技术规范.
[20] GB/T 50770—2013 石油化工安全仪表系统设计规范.
[21] 张悦宗．化工装置中紧急停车系统的应用．石油化工自动化，2011，47（4）：76-79.
[22] 赵培江．加氢裂化装置的安全设计要求．炼油设计，2002，32（11）：58-61.
[23] 中国石化集团上海工程有限公司．化工工艺设计手册．4 版．北京：化学工业出版社，2009.
[24] 王子宗．石油化工设计手册（修订版）：第 1-4 卷．北京：化学工业出版社，2015.
[25] HG/T 20570—1995 工艺系统工程设计技术规定.
[26] 刘清娟，李恩钦，冯戈．限流孔板在化工装置的应用．化工设计，2009，19（3）：34-36.
[27] 陈泱．浅谈限流孔板对管路系统超压保护的工艺运用．医药工程设计，2010，31（5）：10-12.
[28] GB/T 14382—2008 管道用三通过滤器.
[29] SH/T 3425—2011 石油化工钢制管道用盲板.
[30] GB 50316—2000（2008 年版）工业金属管道设计规范.
[31] HG/T 21547—2016 管道用钢制插板、垫环、8 字盲板系列.
[32] GB 5908—2005 石油储罐阻火器.
[33] GB/T 13347—2010 石油气体管道阻火器.
[34] 孙琳玮，张宁夏．工艺设计过程中阻火器的设置．化工设计，2004，14（3）：21-23.
[35] SY/T 0511.1—2010．石油储罐附件 第 1 部分：呼吸阀.
[36] 强爱红．常低压储罐安全设施设计．化工设计通讯，2016，42（10）：57-58.
[37] 伊建华．常压、低压储罐压力泄放设施设定压力及呼吸量精确计算．化工设计，2018，28（6）：35-37.
[38] GB/T 38599—2020 安全阀与爆破片安全装置的组合.
[39] GB 150—2011 压力容器.
[40] TSG D0001—2009 压力管道安全技术监察规程-工业管道.
[41] 宋卫臣．安全阀类型和规格的选用．化工设备与管道，2017，54（1）：82-86.
[42] 张德姜，王怀义，刘绍叶．石油化工装置工艺管道安装设计手册．4 版．北京：中国石化出版社，2009.
[43] 呼日查．安全阀与爆破片的组合应用．石油和化工设备，2013，16（7）：64-65.
[44] SH/T 3101—2017 石油化工流程图图例.

[45] HG/T 20519—2009 化工工艺设计施工图内容和深度统一规定.
[46] SHSG 053—2011 石油化工装置详细工程设计内容规定.
[47] HG/T 20505—2014 过程测量与控制仪表的功能标志及图形符号.
[48] 陈树辉，蔡尔辅．化工厂系统设计．3 版．北京：化学工业出版社，2016.
[49] 孙来宝，邓瑗卿．安全联锁设计时高压进料泵的保护．化工自动化及仪表，2005，32（4）：79-80.
[50] TSG 11—2020 锅炉安全技术规程.
[51] 徐雅兰．锅炉汽包三冲量 DCS 控制系统的设计．化工自动化及仪表，2015，42（7）：823-824，831.
[52] 周宇龙．燃气锅炉主蒸汽温度自动控制系统的设计与应用．冶金自动化，2019，43（2）：73-76.

思考题

1．HAZOP 分析的目的是什么？在化工装置建设的什么阶段进行？分析的结果如何体现？

2．什么是独立保护层？其需要时失效概率如何获得？列举重要的独立保护层。

3．试综合分析基本过程控制和安全联锁控制的异同点。

4．紧急停车系统设计的原则是什么？紧急停车系统独立设置的原因是什么？

5．化工设备及管道常选用的安全泄放装置有哪些？选择的原则是什么？

6．试列举化工生产中常设的安全附件，其功能、一般的适用场合及主要的性能参数。

7．化工管道直径常选择什么方法确定？流体流速确定时要考虑哪些方面的因素？

8．精馏塔的操作压力如何确定？精馏塔的塔压一般如何控制？

9．汽包的主要工艺参数有哪些？针对这些参数常选择怎样的工艺控制方案？汽包需重点关注的越限参数有哪些？通常会针对什么参数的越限进行联锁停车？

10．用于给原料气预热的加热炉，其主要的工艺参数有哪些？针对这些参数选择怎样的工艺控制方案？加热炉需重点关注的越限参数有哪些？

11．加氢反应过程的主要工艺参数有哪些？针对这些参数常选择怎样的工艺控制方案？加氢反应过程需重点关注的越限参数有哪些？通常会针对什么参数的越限进行联锁停车？

12．安全水封的作用有哪些？通常适用于什么操作工况的装置？

13．管道及仪表图中设备位号、仪表位号、特殊管道附件的位号及管道组合号分别包含有哪些信息？

14．试分析离心泵常设的安全附件。

15．试分析离心式压缩机常设的安全越限参数。什么是离心式压缩机的喘振？如何控制喘振的发生？

第 4 章

合成氨工艺及安全

4.1 概述

氨是氮肥生产的主要原料，氮肥在化学肥料中占比为 80%左右。氨是重要的基础化工产品之一，也是大宗化学品，2021 年我国的合成氨产量为 5909 万吨。氨是生产含氮化合物，包括铵、胺、硝酸盐、硝基化合物等的主要原料，这类物质可进一步生产含氮的染料、炸药、合成纤维、合成树脂等。合成氨生产是总生产规模最大的化工产品生产过程之一，合成氨生产是能量消耗大户，合成氨工艺是我国安监局重点监管的危险化工工艺之一。

4.1.1 氨的性质、用途

4.1.1.1 氨的性质

（1）氨的物理性质

氨在标准状态下是无色气体，溶于水、乙醇、乙醚，是一种优良的溶剂。其主要的物理性质见表 4-1。

表 4-1 氨的主要物理性质

参数	数值	参数	数值
气体密度（0℃，0.1MPa）/（g/L）	0.7714	沸点（0.1MPa）/℃	−33.35
液体密度（−33.4℃，0.1MPa）/（g/cm^3）	0.6818	冰点/℃	−77.70
水中溶解度（20℃，0.1MPa）/（kg/kg）	0.325	蒸发热（−33.4℃）/（kJ/kg）	1368.02

（2）氨的化学性质

① 氨具有弱碱性，能和酸反应生成铵盐。

$$NH_3+HCl \xlongequal{} NH_4Cl \tag{4-1}$$

$$2NH_3+H_2SO_4 \xlongequal{} (NH_4)_2SO_4 \tag{4-2}$$

② 有水存在的情况下氨能和很多金属离子反应生成络合物。

$$Ag^++2NH_3 \xlongequal{} [Ag(NH_3)_2]^+ \tag{4-3}$$

$$Cu^{2+}+4NH_3 \xlongequal{} [Cu(NH_3)_4]^{2+} \tag{4-4}$$

液氨或干燥的氨气对大部分物质不腐蚀，但有水存在时，氨对铜、银、锌等金属有腐蚀作用。

③ 氨能和水反应。

$$NH_3+H_2O \rightleftharpoons NH_3\cdot H_2O \tag{4-5}$$

④ 氨具有还原性。

$$4NH_3+3O_2 = 2N_2+6H_2O \quad (4\text{-}6)$$

$$4NH_3+5O_2 = 4NO+6H_2O \quad (4\text{-}7)$$

$$2NH_3+3CuO = 3Cu+3H_2O+N_2 \quad (4\text{-}8)$$

4.1.1.2 氨的用途

氮素是重要的生命元素，是蛋白质的主要组成部分，按质量计约占蛋白质的六分之一。氮是自然界分布较广的元素之一，空气中氮的体积分数在79%左右，但空气中的氮素呈游离状态存在，不能被植物吸收。植物只能吸收化合物中的氮。将空气中游离的氮转化为含氮化合物的过程在工业上称为固定氮。以氢和氮为原料合成氨是目前世界上普遍采用，也是最重要的一种固氮技术。以氨为原料可以生产各种含氮肥料，如尿素、硝酸铵、磷酸铵、硫酸铵、氯化铵等，液氨也可以直接作为肥料施用。氮肥的施用量在肥料中占首位。

氨也是一种重要的化工原料，以氨为原料生产硝酸，进而生产硝酸铵、硝化甘油、三硝基甲苯等炸药，以氨、硝酸及尿素为原料生产己内酰胺、尼龙6单体、己二胺、丙烯腈、酚醛树脂等高分子材料。氨可用于生产磺胺类药物和氨基酸。氨还用来生产其他许多无机和有机化工产品，例如氰化物、酰胺、氨的络合物、亚硝酸盐和染料中间体等。几乎所有的含氮化学品都是直接或间接地以氨为原料生产的。

氨的蒸发热大，液化温度适宜，密度小，性能稳定，可用作制冰、空调、冷藏等的制冷剂。

4.1.2 合成氨生产原料及工艺流程

目前，在工业上，氨主要是以氮和氢为原料，在催化剂作用下，气固相催化反应合成得到。氨合成的原料包括氮和氢，氮来自空气，氢来自水和（或）碳氢化合物，碳氢化合物包括天然气、重油及煤，对应的合成氨工厂常被称作气头、油头和煤头的氨厂。天然气、重油及煤中的含氢量逐渐降低，对应作为原料生产合成氨的能耗逐渐升高。不管哪种原料，合成氨生产都包括：①粗原料气的制取，以含碳原料、蒸汽及空气或氧气为原料制得以CO和H_2为主要成分的合成气，并可能补入氮气。②合成气的变换，将CO与水蒸气反应转化为H_2，脱除CO的同时进一步制得氢气。③原料的净化，包括：脱除含硫物质，主要是硫化氢；粗脱CO_2；精脱CO和CO_2及含硫物质。④氨的合成。原料不同，粗原料气的制取过程不同，原料不同，其中的硫含量和碳含量也不同，脱除的方法不同，因此演化出许多的工艺流程。

4.1.2.1 气头合成氨工艺流程

气头合成氨工艺即以天然气或轻油为原料制合成气，经制气、净化进而制合成氨的过程。天然气为原料制合成气有天然气蒸汽转化法、天然气无催化剂部分氧化法、天然气有催化剂部分氧化法等等，其中天然气蒸汽转化法最为成熟。

天然气蒸汽转化工艺较为成熟，市场占有率也较高，目前应用较多的专利技术包括：美国的凯罗格（Kellogg）公司、英国帝国化学（ICI）公司、德国伍德（Uhde）公司、丹麦托普索（TopsΦe）公司及德国布朗（Braun）公司开发的天然气及轻油蒸汽转化工艺。天然气或轻油作为制合成气的原料，其特点是原料中硫含量较低，而且含硫物质与原料天然气的分离度较高，所以脱硫安排在制气之前完成，这样对天然气蒸汽转化的催化剂也有保护作用。天然气或轻油作为制氢的原料，含碳量也较低，过程的脱碳负荷较小。典型的天然气蒸汽转化制合成氨流程如图4-1所示。

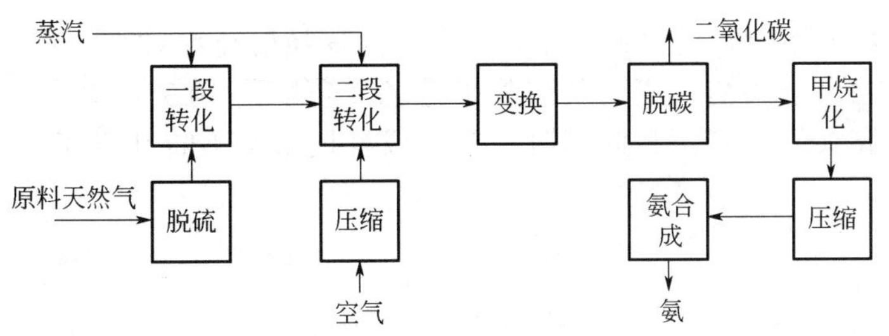

图 4-1　Kellogg 气头合成氨工艺流程

4.1.2.2　油头合成氨工艺流程

油头合成氨工艺即以炼油厂渣油为原料，经部分氧化制取合成气，而后经变换、脱硫、脱碳、氨合成工艺制得氨产品的过程。典型的专利技术包括荷兰壳牌（Shell）和美国德士古（Texaco）开发的工艺。重油中硫含量较高，且含硫物质成分复杂，制气在无催化剂的情况下进行，所以不适宜直接对原料脱硫。粗原料气的制取在较高的温度和压力下进行，而重油中含有的少量过渡金属物质对氨合成有催化作用，如果在制气时发生氨合成反应，生成的氨不仅会腐蚀设备，还对随后的变换、脱碳等过程带来不利影响，所以，重油为原料制合成气时选用纯氧作氧化剂。重油为原料制得合成气中的碳含量及硫含量均较高，脱碳、脱硫负荷较大，对应的粗脱碳及脱硫通常采用低温甲醇洗的方法。典型的重油为原料制合成氨的工艺流程如图 4-2 所示。

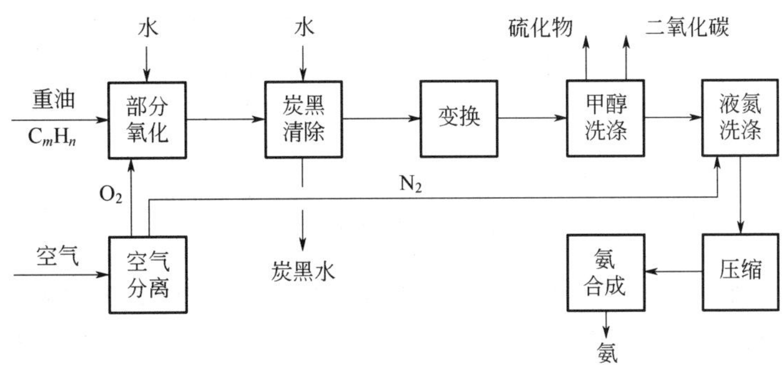

图 4-2　以重油为原料制合成氨的工艺流程

4.1.2.3　煤头合成氨工艺流程

煤为原料制合成气，工艺更加多样化，可以是粉煤气化，可以是水煤浆气化，也可以是块煤气化。典型的专利技术有美国道化学（Dow）公司和德士古（Texaco）公司开发的 Destec 水煤浆气化工艺，壳牌和德国普伦弗洛（Prenflo）公司的粉煤气化工艺，鲁奇（Lurgi）公司的固定床气化工艺，美国联合气体改进公司（UGI）开发的常压固定床气化工艺，等。与重油相比，煤的成分更加复杂，含硫量更高，脱硫在制气之后的某一块进行。图 4-3 为德士古水煤浆气化及相应的制合成氨工艺，图 4-4 为 UGI 制合成氨工艺。

我国在新中国成立前只有两套以煤为原料的合成氨生产装置，1958 年建立了大量的合成氨生产装置，但规模都较小，分省级和县级，前者规模为 5 万吨左右，后者只有几千吨至上万吨。当时的技术基本上是以煤为原料的 UGI 工艺。UGI 以无烟煤和焦炭为原料，采用间歇式固定床常压制合成气，常压脱硫，中压变换和脱碳，高压合成氨。最早的小、中型化肥厂直接生产碳酸氢铵，现在都改生产尿素。另外过去的变换反应转化率较低，变换气中 CO 的浓度较高，精脱 CO 及 CO_2 采用铜洗工艺，现在的变换转化率较高，精脱 CO 和 CO_2 多采用甲烷化工艺。七十年代初，我国从国外引进了多套年产 30 万吨合成氨的大型装置，包括气头、油头和煤头的工艺。与此同时，小合成氨技术也不断升级改造，规模不断增大，能耗大幅下降。

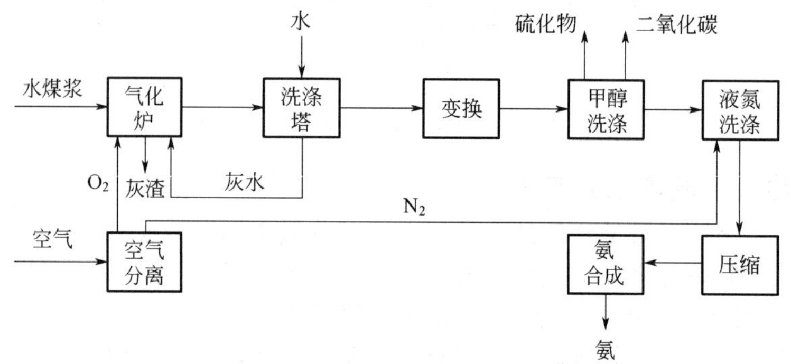

图 4-3　德士古水煤浆气化制合成氨的工艺流程

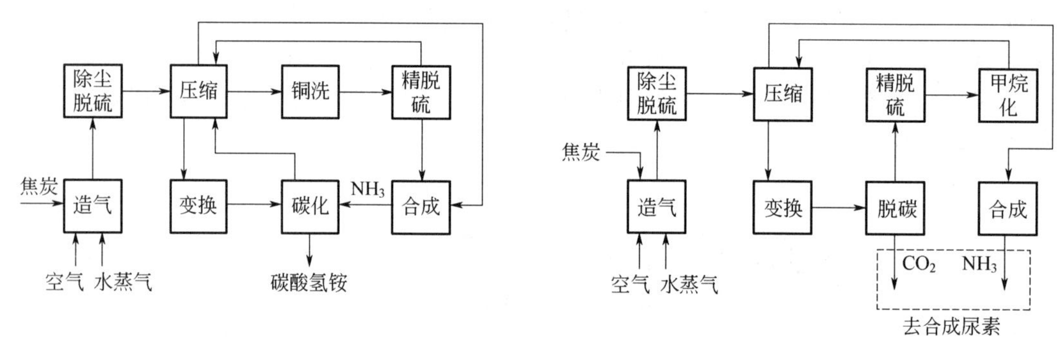

图 4-4　UGI 合成氨工艺流程

以天然气为原料生产合成氨能耗最低，且环保压力较低，但我国的天然气储量不丰富，而近年来为了解决大气污染问题，天然气大量被用作大中城市及中部地区的民用燃料资源。无烟煤为优质燃料及化工原料，国家也不建议将其更多地用于合成氨的生产。2016 年之后，我国不再建以天然气和无烟煤为原料的合成氨装置，以非无烟煤为原料的合成氨比重大幅提高。国家还鼓励用炼焦副产的焦炉煤气生产合成氨。

无论什么原料，采用何种流程，合成氨生产都可以归纳为以下几个过程：粗原料气的制取、一氧化碳的变换、粗原料气的净化、氨的合成。后面按照这 4 块内容分别介绍。

4.2　合成氨粗原料气的制取及过程控制

粗原料气的制取是以天然气、油、煤等为原料，制得以 CO 和 H_2 为主要成分的合成气。原料不同，制气过程差别较大，分别讲述。

4.2.1　气态烃蒸汽转化制合成气

气态烃蒸汽转化包括天然气蒸汽转化和轻烃蒸汽转化，轻烃在反应体系中可以转化为甲烷，所以轻烃蒸汽转化工艺和甲烷蒸汽转化工艺类似。

$$C_nH_{2n+2}+\frac{n-1}{2}H_2O \longrightarrow \frac{3n+1}{4}CH_4+\frac{n-1}{4}CO_2 \tag{4-9}$$

本工序的主要任务是完成天然气蒸汽转化，得到大量的氢气和一氧化碳，并将其中的主要转化原料甲烷的含量降到要求的值，通常是干基摩尔分数低于 0.5%。天然气的主要成分为甲烷，表 4-2 给出几个天然气矿源的组成。

表 4-2　大型氨厂用天然气组成

组分	CH_4	C_2H_6	C_3H_8	C_4H_{10}	C_5H_{12}	CO	CO_2	N_2	H_2	总硫
	摩尔分数/%									mg/m^3
矿源 1	83.20	5.8	5.9	0.60	0.2	—	—	1.0	—	30
矿源 2	90.78	3.27	1.46	0.93	0.78	—	0.5	1.3	0.28	50
矿源 3	90.01	0.8	0.2	0.05	—	0.02	0.4	5.5	0.02	50

4.2.1.1　甲烷蒸汽转化反应原理

（1）化学反应及独立反应数

甲烷蒸汽转化，系统存在的主要物质有 CH_4、CO、CO_2、H_2、H_2O 及少量单质 C，系统中同时发生多个反应。

$$CH_4+H_2O \rightleftharpoons 3H_2+CO \tag{4-10}$$

$$CH_4+2H_2O = CO_2+4H_2 \tag{4-11}$$

$$CO+H_2O = CO_2+H_2 \tag{4-12}$$

$$CH_4 = C+2H_2 \tag{4-13}$$

$$C+CO_2 = 2CO \tag{4-14}$$

上述体系中有 6 种物质，3 种元素，独立反应数为 3。一般而言，炭量较少，在不考虑单质 C 的情况下，少一个物质，独立反应为 2 个。

（2）甲烷蒸汽转化反应的热力学特点

甲烷蒸汽转化的主反应式（4-10）的标准反应热为 206.29kJ/mol，是体积增大的可逆吸热反应。温度升高、压力降低、H_2O/C（水碳比，水蒸气与甲烷中碳的摩尔比）增大有利于甲烷平衡转化率的提高。可以借助式（4-10）、式（4-12）2 个独立反应，计算出一定条件下体系中甲烷的平衡组成，如表 4-3 所示。

表 4-3　不同条件下 CH_4 的平衡组成

H_2O/C	压力/MPa	温度/℃	CH_4 平衡组成（干基摩尔分数）/%
3.6	3.433	800	9.52
3.8	3.199	950	1.07

可见，受平衡的限制，在 H_2O/C 为 3.8，压力为 3.199MPa，温度为 950℃的情况下，CH_4 的平衡干基摩尔分数为 1.07%。实际生产过程的操作点距离平衡点还需有一定的距离，以保证反应速率，所以上述条件下操作时，CH_4 的含量会更高。这样的 CH_4 含量作为氨合成用原料气是不符合要求的。为了满足要求，必须提高最终的反应温度。

甲烷蒸汽转化反应是在催化剂的作用下进行的，为了保护大量的催化剂及反应设备，也为了降低投资，甲烷蒸汽转化过程通常设置两段转化反应器来完成转化反应。一段转化炉在相对低一点的温度下进行，不超过 900℃，完成大量的甲烷转化任务，二段转化炉在 1000℃以上进行，以满足甲烷的最终转化率或 CH_4 最终含量的要求。一段转化炉中反应所需的热量通过炉外燃烧天然气供给，而二段转化炉升温及反应所需的热量则通过直接引入空气，发生燃烧反应提供，作为合成氨的原料气，空气中带入的氮气正好用作后期的氨合成。

（3）二段转化炉中的反应

二段转化炉中，因为加入了空气，所以还会发生燃烧反应，CH_4、CO、H_2 都会燃烧，氢气的燃烧速度较快，通常主要考虑 H_2 的燃烧反应。

$$H_2+\frac{1}{2}O_2 = H_2O \tag{4-15}$$

（4）催化剂及动力学

甲烷蒸汽转化反应需要在催化剂的作用下进行。研究表明，元素周期表第VIII族元素对甲烷的蒸汽转化反应均有催化作用，其中镍的性能最好。目前开发成功，唯一使用的催化剂体系就是镍系催化剂。活性组分为镍，载体为耐热性能较好的钙铝、锆铝、镁铝等复合氧化物或 α-Al_2O_3。一段转化炉和二段转化炉的催化剂成分不同，一般而言，前者镍含量较高，后者镍含量相对较低，前者的活性更高，后者的耐热温度更高。国际上包括英国 ICI、德国巴斯夫（BASF）、丹麦 TopsΦe 等公司都生产烃类蒸汽转化催化剂。

我国四川天一科技化工股份有限公司生产的 CN 系列和 Z 系列甲烷蒸汽转化用催化剂和山东齐鲁科力化工研究院有限公司生产的 Z 系列和 KLZ 系列催化剂在工业生产中都得到普遍的应用。

四川大学的夏代宽等研究了 CN-18 型一段转化炉用催化剂的动力学，选式（4-10）、式（4-11）2 个反应为独立反应，在压力为 3.0 MPa，水碳比为 2.5～3.0，温度为 700～750℃的范围内得出宏观动力学方程。

$$r_{CO}=6.13\times10^6\exp\left(-\frac{951850}{RT}\right)p_{CH_4}(1-\beta_{CO}) \tag{4-16}$$

$$r_{CO_2}=5.09\times10^6\exp\left(-\frac{470410}{RT}\right)p_{CH_4}^{0.8}p_{H_2}^{-1.2}p_{H_2O}^{0.8}(1-\beta_{CO_2}) \tag{4-17}$$

式中，r_{CO}、r_{CO_2} 分别为 CO、CO_2 的生成速率，mol/(g_{cat}·h)；$\beta_{CO}=\dfrac{p_{CO}p_{H_2}^3}{p_{CH_4}p_{H_2O}K_{p,CO}}$，$\beta_{CO_2}=\dfrac{p_{CO_2}p_{H_2}^4}{p_{CH_4}p_{H_2O}^2K_{p,CO_2}}$；$p_{CH_4}$、$p_{H_2}$、$p_{H_2O}$、$p_{CO}$、$p_{CO_2}$ 分别为 CH_4、H_2、H_2O、CO、CO_2 的分压，MPa；$K_{p,CO}$、K_{p,CO_2} 分别为反应式（4-10）、式（4-11）的平衡常数。

可见，甲烷的分压对甲烷的消耗速率影响较大。镍系催化剂上甲烷蒸汽转化反应的活化能较大，说明温度对反应速率的影响很大。

4.2.1.2 甲烷蒸汽转化工艺流程及工艺条件

（1）工艺流程

图 4-5 给出日产 1000t 合成氨的凯洛格两段转化流程。

（2）流程说明

① 原料脱硫。原料天然气中会含有少量的有机硫和无机硫，通常是每立方米几十毫克（标准状况），如果不除去，将使蒸汽转化催化剂失活，所以在原料天然气进入系统前要脱硫。

天然气中的硫含量较少，一般的方法是先在钴钼催化剂上，借助反应式（4-18）、式（4-19）等，使有机硫加氢转化为无机硫，即 H_2S。然后再用 ZnO 化学吸附的方法脱除 H_2S 及少量残余的有机硫，发生的反应为式（4-20）、式（4-21）等。有机硫转化所用氢源可以是氨合成工序的原料气，即 H_2 和 N_2 的混合气。

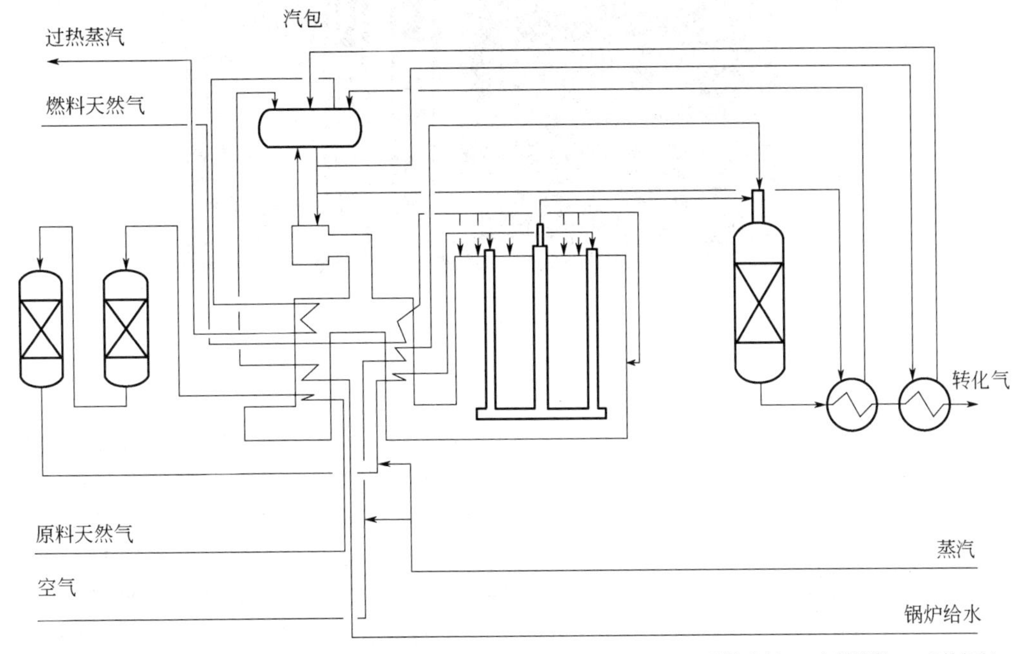

图 4-5　凯洛格天然气蒸汽转化工艺流程图

有机硫转化

$$COS+H_2 = H_2S+CO \tag{4-18}$$

$$CH_3SH+H_2 = H_2S+CH_4 \tag{4-19}$$

ZnO 脱硫

$$ZnO+H_2S = ZnS+H_2O \tag{4-20}$$

$$ZnO+C_2H_5SH = ZnS+C_2H_4+H_2O \tag{4-21}$$

② 一段转化炉和二段转化炉。甲烷蒸汽转化为可逆的强吸热反应，所需温度较高，热量消耗亦较高，一段转化炉采用外部天然气燃烧供热，反应物料在安置于炉膛中的装填有催化剂的列管式反应器中发生反应。

一段转化炉在整个合成氨生产装置中的投资占比很大。一段转化炉按烧嘴安置方式分为顶烧式、侧烧式、梯台式和底烧式。图 4-6 为 Kellogg 公司的顶烧式一段转化炉及附属设施。

二段转化炉为一自热式固定床反应器，原料为来自一段炉的转化气和补入的空气，空气中的氧气燃烧转化气，主要燃烧其中的氢气，放出热量，使二段炉升温，并继续发生转化反应。典型的二段炉示意图见图 4-7。

二段转化炉的作用包括：①燃烧转化气中的部分转化气，提供甲烷进一步转化的热量；②将一段转化气中的甲烷进一步转化，达到合成氨原料气对甲烷含量的要求；③提供氨合成所需要的氮气。

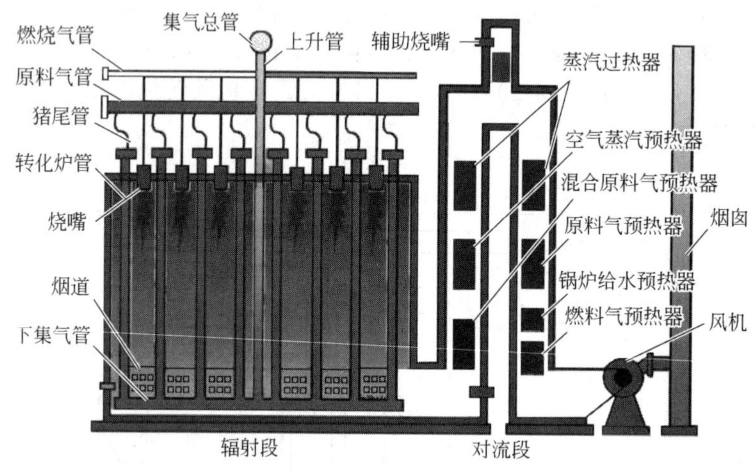

图 4-6　Kellogg 公司的顶烧式一段转化炉及附属设施

（3）工艺条件

甲烷蒸汽转化过程，主要的工艺质量指标是出系统的 CH_4 含量，传统的工艺要求 CH_4 的干基摩尔分数低于 0.5%。另外，作为氨合成的原料气，如果后续没有设置可调整氢氮比的工艺，则此处要求出系统的（$CO+H_2$）/N_2（摩尔比）接近 3∶1。通过综合控制反应的压力、一段炉的温度、水碳比、空气的加入量、二段炉的温度等来实现。

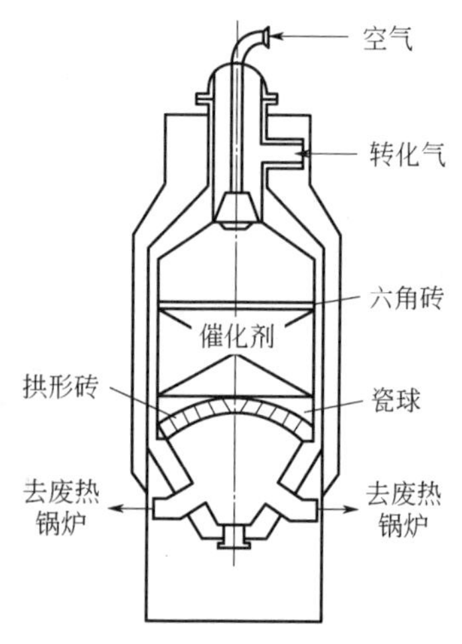

图 4-7　甲烷蒸汽转化二段炉结构示意图

① 系统的操作压力。甲烷蒸汽转化为体积增大的反应，从平衡的角度考虑，高压是不利的，但压力升高，甲烷的分压增大，有利于提高甲烷蒸汽转化反应的速率，即压力升高，热力学不利，动力学有利；压力升高，反应器传热速率提高；压力升高，反应器的体积可缩小。

压力是一个全局性的参量，其值的确定要针对全流程考虑。作为氨合成的原料气，在进入氨合成反应工序之前，压力要升到 10MPa 以上，过程中要消耗压缩功。在原料气制备和净化的哪一个过程升压，升到多少，总的压缩功是不同的。表 4-4 为天然气为原料，合成氨生产过程中转化的压力水平与总压缩功的粗略关系。由于甲烷蒸汽转化反应为体积增大的反应，压缩原料动力消耗小于压缩产物的动力消耗，即总体省能。综合考虑，甲烷蒸汽转化的压力一般选择在 3.0～4.0MPa 之间。

表 4-4　天然气为原料生产合成氨时转化反应的压力水平与总压缩功的关系

工况		天然气压缩机		空气压缩机		转化		净化		合成气压缩机		总压缩功/kW
		入口	出口	入口	出口	入口	出口	入口	出口	入口	出口	
1	压力/MPa	0.01	0.392	0	0.392	0.392	0.196	0.196	0.166	0.166	15.2	31780
	压缩功/kW	2010		3160						26610		

续表

工况		天然气压缩机		空气压缩机		转化		净化		合成气压缩机		总压缩功/kW
		入口	出口	入口	出口	入口	出口	入口	出口	入口	出口	
2	压力/MPa	0.01	0.88	0	0.88	0.88	0.68	0.68	0.61	0.61	15.2	27960
	压缩功/kW	3120		4790						20050		
3	压力/MPa	0.01	3.37	0	3.37	3.37	3.17	3.17	2.84	2.84	15.2	22410
	压缩功/kW	4920		7110						10380		

注：所有的压力为表压。

② 水碳比。水碳比增大，有利于甲烷蒸汽转化反应式（4-10）、式（4-11）向右移动，在其他条件不变的情况下可使出口甲烷的含量下降。同时增加水碳比，因发生反应 $H_2O+C{=\!=\!=}CO+H_2$，而有利于减少炉管内的析碳。但水碳比增大，能耗增加，甲烷的分压下降，反应速率降低；水碳比太大还容易使催化剂钝化，活性下降。所以要选择适宜的水碳比，一般选 2.5～3.5 之间。

③ 一段转化炉的温度。甲烷蒸汽转化为可逆的强吸热反应，温度升高有利于平衡向右移动，同时，温度升高有利于反应速率的提高，即温度升高热力学、动力学都有利。但操作温度升高，催化剂和反应器的使用寿命会缩短。受催化剂的耐热温度及反应器材料的制约，操作温度不宜太高，另外，一段转化炉的操作温度越高，排出的烟气温度越高，能量损失越大。

甲烷蒸汽转化反应在两个串联的反应器中完成，温度的选择涉及甲烷转化率在两段转化炉中的分配问题。一段转化炉的温度越高，在其他条件一定的情况下，一段转化炉出口甲烷的转化率越高，二段转化炉的负荷就越小，反之亦然。传统的转化工艺，当压力为 3.0MPa 以上，控制一段转化炉出口甲烷摩尔分数为 9.5%左右的情况下，水碳比为 3.5 时，一段转化炉出口温度为 810℃左右，水碳比为 2.5 时，则一段转化炉出口温度要增加到 850～860℃。

④ 二段转化炉的温度。二段转化炉出口的 CH_4 含量对温度比较敏感，从表 4-3 可见，一般的压力和水碳比下，要保证出口甲烷的干基摩尔分数低于 0.5%，对应的操作温度必须在 1000℃以上。考虑到二段转化炉的炉体及催化剂的寿命，二段转化炉的出口温度通常控制在 1000℃左右，进口处由于氢气和空气的燃烧，温度会达到 1200～1250℃。

4.2.1.3 甲烷蒸汽转化的工艺控制及安全控制

（1）工艺控制

原料天然气的压力由天然气压缩机系统控制，空气的压力由空气压缩机系统控制，蒸汽的压力由蒸汽管网系统控制。进到转化反应系统后这些压力一般不再控制，只有指示和（或）记录。

为了保证甲烷的转化率，设一段转化炉入口天然气的流量控制、水蒸气流量和（或）水碳比的控制；一段转化炉出口转化气的温度控制；二段转化炉入口空气流量的控制；监测出口物料，特别是二段转化炉出口物料中甲烷的含量，监测二段转化炉的温度；监测物料流经一段转化炉和二段转化炉的压差，压差反映了流体经过反应器的阻力降。

一段转化炉出口的温度主要通过调节一段转化炉燃料气的流量实现。二段转化炉的温度与空气的加入量和二段转化炉的负荷有关，空气的加入量还影响（$CO+H_2$）/N_2。当受（$CO+H_2$）/N_2 影响，二段转化炉的温度太高或太低时，可适当升高或降低一段转化炉的负荷，进而降低或升高二段转化炉的负荷，并可适当调整二段转化炉蒸汽的补入量，使二段转化炉的温度维持在一定的范围内，出口的甲烷含量满足要求。

为了保证一段转化炉平稳安全运行，还需要控制炉膛负压、烟气的氧含量、汽包的液位、燃料气的流量（或压力）等。炉膛负压通过调节引风机转速来控制，汽包液位通过三冲量控制，空气过剩指数可以通过调节炉膛鼓风机转速实现。

（2）安全控制

甲烷蒸汽转化在高温下运行，压力也在 3.0MPa 以上，物料易燃易爆，危险性较高。针对高偏差参数可能引发事故的情况，需要给出安全控制方案。要识别出引发事故的危险偏差参数，较为系统的方法是进行 HAZOP 分析，如表 4-5 所示为对一段转化炉原料水蒸气流量所作的 HAZOP 分析。

表 4-5　一段转化炉原料水蒸气流量的 HAZOP 分析

参数	引导词	原因	后果	对策措施
水蒸气流量	MORE	流量控制仪表故障	1. 甲烷分压降低，反应速率降低； 2. 物料经过反应器阻力降增大； 3. 能耗增大	1. 设水蒸气流量高报警； 2. 定期检查维护流量控制仪表系统
	LESS	1. 流量控制仪表故障； 2. 水蒸气输送系统故障； 3. 蒸汽发生或管网系统故障	1. 反应炉管内析炭量增大； 2. 水碳比降低，出口甲烷含量超标	1. 定期检查维护流量控制仪表系统； 2. 设水蒸气流量低报警、低低报警、低低联锁； 3. 设一段转化炉出口甲烷含量高报警； 4. 设水碳比低报警、低低报警、低低联锁

由表 4-5 的分析结果可见，过程中应该设置：

① 一段转化炉水蒸气流量低报警、低低联锁。

② 一段转化炉水碳比低报警、低低联锁。

根据具体的情况也可就水碳比或水蒸气流量一个参数设低低联锁。

另外，甲烷蒸汽转化工艺设置的安全联锁越限参数还可能包括如下几个。

① 原料天然气流量低报警、低低联锁。天然气流量太低，则反应吸热量太少，一段转化炉列管超温，催化剂活性下降甚至失活，一段转化炉炉管损坏；天然气流量降低，二段转化炉空气比例失调，二段转化炉超温，二段转化炉催化剂烧结失活，衬里开裂、脱落，催化剂筐体材料渗碳损坏。

② 二段转化炉温度高报警、高高联锁。二段转化炉的催化剂、催化剂筐体及炉体材料都有一定的耐高温限度。温度太高，催化剂容易烧结失活，衬里容易开裂、脱落，催化剂筐体材料容易渗碳损坏。

③ 二段转化炉空气流量低报警、低低联锁。二段转化炉空气量不足，不能保证二段转化炉的反应温度，则出二段转化炉的 CH_4 含量不能满足要求，在后续没有设置分离 CH_4 环节的情况下，容易导致进入氨合成系统的惰性气体含量太高，氨合成工序的效率显著下降；空气流量太低，还可能导致一段转化炉对流段空气预热器烧坏。

④ 一段转化炉炉膛压力高报警、高高联锁。一段转化炉炉膛要维持一定的负压，以保证烟气顺利地通过烟囱排向大气。如果一段炉炉膛压力太高，则炉膛内烟气会从看火孔向外喷发，引发火灾。

⑤ 燃料气压力低报警、低低联锁，燃料气压力高报警、高高联锁。燃料气压力太低，使得烧嘴处或燃烧器处的燃料流速低于燃料的燃烧速度，容易引发回火，即火焰顺着燃料气

管道反向传播，或在燃烧器内燃烧，引发爆炸或将燃烧器烧坏；燃料气压力太高，使得在烧嘴处，燃料的流速高于其燃烧速度，造成脱火，即火焰根部离开火嘴，处理不及时会引发炉膛爆炸。

⑥ 汽包液位低报警、低低联锁。汽包液位太低，容易发生汽包干烧，导致物理爆炸。

⑦ 锅炉给水流量低报警、低低联锁。锅炉给水流量太低，也容易发生汽包干烧，导致物理爆炸。

另外要设出二段转化炉合成气甲烷含量高报警、高高报警或联锁；设一段转化炉压差高报警、二段转化炉压差高报警，压差高可能是催化剂粉化或烧结，导致了床层阻力降的增大，不及时处理，反应效率将降低，生产无法正常进行。

（3）甲烷蒸汽转化系统的安全附件

甲烷蒸汽转化系统整体在加压下进行，所以在系统中的不同分隔空间要加设安全阀；在蒸汽管线上要设止逆阀，以防截断阀关闭不严，导致系统工艺气体混入蒸汽系统；在原料天然气管道上设止逆阀，防止系统物质反流到原料气系统；在原料气输送管道上设 8 字盲板，用于停炉时严格切断。

甲烷蒸汽转化过程的工艺控制及安全控制方案如图 4-8 所示。由于越限停车的参数较多，停车过程对应的关停阀门也较多，所以没有在图中表达联锁停车时对应阀门的联动关系。

系统紧急停车的顺序：开空气压缩机出口放空阀，关空气进料阀，关原料天然气进料阀，停天然气压缩机，开进入空气预热管的蒸汽阀门（图中未画出），关燃料天然气进料阀，停空气压缩机。

停车原则：先关空气进料，再关天然气进料，最后关蒸汽进料。过程中要注意通蒸汽保护设置于对流段中的冷物流预热盘管。

天然气为原料通过蒸汽转化制得合成气的典型组成如表 4-6 所示。

表 4-6　天然气为原料制得合成气的典型组成

组分	CO	H_2	CO_2	CH_4	N_2+ Ar	O_2
组成（摩尔分数）/ %	18.4	54.6	2.9	0.5	23.4	0.2

4.2.2　重油部分氧化制合成气

重油为石油炼制的塔釜产品，分常压重油、减压重油和裂化重油。主要成分即烃、环烷烃和芳香烃，其中的主要元素是 C 和 H，组成可以用 C_mH_n 表示，重油的次要元素有 S、O、N 等。表 4-7 为某重油的元素组成。

表 4-7　某重油的元素组成

元素	含量（质量分数)/%	元素	含量（质量分数)/%	元素	含量（质量分数)/%
C	86.0	O	0.6	S	0.3
H	12.5	N	0.5	灰分	0.1

重油中还含有少量的 Na、Ni、V、Fe、Mg、Si 等元素，燃烧时会形成灰分。重油部分氧化是指重质烃类和氧气进行部分燃烧反应放出热量，使物料升温，高温下碳氢化合物发生热裂解及裂解产物的转化反应，最终获得以 H_2 和 CO 为主要组分，并含有少量 CO_2 和 CH_4 的合成气。重油部分氧化，最初的技术主要来自德士古重油气化工艺和壳牌气化工艺。

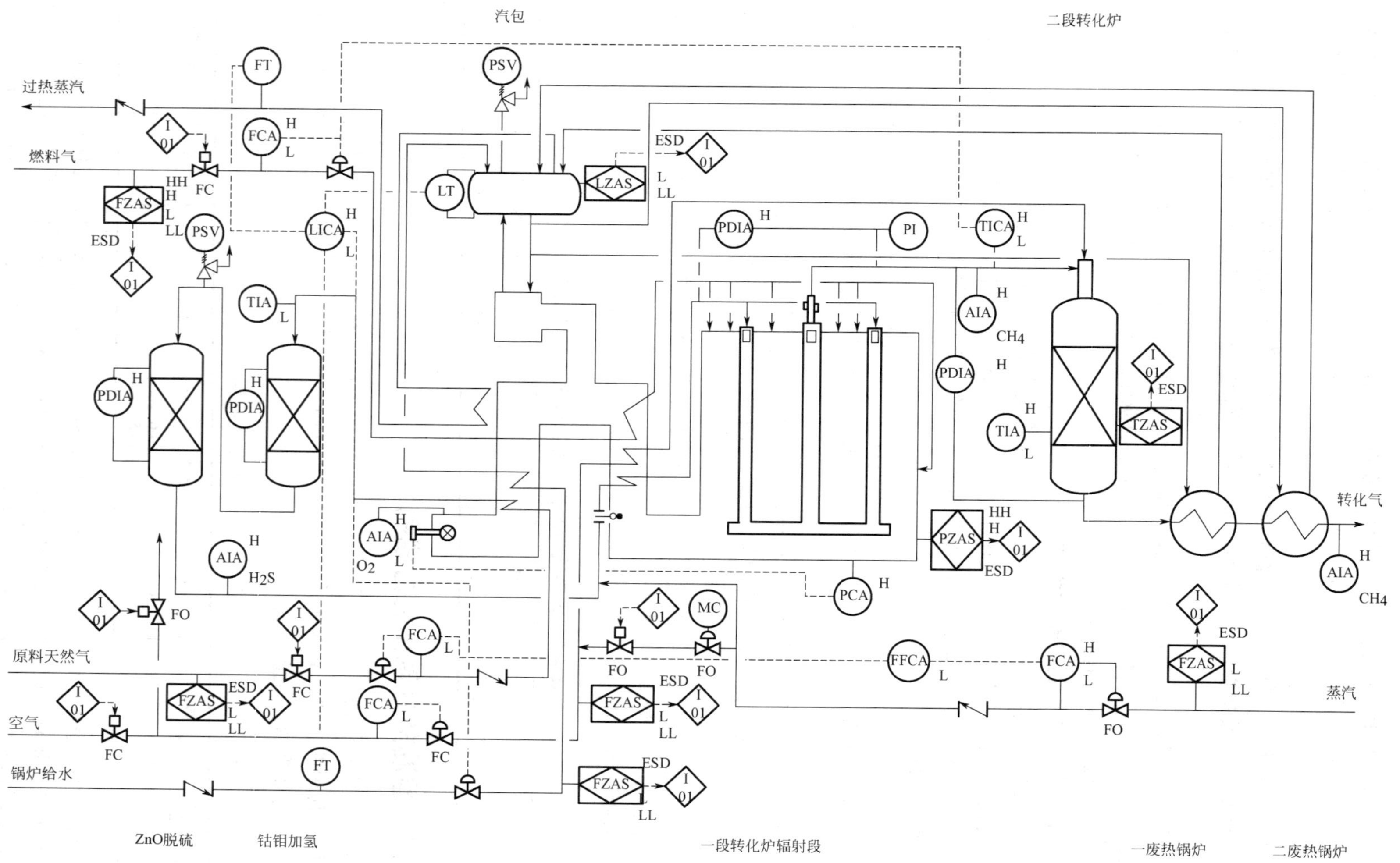

图 4-8　甲烷蒸汽转化过程工艺及安全控制的原则流程

4.2.2.1 重油部分氧化制合成气的反应原理

（1）反应

重油 C_mH_n 部分氧化的主反应如式（4-22）。

$$C_mH_n+\frac{m}{2}O_2 = mCO+\frac{n}{2}H_2 \tag{4-22}$$

反应式（4-22）强放热，不加入其他介质的情况下，系统温度将大幅升高，在较高的温度下重油会发生裂解反应式（4-23）。

$$C_mH_n = \frac{n}{4}CH_4+\frac{4m-n}{4}C \tag{4-23}$$

系统中如果只发生式（4-22）、式（4-23）两个反应，那么温度会很高，同时生成大量的甲烷，还会有较严重的积炭，既不能满足合成氨生产所需原料气的要求，操作状况也不理想。实际生产时系统中会加入蒸汽，同时发生吸热的蒸汽转化反应，并得到更多的 H_2 和 CO。

$$CH_4+2H_2O = CO_2+4H_2 \tag{4-11}$$

$$C+H_2O = CO+H_2 \tag{4-24}$$

所以，实质上的重油部分氧化过程是以氧为氧化剂对其进行不完全燃烧，用蒸汽控制反应温度，得到 H_2 和 CO 含量高的合成气。

反应系统中还会发生的反应有如下一些。

$$C_mH_n+\frac{2m+n}{4}O_2 = mCO+\frac{n}{2}H_2O \tag{4-25}$$

$$C_mH_n+\frac{4m+n}{4}O_2 = mCO_2+\frac{n}{2}H_2O \tag{4-26}$$

$$C_mH_n+mH_2O = mCO+\frac{2m+n}{2}H_2 \tag{4-27}$$

$$C_mH_n+2mH_2O = mCO_2+\frac{4m+n}{2}H_2 \tag{4-28}$$

$$CO+H_2O = CO_2+H_2 \tag{4-12}$$

还有硫元素、氮元素参与的反应

$$S+H_2 = H_2S \tag{4-29}$$

$$COS+H_2 = H_2S+CO \tag{4-18}$$

$$\frac{1}{2}N_2+\frac{3}{2}H_2 = NH_3 \tag{4-30}$$

（2）热力学特性

高温下重油部分氧化反应，不考虑少量元素，系统中的主要物质为 H_2、CO、CO_2、CH_4、H_2O、O_2、C 及原料 C_mH_n 等 8 种物质（忽略其中存在的少量乙烯、乙炔、乙烷及含硫、含氮物质）。同时，其中的重油部分氧化及重油裂解反应，平衡常数都非常大，可以认为平衡时原料 C_mH_n 全部转化，高温条件下，认为氧气也全部消耗。则物质数变为 6，元素包含 C、H、O 3 种，独立反应数为 3。借助其中的 3 个独立反应，如选用式（4-11）、式（4-12）、式（4-24），可近似计算一定条件下系统的平衡组成。图 4-9 为某一原料体系进行平衡计算的结果。结果显示，随着反应温度的升高 CH_4 的含量降低，H_2 的含量先升高后降低，CO 的含量变化较小。

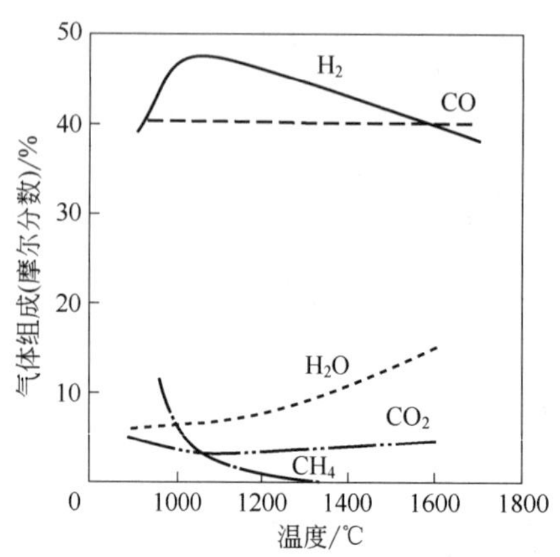

图 4-9　3.03MPa 下某重油制气过程的平衡组成

（计算条件：原料重油含碳 85.3%，氢 12.2%；蒸汽油比为 0.5kg/kg 重油；压力为 3.03MPa）

作为合成氨生产的粗原料气，对 CH_4 的含量有一定的要求，所以反应的温度需要较高，高于 1200℃。

（3）动力学行为

重油部分氧化反应体系较为复杂，动力学行为也较为复杂。一般认为，氧化反应及裂解反应的速率都较快，CH_4、C 及其他物质的蒸汽转化反应速率较慢，为限制过程。反应物流的停留时间主要是保证出口物流中甲烷的含量能满足要求。

4.2.2.2　重油部分氧化的工艺流程及工艺条件

（1）工艺流程

较为典型的重油气化工艺有德士古公司的急冷工艺和壳牌公司的废热锅炉工艺，图 4-10 为德士古重油气化流程。经过预热的重油、水和氧气进入气化炉的上部进行气化反应，反应的产物在气化炉下部的急冷器中与水直接接触急冷，其中的炭黑大部分进入水中，从急冷器的底部排出，出气化炉的气体经水洗后进变换工序。炭黑水中的炭黑用石脑油萃取的方法回收。

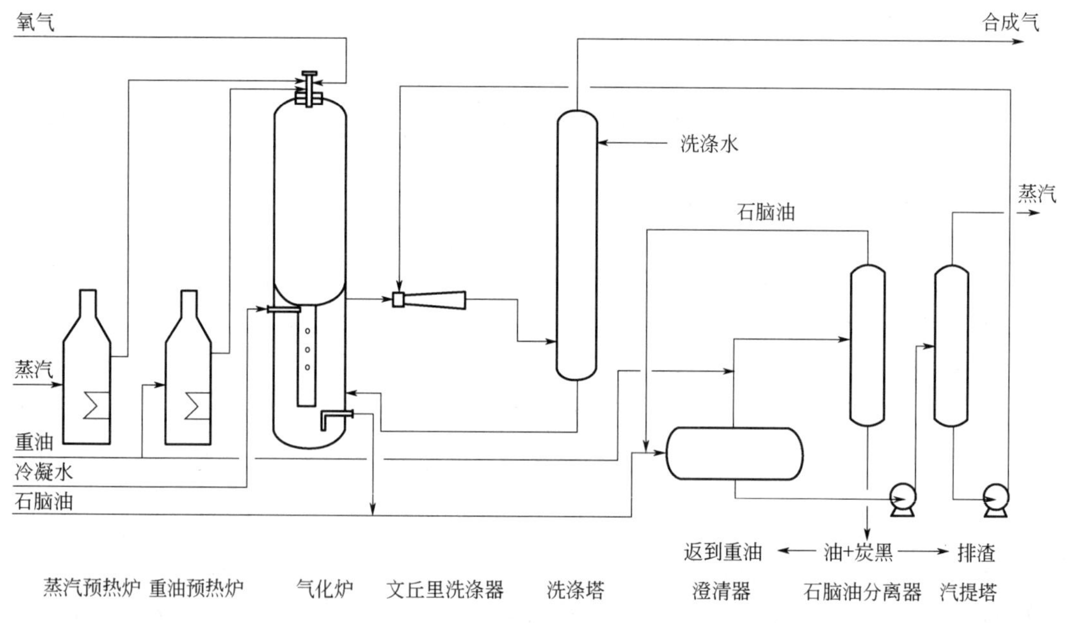

图 4-10　重油部分氧化制合成气冷激法工艺流程

从气化炉底部急冷器出来的炭黑水和石脑油混合，炭黑被萃取进入油相。混合液进入澄清器进行油水分离，水相经闪蒸脱气后循环利用，含炭黑的石脑油与重油混合后进入石脑油分离器，其中的部分石脑油经分离后循环利用。炭黑则大量进入重油，含有炭黑的重油从分离器的底部流出，部分返回气化炉，部分排出系统。

（2）流程说明

① 炭黑部分外排。重油中除了含有碳氢化合物、硫化物之外，还含有一定量的灰分，其成分主要是镍、铁、钠、钒等金属的化合物，这些物质通常会含在炭黑当中。炭黑返回系统可通过与氧、水蒸气等的反应而转化掉，但金属化合物会留下来，如果炭黑总是在系统中循环的话，金属化合物会不断积累，影响生产的正常进行。气化炉内砌耐火的高铝砖，高温下灰分与耐火砖结合，生成灰熔点较低的物质，会导致耐火砖逐渐被剥落。含炭黑重油部分排出系统，可保持系统中的灰分含量在一定的范围内。

② 纯氧氧化。重油部分氧化反应体系中有氮存在，会发生反应式（4-30），生成的氨会腐蚀管道，使随后的变换催化剂中毒，为了避免氨的生成，工业上用纯氧作为氧化剂。

③ 蒸汽的作用。在重油部分氧化过程中，蒸汽的加入一方面是与甲烷及炭黑发生蒸汽转化反应，以保证粗原料气的质量，另一个作用是在入口的喷嘴处雾化重油。重油只有在雾化成小液滴的情况下才能良好地转化。

（3）工艺条件

① 压力。重油部分氧化制合成气的反应，整体是体积增大的，从热力学的角度考虑，加压是不利的，随着反应压力的提高，体系中甲烷的平衡含量升高。但压力升高，组分的分压增大，有利于反应速率的提高，同时加压还有如下优点：压力升高，生产强度增加，反应器的容积可以减小；同甲烷蒸汽转化过程类似，压力升高有利于整个合成氨生产系统压缩功的减少；加压有利于炭黑的去除；加压操作，入口重油的雾化效果好，有利于反应效率的提高。所以一般选择在加压下进行，操作压力在 3.0～8.0MPa 之间。

② 温度。在压力一定的情况下，温度越高，则气化产物中甲烷的含量越低。作为氨合成的粗原料气，在后续没有分离甲烷环节的情况下，出气化系统的甲烷干基摩尔分数要求在 0.5%以下，所以一定条件下，反应温度是有下限的。

重油部分氧化要在较高的温度下进行，还有一个很重要的原因是抑制炭黑的形成。生成炭黑不仅降低碳元素的利用率，而且当合成气清洗不彻底时，炭黑会影响后续的生产过程，比如会覆盖于变换催化剂的表面，使其失活，带入脱碳塔容易导致发泡液泛等。炭的蒸汽转化反应式（4-24）为吸热反应，温度升高，有利于炭黑的转化。但温度太高，转化炉炉体材料容易损坏，寿命缩短，综合考虑，温度在 1300～1400℃之间。

③ 氧油比和蒸汽油比。氧油比，即每千克重油的耗氧体积（标准状态），是重油部分氧化制合成气的重要工艺参数，其值的大小直接关系到系统的温度。按反应式（4-22）计算，则氧和碳的摩尔比应为 1∶1，如果重油中碳元素的质量分数为 86%，则理论的氧油比为 $\frac{22.4\times0.86}{12\times2}=0.806\text{m}^3/\text{kg}$（标准状态）。实际生产过程中，系统中加入水蒸气，水中的氧可部分替代氧气中的氧，同时反应过程中，需要通过调节氧气的加入量来调节反应的温度，氧油比一般控制在 0.78～0.84m^3/kg（标准状态）之间。

蒸汽油比，即蒸汽与原料油的质量比。系统中加入蒸汽可起到降低 CH_4 和炭黑的含量，增加 H_2 的生成量，并适当降低反应温度的作用。同时，重油部分氧化过程中，蒸汽的加入量必须保证重油有足够好的雾化效果。但蒸汽量太大，能耗增大，反应器的利用率下降。一般蒸汽油比控制在 0.3～0.5 之间。

另外，原料重油的预热也很重要，预热一方面可以降低反应过程的耗氧量，另一方面，预热可以降低原料油的黏度，有利于其雾化及燃烧，提高原料的利用率。预热温度一般在 150～200℃之间，预热温度以低于其闪点温度为限，重油的闪点大多在 200～

350℃之间。

4.2.2.3 重油部分氧化的工艺及安全控制

重油部分氧化，主要控制原料油的流量、氧油比、蒸汽油比、反应的温度、出冷激系统转化气的温度。监控气化炉的温度、出系统气体中CH_4的含量。气化炉的温度通过调节氧气的流量来控制。出冷激系统转化气的温度通过调节冷激水的流量控制。

重油部分氧化通常设如下参数越限联锁。

① 原料油流量低报警、低低联锁。原料油流量太低，氧油比失调，可能引发爆炸。

② 氧气流量低报警、低低联锁。氧气流量太低，反应温度太低，原料油无法转化，将使冷激、洗涤等过程无法正常进行。

③ 水蒸气流量低报警、低低联锁。水蒸气流量太低，则重油雾化效果不能保证，转化效果差，析炭严重，生产无法正常进行。

设出系统合成气中甲烷含量高报警。设气化炉温度高、低报警，温度太高，影响气化炉寿命，温度太低，原料油转化不完全。冷激水流量低报警，冷激水流量太低，转化气中的炭黑清洗不彻底，增加洗涤器及洗涤塔的负荷，并增加出系统转化气中炭黑的含量，影响变换反应催化剂的寿命。

氧气、蒸汽及原料油的管道上都要设置止逆阀，防止故障后热煤气回火串入管线，导致各管线烧损或爆管。

表 4-8 为某重油部分氧化制得合成气的组成。

表 4-8 某重油部分氧化制得合成气的组成

组分	CO	H_2	CO_2	CH_4	N_2+Ar	O_2	H_2S+COS
组成（摩尔分数）/%	46.6	48.2	4.2	0.1 以下	0.6	0.4	0.1 以下

4.2.3 煤气化制合成气

煤是一种可燃的黑色或棕黑色沉积岩，是一种固态矿物燃料。煤中的主要化学元素为 C 和 H，同时还含有 O、S、N 及 Si、Ca、Mg、Al、Fe、Na、K、As、P、Cr、Cl 等多种元素。C、H 为有效成分，其余元素无效，且对煤的加工利用有不利的影响。煤有很多种，组成差别较大，表 4-9 为不同种类煤的 C、H、O、N 含量。

表 4-9 不同种类煤的 C、H、O、N 含量

煤种	元素含量（质量分数）/%			
	C	H	O	N
泥煤	55～62	5.3～6.5	27～34	1～3.5
褐煤	60～76.5	4.5～6.0	15～30	1～2.5
长焰煤	77～81	4.5～6.0	10～15	0.7～2.2
气煤	79～85	5.4～6.8	8～12	1～1.2
肥煤	82～89	4.8～6.0	4～9	1～2
炼焦煤	86.5～91	4.5～5.5	3.5～6.5	1～2
瘦煤	88～92.5	4.3～5.0	3～5	0.9～2
贫煤	88～92.7	4.0～4.7	2～5	0.7～1.8
无烟煤	89～98	0.8～4.0	1～4	0.3～1.5

煤中的 C、H 主要以带脂肪侧链的大芳环和稠环芳烃形式存在，H 还会以无机物的状态

存在，比如某些无机物的水合物。煤中 O 以有机和无机两种状态存在，有机 O 主要存在于含氧官能团，如羧基（—COOH）、羟基（—OH）和甲氧基（$—OCH_3$）等中，无机 O 主要存在于煤中水分、硅酸盐、碳酸盐、硫酸盐和氧化物等中。煤中的氮基本是以有机氮的形式存在。

所有的煤中都含有硫，煤中的硫包括有机硫和无机硫，有时还有少量元素硫。一般而言，无机硫含量较高，包括硫化物，如硫铁矿（FeS_2）和硫酸盐（$FeSO_4 \cdot 7H_2O$、$CaSO_4 \cdot 2H_2O$）等。硫含量显著影响煤的质量。

煤是最早用于生产合成氨的原料，最初由于受气化技术的限制，规模很小，吨氨能耗很高。二十世纪中后期，石油、天然气被大量开发用于合成氨的生产。与煤相比，天然气、石油的经济优势明显，但其储量相对较少，煤作为制合成气的原料一直受关注，开发出很多煤制气的工艺。较为典型的煤制合成气工艺包括：鲁奇的固定床气化工艺、UGI 常压间歇生产固定床气化工艺、温克勒（HTW）流化床气化工艺、德士古的水煤浆气化工艺、壳牌的粉煤气流床气化工艺、鲁奇碎煤熔渣气化工艺，还有我国航天十一所开发的航天炉粉末气化工艺及华东理工大学开发的多喷嘴对置式水煤浆气化工艺等。

4.2.3.1 煤气化过程的基本原理

煤在气化炉中进行的气化过程包括：干燥、热解以及炭与气化剂的反应三种过程。

（1）煤的干燥

煤的干燥就是脱除所含的游离水、吸附水和化学键态结合水。前两者在升温至 100℃以上就可脱除，化学键结合水则在 150～300℃时，化学键断裂，开始脱除，同时伴随一氧化碳和二氧化碳的放出。

（2）煤的热解

煤的热解包括升高到 250℃以上开始释放易挥发烃类，375～425℃开始呈塑性，出现浸润、膨胀和飘浮现象，600℃以上开始焦化，形成结炭结构，并释放甲烷等烃类，800℃以上裂解成 C 和 H_2。850℃焦油进一步裂解生成 C 和 H_2，1000℃以上煤热解完成。无空气参与的情况下，整个过程可用下述反应表示。

$$\text{煤} \longrightarrow C+CH_4+CO+CO_2+H_2+H_2O+\text{焦炭} \tag{4-31}$$

（3）煤的气化

煤的气化是指在一定温度、压力下，用气化剂对煤进行热化学加工，将固体煤转化为含有 CO、H_2、CH_4、CO_2、N_2 等的合成气的过程。煤的气化剂包括空气（氧气、富氧空气）和蒸汽。

① 空气或富氧空气为气化剂。忽略惰性组分的反应，原料为 C 和 O_2，系统中发生的反应包括式（4-14）、式（4-32）～式（4-34）。

$$C+O_2 \xlongequal{} CO_2 \tag{4-32}$$

$$C+\frac{1}{2}O_2 \xlongequal{} CO \tag{4-33}$$

$$CO_2+C \xlongequal{} 2CO \tag{4-14}$$

$$CO+\frac{1}{2}O_2 \xlongequal{} CO_2 \tag{4-34}$$

系统中的物质共 4 种，C、CO、CO_2 及 O_2，元素有 2 种，C、O，独立反应数为 2，选择其中的 2 个反应，如式（4-32）和式（4-33）可以计算平衡组成。表 4-10 为常压下空气为气化剂时不同温度下，气体的平衡组成。

表 4-10　常压下空气气化煤的平衡组成

温度/℃	组成（摩尔分数）/%		
	CO	CO_2	N_2
650	16.9	10.8	72.3
800	31.9	1.6	66.5
900	34.1	0.4	65.6
1000	34.4	0.2	65.4

可见，系统中 CO 的平衡组成随着系统温度的升高而升高。空气为气化剂，900℃以上，达到平衡时，气化的主要产物应该是 CO，CO_2 的含量已很少。但研究表明，煤的空气气化过程非热力学控制，而是动力学控制过程，炭与氧的燃烧反应 $C+O_2 = CO_2$ 的速率，较 CO_2 的还原反应 $CO_2+C = 2CO$ 的速率大很多。所以一般情况下，出系统的物料中 CO_2 含量较对应温度下的平衡含量高很多。

煤气化过程的宏观动力学研究表明，当反应温度低于 775℃时，反应属于化学本征动力学控制，反应速率对温度较为敏感，当温度高于 900℃时，属于扩散控制，增加气流速率、减小煤的粒度对提高反应速率非常有必要。

② 水蒸气为气化剂。当以水蒸气为气化剂时，系统中可能发生的反应包括如下几个。

$$C+H_2O(g) = CO+H_2 \quad (4\text{-}24)$$

$$CO+H_2O(g) = CO_2+H_2 \quad (4\text{-}12)$$

$$C+2H_2 = CH_4 \quad (4\text{-}35)$$

$$CH_4+H_2O(g) = CO+3H_2 \quad (4\text{-}10)$$

系统中的物质有 6 种，C、H_2O、H_2、CO、CO_2、CH_4，元素有 3 种，C、H、O，独立反应数为 3，可以选其中的 3 个反应进行热力学分析。图 4-11 为 0.1MPa 和 2.0MPa 下，水蒸气煤气化系统的平衡组成与温度的关系。可见，在其他条件一定的情况下，温度升高，H_2、CO 的平衡含量升高，CH_4、CO_2 的平衡含量降低，炭的水蒸气转化反应与 CH_4 的水蒸气转化反应均为吸热反应，高温对气化过程有利。同时可见，压力升高，H_2、CO 的平衡含量降低，CH_4、CO_2 的平衡含量升高，这是因为煤的水蒸气转化反应整体是体积增大的。

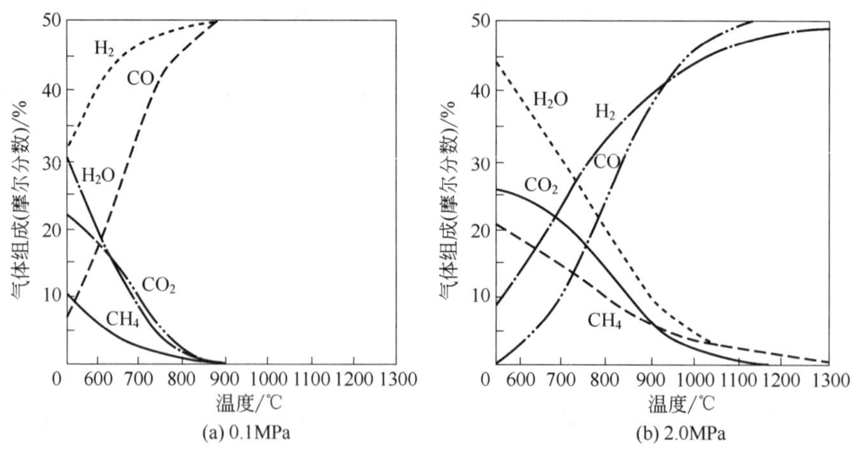

图 4-11　水蒸气煤气化过程的平衡组成

煤与水蒸气的反应为气固相非催化反应。研究表明，在 400～1100℃的温度范围内，水蒸气的煤气化反应是动力学控制过程，反应速率的制约作用较强，超过 1100℃后，反应速率加快，对过程的限制作用减弱。进一步的动力学研究表明，在水蒸气含量不是很高的情况下，反应速率与水蒸气的分压成正比，水蒸气含量较高时可认为对水蒸气是零级反应，即水蒸气的含量较低时，其分压升高，反应速率升高，超过一定值后，其分压对反应速率的影响就很小了。在温度低于 1000℃时，化学动力学控制，速率与温度关系较大，当反应温度超过 1000℃时，总反应速率受扩散控制，降低煤的粒度及提高气流速率更有利于反应速率的提高。

4.2.3.2 煤制气工艺流程

目前，在我国的煤气化工业中，德士古水煤浆气化工艺、壳牌粉煤气化工艺和改造后的 UGI 固定床半间歇煤气化工艺技术占有率相对较高。

（1）壳牌粉煤气化工艺流程及工艺参数和控制

荷兰壳牌气流床粉煤气化（SCGP）是在加压下，超细干粉煤连续进料，纯氧和水蒸气为气化剂的煤气化过程。该工艺的优点是原料适应性强，可以气化从褐煤到无烟煤的大多数煤种，对煤的含硫量也没有太高的限制；单炉生产能力大，氧气消耗量少，环境污染小；碳利用率高，高温、高压下可大于 99%；转化气质量好，不含重烃，甲烷含量少，有效成分含量高，$CO+H_2$ 的摩尔分数可达到 90%。

① 壳牌粉煤气化工艺流程。图 4-12 为典型的壳牌粉煤气化工艺流程图。原料煤经破碎后送至磨煤机，研磨成煤粉（90%＜100μm）并干燥，而后用加压氮气、二氧化碳气体送至气化炉喷嘴。氧气与中压过热蒸汽混合后导入气化炉烧嘴，粉煤与氧气、蒸汽在炉内，1400～1600℃下发生各种转化反应。炉渣以熔融状态从气化炉底部排出，高温煤气与被冷却后的循环气混合，冷激至 900℃左右后通过输气管导入合成气冷却器，产生高压过热蒸汽，同时气体的温度降至 340℃左右。经热量回收后的合成气进一步进行干式除尘，即陶瓷过滤器过滤，含尘量降至 $2mg/m^3$（标准状态）左右，湿法洗涤后，送入后面的工序，处理后的合成气含尘量小于 $1mg/m^3$（标准状态）。

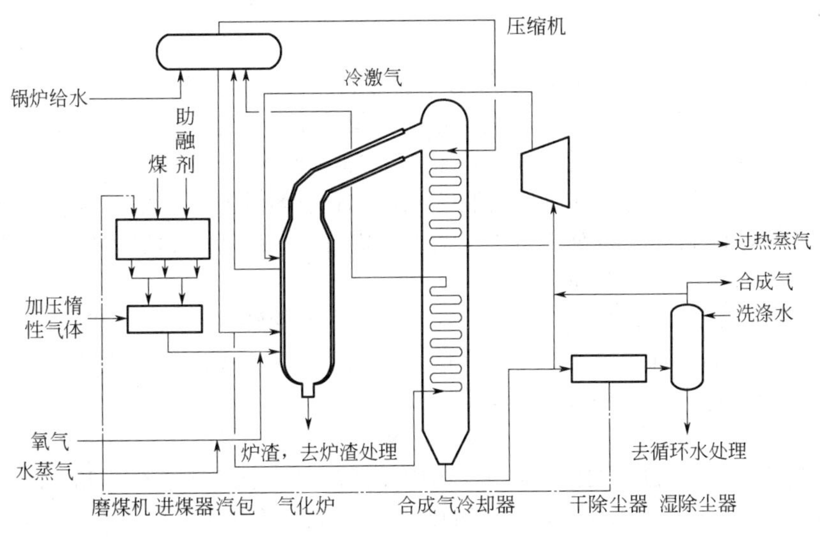

图 4-12 荷兰壳牌气流床粉煤气化工艺流程

② 流程说明

（a）加压输煤系统。加压输煤系统主要由粉煤仓、粉煤锁斗、进料罐及相应的管路系统组成。粉煤通过加压的氮气和（或）二氧化碳连续送入气化炉烧嘴进行燃烧及气化反应。煤粉首先装入常压的粉煤仓，而后依靠重力由常压粉煤仓进入粉煤锁斗。达到设定的料位后，粉煤锁斗与常压的粉煤仓隔离，然后充加压氮气至粉煤锁斗，使其达到与粉煤进料罐相同的压力，此时打开粉煤锁斗与进料罐之间的平衡阀，粉煤锁斗下部通入加压的二氧化碳，粉煤依靠重力由粉煤锁斗流入进料罐。当粉煤锁斗达到设定的低料位时，关闭锁斗底部截断阀，使其与进料罐隔离。粉煤进料罐中的粉煤在加压二氧化碳的作用下连续输送到气化炉中发生气化反应。

粉煤锁斗与进料罐隔开后开始泄压，泄压完成后，再次接收来自粉煤仓的粉煤。粉煤仓为常压或低压设备、进料罐为加压设备，而粉煤锁斗是变压操作的设备，在常压和加压间转换并完成粉煤的转运。粉煤锁斗泄压时排出的气体经袋式过滤器滤掉粉煤后排入大气，粉煤回收至粉煤仓。为了防止由于阀门的卡堵，而影响过程的连续性，通常设置两套粉煤仓及粉煤锁斗进料系统。

（b）气化炉。壳牌气化炉是一台膜式水冷壁反应器，安装在一个压力容器内部。膜式水冷壁内表面装有一种导热的陶瓷耐火衬里材料，在气化炉运行期间，在陶瓷耐火衬里材料表面形成具有一定厚度的灰渣层，该灰渣层能够覆盖炉壁内表面，并因陶瓷耐火衬里与水冷壁之间良好的导热性能而固化，固化的灰渣层能保护气化炉，防止炉壁受到煤气化时形成的熔渣的侵蚀，而熔渣沿壁向下运动，通过底部的排渣口掉落到渣池中。水冷壁内的加压水吸收热量产生中压蒸汽。

（c）冷激。气化炉操作温度高，合成气中夹带大量的熔融灰渣，如果直接进入合成气冷却器，容易将灰渣沉积在输气管道及蒸汽发生器、过热器壁上，导致严重的结垢，所以在气化炉的顶部，用除尘、冷却后温度为210℃左右的冷合成气对热的合成气进行降温，降至900℃左右，使其中的熔融灰渣固化，下沉到炉子底部，或以固体颗粒的形式随气体输出，随后被脱除。

（d）助熔剂。为降低煤的灰熔点、促进煤渣的排出及有效成分的气化需加入助熔剂，常选助熔剂为生石灰。

③ 工艺参数

（a）气化压力。从热力学的角度考虑，气化压力升高，不利于 CO、H_2 含量的升高，也不利于 CH_4 含量的降低，但为了缩小反应器的体积，缩小压缩功，并有利于气化剂与炭粒之间的紧密接触，壳牌选用在加压下气化，压力在 2.0～4.0MPa 之间。

（b）气化温度。气化温度升高，有利于 CO、H_2 含量的升高，CH_4 含量的降低，有利于反应速率的提高，即温度升高对热力学、动力学均有利。但考虑到炉体耐热性能的限制及氧耗量的问题，其操作温度在 1400～1600℃之间。

（c）氧煤比。氧煤比增加，气化反应温度升高，炭的转化率增大，但氧煤比太大，合成气中 CO_2 的含量增加，有效气体的含量下降，氧煤比还与系统的温度关联。煤种不同，氧煤比在 0.50～0.65m^3/kg 煤（标准状态）之间。

④ 工艺控制。气化炉的温度通过调节氧煤比来控制，但气化炉的结构特点决定其温度不适宜直接测量，所以温度间接控制。气化炉温度越高，合成气中 CO_2 和 CH_4 的含量越低，在一定的条件下，气化炉温度越高，蒸汽的产生量越大。通常将氧气流量控制在一定的范围，而后根据合成气中 CO_2 或 CH_4 的含量，和（或）水夹套内蒸汽的产生量来调节粉煤的加入量。粉煤用加压氮气和二氧化碳输送，在干燥良好的情况下，粉煤可连续输送。粉煤的质量流量通过测定粉煤流速、密度、温度、压力，而后计算得到。

⑤ 安全控制。气化炉在加压、高温下运行，物料中含有大量的 CO 和 H_2，进入气化炉

的氧煤比如果超高，系统过氧燃烧，温度就会超高，烧嘴超温损坏，反应器内壁挂渣效果不好，同时熔渣被合成气大量带出，而后沉积于输气管及蒸汽发生器、蒸汽过热器的表面，生产无法正常进行。体系中氧气含量太高还可能引发爆炸，所以一定要将氧煤比控制在适宜的范围内。为此，设粉煤流速低报警、低低联锁；粉煤密度低报警、低低联锁。

还应该设置如下参数越限报警及联锁系统。

氧气流量低报警（和低低联锁）。氧气流量太低，气化温度无法保证，炉渣不能顺利排出，形成大渣，出料阀卡堵，生产无法正常进行；二氧化碳、氮气压力低报警、低低联锁。送煤惰性气体压力太低，可能导致炉内气体反冲进入输煤管道，使输煤管道内发生燃烧甚至爆炸事故；锅炉给水流量低报警、低低联锁；汽包液位高报警、高高联锁，低报警、低低联锁。

联锁时，氧气阀门截断，氧气放空，粉煤进料阀门截断，不合格合成气送火炬系统。

其他安全问题：粉煤粒度较小，90%的粒度小于100μm，含水量低，容易引发粉尘爆炸。煤本身为固体火灾危险性物质，在一定条件下会着火燃烧。所以干燥的粉煤在输送、加料过程中，都需要惰性气体保护，并保证过程的密封性，严格检测氧气的浓度。

表4-11为壳牌粉煤气化制得合成气的典型组成。有效成分$CO+H_2$的含量很高。

表4-11　某壳牌粉煤气化制得合成气的组成

组分	CO	H_2	CO_2	CH_4	N_2+Ar	H_2S+COS
组成（摩尔分数）/%	65.0	30.0	1.6	微量	3.1	0.30

（2）间歇式UGI煤气化工艺流程及工艺参数和控制

UGI煤气化技术是我国二十世纪六十年代普遍采用的合成氨制气工艺。该工艺是以小块无烟煤或焦炭为原料，空气和蒸汽为气化剂，常压间歇操作的煤气化工艺过程。在过去的半个多世纪，我国科研人员的不懈努力，使得该煤气化及配套技术得到了长足的发展，到现在，该技术在我国的合成氨生产厂家中，仍占有很高的份额。该技术的缺点是，对煤种要求比较严格，通常须采用有一定粒度要求的无烟煤或焦炭，制气在常压下进行，生产高压的合成气时能耗高，过程间歇操作稳定性相对差。该技术的优点是技术相对简单，煤种选择合适产气量较高。

① 工艺流程。常压下，间歇造气，煤炭从炉上部加入，经干燥区和干流区，进入气化层（吹风时为氧化层和还原层），然后入底部灰渣层，灰渣经灰斗由炉底排出。图4-13为UGI煤制气工艺流程。

UGI半间歇造气过程由5个操作单元构成。

（a）吹风阶段。吹入空气，提高气化层温度，吹风气回收热量后经烟囱放空。气体流程：空气—造气炉—燃烧室（补入部分空气）—废热锅炉—烟囱。

（b）上吹阶段。自下而上送入水蒸气进行气化反应，生成煤气经废热回收、洗涤后送气柜。气体流程：蒸汽—造气炉—燃烧室—废热锅炉—洗气箱—洗涤塔—气柜。

（c）下吹阶段。自上而下送入水蒸气进行气化反应，生成煤气也送气柜，所产煤气温度较低，不经废热锅炉回收能量。气体流程：蒸汽—燃烧室—造气炉—洗气箱—洗涤塔—气柜。

（d）二次上吹。将炉底部下吹煤气排净，以防止下次吹风时吹入空气发生爆炸。气体流程：同一次上吹。

（e）空气吹净。用空气将管道中的煤气吹入气柜回收，时间很短。气体流程：空气—造气炉—燃烧室—洗气箱—洗涤塔—气柜。

上述5个操作单元通过控制图4-13中各个阀门的开关来实现，5个单元顺序完成一次称作一个工作循环。为了得到氨合成所需要的（$CO+H_2$）/N_2（摩尔比）略大于3∶1的合成气，制气过程中需要加入部分加氮空气，加氮空气通常在上吹或（和）下吹制气的时候补入。由水蒸气气化煤所得合成气也称作水煤气，（$CO+H_2$）/N_2 接近 3∶1 的水煤气称作半水煤气。

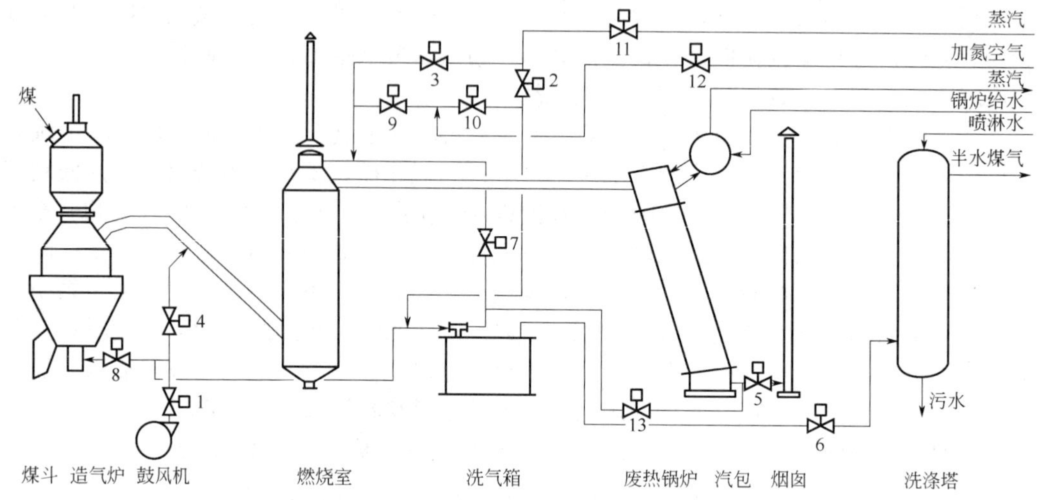

图 4-13 UGI 煤制气工艺流程

1～13 均为阀门。造气各阶段阀门的开关情况：吹风，1、8、4、5 阀门开，其余关；上吹，11、2、8、4、13、6 开，其余关；下吹，11、3、8、6 开，其余关；空气吹净 1、8、4、7、6 开，其余关；12、9 或 10 需补氮时开。

（a）循环的设置。炭的蒸汽转化过程为吸热反应，吹风阶段炭燃烧放热，将热量蓄在造气炉中和燃烧室的耐火砖中，为制气过程提供热量。制气过程，首先炭与水蒸气反应 $C+H_2O=\!=\!=CO+H_2$，为吸热过程，而后生成的 CO 和 H_2O 进一步发生反应 $CO+H_2O=\!=\!=H_2+CO_2$，为放热过程，上吹使得煤层温度由下到上逐渐升高，有利于煤的气化，但出口气显热含量较高，能量损失较大，所以安排上吹一段时间再进行下吹，调整一下造气炉内的温度分布。二次上吹是为了避免事故的发生。吹净是为了回收煤气。

（b）燃烧室的作用。燃烧室外部为钢结构，内砌有蓄热砖。燃烧室主要有三个作用，第一，在吹风阶段，通过加入二次空气与吹风气中的 CO 发生燃烧反应，将热量储存在燃烧室的蓄热砖内，在下吹制气时，原料蒸汽经过燃烧室时可以被预热，进而有利于后续的反应，即有回收热量的作用。第二，烟气及合成气夹带的灰尘在经过燃烧室时与蓄热砖碰撞，坠落到底部，定期可通过底部的出口排出，即发挥一定的除尘作用。第三，燃烧室上部有排气口，排气口装有由水压控制的顶盖，当炉内压力达到一定值，有发生爆炸的危险时，顶盖会被顶开，排出燃烧室内气体，即具有安全泄压的作用。

（c）洗气箱的作用。洗气箱内装有一定水位的循环水，并有循环水不断地流经，煤气进口管插入水中，出口管在水面以上。其作用有二，一则起水封的作用，进口管插入水中的深度就是水封的高度。当煤气炉处于吹风阶段或停炉，没有煤气向后系统输送时，可以防止后系统煤气倒流至造气系统，引发事故，起到防止煤气逆流的作用。洗气箱的第二个作用就是对煤气进行初步洗涤和冷却，收集的固体灰分定期从其底部排出。

（d）洗涤塔的作用。洗涤塔通常为一填料塔，塔顶喷淋洗涤水，然后从下部溢流出塔，煤气从塔的下部进入，上部输出。洗涤塔的作用一是给半水煤气降温，二是洗掉煤气中的灰尘。洗涤塔的下部要保证有一定的水位，进气管要埋入水位以下，防止半水煤气倒流。

② 工艺条件。生产合成氨所需要的半水煤气，要求气体中（$CO+H_2$）/N_2 略大于 3∶1，且 CO、H_2 的含量越高越好，CO_2 和 CH_4 的含量越低越好。影响半水煤气组成的主要因素包括：造气炉的温度，空气和蒸汽的流量及制气循环中各个过程的时间分配。

（a）温度。造气炉燃烧层温度沿轴向而变，以氧化区温度最高，如图 4-14 所示，通常所讲的操作温度是指氧化区的温度。温度高有利于提高蒸汽的转化率；但温度高时排气温度高，热损失大，同时为了保证固体排渣，防止结疤，减少热量损失，需要控制燃烧氧化层温度低于煤的软化温度 50℃左右，一般在 1200℃左右。造气炉的温度及其分布是靠调节吹风气量、蒸汽吹入量及上吹和下吹的比例来调节的，还与煤的种类有关，是一个比较复杂的过程，需要一定的经验积累。

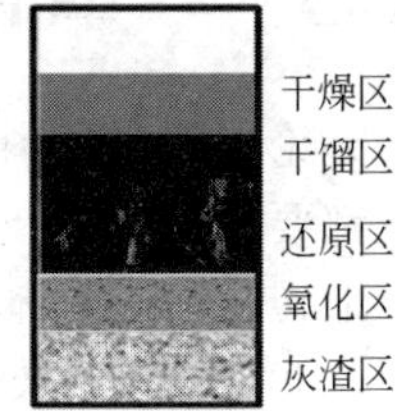

图 4-14　造气炉中煤块自上而下的变化

（b）吹风速度。吹风速度快，传质速率提高，但吹风速度太快，会导致放热量增加，为维持床层温度，需加大蒸汽的耗量，因此要维持在一适宜值。适宜的吹风量应由工业试验确定。

（c）循环时间的分配。每一循环时间不宜过长或过短，过长，气化层温度、煤气质量、产气量波动大，不易控制；过短则阀门开关频繁，占时间多，影响产气量，且阀门容易损坏。一个周期一般略少于 3min。

调节时间在各个阶段的分配对气体的生成量、能耗等有很大的影响。时间分配与煤的类型、质量、粒度大小，以及吹风时间和蒸汽加入速度等因素有关。表 4-12 给出了大概的分配情况。

表 4-12　UGI 造气不同煤种循环时间分配

燃煤品种及粒度	工作循环中各阶段的时间分配/%				
	吹风	上吹	下吹	二次上吹	空气吹净
无烟煤，粒度 25～75mm	24.5～25.5	25～26	36.5～37.5	7～9	3～4
无烟煤，粒度 15～25mm	25.5～26.5	26～27	35.5～36.7	7～9	3～4
焦炭，粒度 15～25mm	22.5～23.5	24～26	40.5～42.5	7～9	3～4
石灰碳化煤球	27.5～29.5	25～26	36.5～37.5	7～9	3～4

③ 工艺控制及安全措施。主要控制空气流量、蒸汽流量及各个阀门的启闭，同时要控制好锅炉给水的流量及汽包的液位。

空气和煤气交替经过管道，所以一定要保证各类阀门启闭正确，否则容易导致煤气和空气混合，引发燃烧、爆炸事故，系统通常会设置阀门卡顿报警系统。并设如下安全措施。

设鼓风机故障（电流低）或（和）送风管道压力低联锁停车系统。鼓风机故障或送风管压力低，容易导致造气系统煤气进入鼓风机系统，引发燃烧或爆炸。联锁动作为：截断风机管道，或向鼓风系统送入二氧化碳、氮气等气体，保证其压力高于造气炉压力。

设洗气塔液位低报警。洗气塔液位太低，洗涤效果差，而且半水煤气容易倒流。

设气柜半水煤气氧含量高报警，高高联锁停车。半水煤气中氧含量太高，其在变换反应器中燃烧，则可能导致变换反应器的温度超高，催化剂烧结、失活。一般地，氧的摩尔分数超过 0.5%报警，超过 1%，系统停车。

鼓风机出口设止逆阀，预防煤气进入鼓风机系统；送风管道设爆破片，管道压力太高，爆破片动作，煤气等放空，防止煤气流入送风管爆炸。

UGI 法制得半水煤气的表压为 0.05MPa，略高于常压，典型组成见表 4-13。

表 4-13　UGI 制得半水煤气的典型组成

气体组成（摩尔分数）/%						H_2S 含量（标准状态）/（g/m^3）
CO	H_2	CO_2	CH_4	N_2+Ar	O_2	
30.3	38.7	8.4	0.7	21.6	0.3	1.3

4.3 一氧化碳的变换及过程控制

无论以何种原料制气，都得到以 CO 和 H_2 为主要成分的合成气。作为氨合成的原料气，接着都要通过变换反应将 CO 转化为 H_2，脱除 CO 的同时进一步得到氨合成所需的 H_2。高效、经济地转化 CO 是本工序的目标。不同原料、不同制气过程制得的合成气组成及压力、温度不同，对应的适宜变换工艺不同。表 4-14 为几种制气工艺对应的合成气的典型组成及压力、温度、水汽含量。

表 4-14　不同制气工艺制得合成气的典型组成

制气工艺	组成（摩尔分数）/%							压力	温度	水汽
	CO	H_2	CO_2	CH_4	N_2+Ar	硫	O_2			
天然气蒸汽转化	18.4	54.6	2.9	0.5	23.4	微量	0.2	3.0MPa 左右	370℃左右	汽/干气 0.5 左右
重油部分氧化	46.6	48.2	4.2	0.1 以下	0.6	0.1 以下	0.4	3～8.5MPa	250℃左右	饱和量
壳牌粉煤加压气化	65.0	30.0	1.6	微量	3.1	0.3	—	2～4MPa	170℃ 左右	饱和量
UGI 常压气化	30.3	38.7	8.4	0.7	21.6	$1.3g/m^3$（标准状态）左右	0.3	常压	常温	饱和量

注：UGI 制得合成气脱硫至 H_2S 含量在 $50mg/m^3$（标准状态）以下后再去变换。

由表 4-14 可见，不同制气方法制得合成气的组成差别较大，压力、温度、水汽含量也不相同，意味着变换的负荷不同，需要补充的蒸汽量不同，这些因素都会影响变换工艺的确立。

4.3.1 变换反应原理

（1）变换反应及热力学特征

变换反应式（4-12）为物质的量不变的可逆放热反应，温度升高，CO 的平衡转化率降低；水汽含量升高，CO 的平衡转化率提高；压力对平衡没有影响。

$$CO + H_2O \rightleftharpoons CO_2 + H_2 \qquad \Delta_R H = -41.49\text{kJ/mol} \tag{4-12}$$

（2）催化剂及动力学特征

变换反应通常需要在催化剂的作用下，才能有足够的速率。工业应用的变换反应催化剂主要有如下几类：①铁系（或铁铬系）催化剂，Fe_2O_3 为活性组分，大多数加入 Cr_2O_3 作为稳定剂。如巴斯夫公司的 K6-10 型催化剂，帝国化学公司的 15-2、15-4、15-5 型催化剂，美国联合碳化公司（UCI）的 C12-1、C12-3 型催化剂，我国的 B109～B121 系催化剂，WB-2、WB-3、DGB 型催化剂等。铁铬系催化剂用于高温（中温）变换反应，活性温度大多在 300℃以上，使用温度在 300～530℃之间，具有一定的抗硫和抗氧性能。②铜锌铝催化剂，氧化铜为活性组分，氧化锌、氧化铝为助剂。如巴斯夫的 K3-10、K3-110、K3-111 系列，帝国化学公司的 52-1、52-8、53-1、83-2 等系列催化剂，托普索公司 LSK 系列催化剂，我国的 B204、B205、B206 型催化剂。铜锌铝催化剂的活性温度可低至 175℃左右，使用温度在 180～260℃之间，低温活性较好，但不抗硫。③硫化钴、硫化钼系耐硫变换催化剂，活性组分为硫化钴、硫化钼，应用于变换原料气中硫含量较高的情况，活性温度可低至 180℃，该系催化剂工业化品种较多，如巴斯夫的 K8-11 型，托普索的 SSK 耐硫变换催化剂，UCI 的 C25-2-02 耐硫变换催化剂，我国的 B301、B301Q、QCS、QDB 系列耐硫变换催化剂等。宽温的耐硫变换催化剂使用温度可以在 180～500℃之间。该系列催化剂耐硫，但使用时要求原料中有一定的硫含量，否则催化剂会因为发生反硫化反应，$MoS_2+2H_2O=\!=\!=MoO_2+2H_2S$，活性逐渐降低。

研究者报道了部分工业化变换催化剂的动力学研究成果。铁铬系 B113-2 上，变换反应的宏观动力学方程如式（4-36）所示。耐硫变换催化剂 B301 在中低压的宏观动力学方程如式（4-37）所示；QCS-01 型宽温中高压耐硫变换催化剂在 8.0MPa 下的宏观动力学方程如式（4-38）所示。

$$-\frac{\mathrm{d}N_{CO}}{\mathrm{d}w}=119.7\exp\left(-\frac{46286}{RT}\right)p^{0.6}y_{CO}^{0.7660}y_{H_2O}^{0.3335}y_{CO_2}^{-0.3696}y_{H_2}^{-0.09355}\left(1-\frac{y_{CO_2}y_{H_2}}{K_y y_{CO}y_{H_2O}}\right)\ \mathrm{mol/(g\cdot h)} \tag{4-36}$$

$$-\frac{\mathrm{d}N_{CO}}{\mathrm{d}w}=162.7\exp\left(-\frac{39960}{RT}\right)p^{0.5168}y_{CO}^{0.7321}y_{H_2O}^{0.1854}y_{CO_2}^{-0.2340}y_{H_2}^{-0.1665}\left(1-\frac{y_{CO_2}y_{H_2}}{K_y y_{CO}y_{H_2O}}\right)\ \mathrm{mol/(g\cdot h)} \tag{4-37}$$

$$-\frac{\mathrm{d}N_{CO}}{\mathrm{d}w}=29.5\exp\left(-\frac{27066}{RT}\right)y_{CO}^{1.23}y_{H_2O}^{1.49}y_{CO_2}^{-0.23}y_{H_2}^{-0.68}\left(1-\frac{y_{CO_2}y_{H_2}}{K_y y_{CO}y_{H_2O}}\right)\ \mathrm{mol/(g\cdot h)} \tag{4-38}$$

式中，N_{CO} 为 CO 的摩尔流量，mol/h；w 为催化剂的质量，g；T 为反应温度，K；y_{CO}、y_{H_2}、y_{H_2O}、y_{CO_2} 分别为 CO、H_2、H_2O、CO_2 的摩尔分数；K_y 为变换反应的平衡常数；p 为系统的总压，MPa。

可见，无论哪种催化剂体系，CO 的分压对反应速率的影响都较大，硫化钴、硫化钼系催化剂上，水蒸气的分压对反应速率的影响也很大。反应速率对温度最敏感的体系是铁铬系催化剂，其次为铜系，硫化钴、硫化钼系催化剂的活化能最小，温度对速率的影响相对低。

4.3.2 变换工艺流程及过程控制

变换工序主要完成变换反应，对出系统 CO 的干基摩尔分数或出口 CO 的转化率 $x_{CO,f}$ 有要求。变换反应为可逆放热反应，平衡转化率随着温度的升高而降低，受平衡的限制，在较高转化率的情况下，反应温度不能太高。所以过程中需将反应放出的热逐步移除。工业上有两类典型的变换工艺，一类为多段绝热床工艺，即反应在每段床层内近似绝热下进行，段间移热；另一类为等温变换工艺，一边反应一边移热，反应器内部要设置移热冷管。图 4-15 为多段绝热和等温变换的操作线示意图。

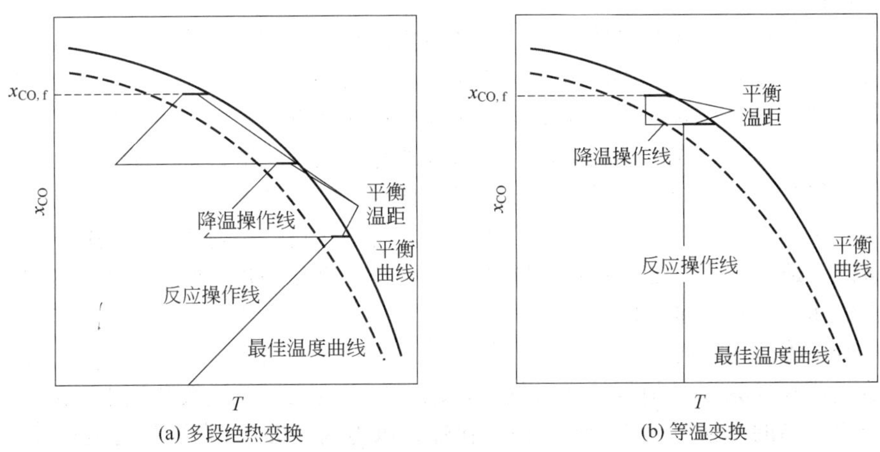

图 4-15　多段绝热和等温变换的操作线示意图

平衡曲线即一定压力和初始组成下，CO 的平衡转化率随温度的变化曲线，CO 的平衡转化率随着反应温度的升高而降低。对于可逆放热反应，存在最佳温度，即任何一个组成下，存在一个最佳温度，对应的反应速率最快。最佳温度与平衡温度一一对应，如式（4-39）所示。

$$\frac{1}{T_{\text{opt}}}-\frac{1}{T_{\text{e}}}=\frac{R\ln\left(\dfrac{\bar{E}}{\bar{E}}\right)}{\bar{E}-\bar{E}} \tag{4-39}$$

式中，T_{e}、T_{opt} 分别为平衡温度和最佳温度，K；$\bar{E}$、$\bar{E}$ 分别为正、逆反应的活化能，J/mol。

反应过程中气体的组成发生变化，最佳温度也变化，与平衡温度的变化趋势相同，最佳温度随着 CO 转化率的升高而降低。其他条件一定的情况下。最佳温度与催化剂的活化能有关。

平衡温距即操作点温度距相同组成下平衡温度的距离，操作点的反应速率随着平衡温距的缩小会迅速下降，对于变换反应，一般要求操作点的平衡温距在 15℃以上。

操作线即反应过程中温度 T 随 CO 转化率 x_{CO} 的变化曲线，$T\sim x_{\text{CO}}$ 曲线。对于绝热过程 $T\sim x_{\text{CO}}$ 关系可近似表达为式（4-40）。

$$T=T_{\text{in}}+\Lambda(x_{\text{CO}}-x_{\text{CO,in}}) \tag{4-40}$$

式中，T_{in} 为本段入口的温度，K；$x_{\text{CO,in}}$ 为本段入口 CO 的转化率；$\Lambda=\dfrac{y_{\text{CO,0}}(-\Delta H_{\text{R}})}{\bar{c}_p}$，为绝热温升，K，其中，$y_{\text{CO,0}}$ 为 CO 的初始摩尔分数，ΔH_{R} 为变换反应的反应热，J/mol，$\bar{c}_p$ 为物料的平均恒压摩尔热容，J/（mol · K）。

忽略ΔH_{R} 和 $\bar{c}_p$ 的变化，Λ 看作常数，绝热下反应，$T\sim x_{\text{CO}}$ 为线性关系。对于放热的变换反应，$\Delta H_{\text{R}}<0$，$\Lambda>0$，绝热操作中，温度随着转化率的增大线性升高，如图 4-15（a）所示。等温操作线为等温度曲线，如图 4-15（b）所示。降温操作线即反应器段间物料降温时的 $T\sim x_{\text{CO}}$ 曲线。对于段间间接换热过程，降温操作线为等转化率线。

多段绝热式变换，反应器结构简单，操作也相对容易，但多段绝热式操作，每段床层的温升较大，即操作的温度区间较宽，部分操作温度偏离催化剂的适宜使用温度区间。为了有更高的反应效率，常选择不同的催化剂，分别用于较高温度区间和较低温度区间的反应。等温变换，反应过程温度变化较小，可以控制在催化剂的较适使用区间内，但等温反应器的结构较为复杂，催化剂装填难度相对较大。

总体而言，原料中 CO 含量较低时，选择多段绝热式反应器较为适宜，比如天然气蒸汽转化制得合成气，UGI 工艺制得合成气的变换。而原料中 CO 含量较高时，则选用等温变换反应器更有优势，比如壳牌粉煤气化制得合成气及重油部分氧化制得合成气的变换。变换反应放出热量，变换反应也需要消耗蒸汽，如何合理地回收反应放出的热量，如何给原料补入蒸汽，以尽可能降低过程的能耗是流程设计或选择时必须要考虑的问题。等温变换移出反应热的同时即产生蒸汽，该蒸汽可补充反应所需。多段绝热过程也可以在段间降温（移热）的同时产生蒸汽，或加热水、加热原料。除了用换热器、废热锅炉回收热量外，饱和热水塔也常常被用于低压变换反应过程的能量回收。

（1）中温串低温变换工艺

以天然气或轻烃为原料制得的合成气中，CO 含量较低，变换负荷较小，通常采用一段中温串联一段低温的变换工艺。来自二段转化炉，压力为 3.0MPa 左右的合成气经余热回收，调节温度后进入中温变换反应器，绝热下进行变换反应，转化掉大量的 CO，然后经中变废热锅炉、换热器回收余热，并降温后进入低温变换反应器，在低温变换反应器中，将 CO 的干基摩尔分数降至 0.5%以下。中温变换一般选用铁铬系催化剂，低温变换一般选铜锌铝系催化剂，因为原料中的硫含量较低。

① 工艺条件。对于以天然气为原料的合成氨生产过程，中温变换串低温变换，反应的压力及组成同出转化系统合成气的压力及组成。

（a）中变温度。温度升高有利于反应速率的提高，绝热下反应，温度会逐渐升高，操作点会逐渐靠近平衡曲线，平衡温距逐渐缩小，为获得较高的反应效率，温度区间要适宜。一般地，入口温度为 370℃左右，出口升至 430℃左右，对应出口的 CO 干基摩尔分数降至 3%左右。

（b）低变温度。低变的温度区间也要适宜，低变入口温度为 210～220℃，出口升至 235～250℃。保证出口 CO 干基摩尔分数可到 0.3%～0.5%。

② 工艺控制。变换工序的主要质量指标是出系统变换气中 CO 的干基摩尔分数，一般降至 0.5%以下。主要通过调节中变和低变的反应温度及物流在反应器中的停留时间实现。由于在绝热下反应，所以反应温度与原料入口温度及物料在反应器中的停留时间有关。过程中控制原料的流量以调变停留时间，通过在入口物流换热器旁设冷副线，调节冷副线的流量来调节中温变换反应器和低温变换反应器的入口物料的温度。同时监测反应器出口温度、床层压降、反应器出口物料中 CO 的浓度。

③ 安全控制。中变反应器温度高报警，温度太高，可能使催化剂失活或寿命缩短；中变反应器入口物料温度低报警，温度太低，使得整体反应速率降低，出口 CO 含量太高，增加低变负荷，甚至使最终出系统的 CO 含量不能满足要求。

低变反应器温度高报警，低变催化剂的耐热温度较低，温度太高，催化剂容易失活；低变入口物料温度低报警，温度太低，反应速率整体降低，出口 CO 含量超标；中变出口 CO 含量高报警，中变出口 CO 含量高，使得低变的负荷增大，可能导致低变出口 CO 的含量超标；中变催化剂床层压降高报警，低变催化床压降高报警。压降高，说明床层内部有堵塞，催化剂粉化或烧结，将使得反应效率下降；低变出口 CO 含量高报警或超高联锁。低变出口 CO 含量太高，后续的精脱 CO 工序容易出现问题，或高浓度 CO 进入氨合成工序，使氨合成催化剂中毒。

图 4-16 为中温串低温变换工艺的原则控制流程。诱发联锁的越限参数为低变出口 CO 的含量超高，联锁停车的逻辑动作为：关闭变换原料合成气进料阀，关闭变换气出料阀，打开系统放空阀。

（2）等温变换工艺

壳牌粉煤气化制得合成气中 CO 的干基摩尔分数接近 65%，水煤浆及重油制气所得合成气中 CO 的干基摩尔分数接近 45%，变换的负荷较大，且其中的硫含量较高，要选耐硫变换催化剂。如果采用多段绝热式操作，需设的段数较多。而且其中的第 1 段床层 CO 浓度高，温度不易控制。CO 浓度高，反应推动力大，反应速率快，温度上升较快，升的也较高，而在高温，CO、H_2 含量也较高，压力也较高的情况下，发生甲烷化反应 $CO+3H_2 = CH_4+H_2O$ 的风险大幅提高，为了抑制甲烷化副反应的发生，就要补入大量蒸汽，蒸汽太多，催化剂的使用寿命会缩短。这种情况下采用等温变换工艺更加适宜，是对高 CO 含量原料气较为适宜的变换技术。当最终要求的 CO 含量降到较低的水平时，可以设置两级等温反应器，第一级的操作温度高于第二级。煤为原料制得合成气中的硫含量通常较高，催化剂选中高压的宽温耐硫变换催化剂。等温变换的流程如图 4-17 所示。

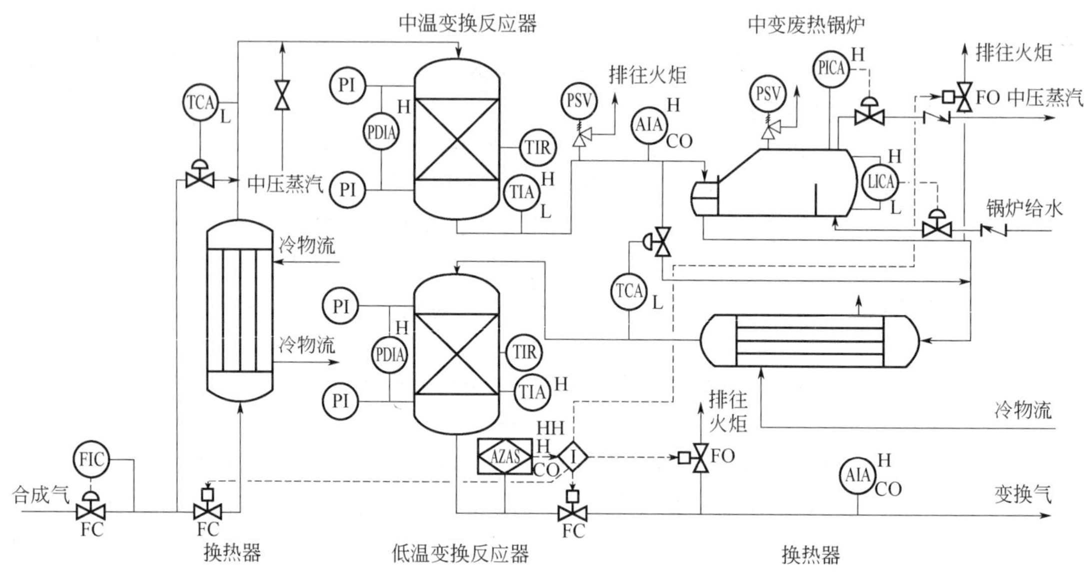

图 4-16 中温串低温变换工艺及安全控制流程图

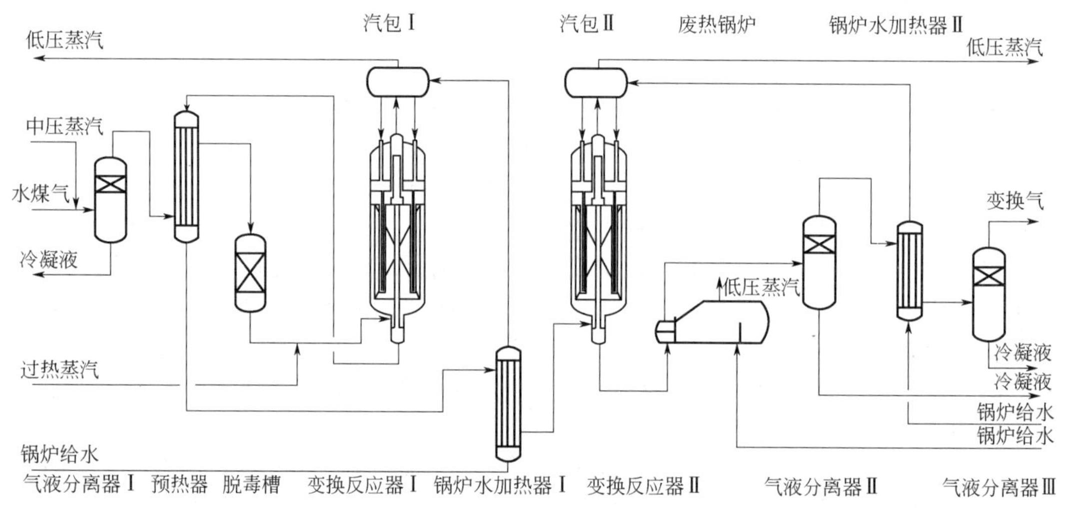

图 4-17 等温变换工艺流程图

脱毒槽的作用是保护变换反应的催化剂。在脱毒槽内脱除原料气中的机械杂质、氢氰酸、羰基化合物、O_2等物质。等温反应器的床层内设有冷管，气化水产生蒸汽，带出反应热，并副产蒸汽。

① 工艺条件。等温变换工序的压力就是原料气的压力，3.0～8.5MPa 之间。其中的水汽含量是原料中饱和的水蒸气量，与出制气系统的气体压力及温度有关，一般不需要另外补充蒸汽，只设备用蒸汽管线。壳牌粉煤气化工艺所得水煤气的汽/气（水蒸气与干气的摩尔比）为 0.8～0.9。反应温度根据相应压力下的平衡温度及平衡温距确定。第一等温反应器的温度在 280～350℃之间，第二等温反应器的温度在 250～280℃之间。

② 工艺控制。反应物料进口温度通过调节进口物料预热器副线流量来控制，反应器的温度通过调控汽包产生蒸汽的压力或流量来控制。同时控制汽包液位，监控床层压降和反应器出口物料中 CO 的浓度。

③ 安全控制。等温变换反应器Ⅰ、Ⅱ的进口及出口物料温度高报警、低报警。变换反应器Ⅰ出口CO含量高报警，可能是催化剂活性有所降低，变换反应器Ⅰ出口CO含量高，变换反应器Ⅱ的负荷加重，可能无法满足最终变换气对CO含量的要求。出系统CO含量高报警或（和）高高联锁，看后工序对其中CO含量的要求。汽包液位高报警、高高联锁；汽包液位低报警、低低联锁；锅炉给水流量低报警、低低联锁；汽包压力高报警、高高联锁。

（3）中低低变换流程

煤为原料，通过常压间歇的UGI制合成氨原料气，制得半水煤气中CO的干基摩尔分数在30%左右，多段绝热床变换工艺应用较多，包括：中低低工艺，即一段中温绝热串联两段低温绝热的变换工艺；全低变工艺，即三段低温绝热变换工艺等。其中的中低低工艺，温度序列更符合反应温度由高向低变化的特征。因为UGI工艺制得的半水煤气中含有一定量的硫，所以低变通常选耐硫变换催化剂，中变选用铁铬系催化剂，具有一定的耐毒、耐氧性能。基于变换过程压力较低的情况，常常采用饱和热水塔回收反应放出的热量，以补充反应所需的水蒸气。图4-18为典型的中低低变换流程图。

半水煤气首先进饱和塔与热水直接逆流接触升温、增湿，出饱和塔的半水煤气再补充一定量的水蒸气，并经换热器调整到适宜的温度后进入中温变换反应器，出中温变换反应器的变换气经热量回收，并经调温水加热器调温后进入一段低温变换反应器，经一段低温变换反应升温后再经降温进入二段低温变换反应器，出二段低温变换反应器的变换气经水加热器、热水塔回收能量后出变换系统。

饱和热水塔是一个较有特色的热量回收设备，实际为两个叠加在一起的塔，即饱和塔和热水塔，中间由热水管相连。半水煤气在饱和塔中与热水逆流直接接触，升温、增湿，提高汽/气，热水温度下降，自流进入热水塔。热水塔内热水和变换气逆流接触，变换气被降温，同时其中未反应的水蒸气冷凝放出热量，使热水升温，出热水塔的热水经泵增压后，借助水加热器，回收反应放出的热进一步升温后，再返回饱和塔。

① 工艺条件

（a）压力。压力对变换反应的平衡没有影响，但压力升高，反应速率提高，一般选中低压0.8MPa左右。

（b）温度。中变铁铬系催化剂的活性温度在300℃以上，进口温度一般控制在300℃或略高，考虑到催化剂的使用寿命，出口温度不超过475℃；低变催化剂的活性温度在180℃以上，出口温度不超过300℃，根据平衡曲线及最佳温度曲线的情况确立适宜的入口温度，两段低变的入口温度在180～220℃之间。

（c）汽/气。UGI法制得合成气，其中的水蒸气含量较低，进入变换系统后需要补充蒸汽，汽/气决定着蒸汽补入量的高低。汽/气比的高低与最终要求的CO的含量有关，要求CO的干基摩尔分数达到0.3%～0.5%，汽/气在0.8～0.6之间。

② 工艺控制。控制各段床层入口物料的温度，控制原料的流量，控制蒸汽的补加量，以保证每段床层及最终输出系统变换气中CO的含量满足要求。为防止半水煤气串入变换气及过程的稳定，控制饱和塔、热水塔的液位。对每段床层出口的CO浓度及出系统变换气中CO的浓度进行监控，对多点温度、压力进行监控，对催化床及饱和塔、热水塔的压差进行监控。

③ 安全控制。设二段低变出口及出系统变换气中CO含量高报警或高高联锁停车。设每段反应床层进口温度高、低报警；设每段反应床层温度高、低报警；设中变出口、一段低变

出口 CO 含量高报警；设每段床层压差高报警；设饱和塔、热水塔压差高、低报警；设饱和塔、热水塔液位高、低报警。中低低变换的工艺及安全控制原则流程如图 4-18 所示。

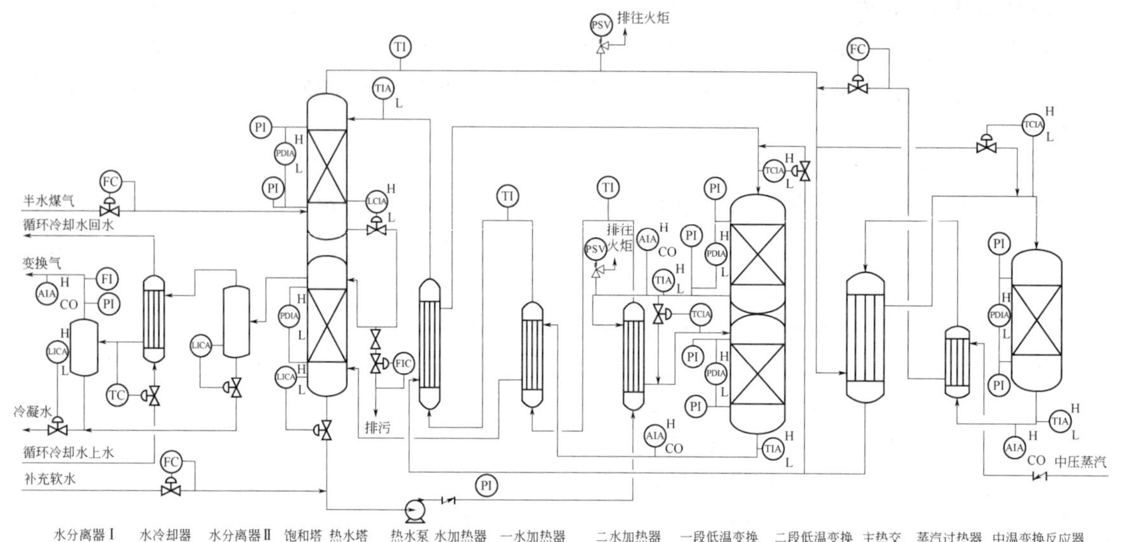

图 4-18　中低低变换工艺的原则控制方案

4.4　合成氨粗原料气的净化及过程控制

煤、石油、天然气中都含有硫元素，通过各种方法制得的合成氨原料气中都会有含硫物质，包括无机硫如 H_2S 和有机硫如 COS、CS_2、C_2H_5SH 等。含硫物质对许多催化剂都是毒物，包括天然气蒸汽转化催化剂、氨合成催化剂、铜系变换催化剂、甲烷化催化剂等；H_2S 遇水具有酸性，会腐蚀管道和设备，所以必须将其脱除，在进入氨合成工序之前要求脱除至 $1mg/m^3$（标准状态）以下。以煤、石油、天然气为原料制氨合成用原料 H_2，其中的含碳物质经过制气及变换反应大多数都转化成了 CO_2。CO_2 及 CO 都会使氨合成催化剂中毒，在进入氨合成之前要将 $CO+CO_2$ 的含量降至 10μmol/mol 以下。合成氨原料气的脱硫和脱碳均分为粗脱和精脱两种，前者针对高浓度物质的脱除，脱除的同时考虑被脱除物质的回收，后者针对低浓度物质的高精度脱除。含硫物质的危害性更大，所以宏观上脱硫通常会设置在脱碳之前。

4.4.1　含硫物质的脱除

合成氨原料气中的硫含量依制气原料的不同而不同，煤为原料时，粗原料气中的硫含量最高，重油次之，天然气最低。硫含量不同，脱除的方法不同，对于硫含量较高的原料，要考虑脱除的同时对其加以回收利用，通常回收为硫黄，这是粗脱硫过程。硫含量较低时则无回收的价值，主要考虑脱硫精度，这是精脱硫过程。制气工艺不同，脱硫在合成氨生产中设置的位置不同。天然气为原料，脱硫设置在整个生产过程的最前端。煤和重油为原料时，制气过程无催化剂，变换可选用耐硫变换催化剂，脱硫设置在变换之后或之前进行。脱硫方法按大类可以分为湿法和干法。表 4-15 为合成氨原料气用典型的脱硫方法。

表 4-15 合成氨原料气脱硫方法

方法	无机硫	有机硫
干法	粗脱（氧化回收）：氧化铝基复合氧化物催化剂，将 H_2S 转化为元素硫（克劳斯法） 精脱（化学、物理吸附）：氧化锌法、氧化铁法、氧化锰法、活性炭法	钴钼加氢，有机硫转化为无机硫，再用氧化锌脱除； 克劳斯法，有机硫氧化为硫黄或 SO_2
湿法	粗脱（物理、化学吸收）：氨水中和法、氨水对苯二酚催化法、ADA 法，（碱吸收+催化氧化回收）、碳酸钠吸收、MEA 吸收（化学吸收）、低温甲醇洗、聚乙二醇二甲醚法（物理吸收） 精脱（化学吸收）：氢氧化钠溶液吸收	冷氢氧化钠（脱除 C_2H_5SH）、热氢氧化钠（脱除 COS），大多数有机硫在脱除无机硫的同时可以被脱除

制气原料中含有无机硫和有机硫，但高温及 H_2 含量较高的制气环境中，多数有机硫可氢解为无机硫，合成气中无机硫含量是有机硫含量的 10 倍以上，所以氨合成原料气的脱硫重点关注 H_2S 的脱除。

合成氨原料气的粗脱硫首选湿法。湿法脱硫从吸收的角度分物理吸收法、化学吸收法和物理化学吸收法。从再生的角度分循环法和氧化法，循环法用蒸汽吹扫或升温的方法对富液进行汽提处理，使其中的 H_2S 脱除出来，然后再进行回收；氧化法则将吸收的 H_2S 氧化为硫黄进行回收，后者的关键是选择合适的氧化剂。

4.4.1.1 蒽醌二磺酸钠（ADA）湿法脱硫工艺

ADA 法是一种化学吸收结合氧化回收硫黄的脱硫方法，由英国的 North Western Gas Borad 和 Clayton Aniline 公司于 1958 年联合开发成功，该法以碳酸钠为吸收剂、ADA 为氧化剂对 H_2S 进行吸收和氧化。吸收液中加入偏钒酸钠可显著加速 H_2S 的氧化速率，添加偏钒酸钠的 ADA 法称作改良 ADA 法或 AV 法。该法在常压及加压脱硫中均能适用，脱硫能力强，加压下可将气体中 H_2S 的含量从 1000mg/m^3（标准状态）以上降至 1mg/m^3（标准状态）以下，回收的硫黄纯度达 99.9%。该法是 UGI 制得合成气脱硫时常选的方法之一，设在制气之后，变换之前，一般选常压操作。

蒽醌二磺酸钠，含 2,6-蒽醌二磺酸钠和 2,7-蒽醌二磺酸钠，容易在氧化态与还原态间变化，用空气可以将还原态变为氧化态，利用其性质对 H_2S 进行氧化回收。

氧化态2, 6-ADA　　还原态2, 6-ADA

（1）脱硫反应机理

酸吸收反应

$$H_2S+Na_2CO_3 = NaHS+NaHCO_3 \tag{4-41}$$

偏钒酸钠 $NaVO_3$ 氧化 NaHS 为单质 S，自身转化为亚四钒酸钠 $Na_2V_4O_9$。

$$2NaHS+4NaVO_3+H_2O = Na_2V_4O_9+4NaOH+2S \tag{4-42}$$

氧化态的 ADA 氧化 $Na_2V_4O_9$ 使其再生为 $NaVO_3$。

$$Na_2V_4O_9+2NaSO_3\text{-[蒽醌]-}SO_3Na+2NaOH+H_2O \longrightarrow 4NaVO_3+2NaSO_3\text{-[蒽氢醌]-}SO_3Na \tag{4-43}$$

还原态的蒽醌用氧气氧化再生。

$$\text{NaSO}_3\text{-}\underset{\text{OH}}{\overset{\text{OH}}{\text{C}_{14}\text{H}_6}}\text{-SO}_3\text{Na} + 1/2\text{O}_2 \longrightarrow \text{NaSO}_3\text{-}\underset{\text{O}}{\overset{\text{O}}{\text{C}_{14}\text{H}_6}}\text{-SO}_3\text{Na} + \text{H}_2\text{O} \tag{4-44}$$

$$NaHCO_3+NaOH = Na_2CO_3+H_2O \tag{4-45}$$

总反应

$$H_2S+\frac{1}{2}O_2 = S+H_2O \tag{4-46}$$

动力学研究表明，式（4-41）的反应速率很快，式（4-42）、式（4-43）、式（4-44）的反应速率与溶液的 pH 值关系较大，pH 值升高，式（4-42）、式（4-43）的反应速率下降，式（4-44）的反应速率升高，所以要控制反应液的 pH 值。

过程中还会有不希望发生的反应，气相中 CO_2 被吸收。

$$CO_2+Na_2CO_3+H_2O = 2NaHCO_3 \tag{4-47}$$

硫氢化钠被空气氧化，生成硫代硫酸钠。

$$2NaHS+2O_2 = Na_2S_2O_3+H_2O \tag{4-48}$$

为了抑制式（4-48）的发生，$NaVO_3$ 较反应式（4-42）的理论用量要少许过量；该反应对温度较为敏感，所以要适当控制反应的温度。当气相中有氰化氢时，还可能发生反应

$$2HCN+Na_2CO_3 = 2NaCN+CO_2+H_2O \tag{4-49}$$

$$NaCN+S = NaCNS \tag{4-50}$$

$$2NaCNS+5O_2 = Na_2SO_4+2CO_2+SO_2+N_2 \tag{4-51}$$

副反应式（4-49）～式（4-51）形成的这些物质会在吸收液中不断积累，积累到一定浓度就会影响吸收液的性能，所以吸收液要定期从系统中部分排出进行处理。

（2）流程及工艺条件

改良 ADA 法脱硫的流程见图 4-19。含硫合成气在吸收塔中与吸收液逆流接触脱除 H_2S，经气液分离后进入下一工序。出吸收塔的吸收液在循环槽及再生塔中完成式（4-42）～式（4-44）等反应。

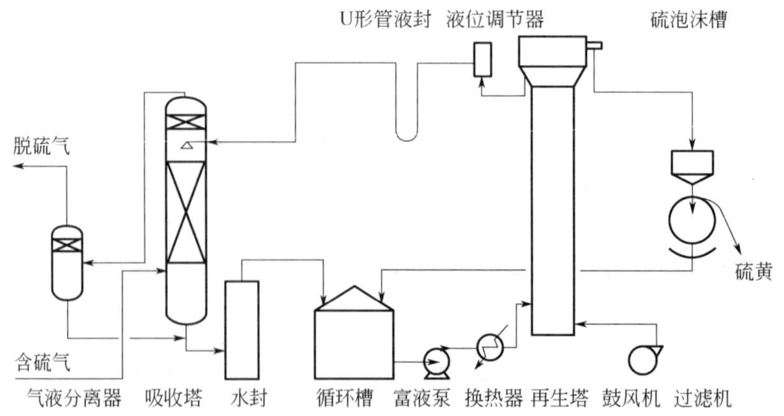

图 4-19　改良 ADA 法常压脱硫的工艺流程图

脱硫过程的主要目标是要使得出系统的气体中硫含量满足工艺要求。具体要求根据后续

精脱硫装置的能力决定，一般要低于 50mg/m^3（标准状态），通过控制吸收液的总碱度及吸收液的流量来实现。为了平衡过程中各个反应间的速率，要控制溶液的 pH 值。为了抑制副反应的进行，还要控制 $NaVO_3$ 及 ADA 的浓度，过程中还会加入一定量的酒石酸钾钠以抑制因局部 H_2S 浓度过高而生成一种钒-氧-硫黑色沉淀。ADA 脱硫可以在常压下进行，也可以在加压下进行，加压下可使得净化气中的硫含量降得更低，但反应式（4-47）更容易发生，吸收操作的运行成本会增加。下面是常压 ADA 法建议的工艺条件。

① 碱度。碱度指溶液中 Na_2CO_3 和 $NaHCO_3$ 的含量，常压操作，Na_2CO_3 和 $NaHCO_3$ 的浓度分别在 5.0～5.5g/L 和 25～25.5g/L 之间。

② pH 值。吸收液的 pH 值控制在 8.5～9 之间。

③ $NaVO_3$ 及 ADA 浓度。$NaVO_3$ 的浓度为 1～5g/L，ADA 的浓度为 2～6g/L；酒石酸钾钠的浓度为 1～2g/L 之间。

④ 吸收的温度。吸收温度控制在 40℃左右，太低，各种盐类的溶解度降低，其会析出；太高，则硫代硫酸钠副产物增多。

参数越限报警：过程中对净化气中 H_2S 含量太高，吸收液总碱度太低，吸收液流量太低，吸收液 pH 值太高或太低，吸收塔液位太高或太低，水封液位太低，再生塔液位太高或太低，循环槽及气液分离器的液位太高或太低进行报警，鼓风机流量低报警。

4.4.1.2 低温甲醇洗

低温甲醇洗是二十世纪五十年代由德国鲁奇（Lurgi）和林德（Linde）联合开发的粗原料气净化工艺，特别适用于以重油和煤为原料的大型合成氨装置。上述方法制得粗原料气中 H_2S 和 CO_2 的含量均较高，用低温甲醇洗的方法可将二者同时吸收脱除，然后利用 H_2S 和 CO_2 溶解度的不同，对二者分别解吸回收。图 4-20 为常压下，合成氨粗原料气中各物质在甲醇中的溶解度。可见，H_2S 和 CO_2 在甲醇中的溶解度显著高于 CO、N_2 及 H_2，这主要是由于 H_2S 和 CO_2 为极性物质，而甲醇为极性溶剂。同时可见，H_2S 和 CO_2 在甲醇中的溶解度随着温度的降低大幅下降，这有利于通过改变温度完成吸收和解吸操作。

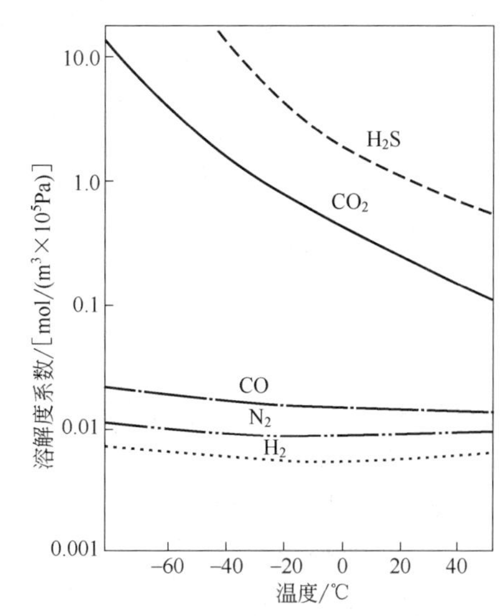

图 4-20　常压下部分气体在甲醇中的溶解度系数

鲁奇和林德公司在随后的应用中不断改进、发展和完善相应的技术，分别形成各自的特色工艺。鲁奇公司还开发了一步法流程和两步法流程，前者是脱硫、脱碳一起完成，后者是先脱硫，然后变换，最后再脱碳，一步法应用较多。低温甲醇洗有如下优点。

① 运行成本低。甲醇在低温下对 H_2S 和 CO_2 的吸收能力强，吸收容量大，使得吸收剂的循环量小，动力消耗小，再生成本低；甲醇溶液黏度小，单位溶剂的运输成本低；甲醇的热稳定性及化学稳定性好，使用过程中不分解、损耗小，且不腐蚀设备；甲醇不起泡，无需额外加入消泡剂；甲醇价格低廉。

② 选择性高。甲醇对 H_2S、CO_2 的吸收能力远大于对 CO、H_2 及 N_2 的吸收能力，使得吸收过程 CO、H_2、N_2 的损失量少，甲醇的利用率高。甲醇对 H_2S 的吸收速率快，而对 CO_2 的吸收速率慢，使得可以在一套设备内完成对 H_2S 和 CO_2 的吸收，然后分别解吸，并回收高

纯度 CO_2。

③ 气体净化度高。H_2S、CO_2 在甲醇中的溶解度大，低温下可将气相中的 H_2S 浓度降至 0.1mg/m³（标准状态）以下，CO_2 的浓度降至 20～30μmol/mol 及以下。H_2S 的含量直接满足了氨合成原料对 S 含量的纯度要求，不需要设置精脱硫工序。

低温甲醇洗的缺点有如下几点。

① 甲醇的毒性较大，沸点偏低，火灾爆炸的危险性较大。

② 低温甲醇洗需要的操作温度低，对设备材质要求较高。

③ 流程较长，过程控制较为复杂。

（1）低温甲醇洗的流程

低温甲醇洗工艺中 CO_2 和 H_2S 的脱除相对容易，而吸收液的再生过程相对复杂，既要保证甲醇溶液的再生贫度，又要控制解吸出纯度较高的 CO_2 和浓度较高的 H_2S，以保证二者的回收。低温甲醇洗的原则流程如图 4-21 所示。

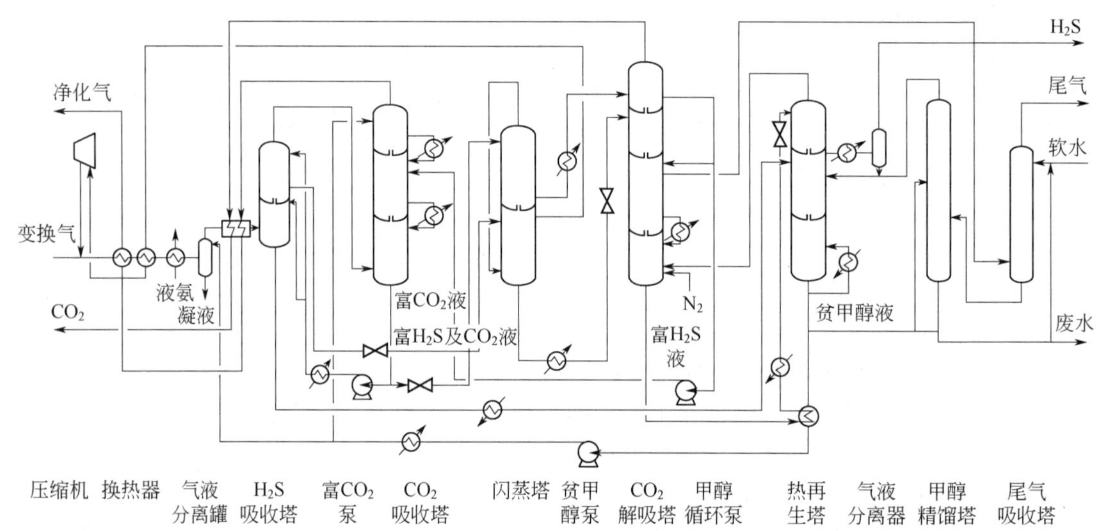

图 4-21　低温甲醇洗脱硫脱碳原则流程

① 主物流：变换气经与出系统净化气换热、氨冷，降至－25℃左右进入 H_2S 吸收塔，脱除 H_2S 及少量有机含硫物质后进入 CO_2 吸收塔，脱除 CO_2 后，从 CO_2 吸收塔的顶部流出，经冷量回收后送出系统。

② 富 CO_2 吸收液：贫甲醇溶液进入 CO_2 吸收塔，吸收了 CO_2 之后的富甲醇溶液从 CO_2 吸收塔的底部流出分为两路，一路去闪蒸塔的上部，释放溶解的低溶解度组分，包括 H_2、CO、Ar、CH_4 等，而后进入 CO_2 解吸塔，在较低的温度下，通过减压释放出其中的 CO_2，CO_2 经冷量回收后去尿素系统。甲醇溶液大部分返回 CO_2 吸收塔，少部分用于洗涤从富 H_2S 溶液中释放出的气体，以回收其中的 H_2S。另一路富 CO_2 溶液进入 H_2S 吸收塔。

③ 富 CO_2 及 H_2S 甲醇溶液：H_2S 在甲醇溶液中的溶解度较 CO_2 更大，而且变换气中 H_2S 的含量较低，吸收了 CO_2 的甲醇溶液可继续吸收 H_2S，出 CO_2 吸收塔的部分富 CO_2 液进入 H_2S 吸收塔，吸收其中的 H_2S，这即为富 CO_2 及 H_2S 甲醇溶液。这部分溶液首先进入 H_2S 闪蒸塔的下部，通过减压释放出低溶解度气体，这部分气体和从 H_2S 闪蒸塔上部释放出来的气体混合后返回系统入口的变换气中。释放了低溶解度气体之后的浓缩 H_2S 甲醇溶液进入 CO_2 解吸塔的中部，进一步减压，释放出其中的 CO_2，而后再经 N_2 吹扫汽提，进一步吹出其中的

CO_2，吹扫后的尾气进尾气吸收塔，吹扫后的甲醇溶液中主要含 H_2S。

④ 富 H_2S 溶液：来自 CO_2 解吸塔底部的甲醇溶液中主要含有 H_2S，该溶液经过预热后进入 H_2S 热再生塔。在热再生塔中，通过减压、升温的方式将 H_2S 释放出来，夹带在 H_2S 中的甲醇气体经冷凝、分离后返回系统，释放出的 H_2S 气体至克劳斯装置被氧化为硫黄而回收。塔釜出来的贫甲醇溶液大部分去 CO_2 吸收塔，少部分去甲醇精馏塔。

⑤ 贫甲醇溶液：出热再生的贫甲醇溶液大部分降温后返回 CO_2 吸收塔，少部分去甲醇精馏塔，在甲醇精馏塔中溶解在甲醇中的水从甲醇溶液中分离出来，以防止其越积累越多，影响生产的进行。塔顶的热甲醇气体进入 H_2S 热再生塔，带入热量解吸甲醇溶液中的 H_2S，自身冷凝后，并入贫甲醇溶液。

⑥ 氮汽提尾气：从 CO_2 再生塔中部流出的含有多种气体的尾气用水吸收其中的 H_2S 和 CO_2 后去火炬。吸收液部分来自甲醇精馏塔的塔釜排出液，部分为外部补充的软水。

向气液分离器中喷入少量甲醇，是为了防止低温下变换气中夹带的饱和水会冷冻；H_2S 吸收塔下部的预洗段是为了洗掉变换气中夹带的水、灰尘、轻烃及高分子物质，防止污染主吸收液；甲醇吸收 CO_2 的过程放热，为了保证 CO_2 的溶解度，从 CO_2 吸收塔上段出来的甲醇溶液冷却降温后进入下段。

低温甲醇洗的主要目的是脱除变换气中的 H_2S 和 CO_2，出系统净化气的 H_2S 和 CO_2 含量必须满足要求，H_2S 低于 $0.1mg/m^3$（标准状态），CO_2 低于 50μmol/mol。吸收塔的操作压力在 2.9～8.5MPa 之间，与变换操作的压力有关，温度因原料中 CO_2 和 H_2S 含量的不同而不同，在－60～－20℃之间，甚至更低。操作温度低，有利于 CO_2 和 H_2S 的脱除，也有利于减少甲醇的损失。CO_2 的解吸主要通过减压实现，H_2S 的解吸则需要减压和升温同时作用。CO_2 和 H_2S 的闪蒸均为减压闪蒸，目的是尽可能多地释放其中溶解的 H_2、N_2 等有效气体，而尽量少释放 CO_2 及 H_2S，压力介于吸收塔的压力和解吸塔的压力之间。H_2S 吸收塔、CO_2 吸收塔、闪蒸塔、CO_2 解吸塔均在 0℃以下操作，热再生塔、甲醇精馏塔和尾气吸收塔在 0℃以上操作。

在操作压力一定的情况下，通过调节循环甲醇的流量、氨冷甲醇的温度，控制甲醇的纯度来保证净化气中 H_2S 和 CO_2 的含量。同时过程中通过控制各物流的压力、温度、流量及各个塔的液位，实现 H_2S 和 CO_2 的有效回收，并使每一个塔稳定运行，使排放的废水中甲醇的含量不超标。低温甲醇洗的工艺过程较为复杂，控制过程也较为复杂。

（2）低温甲醇洗较为突出的安全问题及对策措施

① 高压串低压。吸收过程中，各个塔的操作压力不同，容易发生高压串低压问题，比如 H_2S 吸收塔的气体串入 H_2S 闪蒸塔，CO_2 吸收塔的气体串入 CO_2 闪蒸塔，这都直接导致主物料损失及大量危险性气体进入火炬，释放的 CO_2 气体和 H_2S 气体不符合要求，整个生产无法正常进行。其中的塔釜液体起到液封、保压的作用，为此要设 H_2S 和 CO_2 吸收塔的低液位报警、超低联锁，在两个吸收塔的液体输出管道设快速切断阀，液位超低时联锁切断。

② 甲醇泵倒流问题。贫甲醇泵和甲醇循环泵的进出口压差较大，控制不好容易倒流，导致泵损坏，且操作无法正常进行。为此：在每台泵的出口设不同形式的双止逆阀；泵出口设低流量报警，超低流量联锁，泵转速异常联锁，泵进、出口压差超低联锁，出现上述情况，关闭泵出口的快速切断阀。

③ 甲醇的解吸不完全问题。甲醇解吸不完全将严重影响其吸收性，要严密监控贫吸收液中 H_2S 和 CO_2 的浓度。

④ 吸收液超温问题。贫甲醇及循环甲醇多处设超温报警，温度升高不能保证对 H_2S 和 CO_2 的有效吸收。

另外，过程中要监控各出塔气中 H_2S 和 CO_2 的浓度，监控 H_2S 和 CO_2 中甲醇的浓度。系统要在吸收塔、闪蒸塔等加压设备上设置安全阀，在多条管道上设止逆阀。

4.4.2 含碳物质的粗脱除

无论用哪种原料制取氢气，其中的碳元素都会转变为 CO_2，脱碳是合成氨生产中的一个主要工序，粗脱碳多采用气液吸收法。脱除掉的 CO_2 被大部分回收，用于尿素的生产。

4.4.2.1 脱碳方法概述

CO_2 的气液吸收脱除有物理吸收、化学吸收及物理化学吸收法。工业上脱除 CO_2 的物理溶剂包括水、甲醇、碳酸丙烯酯（PC）、聚乙二醇二甲醚（NHD）、*N*-甲基吡咯烷酮（NMP）等，如前述的低温甲醇洗脱硫脱碳工艺。化学吸收则通常利用 CO_2 的酸性，选择一种能与 CO_2 发生可逆反应的有机或无机的碱性物质的溶液对 CO_2 进行化学吸收，再通过加热、减压的方法对吸收后富液进行解吸处理。化学吸收用的碱性物质有碳酸钾、*N*-甲基二乙醇胺（MDEA）、单乙醇胺（MEA）、二乙醇胺（DEA）等。

4.4.2.2 苯菲尔法粗脱碳

早期的苯菲尔法也叫热钾碱法，是二十世纪五十年代由美国的学者 H.E.Benson（本森）和 J.H.Field（菲尔德）开发的，以碳酸钾为吸收剂通过化学吸收法脱除 CO_2。后期在技术改进中添加活性剂促进化学吸收，现在应用较多的活性剂为二乙醇胺（DEA），适量 DEA 的加入可以使 K_2CO_3 对 CO_2 的吸收速率提高 3 倍以上。大型的天然气为原料的合成氨生产过程，粗脱碳多选用该工艺。

（1）反应特征

吸收和解吸的反应方程式为

$$K_2CO_3 + CO_2 + H_2O \rightleftharpoons 2KHCO_3 \tag{4-52}$$

反应的平衡常数

$$K=\frac{M_{KHCO_3}^2}{M_{K_2CO_3} \times p_{CO_2} \times p_{H_2O}} \tag{4-53}$$

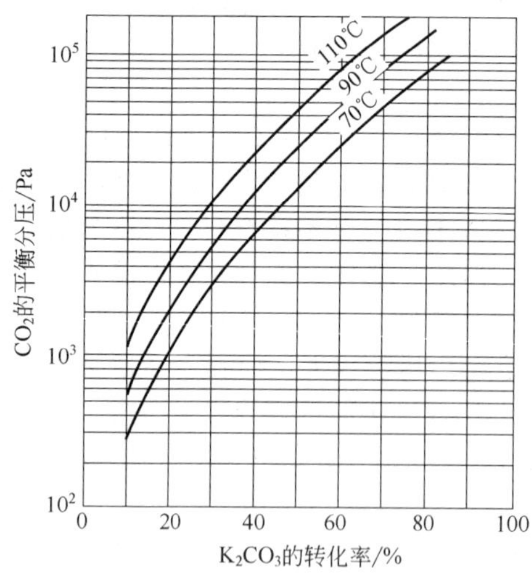

图 4-22 CO_2 分压随 K_2CO_3 转化率及温度的变化曲线

K_2CO_3 初浓度为 30%（质量分数）

式中，$M_{K_2CO_3}$、M_{KHCO_3} 分别为 K_2CO_3 和 $KHCO_3$ 的物质的量浓度；p_{CO_2}、p_{H_2O} 分别为二氧化碳和水蒸气的分压，Pa。

则，$p_{CO_2}=\dfrac{M_{KHCO_3}^2}{M_{K_2CO_3} \times K \times p_{H_2O}}=\dfrac{M_{KHCO_3}^2}{M_{K_2CO_3} \times K'}$，水的分压为对应温度下水的饱和蒸气压，是温度的函数，平衡常数 K 也是温度的函数，二者合并为 K'。设 K_2CO_3 的转化率为 x，K_2CO_3 的初浓度为 $M_{K_2CO_3,0}$，则 $M_{K_2CO_3}=M_{K_2CO_3,0}(1-x)$，$M_{KHCO_3}=2M_{K_2CO_3,0}x$，$p_{CO_2}=\dfrac{M_{KHCO_3}^2}{M_{K_2CO_3} \times K'}=\dfrac{4M_{K_2CO_3,0}x^2}{(1-x)K'}$。即 CO_2 分压是 K_2CO_3 初浓度、K_2CO_3 转化率及温度的函数。图 4-22 为 K_2CO_3 初始质量分数为 30%时的对应关系。由图可见，从平衡的角度考虑，在 K_2CO_3 初浓度一定的情况下，降低温度，降低 K_2CO_3 的转

化率，有利于气相中 CO_2 分压的降低，即有利于提高 CO_2 的净化度。但因为是化学吸收过程，速率对温度较为敏感，温度太低，吸收和解吸的速率都会降低；同时温度降低，$KHCO_3$ 和 K_2CO_3 的溶解度降低，容易从溶液中结晶析出。所以实际操作时吸收和解吸的温度都不能太低。

（2）工艺流程

苯菲尔法脱碳多采用两段吸收和两段解吸的工艺，流程如图 4-23 所示。

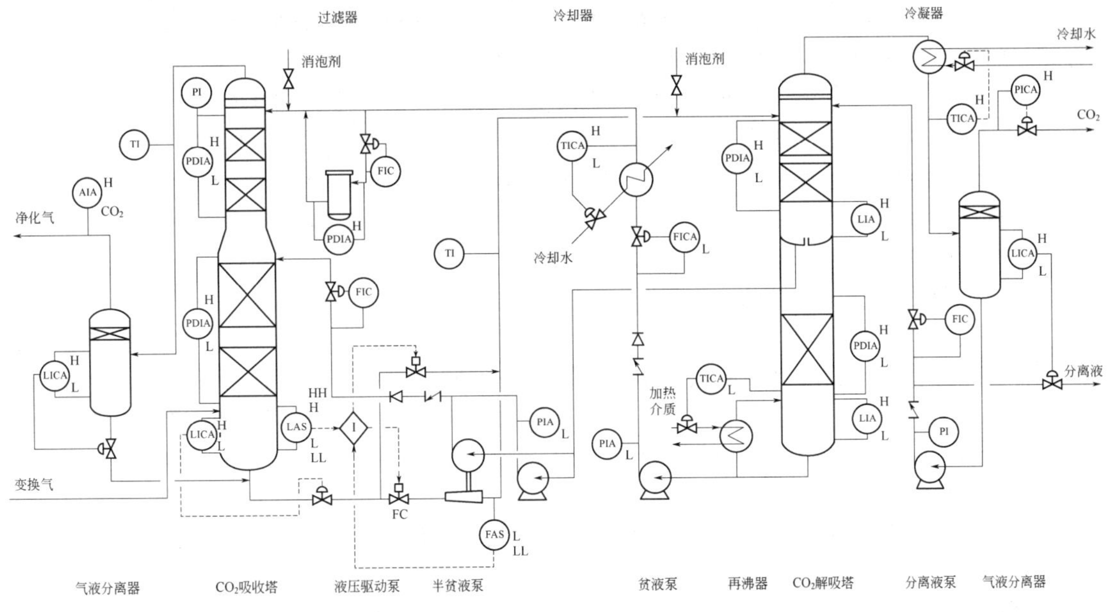

图 4-23　苯菲尔法脱碳工艺及安全控制流程图

① 两段吸收，两段解吸（分段逆流）。变换气先进入吸收塔下段与大量半贫液接触进行粗脱，然后再进入上段与少量贫液接触进行精脱。粗脱段的温度相对高，反应速率快，保证大量的 CO_2 被吸收，精脱段的贫液解吸较为彻底，K_2CO_3 浓度更高，温度较低，具有较大的吸收平衡推动力，保证净化气中 CO_2 的浓度足够低。解吸塔中部抽出大量解吸不很彻底的半贫液进入吸收塔，剩余的少量解吸液进入下部进一步解吸得到贫液。

② 液压驱动泵。吸收在加压下进行，解吸在接近常压下进行，富液由吸收塔送入解吸塔时降压，贫液或半贫液由解吸塔送至吸收塔时需要加压，液压驱动泵将富液降压时释放的能量用作半贫液加压时的部分动力。

③ 过滤器及消泡剂。贫液的输送管道上设置过滤器，滤掉过程中形成的固体 $KHCO_3$ 和 K_2CO_3 结晶颗粒。温度越低，碱的溶解度越小，贫液的温度最低，所以过滤器一般设置在贫液管道上的冷却器之后。有机胺的热碱溶液很容易起泡，泡沫太多会影响正常操作，所以在吸收装置的不同位置加入一定量的消泡剂。所用消泡剂为聚醚类表面活性剂。

（3）工艺条件

脱碳的工艺指标是净化气中 CO_2 的含量，后续精脱碳配置甲烷化工艺，出系统净化气的 CO_2 干基摩尔分数一般要求降至 0.1%以下。重要的工艺参数包括：吸收、解吸的压力，吸收、解吸的温度，吸收液中 K_2CO_3 的浓度，等。

① 操作压力。吸收压力高，气相中 CO_2 的含量低，吸收的速率也可适当提高。吸收压力高，有利于降低吸收塔的容积，但作为合成氨生产的一个工序，操作压力通常与整个工艺过程相适应，天然气为原料的合成氨生产过程，吸收压力 2.6～2.8MPa。解吸压力越低，越

有利于 $KHCO_3$ 的解吸释放，考虑到解吸 CO_2 向后系统的输送，解吸压力通常略高于常压，0.11～0.14MPa（绝压）。

② 碱液浓度。碱液浓度增加，对 CO_2 的吸收量增大，但碱液的浓度必须保证低于对应温度下 $KHCO_3$ 和 K_2CO_3 的饱和溶解度，折合为 K_2CO_3 的质量分数，通常在 27%～30%之间。

③ 操作温度。吸收的温度降低从平衡的角度考虑，有利于气相中 CO_2 分压的降低，但从动力学的角度考虑，不利于反应速率的提高，所以温度要适当，通常控制半贫液的温度为 110～115℃，有利于大量 CO_2 被快速吸收，贫液的温度为 70～75℃，有利于增大吸收的平衡推动力，保证出系统净化气中 CO_2 的含量满足要求。解吸的温度升高从热力学及动力学角度考虑均有利，通常在相应压力及溶液组成下的沸点操作，115～120℃之间。

④ 转化率（度）。吸收液在吸收塔和解吸塔间循环，溶液中既有 K_2CO_3，也有 $KHCO_3$。富液的转化率最高，75%～83%，半贫液次之，40%～42%，贫液最低，25%～30%。贫液与半贫液的比约为 25∶75，即 1/4 的溶液用作贫液。

（4）工艺及安全控制方案

① 工艺控制方案。解吸塔的塔釜设置再沸器，通过控制加热介质的流量控制塔釜的温度。贫液的温度通过调节冷却水的流量控制；吸收塔和解吸塔的液位控制很重要，均通过调节出料量控制；解吸塔的塔压通过调节二氧化碳的出气量控制；分离器液位通过调节排出液的流量控制。监测出系统净化气中 CO_2 的含量，吸收塔的压差，解吸塔的压差。

② 安全控制方案。吸收在加压下进行，解吸在接近常压下进行，要特别注意预防气体从高压的吸收塔串入低压的解吸塔，为此设吸收塔液位超低联锁；同时吸收塔液位太高，接近甚至进入填料层，将影响吸收效果，设吸收塔液位超高联锁。

为防止液压驱动泵出现故障，影响生产正常进行，出吸收塔富液进解吸塔设两条管线，一条经过液压驱动泵回收能量，另一条不经过液压驱动泵。正常生产时采用第一条管线，液压驱动泵出现故障（主要表现为液压驱动泵出口管线的流量超低）时采用第二条管线。液位超低时，两条管线上的阀门均关闭；液位超高时，关闭经液压驱动泵的阀门，打开不经液压驱动泵的阀门，以保证吸收液在两塔压差的作用下，快速地流入解吸塔。

设净化气 CO_2 含量高报警；设吸收塔压差高、低报警；设解吸塔压差高、低报警；设多点温度越限报警。

对于贫液泵和半贫液泵而言，出口的压力大于进口的压力，所以要特别防止液体倒流从而损坏泵，并使生产无法进行，泵的出口要设双止逆阀，而且一般选不同类型的止逆阀。苯菲尔法脱碳的工艺及安全控制方案流程见图 4-23。

4.4.3 低浓度含硫、含碳杂质气体的深度净化

氨合成催化剂对毒物的耐受能力较差，在物流进入氨合成之前，要求含碳物质、含硫物质的含量都要降到 10^{-6} 级的水平，所以很多情况下，需要设置深度净化工序来进一步脱除相应的杂质成分。

4.4.3.1 含硫物质的深度净化

含硫物质，包括 H_2S 及 COS、CH_3SH 等，是许多催化剂的毒物，作为氨合成的原料气，其中的硫化物含量要降到 $1mg/m^3$（标准状态）以下，如果用低温甲醇洗脱硫，则净化气通常可以满足要求，但是如果用 ADA 等热化学吸收的方法脱硫，则一般还需设深度脱硫工序。最常用的方法是化学吸附，最常用的吸附剂为 ZnO。另外当以硫含量较少的天然气为原料制

气时，由于天然气蒸汽转化的催化剂也不耐硫，所以含硫物质的深度净化在制气之前完成，如4.2.1.2所述。该方法过程简单，脱硫精度高，但受硫容量的限制，不适用于原料硫含量较高的情况，一般只用于含硫几十毫克每立方米（标准状态）气体的净化。氧化锌干法脱硫发生的反应见式（4-18）～式（4-21）。

ZnO脱硫有两种常见的流程设置方法。当原料中H_2S含量较低时，先进行有机硫转化，再进行ZnO脱硫，如图4-24（a）所示；当原料中H_2S含量较高，比如接近$100mg/m^3$（标准状态）时，则先进行ZnO脱硫，然后有机硫加氢转化，再进行一次ZnO脱硫，如图4-24（b）所示。因为有机硫的加氢转化反应可逆，H_2S的浓度太高不利于有机硫的转化。根据情况脱硫槽A和脱硫槽B可并联或串联使用。该过程主要控制反应器入口物流的温度、原料的流量、含氢物流的流量，监控脱硫气体的硫含量、钴钼加氢反应器及脱硫吸附塔的压差。

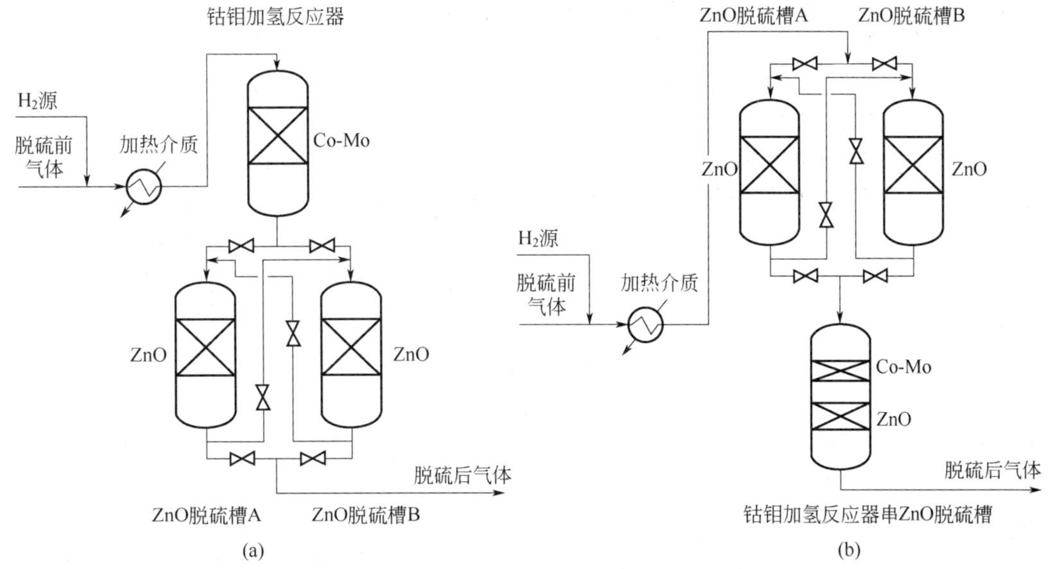

图4-24　ZnO干法精脱硫的流程图

4.4.3.2　含碳物质的深度净化

由于CO、CO_2会使氨合成催化剂中毒，所以要求进合成之前，原料气中的（$CO+CO_2$）＜10μmol/mol，在氨合成之前还需要设置CO和CO_2的深度净化过程，依据前期的变换及脱碳过程不同，精脱碳方法有如下几种。

铜氨液洗涤法，化学吸收的方法，利用吸收剂与CO的络合反应，与CO_2的中和反应，将二者脱除。该法适用于CO含量较高的情况，变换气中CO的干基摩尔分数在1%～3%之间。该法流程较长，能耗高、环保压力大，运行成本较高，目前应用相对较少。

低温液氮洗法，低温下用液氮对合成氨原料气进行最终净化，将沸点与N_2接近的CO、CH_4、Ar溶解在液氮中脱除，使气相中只留有较N_2的沸点低很多的H_2。低温液氮洗脱除CO工艺与以煤、渣油为原料，纯氧为氧化剂制粗原料气的工艺相配套，该制气工艺中设空分装置，为液氮洗工艺提供所需的纯氮，同时可以在液氮洗的过程中向原料气中配入氨合成所需的N_2。低温液氮洗可用于CO干基摩尔分数低于3%左右的原料气的净化。

甲烷化法，在绝热式固定床反应器上，利用CO、CO_2与H_2发生的甲烷化反应，将CO和CO_2转化掉。甲烷化精脱CO、CO_2流程短，工艺过程简单。但由于净化CO和CO_2的同时生成了对于氨合成反应过程不希望存在的CH_4，同时甲烷化反应为强放热，绝热下反应，每转化 1 个百分点的 CO 和 CO_2，系统分别温升 72℃左右和 58℃左右，所以该法适用于（$CO+CO_2$）干基摩尔分数较低的情况，一般在 0.5%～0.7%之间。

（1）低温液氮洗精脱碳

低温液氮洗工艺首先用物理吸附的方式脱除 CO_2，然后利用 CO、CH_4、Ar 的沸点高于 N_2，而 H_2 的沸点低于 N_2 的特点，低温下将 CO、CH_4、Ar 溶解在液氮中，从氨合成原料气中脱除。低温液氮洗不仅脱除了对氨合成催化剂有毒害作用的 CO、CO_2，而且脱掉了会影响氨合成效率的 CH_4 和 Ar，并向净化气中补入氨合成所需氮气。该法适用于纯氧制合成气的工艺，这样制得的工艺气体中氮含量很低，而低温液氮洗的冷量主要来自补氮过程。加压氮气与未净化工艺气体（主要是氢气）混合时氮的分压下降，相当于节流膨胀，发生类焦耳-汤姆孙效应，会释放冷量。该法也适宜与低温甲醇洗脱碳脱硫工艺相配套，有利于冷量的合理利用。

① 低温液氮洗工艺及特点。低温液氮洗的流程见图 4-25。

来自低温甲醇洗的氨合成未净化工艺气，首先进入分子筛吸附塔，脱除其中的 CO_2、H_2O 及 CH_3OH。出分子筛吸附塔的气体经原料气冷却器Ⅰ和原料气冷却器Ⅱ冷却降温后进氮洗塔与液氮逆流接触，脱除其中的 CO、CH_4、Ar。氮洗塔顶部流出的合格的净化气经原料气冷却器Ⅱ回收冷量后补入氮气，补氮过程放出大量冷量，携带冷量的净化气在原料气冷却器Ⅰ中冷却氮气及未净化工艺气。出原料气冷却器Ⅰ的净化气分为两路，一路过氮气冷却器冷却氮气的同时复热，另一路去低温甲醇洗回收冷量后复热返回，复热后的两股净化气混合，再补入少量的氮气，调整氢氮比到 3∶1 左右后，去氨合成工序。

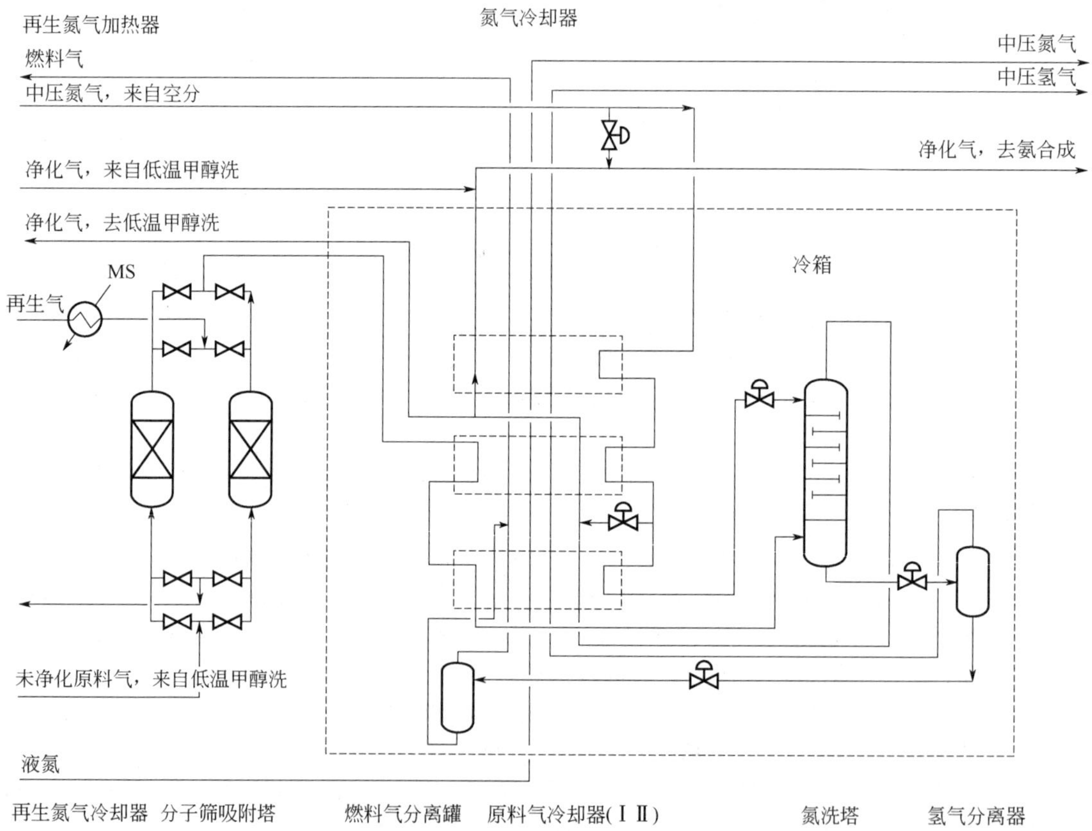

图 4-25　低温液氮洗精脱碳流程图

来自空分的中压氮气经氮气冷却器、原料气冷却器Ⅰ冷却降温后，其中的大约 2/3 补入净化气中，另外约 1/3 进入原料气冷却器Ⅱ，在其中大量被液化，液氮进入氮洗塔与工艺气逆流接触，其中的少量液氮气化进入净化气中，容有 CO、CH_4、Ar 及 H_2 的液氮从氮洗塔的底部流出。氮洗塔一般为板式塔。

氮洗塔底部流出的液体经第一次节流减压后进入氢气分离器，分离出氢气，并使液体物流温度降低。出氢气分离器的低温氢气经冷量回收后输出系统，氢气分离器底部流出的液体经第二次节流减压，进一步降温，该冷物流进原料气冷却器Ⅱ，为氮气液化提供低温环境，最后经原料气冷却器Ⅰ、氮气冷却器回收冷量后作为燃料气输出。对流程做如下几点补充说明。

（a）CO_2、H_2O 及 CH_3OH 的脱除。CO_2、H_2O 及 CH_3OH 的冰点较高，低温下会结冰、冻堵，影响液氮洗的正常操作。工艺气体中 H_2O 为相应温度及压力下饱和的 H_2O，CH_3OH 来自低温甲醇洗中对吸收液的夹带。吸附剂为分子筛，两系列塔，一系列吸附，一系列再生。

（b）冷箱。氮洗塔及原料气冷却器均在较低的温度下操作，为了防止冷量损失，将上述设备集中放置在冷箱内，冷箱进行保冷处理。冷箱可保证补氮释放的冷量、液体节流释放的冷量均被充分利用。

（c）补氮。氮气分三次混合入净化气中，第一次在氮洗塔中，部分液氮气化进入合成气中。氮洗塔中液氮气化释放冷量，CO、CH_4、Ar 液化释放热量，这些物质的相变热接近，所以氮洗塔基本能维持等温。第二次补氮量最大，也最重要，是出氮洗塔的净化气经原料气冷却器Ⅱ回收冷量后混入氮气，此次补氮释放的冷量是液氮洗过程冷量的主要来源，此次配入量的多少主要考虑其可能释放的冷量。第三次是向复热后的合成气中配入还没有被冷却的氮气，使氢氮比达到 3∶1 左右。

（d）冷量的补充。正常情况下，补氮释放的冷量可以维持系统的冷量平衡，甚至会有富裕，但操作不当可能导致冷量不足，氮气不能被冷凝，此时可通过额外引入液氮气化系统向冷箱补充冷量。

（e）物流情况。输入系统的中压氮气 88%左右补入净化气中，12%左右进入含有脱除掉的 CO、CH_4、Ar 等成分的低压燃料气系统。未净化气中的氢气 5%左右在氮洗塔操作中溶解在液氮中，后经节流减压、分离后排出系统，可以作其他用处，也可以经氢气压缩机压缩后补回到工艺气体中。燃料气中的 CH_4 较其他组分的沸点高，可以通过精馏的方法回收。

② 工艺条件。本工序的工艺指标是出系统合成气中 CO 的含量要低于 5μmol/mol，通常控制在 2～3μmol/mol。

系统的压力。液氮洗系统的压力取决于出低温甲醇洗工艺气体的压力，一般在 3～8MPa 之间，补充的中压氮气的压力要高于工艺气体的压力 0.5～1.0MPa。输出氢气的压力在 1.1～1.5MPa 之间，输出燃料气的压力在 0.25～0.5MPa 之间。

系统的温度。系统的温度和压力有一定的关系，要保证洗涤氮在原料气冷却器Ⅱ中被大量液化，进而保证氮洗塔有充足的液氮。氮洗塔的温度在－190～－185℃之间，燃料气分离器的操作温度在－194℃左右。

分子筛吸附的温度为－65～－50℃之间。分子筛使用一段时间，即达到一定的吸附量后，用热氮气进行再生处理。再生的温度为 220℃左右，压力为 0.5MPa 左右。根据情况 10～24h 再生一次。

③ 工艺及安全控制

（a）监控出吸附系统 CO_2、H_2O 及 CH_3OH 的含量，设超限报警。一般地，CO_2 和 H_2O 的含量超过 1μmol/mol，CH_3OH 的含量超过 0.5μmol/mol 就报警。同时设原料气冷却器Ⅰ、原料气冷却器Ⅱ进出口压差超限报警，压差高是因为前面的 CO_2 或（和）H_2O 或（和）CH_3OH 没有脱除干净，系统出现冻堵的情况。

（b）控制净化气中 CO 含量，并设 CO 含量高报警。一定条件下，可以通过调节液氮的流量来控制净化气中 CO 的含量，大多数工艺控制在 2～3μmol/mol，高于 5μmol/mol 要报警。同时设氮洗塔压差指示及高、低报警。压差太高，说明氮洗塔有拦液现象，操作系统阻力降增大，稳定性下降；压差太低，说明塔盘的持液量太少，容易导致吸收效果下降，净化气中 CO 的含量超标。

（c）氮洗塔液位控制及高、低报警。液位通过调节塔底出液的流量控制。氮洗塔液位太高，会淹没部分塔板，影响吸收效果；液位太低，容易导致工艺气体从氮洗塔串入氢气分离器，后者的压力显著低于前者，即高压串低压。

另外，吸附塔在低温操作和高温操作间转换，阀门要频繁切换。为了节约成本，热再生氮气管道的耐低温性能不会很高，过程中要严防冷的高压工艺气体进入热的低压再生氮气系统，导致后者的管材因低温而损坏。除了在氮气管道上设置止逆阀之外，截断阀要绝对可靠。

（2）甲烷化精脱碳

① 甲烷化精脱碳的反应特点。甲烷化法脱 CO、CO_2，是利用反应式（4-54）、式（4-55）进行化学除杂。

$$CO+3H_2 \rightleftharpoons CH_4+H_2O \qquad \Delta_R H=-206\text{kJ/mol} \tag{4-54}$$

$$CO_2+4H_2 \rightleftharpoons CH_4+2H_2O \qquad \Delta_R H=-165\text{kJ/mol} \tag{4-55}$$

甲烷化反应为体积缩小的可逆放热反应，升高压力，降低温度，提高 H_2 的含量都有利于 CO、CO_2 平衡转化率的提高。由于净化气中 H_2 的含量很高，所以，400℃、2.5MPa 下，CO、CO_2 的平衡摩尔分数可达到 10^{-4}，热力学对过程的限制作用较小。

甲烷化反应需在催化剂的作用下进行，催化剂的活性组分为 NiO，使用前还原为金属镍。动力学研究表明，反应速率对温度及压力均较为敏感。

甲烷化过程中还可能发生副反应式（4-56）。

$$4CO+Ni = Ni(CO)_4 \tag{4-56}$$

该反应不仅使催化剂失活，更主要的是生成剧毒的羰基镍。羰基镍常温下是一种易挥发的液体，常压沸点为 43℃，20℃时的饱和蒸气压为 42.7kPa，剧毒。接触后，初期症状为头痛，眼花，恶心呕吐，继发发热和呼吸困难，严重者可致命。Ni 的羰基化反应为放热反应，低温下容易发生，过程中要严格控制低温下金属 Ni 催化剂和 CO 的接触。

甲烷化精脱碳的流程较为简单，如图 4-26 所示，粗工艺气经预热后进入固定床反应器，绝热下反应，出反应器物料回收热量后进入氨合成工序。

② 工艺条件。甲烷化过程的主要质量控制指标是出系统中 CO、CO_2 的含量，二者之和要低于 10μmol/mol。通过控制反应的温度及物料在反应器中的停留时间实现。反应的压力一般同脱碳工序的压力。

甲烷化催化剂的活性温度在 200℃左右，但为了抑制羰基镍的生成，入口温度控制在 230℃以上，绝热下反应，入口（$CO+CO_2$）的摩尔分数在 0.5%～0.7%的情况下，床层温升在 50℃左右。

③ 工艺控制及安全控制。甲烷化反应在绝热式固定床反应器中进行。进反应器之前物料需借助换热器预热，可以通过调节冷副线的流量控制物料的入口温度。同时对床层温度，进出系统 CO、CO_2 的含量，床层的压差进行监控。

由于甲烷化反应为热效应较大的放热反应，所以当原料中 CO 和（或）CO_2 含量较高时，容易出现超温现象，导致催化剂烧结失活，设床层温度超高联锁；反应温度太低，容易生成羰基镍，设反应温度超低联锁；设进口物流 CO、CO_2 含量超高报警或联锁；设出口物流 CO、CO_2 含量超高报警或联锁。

停车时在将工艺物料放空的同时，要充入氮气置换系统的气体，防止温度降低，导致羰基镍的生成。甲烷化脱碳的工艺及安全控制原则流程见图 4-26。

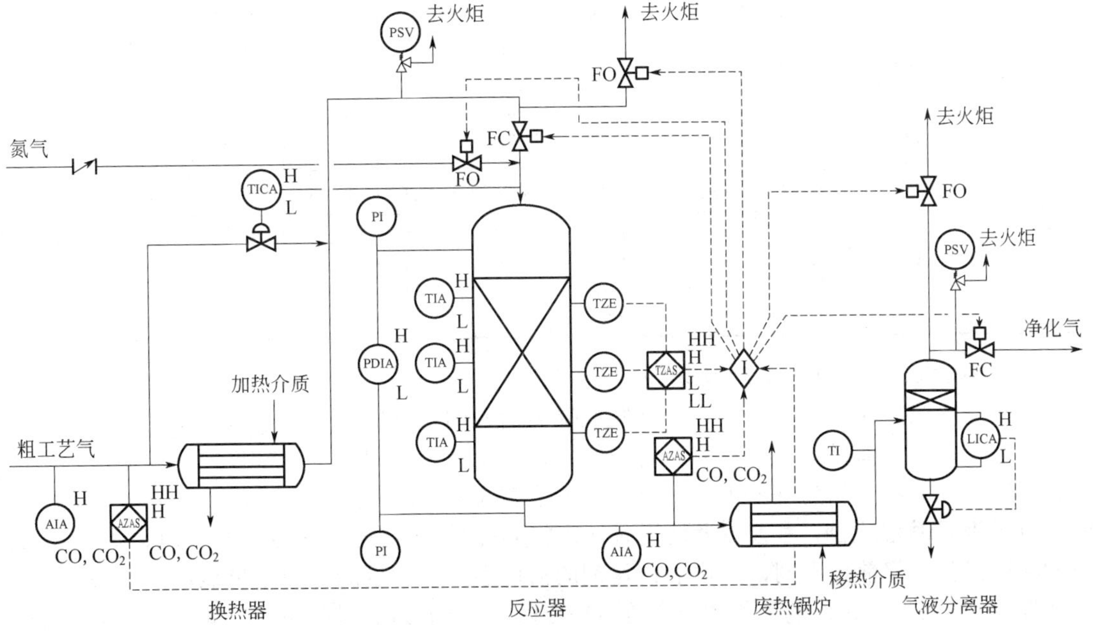

图 4-26 甲烷化工艺及安全原则控制方案

4.5 氨的合成及过程控制

氨合成是合成氨生产的核心部分，前期的原料制备及净化均是围绕本工序的需要进行的。

4.5.1 氨合成反应基础

（1）氨合成反应的热力学特征

氮氢合成氨为体积缩小的可逆放热反应。

$$1/2N_2 + 3/2H_2 \rightleftharpoons NH_3 \qquad \Delta H_R = -46.22\text{kJ/mol} \tag{4-30}$$

借助平衡常数与压力、温度的关系，可以求得一定条件下的平衡氨含量。表 4-16 是氢氮摩尔比为 3∶1，不同温度、压力及不参与反应的（CH_4 和 Ar）惰性组分含量下计算所得的平衡氨含量。可见平衡氨含量随压力的升高、温度的降低、惰性组分含量（y_0）的减少而增大。表 4-16 所列最大的平衡氨含量，即 24.25MPa、350℃、惰性组分摩尔分数为 3%的情况下的平衡氨摩尔分数 53.18%，较低。平衡氨含量低是该反应的一大特点。

表 4-16　氨合成反应中平衡氨含量（$y_{NH_3}^{*}\times10^2$）随温度、压力及惰性组分含量的变化

压力/MPa	T/℃	平衡氨含量 $y_{NH_3}^{*}\times10^2$								
		y_0（摩尔分数）/%								
		3	6	9	12	15	18	21	24	27
15.20	350	43.62	40.88	38.37	35.99	33.71	31.54	29.47	27.49	25.59
	400	30.95	29.07	27.28	25.56	23.93	22.35	20.85	19.43	18.04
	450	21.05	19.77	18.55	17.36	16.25	15.18	14.13	13.14	12.18
	500	14.02	13.18	12.35	11.56	10.81	10.07	9.38	8.70	8.07
18.18	350	47.21	44.34	41.61	39.03	36.56	34.21	31.97	29.83	27.79
	400	34.44	32.34	30.35	28.45	26.63	24.89	23.22	21.64	20.11
	450	23.99	22.54	21.15	19.80	18.52	17.29	16.11	14.99	13.90
	500	16.72	15.29	14.34	13.44	12.55	11.72	10.91	10.14	9.38
21.21	350	50.38	47.31	44.41	41.64	39.01	36.50	34.12	31.84	29.67
	400	37.57	35.27	33.09	31.02	29.04	27.14	25.33	23.60	21.96
	450	26.70	25.08	23.52	22.03	20.62	19.24	17.95	16.68	15.51
	500	18.43	17.32	16.25	15.20	14.23	13.25	12.35	11.49	10.63
24.25	350	53.18	49.94	46.85	43.94	41.17	38.52	36.01	33.62	31.33
	400	40.38	37.91	35.57	33.33	31.21	29.12	27.23	25.38	23.61
	450	29.21	27.43	25.72	24.10	22.54	21.06	19.64	18.27	16.97
	500	20.47	19.24	18.03	16.90	15.78	14.73	13.71	12.77	11.83

（2）氨合成反应的催化剂及动力学

基于氨合成反应的热力学特点，开发低温高活性的氨合成催化剂一直备受关注。

磁铁矿基熔铁催化剂是氨合成最传统的，也是工业上应用了半个多世纪的催化剂，磁铁矿基熔铁催化剂的主相为 Fe_3O_4。二十世纪八十年代末，浙江工业大学成功开发了主晶相为 $Fe_{1-x}O$ 的亚铁基催化剂，尽管二者使用时均需将 Fe 的氧化物还原为金属 Fe，即金属 Fe 是真正的活性组分，但前体不同，还原后催化剂的活性不同，大量的应用结果显示，亚铁基催化剂活性更好。铁系催化剂的活性温度都在 320℃以上，350℃以上活性更高，耐热温度在 480～525℃之间，使用压力通常在 10～30MPa 之间。二十世纪九十年代英国石油公司成功开发了钌基催化剂，其活性温度为 300℃，使用温度在 325～450℃之间，使用压力可以小于 10MPa。但钌基催化剂的价格较高，且其载体石墨容易流失使得催化剂失活速率相对较快，这制约了该催化剂的应用。

关于铁系催化剂，得到普遍认可的氨合成动力学形式如式（4-57）。

$$r_{NH_3}=k_1 p_{N_2}\frac{p_{H_2}^{1.5}}{p_{NH_3}}-k_2\frac{p_{NH_3}}{p_{H_2}^{1.5}}\ \text{mol/(g·h)} \tag{4-57}$$

式中，p_{N_2}、p_{H_2}、p_{NH_3} 分别为 N_2、H_2、NH_3 的分压，MPa；k_1、k_2 为正、逆反应的速率常数，其值需针对具体的催化剂确定，单位与反应速率的单位有关。

上述方程在偏离平衡较远时不再适用，这时可用方程式（4-67）

$$r_{NH_3}=kp_{N_2}^{(1-\alpha)}p_{H_2}^{\alpha} \tag{4-58}$$

式中，α 为 H_2 的反应级数，需针对具体的催化剂确定。

另外，铁系氨合成催化剂的内扩散阻力较大，随着操作温度的升高，催化剂粒度的增大，内扩散效率因子大幅降低，使用小颗粒催化剂是降低内扩散影响，提高宏观反应速率的有效措施。

（3）工艺条件对氨合成反应的影响

① 压力。压力升高，氨合成反应的平衡向右移动，氨合成反应的速率升高，所以，无论从热力学的角度考虑还是从动力学的角度考虑，压力升高对氨合成反应都是有利的。

基于较低的反应平衡氨含量，为了提高原料的利用率，出反应器的物料经冷凝分离回收合成所得氨之后，循环返回。氨合成系统的压力升高，有利于降低氨冷凝回收时的冷量消耗。但压力升高，整个反应系统的设备、管道费用及循环压缩机的压缩功耗都要增大。所以，氨合成系统的操作压力一般不超过 30MPa，在 10～30MPa 之间。

② 反应温度。温度升高，对氨合成反应的平衡不利，但动力学有利，而每一种催化剂都有自己的活性温度和耐热温度，活性温度之上，反应才能以可以接受的速率进行，耐热温度之下，催化剂才不会失活，反应需控制在这两个温度区间内。采用铁系催化剂，反应温度一般控制在 350～510℃之间。氨合成反应为可逆放热反应，存在最佳反应温度，最佳温度随着转化率的升高而降低，所以整体而言，随着反应的进行，操作温度应逐渐降低。

③ 反应器进口气体组成。如前所述，氨合成反应整体设置循环回路，出反应器的物料分离出氨后，未反应的气体循环返回，而为了维持系统中不参与反应的惰性组分的平衡，需在循环回路上设置驰放气管路。反应器进口的气体是新鲜气和循环气的混合气，其组成在一定条件下可调整。气体组成包括惰性组分含量、氨含量及氢氮比。

惰性组分，即原料中带来的不参与反应的 CH_4 和 Ar，其含量升高，有效气体 H_2、N_2 的含量都降低，这既不利于平衡氨含量的提高，也不利于反应速率的提高，所以惰性组分的存在是不利的。反应器进口的惰性组分含量首先与前期制气及净化所得氨合成新鲜气中的惰性组分含量有关，而在新鲜气中惰性组分含量一定的情况下，驰放比越高，反应器进口气中惰性组分的含量越低，但驰放比越大，对应驰放掉的氢气也越多，所以要适宜。一般地，反应器进口（CH_4+Ar）的摩尔分数在 10%～15%之间。

由于氨分离过程中不可能将氨 100%地分离出，所以循环回反应系统的物流中总会含有少量的氨气。氨含量升高，对平衡有抑制作用，也不利于反应速率的提高。在出口氨含量一定的情况下，进口氨含量越高，单程的氨生成量越少，净氨值，即经过合成反应器生成氨的净值越低。对反应系统而言，进口氨含量越低越好，但进口氨含量要求降得越低，氨分离的负荷越重，通常也控制在适宜的范围内，摩尔分数在 2%～4%之间。

从动力学的角度考虑，铁系催化剂上，氢氮摩尔比小于 3，有利于反应速率的提高，通常将进反应器的氢氮摩尔比控制在 2.8～2.9 之间。由于氨合成反应中氢、氮以 3∶1 消耗，所以新鲜气中的氢氮比（氢气和氮气的摩尔比）要控制在 3 左右。

④ 物流空速。空速增大，单位时间反应器的生产能力增大，但循环气量增大，压缩功耗增大，同时氨合成系统的循环气在升温反应与降温分离间转换，循环气量增大，则物流升温、降温能耗增大，空速要适宜，标准空速通常控制在 10000～15000h^{-1}之间。

4.5.2 氨合成的工艺流程及过程控制

4.5.2.1 氨合成工艺流程

（1）氨合成工艺流程的组织

氨合成工艺具有如下特点：反应压力很高，10MPa 以上；反应温度较高，400℃左右；出口氨的摩尔分数较低，一般不超过 25%；反应放热，存在最适反应温度，且最适反应温度随着转化率的升高而降低。流程组织上要考虑如下几方面的问题。

① 考虑在高温、高压下反应器壁材料的氢腐蚀问题。反应器大多设置为双器壁，即反

应器由外塔和内件构成，进入反应器的低温物流先流经外塔和内件之间的环隙，以降低外塔壁的温度，然后再进入内件升温、反应。

② 出反应器的物料分离出生成的氨之后，循环返回反应器入口。原料中如含有惰性组分，则需在循环回路上设置驰放分支，驰放出部分循环气，以维持系统中惰性组分的平衡。

③ 通常用氨冷的方式将体系中的氨冷凝分离后，未反应的大量氢、氮及惰性组分循环返回，根据操作压力及反应器入口对氨含量的要求，设置不同级数的氨冷工艺。

④ 反应放热，而随着反应的进行，最适温度降低，所以要考虑在反应的过程中给物流降温。应用较多的多段绝热床反应工艺，段间用原料气冷激或间接换热降温。

⑤ 要合理利用能量。既要合理利用反应热，尽可能地向外多输送蒸汽；也要合理利用冷量，尽可能减少冷量的消耗。

除了反应器结构这一关键技术不同之外，在氨冷级数、驰放位置、热量回收等方面也会有不同。本节主要借助 Kellogg 氨合成工艺讲述相应的工艺及安全设计方面的问题。

（2）Kellogg 氨合成工艺流程

Kellogg 公司开发的氨合成工艺流程见图 4-27。新鲜原料气经新鲜气压缩机一次升压，而后经水冷器、氨冷器及凝液分离器，分离掉其中的冷凝水及其他凝液，而后进入循环气压缩机再次升压至系统需要的压力，并与循环气混合，混合后的循环气经水冷器降温后分为两股，一股回收出高压氨分离器冷循环气的冷量降温，另一股经一级氨冷、二级氨冷降温，而后两者混合一同进入三级氨冷器，降至系统所需的氨冷温度，－35～－22℃之间。出三级氨冷器的循环气进入高压氨分离器，完成循环气与冷凝氨的分离，高压氨分离器顶部流出的冷循环气经冷量回收后，与出反应器系统的热物流进行热量交换，升至 140℃左右后分成主物流和冷副线及冷激物流。主物流从反应器的下部进料口进入反应器的内件与外壁的环隙，沿环隙上升至反应器顶部，折返流经内置换热器的壳程，与反应产物换热升温，而后用冷副线调温后进入一段催化床，一段床层中在近似绝热下反应，物料温度升高，而后用冷原料气冷激

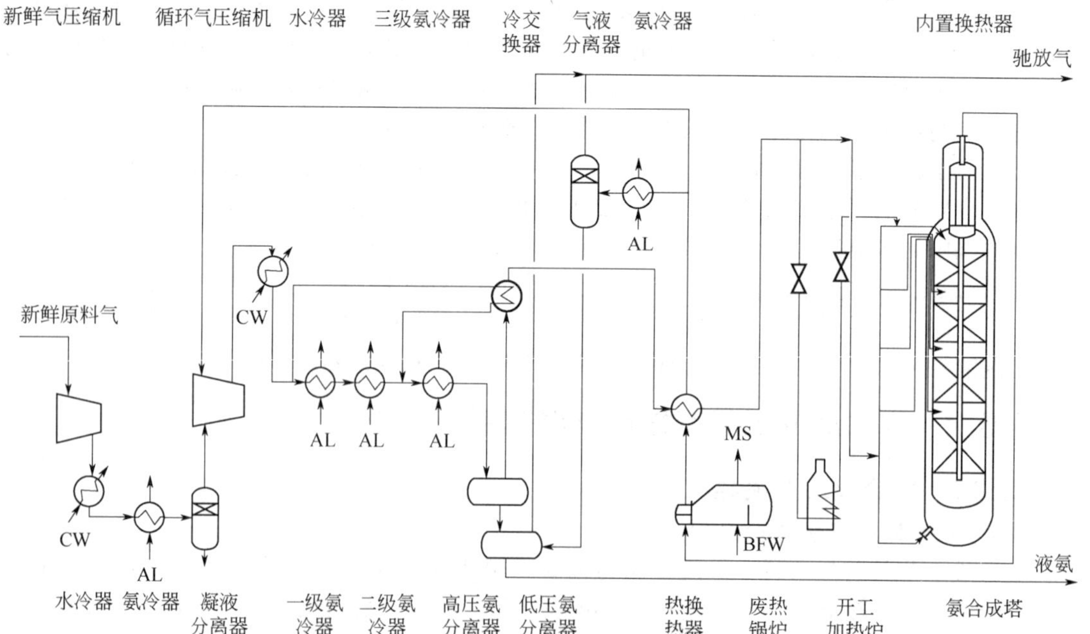

图 4-27　Kellogg 氨合成工艺流程

降温再进入二段床层，再依次经二段床层反应，二、三段间冷激降温，三段床层反应，三、四段间冷激降温，四段床层反应，出四段床层的热物流经中心管上升至内置换热器的管程预热冷原料气后离开反应器。出反应器系统的热物流，首先经废热锅炉回收热量并产生蒸汽，而后在热交换器中预热冷循环气的同时自身温度降低。该物流大部分循环返回循环气压缩机，补压并与新鲜原料气混合后循环返回，小部分经氨冷、氨分后驰放。高压氨分离器底部流出的液氨中含有少量的氢气、氮气、氩气、甲烷等轻气体，为释放这些轻气体，出高压氨分离器的液氨进低压氨分离器，释放出其中溶解的大部分轻气体后，液氨送液氨罐区。开工加热炉用于开车时预热反应物料。

该流程采用四段绝热式反应器，段间原料气冷激降温的工艺。该工艺过程的优点是反应器构件较为简单，温度控制相对容易，缺点是冷激过程存在返混，使得催化剂的利用率相对较低。同时由于是轴向反应器，床层厚度大，阻力降较大，不适宜采用小颗粒催化剂。

4.5.2.2 反应器的工艺及安全控制

① 反应温度的控制。每段床层的入口温度要控制在合理的范围，特别是一段床层入口温度至少要较催化剂的活性温度高 10～20℃，以保证反应以正常的速率进行。氨合成反应是自热式反应过程，一段床层入口的冷物流是被出四段床层的热物流预热升温的，如果某种原因使出四段床层的物流温度下降，则进一段的物流温度降低，甚至低于催化剂的活性温度，反应不能以正常的反应速率被引发，则出四段床层的物料温度进一步降低，一段床层入口物流的温度进一步降低，整个反应过程无法正常进行下去。

正常操作状况下，出四段床的高温物流可以借助内置换热器将低温反应物流预热至400℃以上，然后通过调节冷副线的流量控制进一段床层的物料温度，一段床层内绝热反应，温度升高，通过调节一、二段间冷激气流量控制二段床的温度。以此类推，调节段间冷激气流量，控制各段床层的温度。简单的温度控制方案如图 4-28 所示。图 4-28（a）为控制室手动控制，图 4-28（b）为床层进出口温度串级自动控制。当催化剂使用一段时间老化之后，

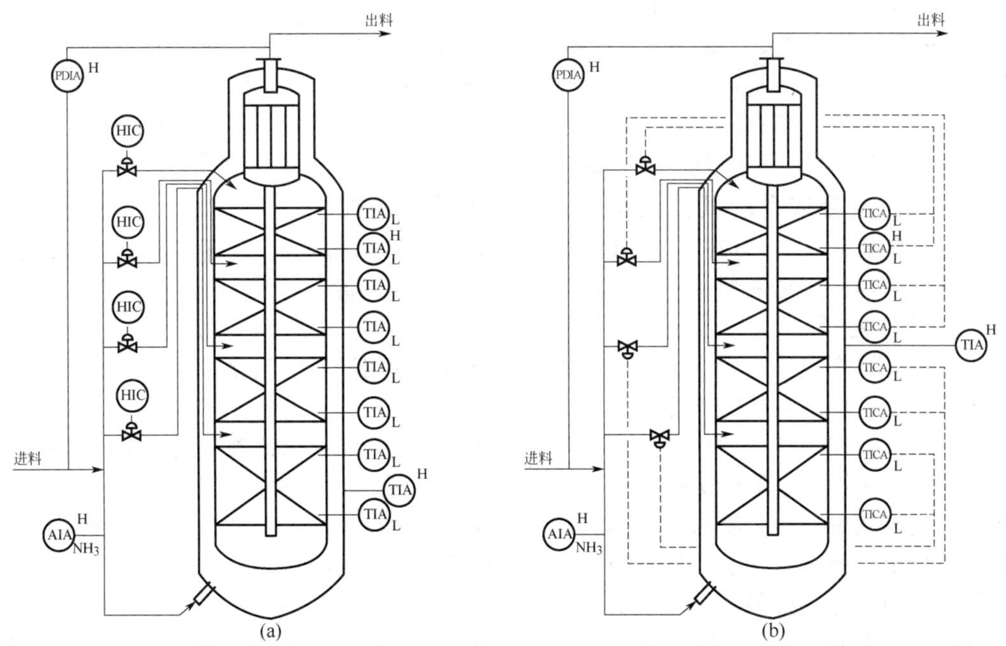

图 4-28 氨合成塔工艺及安全控制方案图

活性降低，反应速率慢，放热量减少，出四段床层的产物温度不够高，不能将反应物料预热至 400℃以上，此时把副线全部关掉，并降低反应的空速，延长反应物料在反应器中的停留时间，加大反应量，以保证进一段床层物料的温度。当降低反应空速，也不能得到适宜的反应温度，就需更换新的催化剂。

对于自热式反应过程，任何一点的温度低，都可能导致自热平衡被破坏，设各段床层入口温度及床层内温度低报警。床层的热点温度（反应器内最高的温度点）通常在一段绝热床的出口，热点温度太高，超过催化剂的耐热温度，可能导致催化剂烧结失活，设热点温度高报警。

② 反应器入口氢氮摩尔比的控制。生产过程中，反应器入口的氢氮比控制在 2.8∶1～2.9∶1 之间。反应器入口的氢氮比受新鲜原料气氢氮比和氨分离过程中氢气和氮气损失比影响，氮气的气液平衡常数略小于氢气，即高压氨分离时氮气的损失略大于氢气，新鲜原料气氢氮比一定的情况下，随着循环次数的增大氢氮比会逐渐增大。反应器入口的氢氮比可以通过下述方法调整：短时间降低新鲜原料气的氢氮比，以使反应器入口的氢氮比降至 2.8∶1 左右，然后将新鲜原料气的氢氮比调到接近 3∶1，因为氢气和氮气在反应过程中以 3∶1 的比例在消耗，这样可以相对稳定反应器入口的组成。运行一段时间，由于氮氢损失不同，当反应器入口的氢氮比逐渐大于 2.9∶1 时，再进行短时间新鲜原料气的组成调整。

③ 反应器入口惰性组分的量。反应器入口惰性组分的含量通过调整驰放气与循环气的比例控制，驰放比越高，反应器入口惰性组分的含量越低。

④ 反应器进、出口压差。反应器进、出口压差高的原因：一则是催化剂粉化，板结；再则是催化剂内件损坏，堵塞了气路。二者都将使反应无法正常进行下去。设床层进、出口物流压差指示，高压差报警。

⑤ 反应器进、出口氨含量。监控反应器进、出口氨含量，并设反应器进口氨含量高报警。进口氨含量太高，将导致氨合成反应过程的速率降低，净氨值降低，并使放热量降低而破坏系统的自热平衡，产生恶性循环。

⑥ 反应器塔壁温度。氨合成反应器由外塔和内件构成，进入反应器的低温主物流先流经外塔和内件之间的环隙，起到降低外塔壁温度的作用，如果控制不当，比如冷激气量太大，使主物流流量降低，则可能使反应器外壁温度升高，器壁在高温、高压下容易发生氢、氮腐蚀，导致反应器损坏，危险性气体外溢，故要设反应器器壁温度高报警。

4.5.2.3 氨合成系统其他典型设备的工艺及安全控制

氨合成的流程有多种形式，但其中包含的设备单元基本相同，除了反应器之外，还有氨冷器、氨分离器、废热锅炉、压缩机、水冷器等典型的设备。

（1）氨冷器

氨冷器是氨合成反应系统的重要设备。氨冷器是利用液氨的气化，吸收热量来给循环气降温，进而使循环气中的氨气冷凝。

氨冷器需要控制被冷循环气的出口温度，以保证氨气的充分冷凝，进而保证氨合成反应器入口的氨含量。通过调节液氨的流量控制出口循环气的温度，并设出口循环气温度高报警。被冷循环气出氨冷器的温度与氨冷器的温度直接相关，设氨冷器温度指示及温度高报警。而氨冷介质处于气液平衡状态，气氨的压力直接与其温度相关，压力越高，氨冷介质的温度越高，设氨冷器压力高报警。

氨冷器通常为一管壳式换热器，循环气走管程，氨冷介质走壳程，液氨进，气氨出。离开氨冷器的氨冷介质气氨需要被压缩、降温，液化后循环返回，如果输出的气氨中夹带液氨，则在输送的过程中液滴气化吸热，容易导致输送管道外壁结冰，而液滴如果带入压缩机系统会损坏压缩机叶片，因此要使得出氨冷器的气氨尽可能少夹带液滴，为此，氨冷器的液位必须控制在适当低的范围内，设液位高报警。氨冷器的液位太低，则不能保证有足够的换热面积，致使出口循环气的温度升高，所以也要设氨冷器液位低报警。氨冷器的液位与液氨的流量密切相关。

液氨的流量既关乎被冷循环气的温度，也关乎氨冷器的液位，可以设置如图 3-8 所示的温度和液位选择性控制方案。正常情况下通过调节液氨量控制循环气的温度，当液位达到高限，即液位反馈的氨流量低于温度反馈所需的氨流量时，改由调节液氨流量控制液位，以保证氨制冷系统的安全运行。工业上为了保证安全运行也可能会在出氨冷器的气氨管道上再设置一个氨分离器。

（2）高压氨分离器

高压氨分离器的作用是将通过氨冷器冷凝下来的液氨与主要成分为氢气、氮气及惰性组分的循环气分开。高压氨分离器的液位必须控制在严格的范围内，液位太高，则气体中夹带液氨，使得氨合成反应器入口气体氨含量超限，氨合成反应器的自热平衡被破坏，生产无法正常进行，对于循环压缩机设置在氨分离之后的工艺，气体中夹带的液氨还会损坏循环气压缩机。而液位太低，则不能形成有效的液封，高压循环气会串入低压氨回收系统，造成气体损失，甚至引发事故，氨回收系统的耐压等级通常不高，而氨分离器的压力较高，高压氨分离器是一个典型的高低压系统隔离分界设备。

出高压氨分离器的液氨经液位调节阀进入低压氨分离器，此液位调节阀需要在高压差下调节流量，即具有调节流量和大幅降压的双重功能，一般需特殊制造。同时要在液位调节阀的下游设压力高报警或联锁，严格防止高压串低压，当压力太高时，关闭出料阀。

设高压氨分离器温度高报警，其温度直接关系到气相中的氨含量。

同时在高压氨分离器的下游设备或管道上要装设安全阀。某高压氨分离器的控制方案如图 4-29 所示。

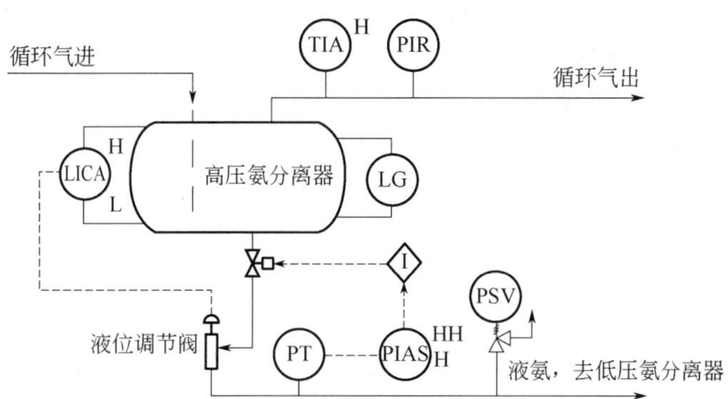

图 4-29　高压氨分离器的控制方案

（3）废热锅炉

废热锅炉的作用是回收氨合成反应器出口循环气的热量，并副产蒸汽。废热锅炉兼具换热及气液分离的功能。管程走高压的循环气，其中含有大量的氢气和氮气，壳程为加压水及饱和蒸汽。作为能量回收设备，平稳运行最为重要，最容易发生的事故是干锅和内漏。

废热锅炉的液位要控制，液位太高，输出蒸汽容易带水，液位太低容易干锅。通常设蒸汽流量、锅炉给水流量及液位三冲量控制，并设液位高、低报警。引发液位超低的主要原因是锅炉给水流量太低，所以设锅炉给水流量低报警；液位降低后，在其他条件一定的情况下，输出蒸汽的温度、压力会升高，所以要设输出蒸汽温度高报警，设锅炉压力高报警。废热锅炉要设安全阀。

由于管程压力高于壳程，所以内漏时，循环气会漏入蒸汽系统，使得蒸汽系统含有一定量的氢气、氮气及甲烷、氩气，同时蒸汽凝液中会有溶解氨。所以要对蒸汽成分进行分析，并设 H_2 含量高报警，要定期分析蒸汽冷凝液中的氨含量。

（4）氨储罐

氨储罐是合成氨厂重要的，也是安全隐患较大的设备。气氨相对容易液化，常温加压到1.0MPa 或常压降温至－33.5℃就可以液化。合成氨厂的氨均是液态储存。

液氨有三种储存形式：①常温加压，储存温度在 20～40℃之间，压力在 0.8～1.6MPa 之间，一般用卧式圆柱形储罐。该种储存方式较常用于储量较小的情况，如 300t 以下。②低温加压，温度在－4～－2℃之间，压力在 0.4MPa 左右，一般为球形储罐。③常压低温，温度为－33.5℃左右，压力接近常压，一般为立式圆罐。

大型合成氨厂普遍采用的是常压低温的储存方式，这种储存方式需要配套氨制冷系统，以维持氨储罐的压力及温度。当储罐内的压力因液氨蒸发而达到一定值后，自动开启氨制冷系统，从储罐中抽出氨气，液化后返回氨储罐。除了关联氨制冷的压力控制系统外，氨储罐还需设储罐超压报警或联锁；设储罐温度指示及超温报警，甚至联锁，以防气氨，甚至液氨外溢，引发事故；设液位指示及液位高报警、低报警及联锁，液面至罐顶要留有足够的空间，满足液氨气化的需要，液位太高，制冷系统容易将液氨抽出，对制冷压缩机有损害；液位太低，容易将罐内液氨抽空，系统漏入空气。可以将高液位与液氨进料管的阀门关联，将低液位与出料泵及出口管线的阀门关联。

氨储罐要设置安全阀，防止由液氨迅速气化导致系统压力超高，储罐损坏，并引发事故；进、出口管道上设紧急切断阀，出现问题时可以遥控切断。

液氨储存系统可以设置水喷淋系统，当储罐压力或温度超高时，联锁打开水喷淋系统，以遏制事故的发生，或减小事故的损失。储罐可以设置一条紧急泄放管线，必要时泄放掉罐内液氨和气氨，管线上设遥控快开阀。

（5）氨合成系统的紧急停车

综合而言，出现如下情况，要考虑氨合成系统紧急停车。

① 氨合成塔热点温度超高，温度太高导致催化剂失活，生产无法继续进行。

② 氨合成反应器出口物料温度超低，出口物料温度太低，自热平衡被破坏，生产无法继续进行。

③ 废热锅炉液位超低，液位太低，可能导致干锅，操作不当引发锅炉爆炸。

④ 高压氨分离器液位超高，氨分离器液位超高，则循环气带氨，使反应速率下降，破坏氨合成反应系统的自热平衡。

⑤ 高压氨分离器液位超低，可能导致高压的循环气串入低压的氨分离及氨储存系统，引发低压系统的超压破坏，甚至由高压的氢气进入低压氨分离及氨储存系统，引发更严重的事故。

⑥ 新鲜原料气中（CO_2+CO）含量超高，催化剂失活，生产无法正常进行。

⑦ 压缩机故障，生产无法正常进行。

⑧ 冷冻系统故障，生产无法正常进行。

原则上的紧急停车顺序：关新鲜原料气进料阀，开新鲜原料气去火炬阀，关冷凝加氨阀，关冷副线阀，关反应器进料阀和出料阀，开循环气压缩机防喘振阀（压缩机近路阀），停循环气压缩机。

4.6 合成氨工厂的其他安全措施

4.6.1 生产介质的危险性

4.6.1.1 燃烧爆炸危险性

表 4-17 给出合成氨生产中涉及的主要物料的燃烧爆炸危险特性。

表 4-17 合成氨部分物料的燃烧爆炸性质

名称	自燃温度/℃	空气中爆炸极限（体积分数）/%		火灾危险性等级	最小引爆能/mJ
		下限	上限		
氢气	500	4.1	74.2	甲	0.019
一氧化碳	610	12.5	74.2	乙	—
二氧化碳	—	—	—	—	—
甲烷	538	5.0	15.0	甲	0.28
硫化氢	260	4.3	46.0	甲	0.077
氨气	651	15.7	27.4	乙	680

由表 4-17 可见，合成氨生产中的物料火灾危险性较高，装置设计时需设置相应的预防火灾爆炸事故发生的安全设施。

4.6.1.2 毒性

合成氨生产中涉及主要物料的毒性情况见表 4-18。

表 4-18 合成氨部分物料的毒性

名称	侵入途径	毒害	健康危害
一氧化碳	吸入	高毒性	与血红蛋白结合致组织缺氧，昏迷甚至死亡
硫化氢	吸入或皮肤进入	高毒性	毒害神经，损害呼吸系统，甚至神经紊乱
氨气	吸入	中毒性	损害眼、鼻、咽及呼吸道黏膜，引发肺水肿
氢气	吸入	轻微毒性	麻醉作用
甲烷	吸入	轻微毒性	麻醉作用
氮气	吸入	轻微毒性	麻醉作用

4.6.2 专业安全设施

合成氨厂涉及有毒、有燃爆危险的物料众多，涉及高温、高压、低温等危险性生产条件众多，合成氨工厂过程控制较为复杂，危险性物料泄漏，局部燃爆、灼伤等事故难以避免，为了尽可能减小事故发生的概率，降低事故的损失，除了进行详细的流程安全设计，还需设置相对独立的、专业的安全设施。

（1）危险性气体检测报警设施

按照 GB/T 50493—2019《石油化工可燃气体和有毒气体检测报警设计标准》，在生产装置中危险性气体，包括有毒气体 CO、H_2S、NH_3 和可燃气体 H_2、CH_4 等的易泄漏点，如天然气压缩机、循环气压缩机附近，罐区内及装置区内设置对应气体的检测报警系统。

（2）火灾自动报警系统

按照 GB 50116—2013《火灾自动报警系统设计规范》在氨厂设置相应的火灾自动报警系统。

（3）火炬系统

合成氨生产过程中，开、停车，事故停车，不凝气体排放等，排出的气体中都会携带前述 CO、H_2、H_2S、NH_3 等易燃易爆、有毒气体，为避免事故的发生及污染环境，均需按照 SH 3009—2013《石油化工可燃性气体排放系统设计规范》，设计适宜的火炬系统，将相应的气体引入火炬，燃烧成危害性相对较小的 CO_2、SO_2、NO_2 等排放。

（4）消防系统

按照 GB 50016—2014《建筑设计防火规范》（2018 版）、GB 50160—2008《石油化工企业设计防火标准》（2018 版）等的规定，根据合成氨厂的特点设置相应的消防设施。

（5）安全卫生设施

考虑生产过程中涉及 CO、H_2S、NH_3 等较强毒害性介质，H_2、CO、CH_4 等高火灾爆炸危险性介质，按照 HG 20571—2014《化工企业安全卫生设计规范》、SH/T 3205—2019《石油化工紧急冲淋系统设计规范》、GB/T 50087—2013《工业企业噪声控制设计规范》等设置相应的通风设施、紧急冲淋系统、卫生用室、个人防护用品、防噪声设施等。

（6）安全警示标志

在生产装置中，根据涉及物料的危险性特征及工艺单元的危险性特征，按照 GBZ 158—2003《工作场所职业病危害警示标识》，在必要的位置设置必要的安全警示标志。

参考文献

[1] 陈五平．无机化工工艺学：上册，合成氨、尿素、硝酸、硝酸铵．3 版．北京：化学工业出版社，2002．
[2] 大连工学院．大型氨厂合成氨生产工艺．北京：化学工业出版社，1984．
[3] 刘化章．合成氨工业：过去、现在和未来．化工进展，2013，32（9）：1995-2005．
[4] 温倩．合成氨行业发展情况及未来走势分析．肥料与健康，2020，47（2）：6-13．
[5] 李雅静，李燕，张述伟．布朗深冷净化工艺综述．化工设计通讯，2011，37（4）：14-20．
[6] 代正华，胡敏，徐月亭，等．气态烃转化制合成气技术分析．化学世界，2012（增刊）：80-82．
[7] 刘镜远，车维新．合成气工艺技术与设计手册．北京：化学工业出版社，2001．
[8] 夏代宽，刘期崇，王建华．CN-18 催化剂上甲烷蒸汽转化宏观动力学研究．四川大学学报（工程科学版），2001，33（3）：46-49．
[9] 李晓黎．Shell 粉煤气化工艺控制优化与改进．石油化工自动化，2012，48（4）：45-52．
[10] 赵柱，张国栋．粉煤加压气化装置仪表系统设计．煤化工，2005，119（4）：41-43．
[11] 于化龙，曹志勇，申艳敏．造气系统安全设计及改造．小氮肥，2009，37（12）：1-5．
[12] 梅安华，汪寿建，林棣生．小合成氨厂工艺技术与设计手册．北京：化学工业出版社，1994．
[13] 吴密．化肥生产核心技术工艺流程与质量检测标准实施手册．北京：电子工业出版社，2002．
[14] 王文善．从 CO 变换工艺的演变看等温变换的历史性贡献．氮肥技术，2013，34（5）：1-6．
[15] 张建宇，吕待清．一氧化碳变换工艺分析．化肥工业，2000，27（5）：26-32．
[16] 王迎春．QCS-01 耐硫变换催化剂的反应动力学与变换反应器的模拟．浙江：浙江大学，2006．
[17] 马栋．高水气比变换系统的升级改造．中氮肥，2018（5）：14-18．
[18] 王祥云．合成氨气体净化技术进展（上）-脱硫技术的进展．化肥工业，2005，32（1）：1-22．
[19] 王祥云．合成氨气体净化技术进展（下）-脱碳技术的进展．化肥工业，2005，32（2）：19-37．
[20] 唐宏青．低温甲醇洗净化技术．中氮肥，2008（1）：1-7．
[21] 沈杲．低温甲醇洗装置常见安全问题分析及对策．山西化工，2020，185（1）：70-71．
[22] 董建军．低温甲醇洗工艺影响因素分析与探讨．氮肥技术，2019，40（1）：32-37．
[23] 娄伦武，董华林，冯光苹，等．液氮洗冷箱的优化操作．大氮肥，2012，35（4）：236-239．
[24] 刘富祥，陈安明，郑福林．浅谈低温液氮洗装置运行问题与操作维护．大氮肥，2020，43（1）：7-9．
[25] 陈环琴，吴小飞．液氮洗工序补充冷量的液氮流量选取．中氮肥，2015（5）：24-26．
[26] 李攀，孙兆飞，蔡京荣．液氮洗技术概述．氮肥技术，2019，40（2）：12-15，33．
[27] 郝子健，栗媛，刘宝莉．甲烷化炉超温原因分析及对策．化工设备与管道，2008，45（5）：34-35．
[28] 耿淑远，刘莹，黄帅．合成氨装置防窜压优化设计探讨．石油化工自动化，2019，55（4）：20-23．
[29] 刘洪．合成塔压差高原因分析及处理．中氮肥，2014（1）：47-50．

[30] 张庆武，吴刚，薛美盛，等．氨合成塔温度先进控制．信息与控制，2007，36（1）：108-114．
[31] 谢定中．氨合成系统技术进展．化肥工业，2009，36（2）：4-7．
[32] 张丽巧，刘慧琴．正元公司 JR3000 氨合成装置运行总结．氮肥技术，2017，38（5）：33-36．
[33] 张金成，王延吉，李方辰，等．GC-R023 型氨合成塔技术及应用．化肥工业，2012，39（3）：47-51．
[34] 程晋生，邵玉槐．氨冷器出口温度-液位选择性串级控制系统．化工自动化及仪表，1994，21（6）：15-17．
[35] 张峰，成云飞．合成氨工序的危险性分析及安全控制．化学工业，2008，26（1）：13-16．
[36] 孙红英，张春颜．氨分离器液位控制在生产中的应用总结．氮肥技术，2016，37（4）：43-44．
[37] 张国民，宋业龙．液氨开车及运行期间遇到的问题探讨及解决．中国盐业，2021（15）：42-47．

思考题

1．试分析合成 NH_3 的原料 H_2 和 N_2 的主要来源。

2．试给出甲烷为原料制合成氨的总反应，计算总的热效应，分析涉及物料的危险性。

3．试分析甲烷蒸汽转化制氢常设置两段转化工艺的原因，并阐述两段转化工艺的异同点。

4．试分析甲烷蒸汽转化过程主要的工艺控制参数，控制方法，主要的安全越限参数及常设的安全联锁参数。

5．试对甲烷蒸汽转化，一段转化炉的水碳比及二段转化炉出口的甲烷含量进行 HAZOP 分析。

6．试对粉煤气化过程的造气炉温度进行 HAZOP 分析。

7．试分析 UGI 制气中主要的危险因素及相应的对策措施。

8．试分析甲烷蒸汽转化、重油部分氧化、煤气化制得合成气的组分及压力特征，分析与此相适应的变换工艺。

9．分析变换反应的特点及绝热变换时温度序列的确立原则。

10．试列举合成氨生产中需要脱硫的原因，有哪些脱硫方法？适用于什么情况？

11．试列举合成氨生产中需要脱碳的原因，有哪些脱碳方法？

12．试对苯菲尔法脱碳过程吸收塔的液位进行 HAZOP 分析。

13．低温甲醇洗的主要优点是什么？过程中主要的危险因素有哪些？如何控制？

14．试分析合成氨原料气精脱碳的原因、方法及特点。

15．分析合成氨反应需要在高压及高温下进行的原因，合成塔通常采用外壳和内件组合的原因。

16．试分析合成氨过程采用循环，设置驰放的原因，循环气压缩机的作用。

17．试分析氨合成塔的基本过程控制参数及其控制的重要性。

18．试分析高压氨分离过程液位控制的重要性。

19．试给出液氨的储存方式。分析常压低温液氨储罐需要控制的安全越限参数和需要设置的安全附件。

第5章

氯乙烯和聚氯乙烯工艺及安全

5.1 概述

聚氯乙烯（Polyvinyl Chloride，简称 PVC）是以氯乙烯（Vinyl Chloride，简称 VC）为单体，经多种聚合反应方式生产的高分子树脂材料，作为五大热塑性塑料之一，被广泛应用于国民经济的各个领域。聚合反应是一种或几种小分子化合物变成大分子化合物（也称高分子化合物或聚合物，通常分子量为 1×10^4～1×10^7）的反应，涉及聚合反应的工艺过程为聚合工艺。聚合工艺的种类很多，按聚合方法可分为本体聚合、悬浮聚合、乳液聚合、溶液聚合等。

氯乙烯单体（Vinyl Chloride Monomer，简称 VCM）是在某些烃类化合物分子中引入氯原子而生成的一种含氯化合物，其反应过程称为氯化反应，包含氯化反应的工艺过程为氯化工艺。以氯乙烯为代表的氯代烃往往是通过有机物的氯化反应过程生产而来。有机物的氯化反应主要有三种：取代氯化、加成氯化和氧氯化。氯化方法主要有热氯化、光氯化和催化氯化。氯乙烯单体的生产主要有两种工艺，一种是以石油和氯气为主要原料的氧氯化法，另一种是以煤炭和原盐为主要原料的电石法，又称为氢氯化法。

在我国，氯乙烯生产涉及的氯化工艺和聚氯乙烯生产涉及的聚合工艺都属于重点监管的危险化工工艺。

5.1.1 氯乙烯的性质、用途及制备方法

5.1.1.1 氯乙烯的理化性质

氯乙烯常温常压下是一种无色、有醚样气味的气体。易液化，难溶于水，溶于乙醇、乙醚、丙酮和二氯乙烷。熔点－153.7℃，沸点－13.3℃，气体密度 2.15g/L，相对密度（水=1）0.91，相对蒸气密度（空气=1）2.2，临界压力 5.57MPa，临界温度 151.5℃，饱和蒸气压 346.53kPa（25℃），闪点－78℃，爆炸极限 3.6%～33.0%（体积分数），自燃温度 472℃，最大爆炸压力 0.666MPa。

氯乙烯分子含有不饱和双键和不对称的氯原子，因而很容易发生均聚反应，也能与其他单体发生共聚反应，还能与多种无机或有机化合物发生加成、取代及缩合化学反应。

5.1.1.2 氯乙烯的用途

氯乙烯的主要应用是工业上进行均聚生产聚氯乙烯，也能与乙酸乙烯酯、偏氯乙烯、丁二烯、丙烯腈、丙烯酸酯等单体生成共聚物，制造胶黏剂、涂料、食品包装材料、建筑材料等，还可用作染料及香料的萃取剂，在医药工业领域作制造医药的原料。由于其沸点低，气化过程可吸收大量热量，在稍高压力下又容易液化，所以在制冷工业中被用作冷冻剂。

5.1.1.3 氯乙烯的制备方法

1835 年，法国人 Regnault V 在实验室通过二氯乙烷（EDC）在氢氧化钾的乙醇溶液中脱氯化氢制得氯乙烯，这是有记录的氯乙烯首次合成。1902 年，Biltz 将 1,2-二氯乙烷进行热裂

解制得氯乙烯。1912 年，Klatte 和 Rollett 利用乙炔和氯化氢催化加成合成了氯乙烯。1913 年，Griesheim-Elektron 用氯化汞作催化剂，使氯乙烯合成技术得到进一步发展。1931 年，德国格里斯海姆电子公司采用乙炔和氯化氢为原料，氯化汞作催化剂，将合成氯乙烯的工艺首先实现了工业化。此法中的乙炔通过传统的电石乙炔路线得来，即焦炭和石灰熔融制电石，电石再水合制乙炔，因此，由乙炔氢氯化生产氯乙烯的方法也被称为电石乙炔法。

随着石油化工的发展，氯乙烯的合成迅速转向以乙烯为原料的工艺路线。1940 年，美国联合碳化物公司开发了二氯乙烷法，即用氯气和乙烯为原料制得二氯乙烷，再将二氯乙烷裂解得到氯乙烯。其反应原理为：

乙烯直接氯化

$$CH_2=CH_2+Cl_2 \longrightarrow ClCH_2CH_2Cl \quad \Delta H_R=-171.5kJ/mol \tag{5-1}$$

二氯乙烷裂解

$$ClCH_2CH_2Cl \longrightarrow CH_2=CHCl+HCl \quad \Delta H_R=79.5kJ/mol \tag{5-2}$$

总反应

$$CH_2=CH_2+Cl_2 \longrightarrow CH_2=CHCl+HCl \tag{5-3}$$

通过该工艺的总反应情况可以看出，二氯乙烷法副产氯化氢，原料的利用率只有 50%，其余 50%的氯原子转化为了附加值较低的氯化氢。工业上，氯气较氯化氢更为难得。为了充分利用氯原子，日本吴羽化学工业公司又开发了将乙炔法和二氯乙烷法联合生产氯乙烯的联合法。联合法制氯乙烯工艺流程如图 5-1 所示。

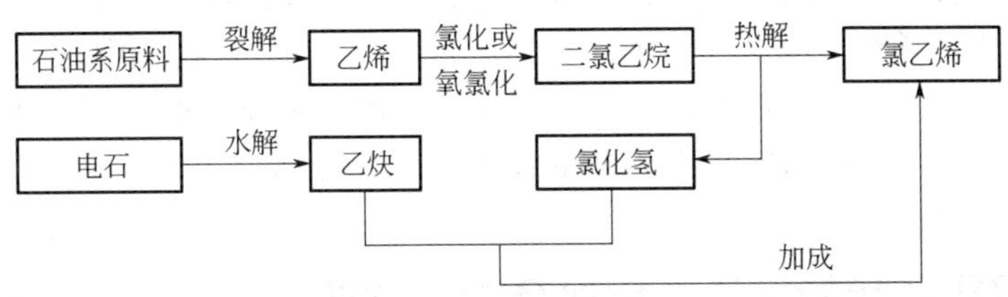

图 5-1　联合法流程示意图

联合法有效提高了氯的利用率，但其缺点是原料比较复杂，受多方面制约。为了克服此缺点，又开发了混合烯炔法，以石油烃高温裂解所得的乙炔和乙烯混合气（接近等摩尔比）为原料，与氯化氢一起通过氯化汞催化剂床层，使氯化氢选择性地与乙炔加成，产生氯乙烯。分离氯乙烯后，把含有乙烯的残余气体与氯气混合，进行反应，生成二氯乙烷。经分离精制后的二氯乙烷，热裂解成氯乙烯及氯化氢。氯化氢再循环用于混合气中乙炔的加成。混合烯炔法工艺流程如图 5-2 所示。

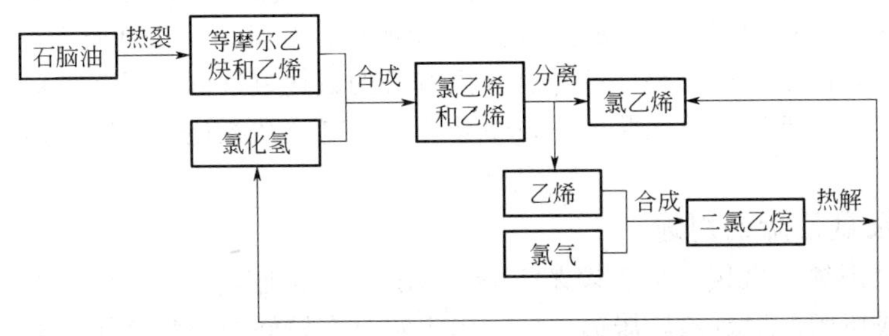

图 5-2　混合烯炔法流程示意图

1955～1958 年，美国的道化学公司首先将乙烯经氧氯化合成氯乙烯，并和二氯乙烷法配合，开发成以乙烯为原料生产氯乙烯的完整工艺装置。此法得到了迅速发展，而乙炔法、混合烯炔法等其他方法由于能耗高、工艺复杂、控制难度高则处于逐步被淘汰的地位。其反应原理为：

乙烯氧氯化

$$CH_2=CH_2+2HCl+1/2O_2 \longrightarrow ClCH_2CH_2Cl+H_2O \quad \Delta H_R=-263.6kJ/mol \tag{5-4}$$

二氯乙烷裂解见式（5-2），总反应如式（5-5）

$$CH_2=CH_2+HCl+1/2O_2 \longrightarrow CH_2=CHCl+H_2O \tag{5-5}$$

1964 年，古德里奇（Goodrich）公司也建立了一套氧氯化法流化床工业装置，自此以后，国外的新上装置基本均采用氧氯化法。比较二氯乙烷法和乙烯氧氯化法，可以发现，二氯乙烷法产生氯化氢，乙烯氧氯化法消耗氯化氢。如果将两种方法结合起来，让二氯乙烷法和乙烯氧氯化法的第一步按照一定的比例生产，可以使氯化氢变为中间产物，实现氯化氢的产生与消耗平衡，建立起所谓的平衡氧氯化法，现在工业上实施的基本上为此法。

相比之下，电石乙炔法的缺点表现为能耗高（生产电石的能耗较高），污染严重，催化剂氯化汞容易升华，造成环境污染。但此法的优点是流程简单、副产物少、产品纯度高、技术比较成熟，特别是在我国贫油多煤的现实条件下，电石乙炔法仍颇受青睐。因此，我国目前还有许多厂家采用此法生产。

截至 2020 年底，我国聚氯乙烯生产企业共有 70 家，现有产能为 2664 万吨。受煤炭及湖盐、井盐资源的影响，我国聚氯乙烯产能中电石法占比超过 80%，主要集中在西北及华北地区，不到 20%的乙烯法产能（包括进口单体原料装置）受原料运输影响，主要集中在应用终端的中东部地区。受成本、能耗、环保和产品质量等诸多要素的影响，我国基于资源优势形成的聚氯乙烯装置西部电石法优于东部电石法、东部电石法优于东部乙烯法的特点将逐渐消失。

5.1.2 聚氯乙烯的性质、用途及制备方法

5.1.2.1 聚氯乙烯的理化性质

聚氯乙烯树脂通常为白色粉末，分子量在 40600～116000 之间，密度 1.35～1.45g/mL，比热容（0～100℃）1.045～1.463J/（g·℃），软化点 75～85℃，高于 100℃开始降解释放氯化氢。聚氯乙烯无毒、无臭，不溶于水、汽油、酒精、氯乙烯，溶于酮类、酯类和氯烃类溶剂。

聚氯乙烯产品耐酸碱性、耐磨性、电绝缘性好，可塑性强，但热稳定性和耐光性差。聚氯乙烯没有明显的熔点，在 80～83℃开始软化，加热温度高于 180℃时开始流动。在 200℃以上时完全分解。130℃以上时变成皮革状，长期加热分解脱出氯化氢而变色。聚氯乙烯只能在火焰上燃烧，且产生绿色火焰，并分解放出有毒的氯化氢气体，离开火焰后立即熄灭。纯聚氯乙烯在日光或紫外线单色光照射下发生老化，光老化从氯化氢降解开始，接着是断链和交联。

5.1.2.2 聚氯乙烯的用途

聚乙烯、聚丙烯、聚氯乙烯、聚苯乙烯、ABS（丙烯腈-丁二烯-苯乙烯共聚物）被称为五大热塑性合成树脂，聚氯乙烯居第三位。由于它具有较好的力学性能、电气性能及耐化学腐蚀性能，且采用不同塑化配方和加工方法制成硬质和软质制品，因而具有广泛用途。聚氯

乙烯可用于各种薄膜及硬塑料制品的生产，如农用薄膜、地板革、壁纸，各种板材、管材，还有电缆包线等。

5.1.2.3 聚氯乙烯的制备方法

1835 年，法国化学家 Regnault V 发现了聚氯乙烯的单体氯乙烯，并于 1838 年观察到氯乙烯的聚合体，被认为是聚氯乙烯工业发展的开端。1872 年，Banmann 合成了聚氯乙烯。1928 年，美国 Carbide Carbon Chemical 公司将氯乙烯和醋酸乙烯用液态本体法共聚成功，从而为聚氯乙烯的应用开发了共聚改性的途径。1931 年，德国的 I.G. Farben（现为 BASF 公司）开始用乳液聚合法进行聚氯乙烯工业生产。1933 年，美国的 Baketite 公司兴建溶液聚合工厂。1943 年，美国和德国分别用悬浮法和乳液法生产聚氯乙烯，年产量达到 37000t。1950 年，美国 Goodrich 公司开发了微悬浮聚合第一代生产工艺。1966 年，法国 Rhone-Poulen（现为 Atochem 公司）开发出微悬浮法制备糊树脂第二代生产工艺。目前，世界 PVC 的生产工艺仍在不断研究创新。PVC 的工业生产主要采用悬浮法、乳液法、本体法和溶液法以及衍生发展的微悬浮法等方法。生产方法不同得到的树脂颗粒大小不同，一般悬浮法 PVC 树脂的颗粒大小为 60～100μm，本体法 PVC 树脂颗粒大小为 30～80μm，乳液法 PVC 树脂颗粒大小为 1～50μm，微悬浮法 PVC 树脂颗粒大小为 20～80μm。其中，悬浮法 PVC 是产量最大的一个品种，约占 PVC 总产量的 80%。

5.2 氧氯化法生产氯乙烯工艺及安全

5.2.1 氧氯化法生产氯乙烯的基本反应

目前，世界各国的氧氯化法生产氯乙烯工艺都采用三步法，包括乙烯直接氯化反应生成二氯乙烷，乙烯与氧、氯化氢进行氧氯化反应生成二氯乙烷，二氯乙烷裂解生成氯乙烯和氯化氢这三步反应。反应原理为：

乙烯直接氯化如式（5-1)，乙烯氧氯化如式（5-4)，二氯乙烷裂解如式（5-2)，平衡消除 HCl 后的总反应如式（5-6）

$$2CH_2=CH_2+Cl_2+1/2O_2 \longrightarrow 2CH_2=CHCl+H_2O \tag{5-6}$$

从总反应式可以看出，氧氯化生产氯乙烯工艺的主要原材料为乙烯、氯气和氧气。直接氯化反应和氧氯化反应需要在催化剂及其他辅助原材料存在的条件下进行。在整个生产过程中，氯化氢既是中间产物，又是反应原料，通过调节三个反应之间的比例关系实现氯化氢的平衡，既减少了副产物引起的资源浪费，又节约了成本，所以该工艺也被称为平衡氧氯化工艺。完成平衡氧氯化生产过程需设置三个反应器，每个反应器分别进行一类主反应。反应条件不同，每一类反应中均存在不同的副反应。

5.2.1.1 乙烯直接氯化反应

乙烯直接氯化既可以在气相条件下进行，也可以在液相条件下进行。液相法一般以 EDC 为反应介质，催化剂有氯化锑 $SbCl_3$、三氯化铁 $FeCl_3$ 和第ⅣA 族元素的氯化物及氯化钙、四乙基铅等，最常用的是 $FeCl_3$。

乙烯直接氯化的反应式如下：

$$CH_2=CH_2+Cl_2 \longrightarrow ClCH_2CH_2Cl \tag{5-1}$$

乙烯直接氯化反应除了生成 EDC 外，往往还有其他副产物三氯乙烷、氯乙烯、1,1-二氯乙烷、四氯乙烯、四氯乙烷等生成，只是含量多少随条件不同而已。主要的副反应如下：

$$ClCH_2CH_2Cl + Cl_2 \longrightarrow ClCH_2CHCl_2 + HCl \tag{5-7}$$

$$ClCH_2CHCl_2 + Cl_2 \longrightarrow Cl_2CHCHCl_2 + HCl \tag{5-8}$$

$$CH_2 = CH_2 + Cl_2 \longrightarrow CH_2 = CHCl_2 + HCl \tag{5-3}$$

$$CH_2 = CHCl + Cl_2 \longrightarrow CH_2 = CCl_2 + HCl \tag{5-9}$$

一般认为，乙烯在 EDC 溶液中与 Cl_2 的反应按照离子型反应历程进行，采用盐类作为催化剂。工业生产以三氯化铁作为催化剂，可以促进氯正离子 Cl^+的生成，反应机理为

$$FeCl_3 + Cl_2 \rightleftharpoons FeCl_4^- + Cl^+ \tag{5-10}$$

$$CH_2 = CH_2 + Cl^+ \xrightleftharpoons{FeCl_4^-} \underset{\diagdown \; Cl^+FeCl_4^- \; \diagup}{H_2C—CH_2} \rightleftharpoons \underset{\diagdown \; Cl^+ \; \diagup}{H_2C = CH_2} + FeCl_4^- \rightleftharpoons ClCH_2CH_2Cl + FeCl_3 \tag{5-11}$$

在整个反应过程中，还有少量 EDC 可能和 Cl_2 进一步反应生成多氯化烃，如三氯乙烷、四氯乙烷等。

5.2.1.2 氧氯化反应

乙烯在含铜催化剂的存在下氧氯化生成 1,2-二氯乙烷，其反应方程式为

$$CH_2 = CH_2 + 2HCl + 1/2O_2 \longrightarrow ClCH_2CH_2Cl + H_2O \tag{5-4}$$

副反应　深度氧化：

$$CH_2 = CH_2 + 2O_2 \longrightarrow 2CO + 2H_2O \tag{5-12}$$

$$CH_2 = CH_2 + 3O_2 \longrightarrow 2CO_2 + 2H_2O \tag{5-13}$$

加成：

$$CH_2 = CH_2 + HCl \longrightarrow CH_3CH_2Cl \tag{5-14}$$

深度氧氯化：

$$CH_2 = CH_2 + 3HCl + O_2 \longrightarrow ClCH_2CHCl_2 + 2H_2O \tag{5-15}$$

在此类反应中，活性组分为氯化铜，载体为 γ-Al_2O_3，碱金属或碱土金属为助催化剂，主要是 KCl。助催化剂的作用是改善催化剂的热稳定性和使用寿命。

尽管关于乙烯氧氯化反应国内外已做了多年的研究工作，但至今仍未有定论，主要有以下两种机理。

（1）氧化还原机理

日本学者藤堂、官内键等认为，氧氯化反应中，通过氯化铜的价态变化向作用物乙烯输送氧。反应分以下三步进行：

$$C_2H_4 + 2CuCl_2 \longrightarrow C_2H_4Cl_2 + Cu_2Cl_2 \tag{5-16}$$

$$Cu_2Cl_2 + 1/2O_2 \longrightarrow CuCl_2 \cdot CuO \tag{5-17}$$

$$CuCl_2 \cdot CuO + 2HCl \longrightarrow 2CuCl_2 + H_2O \tag{5-18}$$

其中，第一步是吸附的乙烯与氯化铜反应生成二氯乙烷，并使氯化铜还原为氯化亚铜，这是反应的控制步骤；第二步是氯化亚铜被氧化为氯化铜和氧化铜的络合物；第三步是络合物与氯化氢作用，分解为氯化铜和水。提出此机理的依据是：

① 乙烯单独通过氯化铜催化剂时有二氯乙烷和氯化亚铜存在。

② 将空气和氧气通过被还原的氯化亚铜时可将其全部转化为氯化铜。

③ 乙烯浓度对反应速率影响最大。

因此，将乙烯转变为二氯乙烷的氯化剂不是氯，而是氯化铜，氯化铜通过氧化还原机理将氯不断输送给乙烯。

（2）乙烯氧化机理

根据氧氯化反应速率随乙烯和氧的分压增大而加快，而与氯化氢的分压无关的事实，美国科学家 R.V. Carrubba 提出如下机理：

$$HCl + a \Longrightarrow HCl(a) \tag{5-19}$$

$$1/2O_2 + a \Longrightarrow O(a) \tag{5-20}$$

$$C_2H_4 + a \Longrightarrow C_2H_4(a) \tag{5-21}$$

$$C_2H_4(a) + O(a) \Longrightarrow C_2H_4O(a) + a \tag{5-22}$$

$$C_2H_4O(a) + 2HCl(a) \Longrightarrow C_2H_4Cl_2 + H_2O(a) + 2a \tag{5-23}$$

$$H_2O(a) \Longrightarrow H_2O + a \tag{5-24}$$

式中，a 表示催化剂表面的吸附中心；HCl(a)、O(a)、C_2H_4(a)表示 HCl、O 和 C_2H_4 的吸附态物种，反应的控制步骤是吸附态乙烯和吸附态氧的反应。

根据上述反应机理，在氯化铜为催化剂时由实验测得的动力学方程式为

$$r = kp_c^{0.6} p_h^{0.2} p_0^{0.5} \tag{5-25}$$

$$r = kp_c p_h^{0.3} \text{（氧的浓度达到一定值后）} \tag{5-26}$$

从上面两个动力学方程可以看出，乙烯的分压对反应速率的影响最大。通过提高乙烯的分压可以有效提高 1,2-二氯乙烷的生成速率。相比之下，氯化氢分压的变化对反应速率的影响则小得多。氧的分压超过一定值后，对反应速率没有影响；在较低值时，氧分压的变化对反应速率的影响也是比较明显的。这两个动力学方程与上述的两种反应机理基本是一致的。

5.2.1.3 二氯乙烷热裂解反应

EDC 热裂解为吸热的可逆反应，其主反应为

$$ClCH_2CH_2Cl \longrightarrow CH_2 = CHCl + HCl - 79.5kJ/mol \tag{5-2}$$

根据 Bavton 等的研究，热裂解反应是以自由基链式反应进行的。

$$ClCH_2CH_2Cl \xrightarrow{K_1} ClCH_2\dot{C}H_2 + \dot{C}l \tag{5-27}$$

$$ClCH_2CH_2Cl + \dot{C}l \xrightarrow{K_2} ClCH_2\dot{C}HCl + HCl \tag{5-28}$$

$$ClCH_2\dot{C}HCl \xrightarrow{K_3} CH_2 = CHCl + \dot{C}l \tag{5-29}$$

$$ClCH_2\dot{C}H_2 + \dot{C}l \xrightarrow{K_4} CH_2 = CHCl + HCl \tag{5-30}$$

在稳定状态下，总反应速率为：

$$K=[K_1K_2K_3/K_4]^{1/2} \tag{5-31}$$

在不受器壁影响下，$K_1 \sim K_4$ 的推算值与理论值一致。

EDC 热裂解过程除了发生生成目的产物氯乙烯的反应外，还存在其他反应形式，主要副反应有：

析碳反应：
$$ClCH_2CH_2Cl \longrightarrow H_2 + 2HCl + 2C \tag{5-32}$$

生焦反应：
$$nCH_2 = CHCl \xrightarrow{\text{聚合}} -\!\!\!\left(CH_2 - CHCl\right)\!\!\!-_n \tag{5-33}$$

氯乙烯加成：
$$CH_2 = CHCl + HCl \longrightarrow CH_3CHCl_2 \tag{5-34}$$

氯乙烯裂解：

$$CH_2 = CHCl \longrightarrow CH \equiv CH + HCl \quad (5\text{-}35)$$

生成氯甲烷。根据 D.H.R. Bavlon 的研究，热裂解起始步骤可能为：

$$C_2H_4Cl_2 \longrightarrow C_2H_4 + Cl_2 \quad (5\text{-}36)$$

随后

$$Cl_2 + C_2H_4Cl_2 \longrightarrow HCl + \dot{C}l + \dot{C}HClCH_2Cl \quad (5\text{-}37)$$

$$C_2H_4Cl_2 \longrightarrow 2\dot{C}H_2Cl \quad (5\text{-}38)$$

$$C_2H_4Cl_2 \longrightarrow ClCH_2\dot{C}H_2 + \dot{C}l \quad (5\text{-}27)$$

$$C_2H_4Cl_2 \longrightarrow ClCH_2\dot{C}H\dot{C}l + \dot{H} \quad (5\text{-}39)$$

其中，式（5-38）的活化能最低。因此：

$$\dot{C}H_2Cl + \dot{H} \longrightarrow CH_3Cl \quad (5\text{-}40)$$

生成丙烯：

$$ClCH_2\dot{C}H_2 + \dot{C}H_2Cl \longrightarrow CH_3CHCH_2 + Cl_2 \quad (5\text{-}41)$$

可见，EDC 热裂解实际上是一个复杂的反应过程，而且影响因素也比较多。反应器形式、反应条件和催化剂等都会影响最终的产物分布。

综上所述，氧氯化法生产氯乙烯工艺的每个基本反应都需要设计合理的工艺流程、采取恰当的工艺设备并控制适当的工艺条件才能实现高效、安全的工业生产过程。

5.2.2 氧氯化法生产氯乙烯的工艺技术

目前，氧氯化法制氯乙烯已经成功开发多种工艺技术，典型的是美国古德里奇技术和日本三井东压技术，主要区别在于乙烯氧氯化单元的工艺过程不同，日本三井东压技术以氧气为氧化剂，美国古德里奇技术以空气为氧化剂。我国第一套以氧氯化法生产氯乙烯单体的技术是 1973 年北京化工二厂引进的，其中氧氯化部分采用了美国古德里奇技术，乙烯直接氯化和二氯乙烷裂解单元则是德国赫斯特公司的技术。天津大沽化工厂在 1993 年开始进行 PVC 项目改造的商务谈判，最终选定欧洲乙烯公司（简称 EVC 公司）的 VCM 技术，该生产工艺共分为五个单元：100#单元为直接氯化和 EDC 精制单元，200#单元为 EDC 裂解和 VCM 精制单元，300#单元为氧氯化单元，400#单元为罐区，500#单元为废弃物处理单元。

5.2.2.1 直接氯化和 EDC 精制单元

乙烯直接氯化可以用气固相催化反应，也可用气液相催化反应。气固相催化反应以铁、铝、钙的氯化物为催化剂，液相反应的催化剂可以是氯化锑和三氯化铁。根据温度的不同，乙烯直接氯化合成 EDC 又分为低温（50℃）、中温（90℃）和高温（120℃）技术。按照反应相态的不同分为气相反应和液相反应两种。其中，低温、中温和高温氯化三种技术的基本原理是一样的，都是以液态 EDC 为介质，三氯化铁为催化剂，由乙烯和氯气鼓泡通过液层进行反应生成 EDC。由于直接氯化反应为强放热反应，及时移走反应热，维持反应体系稳定、安全至关重要。工业上利用反应液中的 EDC 蒸发来及时有效地移除热量，也可以采用外循环的方法将蒸出的 EDC 冷凝、凝液部分返回至反应器来保持一定的反应温度，另一部分作为本单元产品进入下一工序。

EVC 公司的直接氯化工艺又分为低温氯化法和高温氯化法。低温氯化法是在一个液态的 EDC 循环物料流内、氯稍微过量的条件下进行的。以 $FeCl_3$ 为催化剂，在液相 EDC 中的理想浓度为 25×10^{-6}，靠原料氯气与碳钢反应器及管道的腐蚀反应产生的 $FeCl_3$ 即可满足要求。氯气和乙烯分别在流量计控制下通过分布器进入反应器，反应热靠反应器外部与反应器连成一体的热交换器用冷水带走。反应温度控制在 40～55℃，温度高于 70℃，副产物增多，主要为 1,1,2-三氯乙烷的产生显著增加。为了提高反应的收率，反应液中氯气浓度的控制相当重要，当原料乙烯是聚合级和反应产物被水洗时，游离氯的浓度在（300～400）$\times10^{-6}$之间为最佳。

反应生成的 EDC 以液相形式从反应器中抽出，然后送去水洗系统。EDC 水洗系统由酸洗和碱洗组成。酸洗用来除去低温氯化反应产物中的 $FeCl_3$，目的是防止在碱洗时生成 $Fe(OH)_3$ 堵塞轻组分塔和重组分塔的再沸器。碱洗除了处理来自酸洗的有机物以外，还处理来自 300#单元氧氯化生成的 EDC。处理来自低温氯化的 EDC 是为了除去 HCl 和游离氯以防止下游设备的腐蚀，处理来自 300#单元的 EDC 是为了除去 HCl 和三氯乙醛（CCl_3CHO）以防止三氯乙醛和 EDC 在轻组分塔中形成共沸物。

EDC 精制过程中，通过轻组分塔去除 EDC 中的水分，使 EDC 含水小于 20×10^{-6}，以防止下游设备的腐蚀；通过重组分塔除去其中多氯取代物和焦油等重组分。为保证塔顶 EDC 产品质量，塔釜重组分常含有一定量的 EDC，经焦油蒸馏釜回收 EDC 后送至 500#单元进行废弃物的焚烧处理。低温氯化工艺流程图如图 5-3 所示。

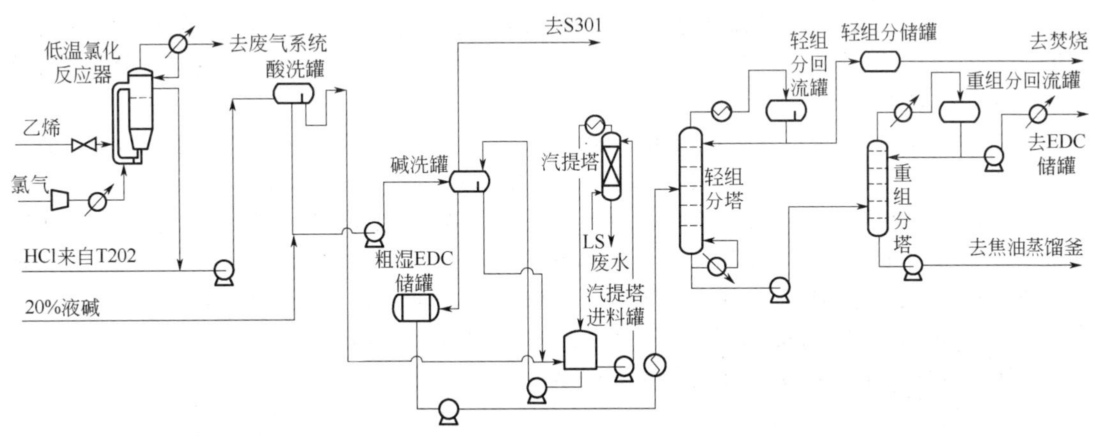

图 5-3　EVC 技术低温氯化工艺流程图

工艺流程简述为：

来自电解分厂的氯气经压缩机压缩、换热器冷却后，与乙烯按一定比例进入低温氯化反应器底部，在靠温差循环的 EDC 溶液中反应生成 EDC，反应液从反应器上部溢流经酸洗泵进入酸洗罐，未反应的不凝废气（主要是乙烯和氧气）经背压调节进入废气系统，冷凝下来的 EDC 返回到反应器中回收。

在酸洗罐中萃取了有机相中 $FeCl_3$ 的酸水与有机相分离，上部酸水溢流至蒸汽汽提塔进料罐，下部有机相在碱洗罐中用稀碱液中和，碱洗后的粗湿 EDC 进入储罐作为轻组分塔的进料。各部分来的废水收集在汽提塔进料罐，含有机相的废水用蒸汽直接加热，塔顶气相冷凝后收集在汽提塔进料罐，并间歇泵送至碱洗罐回收，塔釜废水冷却后排出界外。

粗湿 EDC 经预热后进入轻组分塔中部进行蒸馏，塔顶气相用循环碱液喷淋冷却后，大部分凝液回流，少量采出至轻组分储罐。不凝气经深冷后，凝液回流，不凝气送至 300#单元回收利用，塔釜 EDC 靠压差进入重组分塔进一步精制。

来自轻组分塔釜的物流从第 14 块塔板进入重组分塔，塔顶气相凝液一部分回流，一部分作为干燥的 EDC 送至干 EDC 储罐。塔釜物料含重组分较多，送至焦油蒸馏釜，除去重组分，回收 EDC。

5.2.2.2 EDC 裂解和 VCM 精制单元

本单元主要是以气相 EDC 在 1.2MPa 压力、480～510℃的终端温度下脱去氯化氢，生成 VCM，而又经 HCl 塔和 VCM 塔精馏，分离出纯净的 HCl 和 VCM，前者作为氧氯化单元的原料送往 300#单元，后者经氯化氢汽提塔除去微量 HCl 作为最终产品送往 PVC 分厂聚合，带有少量副产品的未反应的 EDC 送往 100#单元重新精制。

实际生产中，为了减少副产物的生成及延长裂解炉的运转周期，一方面要求高纯度的 EDC 进料，另一方面控制裂解度在 50%左右，超过 55%副产物会明显增加，循环 EDC 的精制也是在循环 EDC 氯化反应器中进行的。

200#单元 EDC 裂解后产生的少量副产物，一部分留在 VCM 和 HCl 中，同时也会有一部分在循环 EDC 中累积。因此，在循环 EDC 再利用前必须除去这些副产物，特别是氯丁二烯，它会在轻组分塔顶累积，生成橡胶状物质而堵塞顶部塔板和塔顶冷凝器。通过二次氯化反应器中保持适当的氯气过量，尽量完全除去氯丁二烯。

裂解度主要是通过控制裂解炉出口温度、裂解盘管温度分布和物料在裂解盘管中的停留时间来保证的。在负荷一定的情况下，温度越高，裂解度越大，裂解盘管的温度分布也即烧嘴的分布和燃烧状况的不同对裂解度影响较大。

VCM 精制的目的是将裂解炉出来的含有 HCl、VCM、EDC 的混合物料进行分离，在氯化氢汽提塔中控制塔顶压力 0.78MPa，温度－36℃，塔釜温度 90℃左右，塔顶得到纯的 HCl，经冷凝后一部分作为回流，其余的汽化后送往氧氯化单元。塔顶 HCl 在正常情况下仅有 15%冷凝，其他经换热后直接送往氧氯化单元。塔底得到的 EDC、VCM 在保证塔釜液位稳定的情况下由塔釜泵向 VCM 塔进料。控制 VCM 塔顶压力 0.4MPa，温度 40℃，塔底温度 160℃左右，从而将 VCM 与 EDC 分离，塔顶得到 VCM，塔釜得到 EDC。

EDC 裂解和 VCM 精制单元流程图如图 5-4 所示。

EDC 裂解工艺流程叙述为：

100#单元精制过的干纯 EDC 在换热器中用二级裂解气预热后，进而被一级裂解气预热，再经过预热盘管被烟道气加热到 160～170℃后，进入 EDC 汽化器，被 1.75MPa 左右的蒸汽加热汽化成 1.0～1.3MPa 的气相 EDC 进入裂解炉，在总长 160m 的卧式盘管中被热裂解，出口温度控制在 500℃左右，裂解度约为 55%。为了减轻汽化器的结构，从汽化器底部连续采出 1.0～1.3m^3/h 的液相送至急冷塔。同时，未回收热量，设置废热锅炉系统利用烟道气将 100℃左右的锅炉水变成 1.05MPa 的中压蒸汽。

裂解气一出裂解炉就被急冷塔的急冷液急冷，终止裂解，在 165℃左右进急冷塔。急冷塔顶物流分成两部分，一部分用于重组分塔的塔釜加热，凝液泵送回第二级急冷塔收集罐；另一部分与进入裂解炉的液相 EDC 换热，并加热 HCl 塔釜液后返回第一级急冷塔收集罐。急冷塔收集罐液相一部分作为回流打入急冷塔，小部分泵入第二级急冷塔收集罐。另外，急冷塔底设置循环泵，在泵入口设置过滤器除去焦炭等杂质，小部分采出去焦油蒸馏釜。

HCl 塔顶采用 R22 为制冷剂，通过调节 HCl 的采出压力保持在 0.78MPa 左右，将第 54 块板作为灵敏板，根据温度调节液相 HCl 的采出。HCl 塔釜液作为 VCM 塔的进料，塔顶采出的 VCM 在片碱干燥器中除去少量的 HCl 和水后，送至 VCM 成品罐，作为 PVC 分厂的原料。

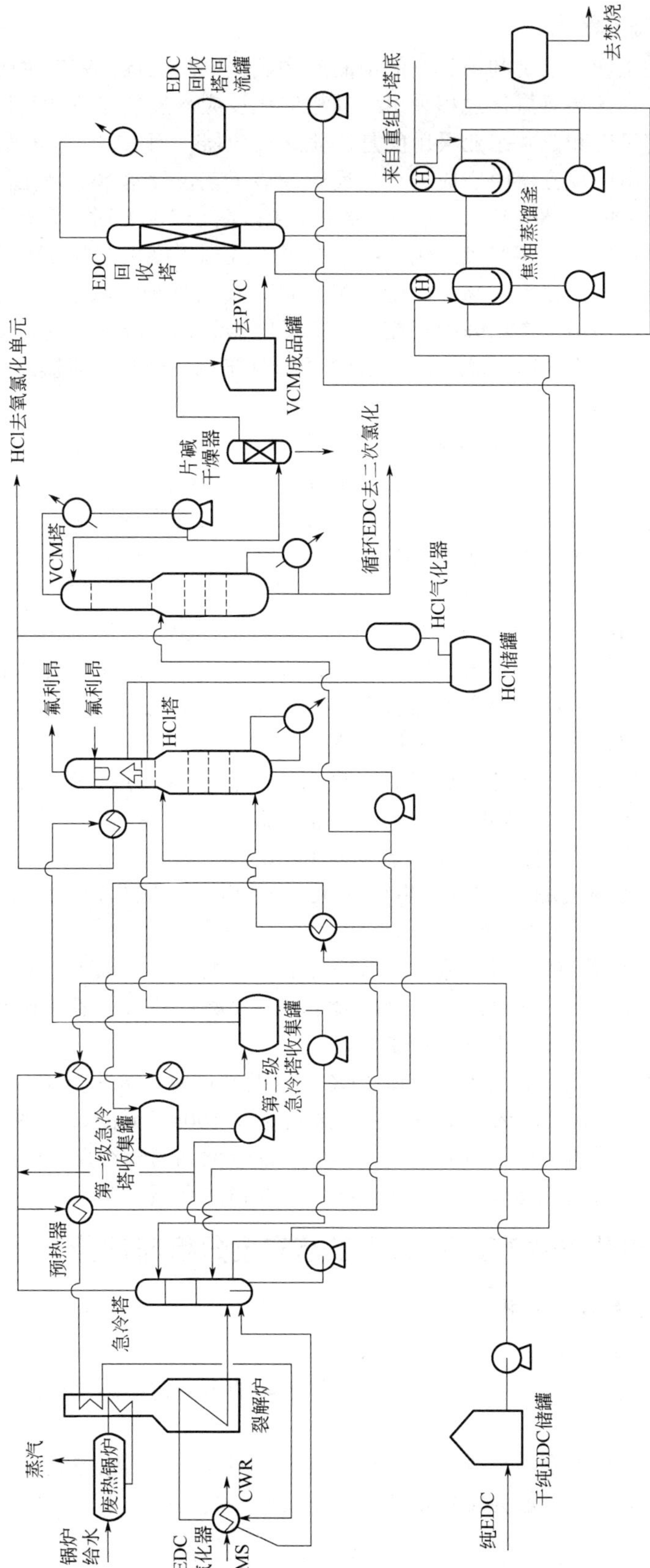

图 5-4 EDC 裂解和 VCM 精制工艺流程图

5.2.2.3 氧氯化单元

氧氯化单元的生产目的是利用裂解的中间产物氯化氢与乙烯、氧气生成EDC，以完成整套装置的生产平衡。乙烯氧氯化过程采用气固相催化反应，反应器形式可以用固定床，也可以用流化床。古德里奇和三井东亚采用的是流化床反应器，而EVC公司采用固定床反应器。乙烯在二级或三级串联反应器中完成氧氯化反应，该工艺过程基本上是在低压 0.7MPa 和中温 250℃下进行的。低于 180℃时，几乎不发生反应，高于 300℃时，乙烯氧化反应显著。

氯化氢转化率可以通过调节氧氯化系统中的氧气过剩程度来控制，可以实现 99%以上的氯化氢转化率。氯化氢转化率越高，EDC 产率越高，而后处理耗碱量也就越少。

第一级反应器压力增至 757.9kPa，在第一级反应器氯化氢流量、过剩氧气和总乙烯流量不变时，乙烯对氯乙烷的选择性增加，而 EDC 选择性下降，同时反应器总压降也增加，所以不宜采用较高的反应压力。

当总乙烯/总氯化氢流量比降低时，乙烯和氯化氢对 EDC 的选择性没有变化，反应器的温度升高，热点温度在一至三级反应器中分别增加 3℃、14℃和 9℃。乙烯/氯化氢比例降低，氯化氢的转化率会下降，需要提高过剩氧气量来维持氯化氢的转化率。

氧氯化单元生产工艺流程图如图 5-5 所示。

氧氯化单元生产工艺流程叙述为：

200#单元来的 HCl 在氯化氢预热器中用中压蒸汽加热到 155℃左右，然后以 60%和 40%的比例分别进入第一级反应器和第二级反应器。补充的乙烯在乙烯预热器中用中压蒸汽加热后与热的循环乙烯混合，使总混合乙烯温度达到 155℃左右。进入第一级反应器的 HCl 在进入第一级混合器之前，先与总的乙烯进料气流混合。

由界外来的氧气经氧气过滤器过滤后，进入氧气预热器，用中压蒸汽加热到 155℃左右，从氧气预热器出来分两股进入两个反应器，流量各占 50%。两个反应器的列管中装满 $CuCl_2$ 催化剂。经预热的乙烯、60%氯化氢和 50%氧气经第一级混合器混合后，进入第一级反应器管程，在催化剂的作用下生成 EDC 和蒸汽。反应热由壳程锅炉给水产生高压蒸汽的方式移除。

从第二级反应器出来的物料气流进入后冷却器，经循环冷却水冷却至 125℃左右，再在立式的冷凝器中经循环冷却水将反应产物冷凝下来。冷凝器顶盖上还插有聚四氟乙烯喷嘴，以便在开车时引入工艺水吸收未反应的氯化氢。

从冷凝器出来的未反应的乙烯、液体 EDC、水及副产物在分离器中分离，液体 EDC 和水中含有一定量的乙烯，经乙烯汽提塔脱除乙烯后送往 100#单元的碱洗系统。未反应的乙烯经预热、过滤和循环压缩机压缩后分三路，其中大部分回到第一级反应器继续反应，少部分净化气送至低温氯化系统，还有一部分送至冷凝器入口防喘振回路。

5.2.3 氧氯化法生产氯乙烯的工艺安全分析与设计

5.2.3.1 物料危险性分析

（1）火灾爆炸危险性

氧氯化法生产氯乙烯过程中，具有火灾爆炸危险的主要物料是原料乙烯、产品氯乙烯和副产物二氯乙烷。

乙烯易燃，与空气混合能形成爆炸性混合物，遇明火、高热或与氧化剂接触有引起燃烧爆炸的危险，与氟、氯等接触会发生剧烈的化学反应。高压条件下，乙烯还可能发生简单分解爆炸。

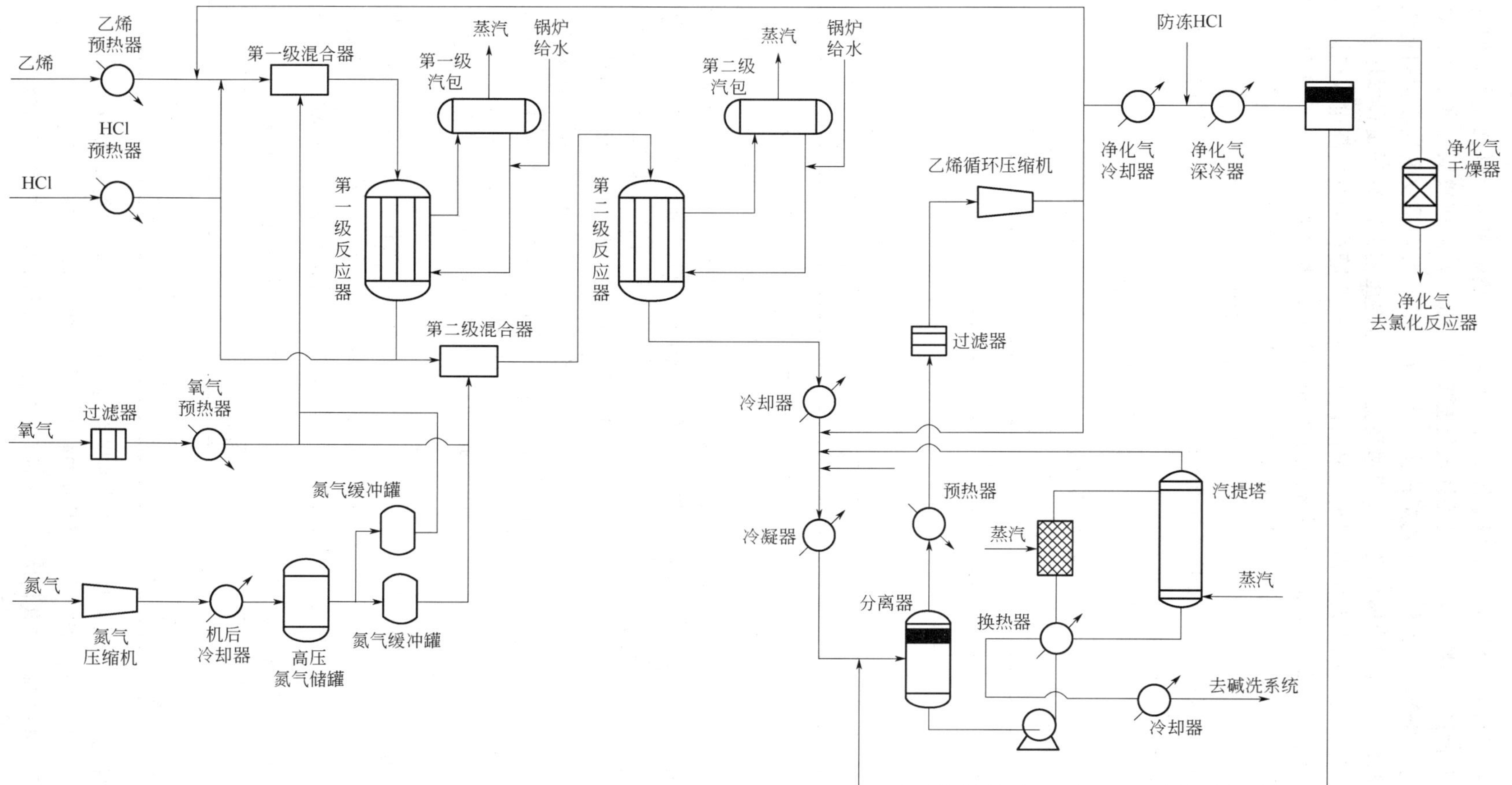

图 5-5 氧氯化单元工艺流程图

氯乙烯易燃，与空气混合能形成爆炸性混合物，遇热源和明火有燃烧爆炸的危险。燃烧或无抑制剂时可发生剧烈聚合。氯乙烯蒸气密度比空气大，能在较低处富集或扩散到相当远的地方，遇火源会着火回燃。氯乙烯的沸点为－13.3℃，很容易发生气液相的转化，伴随着体积的急剧增大，所以液体氯乙烯容器遇高温，容器内压增大，有开裂和爆炸危险。液体氯乙烯具有高绝缘性，如果发生泄漏高速喷出，很容易产生静电，发生静电放电被引爆。

1,2-二氯乙烷常温下是无色有类似氯仿气味的液体，相对密度（水=1）1.256，水中溶解度为 8.7g/L（20℃），所以与水混合时会沉积于水面之下。熔点－35.7℃，沸点 83℃，蒸气相对密度（空气=1）3.4（20℃），能在较低处富集或扩散到相当远的地方，遇火源会发生回燃。25℃时的饱和蒸气压为 87mmHg（1mmHg=0.133kPa），饱和蒸气与空气混合易进入爆炸极限，遇火源有爆炸危险。

氧氯化法生产氯乙烯过程中的主要物料危险参数见表 5-1。

表 5-1　氧氯化法生产氯乙烯过程中主要物料的危险参数

物料	名称	在空气中的爆炸极限（体积分数）/%	闪点/℃	自燃温度/℃	火灾危险性类别
原料	乙烯	2.7～36	－135	450	甲类
	氯	无意义	无意义	无意义	乙类
	氧	无意义	无意义	无意义	乙类
产品	氯乙烯	3.6～33	－78	472	甲类
中间产品	1,2-二氯乙烷	6.2～15.9	13	413	甲类

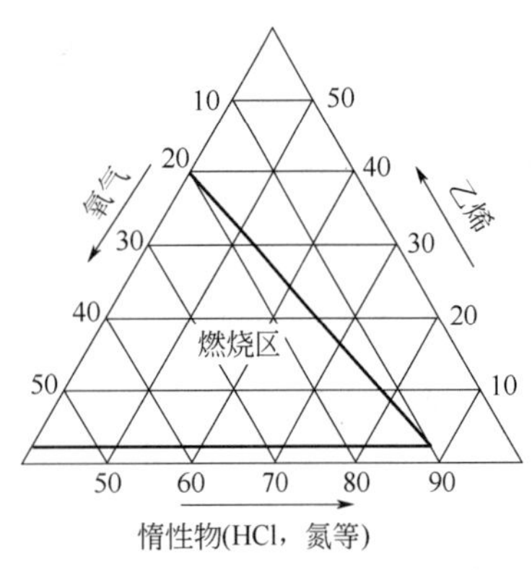

图 5-6　氧氯化反应体系组成安全图

生产过程中的原料氯气和氧气虽然本身不可燃，但都具有助燃作用，与可燃物混合时会增加火灾爆炸的危险。例如常温常压下，乙烯在空气中的爆炸极限为 2.7%～36%（体积分数），但在纯氧中爆炸极限为 2.7%～80%（体积分数），如果初始温度和初始压力分别增大到 270℃和 2.6MPa 时，乙烯在氧气中爆炸极限为 2.15%～95.10%。另外，产物氯乙烯的爆炸极限在氧气中增大为 3.6%～70%。由此可见，在不同的工艺条件下，物料的火灾爆炸危险性有显著的变化。惰性气体的存在可以降低体系的火灾爆炸危险性。在氧氯化反应体系中，原料乙烯、氧气和 HCl 混合体系的燃烧范围如图 5-6 所示。

惰性气体会改变可燃气体火灾危险，在氯乙烯与空气混合物中充入氮气或二氧化碳可缩小其爆炸浓度范围，而且不同惰性气体的影响程度也不同，表 5-2 反映了氮气和二氧化碳在不同含量时的氯乙烯爆炸范围。

表 5-2　惰性气体对氯乙烯-空气混合体系爆炸范围的影响

惰性气体	氮气（体积分数）/%		二氧化碳（体积分数）/%	
	20	40	20	40
氯乙烯爆炸范围（体积分数）/%	4.2～17.2	4.7～8.2	4.5～11.8	5～8.2

氯乙烯-空气中加入惰性气体时的临界点为：加入氮气时，氮气 45.9%，氯乙烯 6%，空气 48.1%；加入二氧化碳时，二氧化碳 34.2%，氯乙烯 6%，空气 59.8%。

当氮气＞48.8%和二氧化碳＞36.4%时，不会产生氯乙烯-空气爆炸混合物。

（2）毒害危险性

在氧氯化法生产氯乙烯的过程中，除了火灾爆炸危险，还应特别关注物料的毒害危险。

乙烯具有较强的麻醉作用。急性中毒：吸入高浓度乙烯可立即引起意识丧失，无明显的兴奋期，但吸入新鲜空气后可很快苏醒。对眼及呼吸道黏膜有轻微刺激性。液态乙烯可致皮肤冻伤。慢性影响：长期接触，可引起头昏、全身不适、乏力、思维不集中，个别人有胃肠道功能紊乱。

氯乙烯具有高毒性，急性毒性表现为麻醉作用，长期接触可引起氯乙烯病。急性中毒：轻度中毒时病人出现眩晕、胸闷、嗜睡、步态蹒跚等；严重中毒可发生昏迷、抽搐，甚至造成死亡。皮肤接触氯乙烯液体可致红斑、水肿或坏死。慢性中毒：表现为神经衰弱综合征、肝肿大、肝功能异常、消化功能障碍、雷诺现象及肢端溶骨症，皮肤可出现干燥、皲裂、脱屑、湿疹等。本品为致癌物，可致肝血管肉瘤。我国规定，氯乙烯的时间加权平均容许浓度 PC-TWA 为 $10mg/m^3$。

氯气具有高毒性，对眼和呼吸系统有伤害。急性中毒：轻度咳嗽；中度支气管炎或气管炎；重度肺水肿。长期低浓度接触可引起慢性支气管炎、肺水肿、痤疮及牙齿酸蚀症。我国规定，氯气环境中最高允许浓度 MAC 为 $1mg/m^3$。

1,2-二氯乙烷具有高毒性。对眼睛及呼吸道有刺激作用；吸入可引起肺水肿；抑制中枢神经系统，刺激胃肠道，引起肝、肾和肾上腺损害。急性中毒表现有两种类型，一类为头痛、恶心、兴奋、激动，严重者很快发生中枢神经系统抑制而死亡；另一类型以胃肠道症状为主，呕吐、腹痛、腹泻，严重者可发生肝坏死和肾病变。我国规定，1,2-二氯乙烷的时间加权平均容许浓度 PC-TWA 为 $7mg/m^3$，最高容许浓度 MAC 为 $25mg/m^3$。

氯化氢（盐酸）具有中等毒性。接触蒸气引起眼结膜炎，鼻及口腔黏膜有烧灼感，牙龈出血，气管炎，刺激皮肤出现皮炎。误食盐酸可引起消化道灼伤、溃疡。我国规定，氯化氢环境中最高允许浓度 MAC 为 $7.5mg/m^3$。

5.2.3.2 直接氯化反应系统的危险性分析及安全设计

氯化反应是一个强放热过程，尤其在较高温度下进行氯化，反应更为剧烈，速率快，放热量较大，一旦反应失控很容易造成容器的超压爆炸。工艺过程中所用的原料大多具有燃爆危险性，如果体系中存在过量氧气，或生产过程中发生泄漏，极易发生火灾爆炸危险。此外，在氯化反应尾气中物料处理不彻底，容易形成爆炸性混合物。所以，氯化反应体系的火灾爆炸危险性极为突出。

在氯化反应过程中，为了实现工艺操作的稳定安全，要控制反应器的冷却介质的温度、流量以提供充足的降温。另外，由于直接氯化过程为气液反应，生产过程中也要对液位采取有效控制。所以，工业装置一般要求设温度、压力的报警和联锁，反应物料的比例控制和联锁，液位报警和联锁，并设置系统的紧急进料切断系统、紧急冷却系统和安全泄放系统。

氯化反应器形式多样，传统低温氯化采用鼓泡塔式反应器，在此基础上又进行改进，出现了循环管反应器、U 形管和分离器组合体式反应器以及气体管式反应器等，目的是改进进料分布器以提高气体的分布效果以及增加移热效率以有效控制氯化反应温度。因此，温度控制方式因反应器形式而异。EVC 技术的低温氯化反应器以自然温差循环，取代了循环泵的作用；高温反应器用竖直式 U 形反应器，该反应器上部与一卧式气体分离器相连。反应物料被送到反应器中，在有效静压力下发生反应，可以防止在反应区内产生沸腾，不至于出现连续气相侧反应。

对 EVC 技术乙烯低温直接氯化反应系统部分偏差进行 HAZOP 分析，分析过程如表 5-3

所示。

表 5-3　乙烯低温直接氯化反应系统 HAZOP 分析结果

参数	引导词	原因	后果	控制措施
反应器温度	MORE	1. 冷却水流量低 2. 氯气、乙烯进料量过高 3. 氯气/乙烯比例过高 4. 循环冷却 EDC 回流量小 5. 原料混合不均匀，局部反应剧烈	反应失控，导致系统压力增加，可能发生爆炸	1. 设置冷却水流量检测、自动调节装置； 2. 设置温度检测、报警、高高联锁和紧急停车系统； 3. 设置氯气进料流量检测、调节、紧急切断系统； 4. 设置氯气、乙烯比例调节； 5. 设置 EDC 回流量自动调节； 6. 多点位进料，并设置进料气体分布器
反应器压力	MORE	1. 进料压力高 2. 尾气系统背压控制高	系统超压，引起设备破坏，物料泄漏，甚至发生爆炸	1. 设置压力检测、报警装置； 2. 设置系统泄压装置爆破片； 3. 设置紧急停车系统
尾气含氧量	MORE	原料气含氧量高	尾气形成爆炸性混合物引起爆炸	1. 尾气系统设置氧含量在线检测； 2. 设置尾气氧含量高报警和高高联锁； 3. 设置紧急停车系统； 4. 采用惰性气体进行惰化

通过分析可以看出，直接氯化反应过程中出现爆炸事故的场景是比较复杂的，最直接的原因是系统压力升高，而温度与压力存在一定的关系，反应放热导致系统温度升高，液体气化量增大引起的压力升高，则是工艺安全控制设计的重点。而在设计过程中，根据具体的工艺流程组织情况设置相应控制方案，例如在实际生产过程中，反应系统的温度是通过压力控制的。

EVC 公司的直接氯化反应器及其控制方案设计如图 5-7 所示。

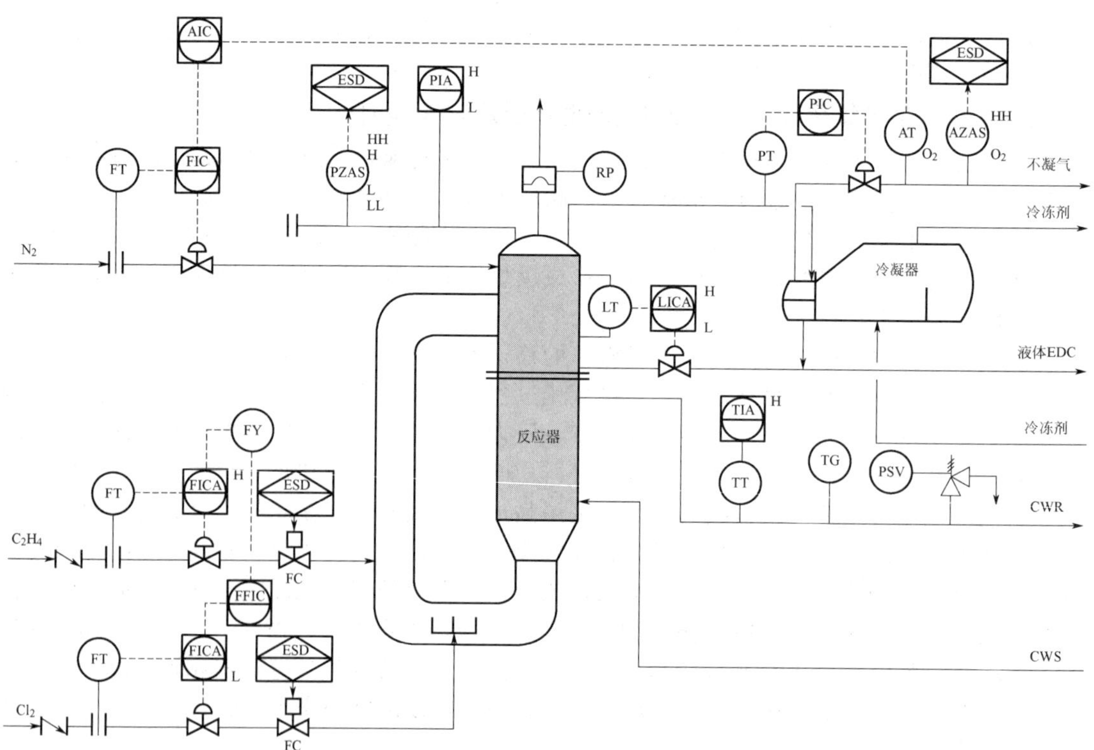

图 5-7　直接氯化反应器控制方案设计

① 氯气进料管线设置流量检测系统 FT，检测到的流量信号通过流量的报警控制系统 FICA 将指令发送给执行机构流量控制阀进行自动调节，超过设定值时由紧急停车系统 ESD 执行停车操作，最终关闭阀门 FC。氯气流量也可以通过与乙烯进料管线的流量比例调节阀 FY 进行流量的调节。最终，氯气通过多点位方式经气体分布器均匀进入靠温差循环的 EDC 反应液中。

② 乙烯进料系统的控制方式与氯气相同，不再赘述。

③ 循环冷却水的出口温度与反应温度有对应关系，设循环水出口温度高报警。

④ 系统的压力采用检测 PT、指示报警 PIA 和联锁 PZAS（L，H）、报警联锁 PZAS（L，LL，H，HH）、停车 ESD 系统和泄压爆破片等多种控制方式。此外，尾气系统设置压力检测控制系统 PIC，并通过尾气不凝气控制阀进行调节。

⑤ 尾气氧含量由不凝气管线设置的氧气在线分析仪 AT 进行检测，并根据设定情况由流量调节 FIC 发出指令控制调节阀开度以调节惰性气体 N_2 流量，实现对尾气组分的稀释惰化。如果超出设定值达到一定程度，不仅由氧含量报警系统 AZA 发出报警进行人工干预，还可以由联锁系统 AZAS 甚至紧急停车系统 ESD 进行联锁停车操作。

5.2.3.3 二氯乙烷裂解反应系统的危险性分析及安全设计

二氯乙烷裂解反应在高温、高压下进行，装置内的物料温度（可达 500℃以上）超过其自燃点，若漏出会立即引起火灾。裂解反应在裂解炉反应器的炉管内完成，管外由燃气燃烧提供热量。随着反应的进行，副反应产生的焦炭会在炉管内壁结焦，使流体阻力增加，影响传热。当焦层达到一定厚度时，因炉管壁温度过高会烧穿炉管，裂解气外泄，引起裂解炉爆炸，因此必须进行清焦作业。炉膛内燃烧采用的燃料可以是煤气、天然气，也可以是清洁能源氢气，所以裂解过程除了原料和产品具有火灾爆炸危险外，燃料火灾爆炸危险则显得更为突出。燃烧过程采用引风的方式保持炉膛内微负压，如果断电或引风机机械故障而使引风机突然停转，则炉膛内很快变成正压，会从窥视孔或烧嘴等处向外喷火，严重时会引起炉膛爆炸；如果燃料系统大幅度波动，燃料气压力过低，则可能造成裂解炉烧嘴回火，使烧嘴烧坏，甚至会引起爆炸。

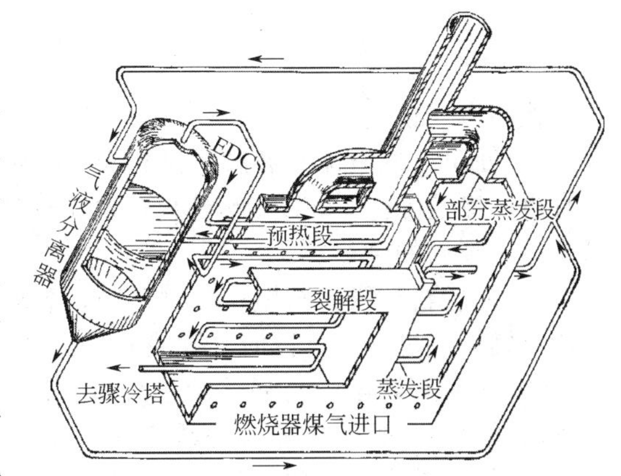

图 5-8 EDC 箱式裂解炉示意图

反应在管式反应器中完成，管外炉膛为燃气燃烧室，因此，二氯乙烷反应器常设计成箱式裂解炉反应器，其结构如图 5-8 所示。深度裂解反应对温度非常敏感，随着温度的升高，深度裂解反应的选择性增大，不仅使原料的利用率降低，而且生成的焦炭严重堵塞管道。因此，从工艺安全的角度考虑，一方面要控制炉膛温度，另一方面也要控制原料停留时间以避免结焦的发生。EVC 公司为了防止裂解炉结焦及以后系统的堵塞，采用气相进料，即 EDC 经预热后进入汽化器，在此用高压蒸汽加热气化成气相进入裂解炉，汽化器底部连续排出小股物料到急冷塔或重组分塔，防止因 EDC 不断蒸发出现重组分积累而结焦的现象。整个裂解过程温度较低（400～500℃），而裂解深度高（50%～55%）。同时，裂解热负荷较低（91.96MJ/m^2），使裂解炉管内的结焦情况减小到最低程度。

一般来讲，为了实现 EDC 裂解系统的安全运行，控制参数要考虑裂解炉进料流量、裂解炉温度、引风机电流、燃料进料流量和压力等，同时对主风流量、外取热器控制机组、锅炉系统进行控制。控制方案包括裂解炉进料压力、流量控制报警与联锁，紧急裂解炉温度报警和联锁，紧急冷却系统，紧急切断系统，反应压力与压缩机转速及入口放火炬控制，外取热器汽包和锅炉汽包液位的三冲量控制（液位、补水量、蒸发量控制）。除了上述工艺安全控制措施以外，设计过程中还设置其他安全附件和附属设施，例如防止锅炉超压的安全阀、带明火的裂解炉设置熄火保护控制等。反应压力正常情况下由压缩机转速控制，还需要考虑开工及非正常工况下由压缩机入口放火炬控制。部分控制方式见图 5-9。

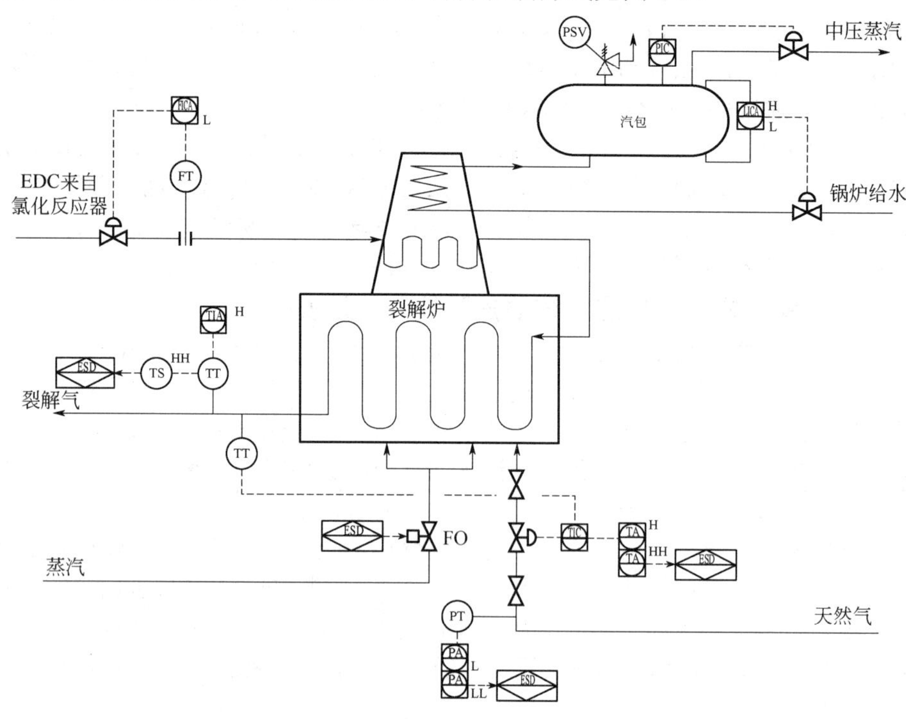

图 5-9　裂解炉安全控制方案设计

控制方式说明：

① 使引风机电流与裂解炉进料阀、燃料油进料阀、稀释蒸汽/氮气阀之间形成联锁关系，一旦引风机故障停车，则裂解炉自动停止进料并切断燃料供应，但应继续供应稀释蒸汽/氮气，以带走炉膛内的余热。

② 使燃料气压力与燃料气进料阀、裂解炉进料阀之间形成联锁关系，燃料气压力降低，则切断燃料气进料阀，同时切断裂解炉进料阀。

③ 使裂解炉电流与锅炉给水流量、稀释蒸汽流量之间形成联锁关系，一旦水、电、蒸汽等出现故障，裂解炉能自动紧急停车。

④ 使锅炉水位与锅炉给水阀联锁，一旦锅炉水位波动超过设定值，则发出高或低水位报警，并自动调节锅炉给水流量。

⑤ 设置锅炉压力检测、自动调节，调节产生中压蒸汽的排放量控制锅炉压力。

5.2.3.4　氧氯化反应系统的危险性分析及安全设计

乙烯的氧氯化过程为气固相催化反应，反应器有固定床反应器和流化床反应器两种形式，如图 5-10 所示。固定床反应器的固有缺点是反应工艺过于复杂，设备投资大，催化剂容易因出现热点而失活，导致反应超温而副反应增多，系统阻力较大。而流化床反应器的操作弹性大，床层内反应温度趋于均一，设备投资少，工艺流程简单。采用流化床反应器的氧氯化反应又分为空气法、贫氧法和富氧法三种。空气法反应尾气排放量大，乙烯消耗较高；贫氧法和富氧法采用循环气体操作，尾气排放量低，贫氧法循环气中的氧含量一般为1.5%，单元安全性好。

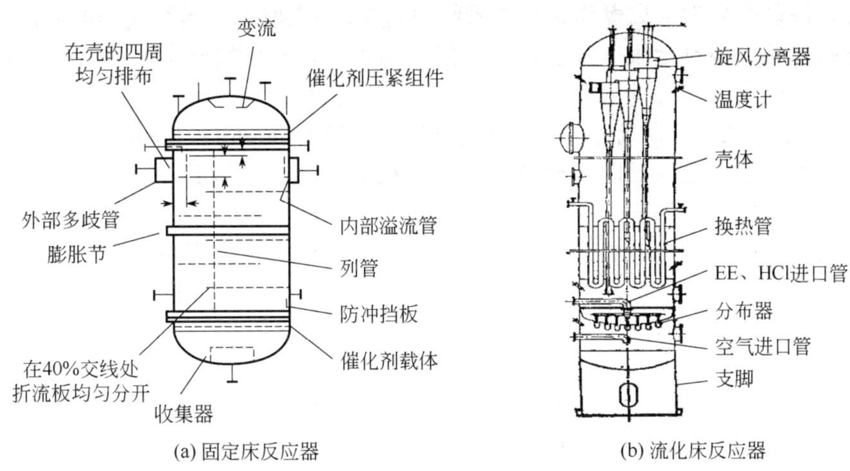

(a) 固定床反应器　　(b) 流化床反应器

图 5-10　氧氯化反应器结构示意图

美国古德里奇公司和日本三井东压公司都采用流化床反应器。古德里奇公司以空气为氧化剂，温度严格控制在220℃，反应器径向温度几乎不变，而轴向温差不超过4℃。温度太低，生成的低沸物太多，温度高生成的高沸物太多，二者均造成浪费，而且给随后的分离造成压力。反应器的压力控制在0.32MPa左右，HCl和C_2H_4的转化率分别为99.7%和96.7%。乙烯与氯化氢的比例以乙烯稍过量为宜。氯化氢过量，流化床操作不稳定，乙烯过量太高则造成原料损失。一般控制在（1.1～1.05）∶2之间。氧气过量30%～100%，氧气过量有利于提高原料乙烯的利用率，但由于是空气氧化，氧气过量意味着带入的氮气量大，放空量必然增大，原料乙烯的损失量增大。三井东压公司以氧气为氧化剂，进入反应器的原料气体摩尔比为HCl∶C_2H_4∶O_2∶惰性气体=2∶1.6∶0.63∶2.06，反应适宜的操作温度为230℃，操作压力为0.2MPa，氯化氢的转化率为99.5%，乙烯的燃烧率为1.5%。随着反应温度的升高，氧氯化反应速率加快（如图5-11所示），同时乙烯燃烧率也迅速增加（如图5-12所示），两者都为强放热反应，会使反应器出现飞温失控，有爆炸的危险。

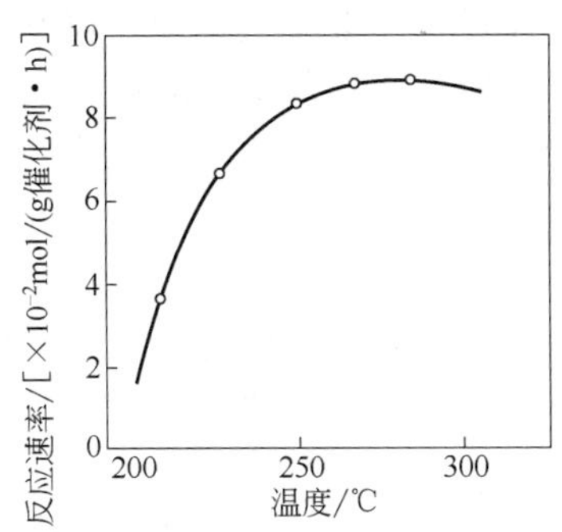

图 5-11　反应速率的温度效应

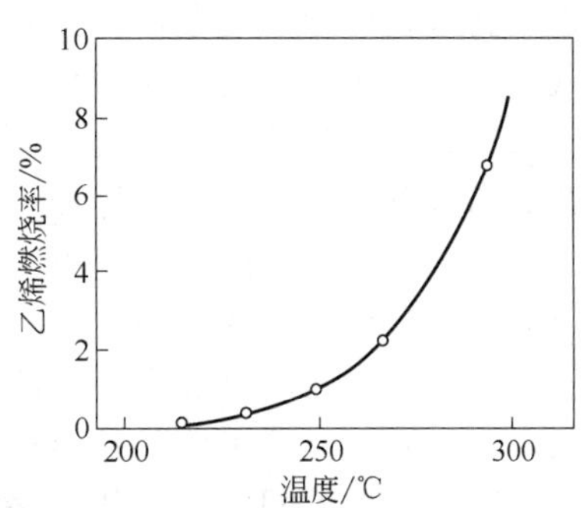

图 5-12　乙烯燃烧率的温度效应

EVC氧氯化技术采用固定床反应器，技术特点为：

① 废气排放少。采用纯氧气作为氧化剂，较低的温度下（220～260℃）反应，只有很少量的尾气排放。

② 操作运行安全可靠。在反应中乙烯过量很多，使反应在爆炸极限以外进行，又由于热容很高的大量乙烯进行循环，相对来说维持了较低的反应温度。多台反应器串联使用，氧气分段加入，每段配料都远离爆炸极限。系统设置30多点联锁，当系统中的温度、压力、流量或尾气含氧量达到控制上限时反应器将触发联锁停车，高压氮气自动引入反应器内，从而安全可靠地清除氧气和乙烯的混合物。

③ 催化剂是以Al_2O_3为载体的氯化铜，形状为外径5mm，内径2mm，高5mm的环状体。为了防止反应物刚进入反应器时反应过于激烈，在催化剂中均匀混入活性炭为主的稀释剂，有效控制反应管内的热点温度。

固定床反应器的温度控制相对困难，随着反应进料组成、温度和催化剂活性的变化，反应热点会在反应轴向发生移动，所以工艺参数要及时调节。一旦床层温度超过设定限值，要立即采取联锁停车操作。引发乙烯氧氯化反应器升温的原因：

① 加压热水流量太低（带走的热量太少）；

② 加压热水压力太高（压力高则沸点高），通常反应温度和热水的沸点接近；

③ 进料流量太大（反应放出热量太多，热量不能被及时移走）；

④ 进料中乙烯浓度太高（反应速率与乙烯浓度关系最大，乙烯浓度高，可能迅速加快反应的进行）；

⑤ 氧气混合不均匀，局部深度氧化。

另外，进料中氯化氢浓度也不能太高，太高可能引起深度氧氯化反应，使三氯乙烷甚至四氯乙烷的含量增加；反应混合物中乙烯含量太高可能使反应物料进入爆炸极限范围内。设置如下参数的联锁停车：

① 反应器出口物料温度高高联锁；

② 加压热水流量低低联锁；

③ 加压热水压力高高联锁；

④ 反应器入口物料流量高高联锁；

⑤ 进料气中乙烯含量高高联锁。

联锁停车的顺序：关闭反应器进料阀—打开氮气吹扫系统—打开骤冷器水备用系统—打开骤冷器出口冷却水备用系统—倾析器出口物料泄入备用储槽—分离器出口溶剂吸收塔按高负荷操作。

由于原料气在一定浓度范围内具有爆炸危险，所以在原料气混合过程中还要充分考虑乙烯和氧气浓度的均匀性，特别是避免出现初期混合局部浓度过高的现象。因此，在流程组织上，将乙烯首先与HCl混合，降低乙烯浓度后再在混合器中与氧气混合。在安全控制方面，考虑混合局部浓度过高可能引发爆炸反应，所以在混合器出口管线设置温度高报警和高高联锁，并装设爆破片以保护整个系统不被破坏。

在反应器中，催化剂的装填及活性会引起反应剧烈程度差异，易造成温度不一致，所以在反应管束内设置多处温度热电偶检测温度，并采取N选K（图5-13为3选2）的方式，一旦检测到多点超温，立即采取紧急停车操作。

为了保证反应器管间有效移热，必须保持锅炉高压水充满状态。在设计上，应考虑将汽包安装在高于反应器的位置，并检测汽包内水位。水位过低可能造成反应器内缺水而不能有效换热，此时应联锁锅炉给水系统加大进水量。

氧氯化反应器部分工艺安全控制方案如图5-13所示。

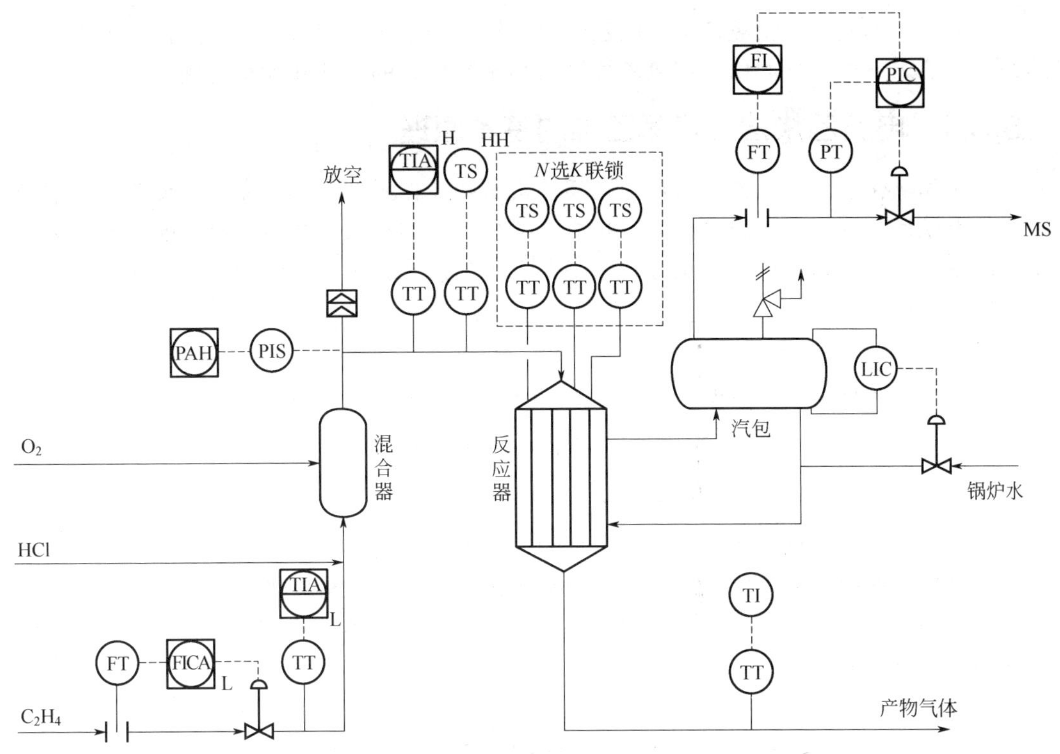

图 5-13　乙烯氧氯化反应控制方案

5.2.3.5　其他需特别注意的安全问题

在氧氯化法生产氯乙烯工艺过程中，除了三个核心反应系统之外，气体的精制、换热、压缩等单元也存在不同的危险性。例如在氯乙烯精制过程中，由于氯乙烯非常容易聚合，精馏过程中要防止氯乙烯聚合，避免塔釜温度过高时出现聚合物甚至结焦。因此，在工艺安全控制设计时，要考虑设置氯化氢塔釜温度高高联锁、氯乙烯精馏塔塔顶压力高高联锁。一旦超压或超温，停止加热，并停止进料。

为了保证系统开、停车和紧急处理操作的安全，工艺设计过程中还要考虑相关的辅助设施，如急冷系统、惰化系统和紧急排空系统及其焚烧系统。值得注意的是，氧氯化工艺生产VCM时，原料氯气、干燥的HCl、产品VCM气体和中间产物EDC的蒸气都具有高毒危险，所以在放空过程中要引入安全位置，如氯气需要设计尾气喷淋、碱洗塔以保证释放的氯气被充分吸收，二氯乙烷容器设计氮封以限制蒸气的挥发释放，蒸气可收集到精馏系统，既保证安全，又避免污染和资源浪费。在可能出现的直排放空位置，考虑泄放的气体可能被引燃发生回火，还要在放空管上设置阻火器以保证放空安全，同时配有充氮接管，及时稀释释放的可燃、有毒气体。

5.3　电石乙炔法生产氯乙烯工艺及安全

电石乙炔法生产氯乙烯工艺主要包括氯化氢制备单元、乙炔制备单元、氯乙烯合成单元和氯乙烯精制单元。氯化氢制备单元主要是以氯气和氢气为原料，在三合一合成炉内燃烧生成氯化氢。乙炔制备单元主要是以电石为原料，在乙炔发生器中与水反应生成乙炔。氯化氢合成单元以氯化氢和乙炔为原料，在催化剂氯化汞的作用下生成氯乙烯单体。氯乙烯精制单元则是脱除合成单元来的粗氯乙烯中的乙炔等轻组分和二氯乙烷等重组分，得到可供聚合生产的纯干氯乙烯单体。下面仅介绍氯乙烯合成和精制单元的工艺和安全问题。

5.3.1 电石乙炔法生产氯乙烯的基本原理

以乙炔和氯化氢合成氯乙烯的反应在活性炭负载氯化汞催化剂上完成，反应过程中释放热量。由于该反应为加成反应过程，产物氯乙烯是不饱和加成产物，因此可能出现过度加成副反应而生成 1,1-二氯乙烷。如果原料气中含有水分，还会出现乙炔和水的反应生成乙醛。反应过程如下：

主反应

$$CH\equiv CH+HCl\longrightarrow CH_2=CHCl \qquad \Delta H_R=-124.8\text{kJ/mol} \tag{5-42}$$

副反应

$$CH\equiv CH+2HCl\longrightarrow CH_3CHCl_2 \tag{5-43}$$

$$CH\equiv CH+H_2O\longrightarrow CH_3CHO \tag{5-44}$$

在反应体系中，催化剂氯化汞提高了目的产物氯乙烯的选择性，其催化反应机理为：乙炔首先与氯化汞加成生成中间加成物氯乙烯基氯化汞，氯乙烯基氯化汞很不稳定，当其遇到吸附在催化剂表面的氯化氢时，即分解而生成氯乙烯。当氯化氢过量时，生成的氯乙烯再与氯化氢加成生成 1,1-二氯乙烷。当乙炔过量时，过量乙炔会使氯化汞催化剂还原成氯化亚汞和金属汞，使催化剂失去活性，同时生成二氯乙烯，这一反应可以通过如下机理得以解释：

$$\begin{gathered}CH\equiv CH+HgCl_2\longrightarrow CHCl=CHHgCl\xrightarrow{HgCl_2}\\ HgClCHClCHClHgCl\longrightarrow CHCl=CHCl+Hg_2Cl_2\end{gathered} \tag{5-45}$$

$$CH\equiv CH+HgCl_2\longrightarrow Cl-\underset{\diagdown\ \diagup \atop Hg}{CH-CH}-Cl\longrightarrow CHCl=CHCl+Hg \tag{5-46}$$

氯乙烯合成反应的活化能只有 25kJ/mol 左右，相对容易发生反应，而且一般认为反应速率与乙炔的浓度关系更大。该反应的动力学方程式为：

$$r_A=\frac{p_{A0}^2(1-x_A)(m-x_A)}{a(1-p_{A0}x_A)^2+bp_{A0}(1-p_{A0}x_A)(m-x_A)+cp_{A0}(1-p_{A0}x_A)x_A} \tag{5-47}$$

式中，m 为 HCl 与 C_2H_2 的摩尔比；$a=1/(k\cdot K_H)$，$b=1/k$，$c=K_{VC}/(k\cdot K_H)$，其中 $k=9.21\times10^{13}\exp[-27.3\times10^3/(RT)]+0.0476$（373～403K），$k=1.714\times10^{14}\exp[-27.55\times10^3/(RT)]$（403～448K），$K_H=19.32\exp[2.72\times10^3/(RT)]$（373～403K），$K_H=1.08\times10^{-20}\exp[39.6\times10^3/(RT)]$（403～448K），$K_{VC}=1.783\times10^{-6}\exp[12.9\times10^3/(RT)]-2.53$（373～448K）。

5.3.2 电石乙炔法生产氯乙烯的工艺流程

电石乙炔法生产氯乙烯的合成单元分为原料气混合脱水、转化、合成气净化三部分，合成单元与氯乙烯精制单元的工艺流程见图 5-14。

（1）混合脱水

本单元的主要任务是对乙炔及氯化氢进行脱水处理。原料乙烯和氯化氢中含水会带来如下危害：①水溶解氯化氢腐蚀管道及设备；②水粉化催化剂使其活性下降；③水会与乙炔发生副反应生成随后难以脱除的乙醛。所以在进反应器之前尽量降低原料中水的含量。脱除的要求为原料中水分的含量在 0.03%以下。氯化氢的腐蚀性很强，通常采用冷冻的方式脱水。

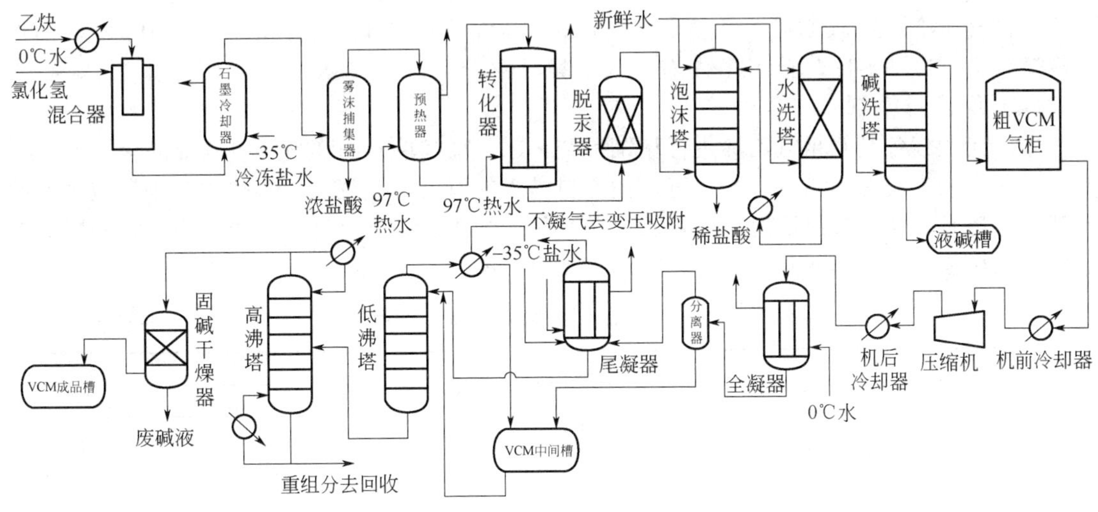

图 5-14 电石乙炔法生产氯乙烯工艺流程图

流程叙述：来自乙炔站的湿乙炔经计量后，经过乙炔冷却器后由乙炔砂封阻火器与氯化氢气体沿混合器切线平行进入混合器。进入混合器的乙炔气体和氯化氢气体的摩尔比是 1∶1.05～1∶1.1，混合后进入两个并列的石墨冷却器中，用－35℃盐水进行冷冻干燥，除掉混合气中的水分形成浓盐酸，并控制气体出口温度在－14～－10℃之间，再经雾沫捕集器（高效除雾）除掉气体中夹带的酸雾。混合脱水设备分离下来的酸汇集后进入压酸罐，定期用氮气压至盐酸储罐。采用混合冷冻脱水工艺时，混合气体的温度控制在（－14±2）℃。温度过高，含水量较多，但温度也不宜过低，因为在－25～－20℃以下易形成水化物结晶冰冻，会堵塞石墨冷却器造成合成系统紧急停车。

（2）转化

本单元的主要任务是以乙炔和氯化氢为原料反应制得氯乙烯。采用列管式固定床反应器，管间冷却水移热，其结构如图 5-15 所示。通常两台催化床串联使用，根据产能需求再并联若干组同类型反应器。

流程叙述：除掉酸雾的气体进入预热器，用循环热水间接将气体温度升至 70℃以上，再进入装有氯化汞催化剂的转化器中进行反应，反应放出的热量由管间的循环冷却水带走，冷却水用热水泵自热水槽打至转化器内，并将反应热带出。

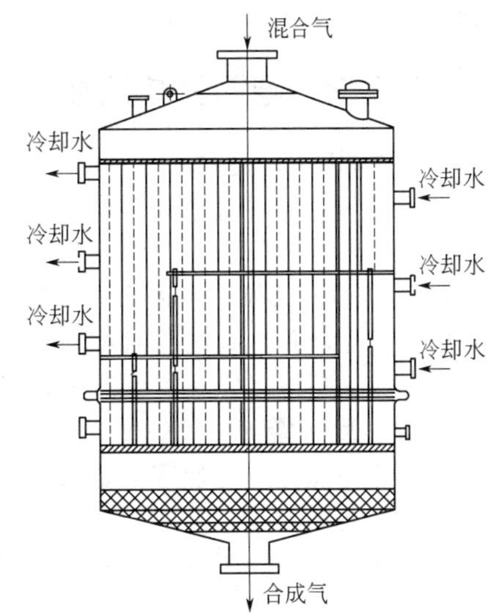

图 5-15 固定床反应器结构

（3）合成气净化

本单元的主要任务是将物料由反应器中带出的催化剂及过量的氯化氢及其他酸性气体（主要是 CO_2）除掉。

流程叙述：转化后合成气体进入脱汞器用活性炭吸附高温升华的氯化汞后，经由冷却器冷却至 60℃左右进入泡沫塔，用新鲜水逆流吸收，除掉气体中过量的氯化氢，并回收浓度为 15%～30%的盐酸。塔顶气再经水洗塔用新鲜水洗涤微量的酸雾，塔底稀酸返回泡沫塔塔顶循环使用，塔顶气最后进入碱洗塔进一步除去微酸及 CO_2 等酸性气体。从碱洗塔出来的合成气体部分经气柜水分离器进入气柜缓冲平衡（气柜还接受聚合排来的 VC 气体），部分送机前冷却器用 0℃冷冻水冷冻，将气体冷却到 10℃以下并脱水，之后进入压缩机将气体压缩至 0.5～0.6MPa 后经油水分离罐、机后冷却器冷却至 40℃左右进入全凝器。

（4）氯乙烯精制

本单元的任务是对粗氯乙烯进行精馏提纯。进入精馏单元的物料中氯乙烯的含量为 90%左右，其余为未反应的乙炔、氯化氢，由原料带入的氢气、氮气、二氧化碳，副反应生产的乙醛、乙烯基乙炔、二氯乙烷、三氯乙烷及多氯乙烷等。必须将这些杂质除去，否则影响聚合产品的质量。精馏单元几种化合物的沸点见表 5-4。

表 5-4 几种化合物的沸点 单位：℃

压力	化合物							
	乙炔	VCM	乙醛	1,2-二氯乙烯	偏二氯乙烯	CHCl═CCl_2	氯乙烷	二氯乙烷
101.325kPa	−84	−13.4	20.2	47.8（反式） 59（顺式）	31.7	86.7	12.3	83.5
506.625kPa	−53	−35	70	104（反式） 120（顺式）	87	153	63	147

流程叙述：来自压缩的氯乙烯气体在全凝器中用 0℃的水将大部分氯乙烯冷凝成液体，氯乙烯液体进入 VCM 中间槽除去水分，全凝器没有冷凝下来的气体进入尾凝器，经−35℃的盐水冷却后，氯乙烯液体直接进入低沸塔塔顶，尾凝器没有冷凝下来的气体用活性炭吸附，没有吸附的气体等经空压阀排空。尾凝器饱和后，用解吸真空泵经解吸过滤器将氯乙烯抽出，经油水分离器进入气柜。从中间槽出来的氯乙烯液体进入低沸塔，低沸塔塔釜用转化热水间接加热，将冷凝液中低沸物蒸出（经塔顶冷却器用 0℃水控制）再利用压差进入高沸塔，高沸塔塔釜将氯乙烯蒸出，经塔顶冷凝器控制部分回流，大部分精氯乙烯进入固碱干燥器，用 0℃水将氯乙烯冷凝，氯乙烯液体再进入单体贮槽，待聚合需料时送出。高沸塔底部分离收集到以 1,1-二氯乙烷为主的高沸点混合物，间歇排放入残液贮罐，定期排放。

5.3.3 电石乙炔法生产氯乙烯反应器的操作条件

（1）HCl/C_2H_2 比

乙炔和氯化氢过量都对反应不利，特别是乙炔过量，可能导致催化剂的分解及中毒，而且还会与汞反应生成具有爆炸性能的乙炔汞；其次，乙炔价格相对较贵，过量乙炔会造成成本升高和资源浪费；再次乙炔相对不易从产物中脱除，使后续的分离压力增大。所以为保证乙炔的完全转化，让廉价且相对好分离的氯化氢过量。但氯化氢的过量比例亦不能太高，否则会生成大量的多氯化物副产物，增加分离负担。HCl/C_2H_2 通常选 1.05∶1～1.1∶1。

（2）反应温度

乙炔与氯化氢的反应很容易发生，理论上的平衡转化率在 99.9%以上，且速率也比较快，温度在 130℃以上，反应即可以较快的速率进行。温度过低，乙炔转化不完全，温度太高，反应速率加快，如果反应热不能及时移除，可能导致反应器内局部过热，而且还会出现副反应速率提高、催化剂升华、氯乙烯聚合问题。一般温度控制在 130～180℃之间。

（3）反应压力

反应过程一般选择常压，克服流体输送的阻力即可，压力选在 0.12～0.15MPa 之间。

（4）空速（停留时间）

操作空速降低，反应物料在反应器中的停留时间延长，可能导致连串副反应的发生；空速太大，反应物和催化剂的接触时间减少，乙炔转化率会降低，而且可能导致流速分布不均匀，局部反应速率太高，温度高，催化剂升华，一般的空速范围为 30～60h^{-1}。

（5）原料纯度

为了提高氯乙烯的合成效率和产品质量，要求原料乙炔和氯化氢具有足够高的纯度。第一，原料中不应含有硫、磷及砷化物，它们会导致催化剂中毒；第二，原料中不应含有氧，一方面是因为原料乙炔有很宽的爆炸极限，氧气存在可能会形成爆炸性混合物，另一方面是氧气会与催化剂载体活性炭生成二氧化碳；第三，尽可能降低游离氯的含量，原料氯化氢是通过氢气和氯气燃烧反应获得，如果有未反应的游离氯，会与乙炔反应立即爆炸，通常控制氯化氢中游离氯的含量在0.002%以下；第四，原料中的水分含量也需严格控制，因为水分会与氯化氢结合成为盐酸腐蚀管道，腐蚀形成的 $FeCl_3$ 会严重阻塞管道、设备。水分会进入催化床，使催化剂结块，催化剂结块后必然会使气体分布不均匀，局部过热，操作恶化，所以原料气中水分的含量通常控制在0.03%以下。

5.3.4 电石乙炔法生产氯乙烯的工艺安全分析与设计

5.3.4.1 乙炔火灾爆炸危险性分析

乙炔在空气中的爆炸极限为 2.1%～80%（体积分数），纯净的乙炔气体在加压条件下受热还会发生分解爆炸，同时释放大量的热，分解爆炸反应式为

$$C_2H_2 \longrightarrow 2C(s) + H_2 + 226.7kJ/mol$$

若无热量损失，火焰温度可达3100℃。压力越高，爆炸威力越大。但压力降到临界压力（0.137MPa，表压）以下就不会发生分解爆炸。

自燃温度305℃，如果乙炔中含有磷化氢，其自燃点为38℃，很容易发生自燃，进而引起乙炔的燃烧。闪点＜－50℃，火灾危险性为甲类。与氟、氯发生剧烈反应，与铜、银、汞反应生成爆炸性化合物。

当乙炔与氯乙烯混合时，随着乙炔含量的增加，爆炸浓度范围会发生明显变化，如图5-16所示。

5.3.4.2 原料气混合单元危险性分析与安全设计

来自氯化氢合成单元的氯化氢是通过氯气和氢气燃烧反应得到的，如果原料中游离氯含量超标，则游离氯极易与乙炔分子发生反应生成中间产物并放出大量反应热，甚至发生燃烧爆炸。引起氯化氢中游离氯含量高的原因有多种，主要有：氯化氢比例不当；氯化氢合成炉压力波动；氯气压力发生变化；炉头损坏，燃烧不完全；操作不当。要有效控制游离氯的产生，应该把握以下几个方面：一是确保氯气、氢气的质量，氯气的纯度为 Cl_2＞95%，H_2＜0.7%，H_2O＜0.03%；氢气纯度为 H_2＞98%，O_2＜0.4%，H_2O＜0.03%。二是要控制好氯氢分子比，Cl_2∶H_2＝1∶（1.05～1.1），即氢气过量5%～10%。对于游离氯含量的控制主要在氯化氢合成单元完成。在原料气混合单元，为了防范可能出现的游离氯超标引起的破坏，在混合器上需安装超温自动报警装置，严格控制温度在40℃以下，装设爆破片实施泄压保护，同时在混合器入口安装砂封阻火器，一旦出现火灾爆炸事故不至于影响到乙炔发生系统的安全。在混合器设计上，设法使原料气快速均匀混合。小型混合器中，氯化氢气体沿混合器切线方向进入，沿设备壁面旋转流下，与进入中心管自小孔喷射出来的乙炔气体均匀混合，气体流速在8～10m/s 范围。较大型混合器中，乙炔和氯化氢气体沿混合器切线相对进入混合器，在混合器内相反方向快速混合并沿器壁流下，经中心管向上排出。两种混合器结构示意图分别如图 5-17（a）和（b）所示。对乙炔进料管线进行 HAZOP 分析可以辨识可能存在的危险场景，部分分析结果如表 5-5 所示。根据分析结果设计原料气混合工艺安全控制方案，如图5-18所示。

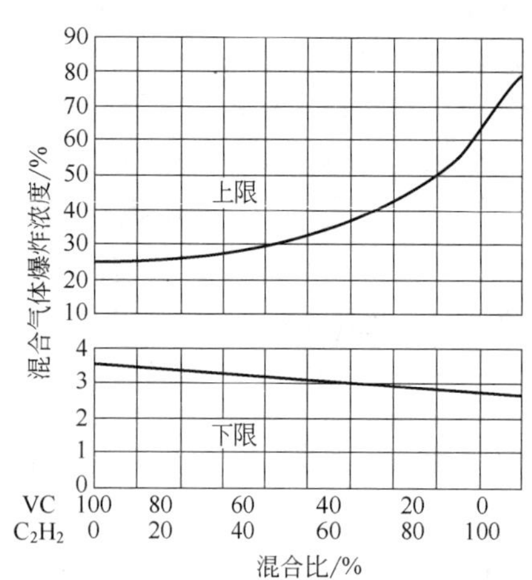

图 5-16　氯乙烯与乙炔混合气的爆炸范围

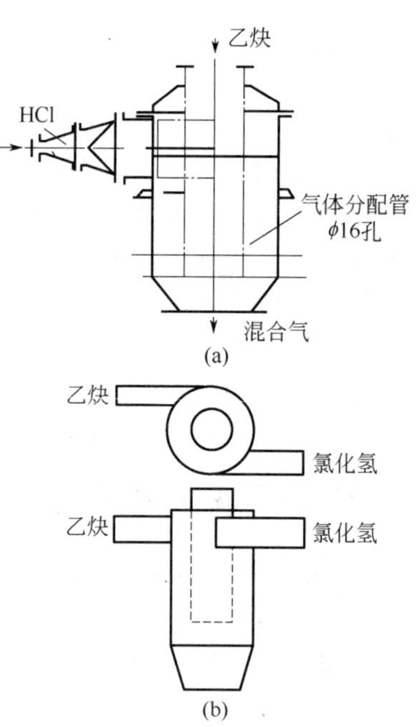

图 5-17　混合器结构示意图

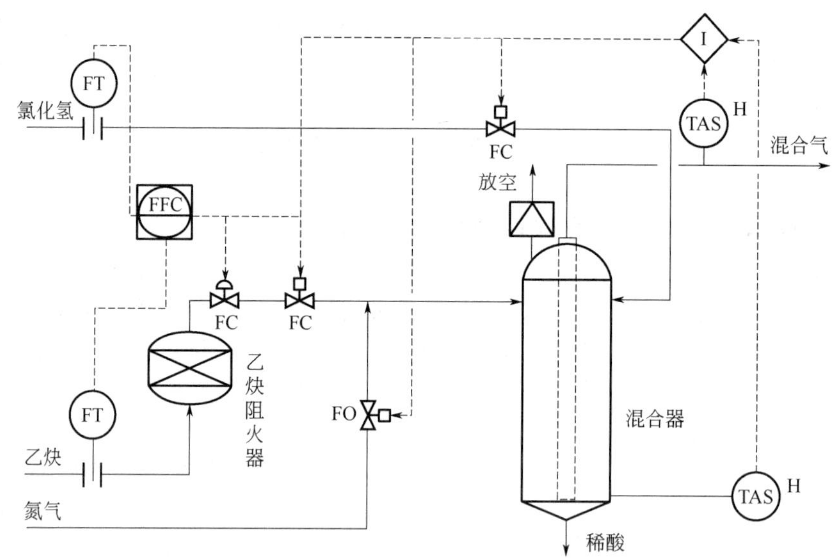

图 5-18　乙炔和氯化氢混合过程控制方案

表 5-5　乙炔进料管线 HAZOP 分析结果

工艺参数	引导词	原因	后果	控制措施
乙炔进料流量	MORE	1. 阀门故障 2. 流量计故障（指示偏高） 3. 操作错误，调节气量过大	1. 反应器中乙炔转化率下降 2. HCl∶C_2H_2 摩尔比小于 1，反应器内乙炔含量高于控制指标 3. 乙炔过量导致副反应发生，甚至出现爆炸性的乙炔汞，过量乙炔影响后续分离负荷	1. 安装流量高报警器 2. 设置乙炔、氯化氢流量比例调节控制器 3. 定期检查、校验仪表

续表

工艺参数	引导词	原因	后果	控制措施
乙炔进料流量	LESS	1. 乙炔进料管道泄漏 2. 阀门故障部分关闭	1. 合成器中乙炔减少，HCl 转化率降低 2. HCl∶C_2H_2 摩尔比大于 1，反应器内 HCl 含量高于控制指标 3. HCl 过量较多，造成腐蚀，发生泄漏	1. 安装低流量报警器 2. 设置乙炔、氯化氢流量比例调节控制器 3. 定期检查设备、校验仪表

控制方案说明：

① 乙炔进料管线设置阻火器，混合器一旦爆炸不会回火到乙炔发生系统。

② 由于氯化氢中游离氯一旦超标，混合气会立即爆炸，需要足够的泄放量，所以在混合器顶部设置防爆片，而不是安全阀。

③ 原料气乙炔和氯化氢流量设置比例调节。

④ 混合器底部和出口管线设置温度报警和联锁，联锁后切断乙炔和氯化氢的进料。

5.3.4.3 转化单元危险性分析与安全设计

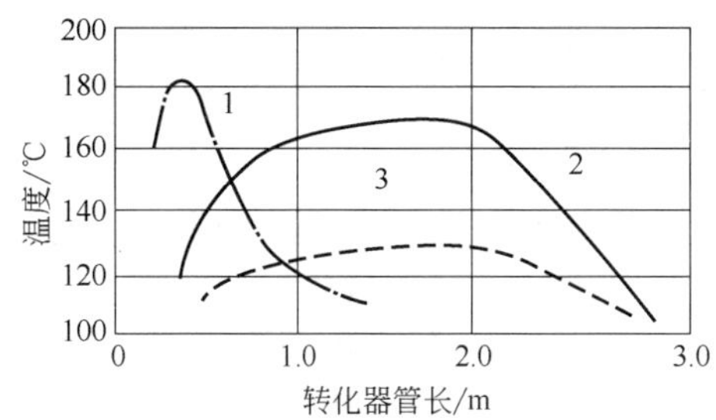

图 5-19 转化器温度轴向分布曲线

1—0～1000h；2—1000～3000h；3—>3000h

合成转化反应一般在内径 50mm 的列管式转化器内进行，反应热靠列管外冷却水移除，反应温度沿列管横截面存在径向分布，管中心温度最高。因此在反应器设计时，一些企业采用较小的反应器列管直径，以减小径向温差。此外，每台反应器列管长度为 3000mm，采用两台反应器串联形式以增加反应时长，达到预期的转化率。随着反应的进行，反应物浓度逐渐降低，放热量减少，而在一段反应器入口处反应较强烈，会出现热点。所以在催化剂装填时，通过改变催化剂浓度或选用不同低活性的催化剂以降低热点温度。不同寿命周期内转化器内反应温度的轴向分布如图 5-19 所示。转化器温度变化影响因素较多，采用 HAZOP 方法分析各类偏差及影响结果如表 5-6 所示。

表 5-6 转化器 HAZOP 分析结果

工艺参数	引导词	原因	后果	控制措施
转化器温度	MORE	1. 温度指示器故障（指示偏高） 2. 进料温度高 3. 冷却水温度高 4. 冷却水流量低 5. 原料氯含量超标	1. 氯乙烯收率低，副产物增多 2. 乙炔与氯化汞反应生成乙炔汞，导致转化器爆炸	1. 设高温报警，高高联锁停车 2. 设置合成气温度检测 3. 设置冷却水温度-流量检测调节系统 4. 定期检验仪表
	LESS	1. 温度指示器故障（指示偏低） 2. 进料温度低 3. 冷却水温度低	1. 乙炔转化率低，后续精制负担增加 2. 氯化氢转化率低，腐蚀设备	1. 设置进料温度检测 2. 设置冷却水温度-流量检测调节系统 3. 定期检验仪表

根据分析结果设计工艺安全控制方案如图 5-20 所示，主要控制内容为：

① 反应器设置两处测温套管，检测反应器内温度及热点变化，并设置温度高、低报警；

② 设置反应器出口温度、压力检测，并通过现场仪表和远程仪表对照检查仪表数据；

③ 设置高位热水管道为并联反应器提供循环水通道，并设有液位检测、报警和自动调节控制，当液位偏低时，通过调节阀 LV01 补充热水，保证反应器壳程热水充满状态；

④ 反应器底部设置观察视窗 SG，定期检查是否有腐蚀泄漏现象，如有泄漏在视窗中可以观察到漏液。

5.3.4.4 其他单元危险性分析与安全设计

（1）压缩过程危险性分析与安全设计

在压缩过程中，VCM 压缩机将气体压缩至 0.6MPa，压缩机有 L 型活塞式压缩机和螺杆式压缩机两种类型。根据型式的不同，压缩机通常配有保护系统，如出入口的消音系统、氮气密封系统、润滑油系统、防止进气压力为负压的回流和事故紧急停车系统，并设有安全阀等压力保护系统。为了保证压缩机进气流量的稳定，通常在上游管线接入气柜作为缓冲，避免出现流量、压力的波动。因为在压力环境下的干乙炔非常危险，有些装置还配有将氯化氢注入 VCM 系统的压缩机吸入口的设施，当循环回路中积累的乙炔浓度过高时，注入氯化氢以稀释乙炔至适当浓度。要避免压缩过程中的聚变反应，温度控制是关键。采用 L 型活塞式压缩机在两段压缩之间会设置水冷器，及时为因压缩而升温的 VCM 气体降温。

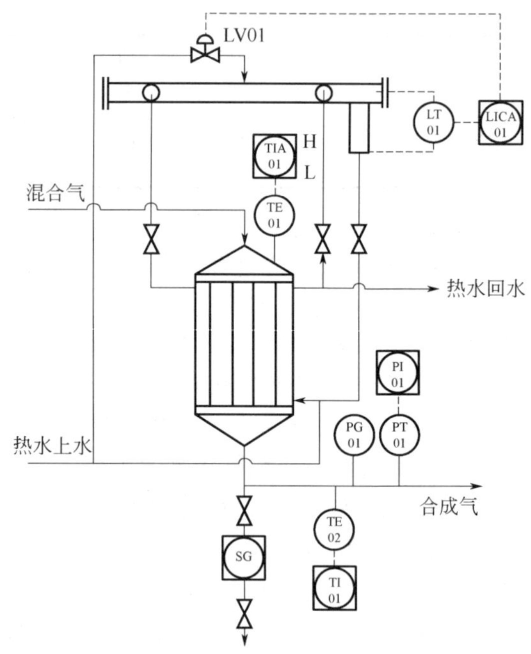

图 5-20 转化器工艺安全控制方案

（2）气柜危险性分析与安全设计

工艺设计：氯乙烯自压缩机机前总管与气柜进、出气管道联通，同时与精馏工序置换平衡管道联通。当氯乙烯压缩机抽量相对较低时，转化多余氯乙烯气体进入氯乙烯气柜中；当氯乙烯压缩机抽量相对较高时，氯乙烯气柜内的氯乙烯对压缩机前进行补充。氯乙烯气柜起到平衡生产系统气量的作用，使精馏系统操作稳定，同时确保压缩机前的正压。

危险性分析：当上游生产波动排气量增大、操作不当导致气体管线积液，压缩机抽气不顺畅，气柜出气量减少时，氯乙烯气柜的柜位升高，气体从气柜安全放空管放空；当气柜导轨卡顿，一方面会造成系统超压，VCM 会大量释放至环境，可能导致人员中毒，遇火源会发生火灾、爆炸事故，另一方面可能会造成系统超负压，气柜设备抽瘪或者空气渗入气柜与 VCM 混合形成爆炸性混合气体，设备内出现点火能量引起爆炸。

安全设计要点：在气柜中设置 DCS 双柜位高报警，操作人员可手动切换备用气柜；双柜位低报警设置 DCS 自动打开补氮切断阀缓解负压情况；增加 3 个 SIL2 等级的远传柜位计，同时在气柜进出气管线上增加一个 SIS 切断阀，设置新增远传液位计三选二高报警时，关闭气柜 SIS 切断阀，同时切断 VCM 转化系统乙炔、氯化氢管线 SIS 切断阀，关闭 VCM 压缩机，SIS 信号传至 DCS，DCS 联锁切断聚合回收管线自动阀。此外，为精馏系统增加 SIS 切断功能，避免精馏塔出现大量泄放的情况。

（3）精馏系统危险性分析与安全设计

影响精馏系统的参数有：

① 压力。VCM 常压下沸点为－13.3℃，提高压力，沸点也提高，可是制冷剂的温度也相应提高，减少制冷动力消耗，因此精馏操作宜在加压条件下进行，一般低沸塔的压力控制在 0.5～0.6MPa（表压），高沸塔压力控制在 0.25～0.45MPa（表压）。

② 温度。当低沸塔塔顶温度较低时，易使塔顶馏分中 C_2H_2 组分冷凝或塔底液 C_2H_2 蒸出不完全，使塔底馏分（作为高沸塔进料液）C_2H_2 含量增加，影响 VCM 质量。温度过高时则

使塔顶馏分中 VCM 含量增加，势必增加尾气冷凝器的负荷，以致液化率降低，影响精馏收率，甚至出现高压下泄漏导致火灾爆炸事故。高沸塔塔釜温度过高，不但会造成塔底馏分中高沸物（二氯乙烷）蒸出，影响单体的质量，还会导致蒸出釜列管中的多氯烃分解、炭化、结焦影响传热效果，甚至影响塔的安全正常运转。

③ 惰性气体和水分对精馏的影响。原料气氯化氢内含有 5%～10%的惰性气体，对氯乙烯的冷凝过程产生很大的影响。提高氯化氢气体的纯度不但减少精馏尾气放空的损失，而且对提高精馏效率有重要意义。水分能够水解由氧和氯乙烯生成的低分子过氧化物，产生氯化氢（遇水生成盐酸）、甲酸、甲醛等酸性物质，从而使设备腐蚀。生成的铁离子又促进系统中氧与氯乙烯生成过氧化物，过氧化物能够引发氯乙烯聚合，生成聚合度较低的聚氯乙烯，造成塔盘部件的堵塞，被迫停车，因此水分必须降到尽可能低的程度。

从安全的角度考虑，采取如下方案控制可能出现的危险：

① 低沸塔塔顶设置温度压力表，通过 DCS 系统调节塔顶冷却水流量，保证塔顶物料全回流以及塔顶不会因为升温升压产生设备泄漏导致爆炸事故。

② 低沸塔塔底设置温度压力表，通过 DCS 系统调节塔底热水流量，保证塔顶物料部分气化。调节阀设置事故关，当系统停电或停气时，调节阀自动关闭，系统压力不再升高，保证安全停车。

③ 低沸塔塔底设置液位计，通过 DCS 系统调节低沸塔进高沸塔物料流量，保证不会因为液位过低出现低沸点组分进入高沸塔。调节阀设置事故关，当系统停电或停气时，调节阀自动打开，保证安全停车。

④ 高沸塔塔顶设置温度压力表，通过 DCS 系统集中调节塔顶冷却水流量，保证塔顶物料全回流以及塔顶不会因为升温升压产生设备泄漏导致爆炸事故。调节阀设置事故关（FO），当系统停电或停气时，调节阀自动打开，保证安全停车。

⑤ 高沸塔塔底设置温度液位计，通过 DCS 系统调节塔底热水流量，保证塔顶物料部分气化，精馏完全。调节阀设置事故关，当系统停电或停气时，调节阀自动关闭，系统压力不再升高，保证安全停车。

5.4 聚氯乙烯的生产工艺及安全

5.4.1 概述

5.4.1.1 聚合反应的类型

聚合反应有不同的分类法，根据最初单体和聚合物在组成和结构上的关系，人们将聚合反应分为加聚（加成聚合）和缩聚（缩合聚合）反应。前者是含有双键的单体打开双键而相互加成聚合为高分子化合物。加聚物的元素组成与单体相同，分子量是单体的整数倍。后者是具有两个或两个以上官能团的单体通过不同官能团之间的反应逐步缩合为高分子化合物，反应除生成缩聚产物外，还有水、醇、氨或氯化氢等低分子产物产生。

按照聚合机理可以将聚合反应分为连锁聚合和逐步聚合。

（1）连锁聚合

反应过程中，首先在单体混合物中形成活性中心（活性中心可以是自由基、阳离子或阴离子），活性中心随后打开单体的 π 键与之加成，并产生新的活性中心，而后不断地加成，使链得到增长，直至活性中心消失，链增长停止。其特点是单体只能与活性中心反应，而单体之间相互不反应，活性中心一旦出现，瞬间就可反应达到一定的分子量。单个聚合体包括的单体数不变，反应过程中变化的是聚合体的个数。活性中心可以通过加入能量，如光、电、热等形成，也可以加入引发剂与单体反应形成。

连锁聚合反应中的一大类是自由基聚合反应，自由基聚合由链引发、链增长和链终止三个基元反应构成，其中链引发非常重要，大多用引发剂引发。引发剂多是一些容易分解的化合物，如过氧化物、偶氮化物等。过氧键分解能一般较低，偶氮化合物容易分解是由于其中含有两个氮，这两个氮非常容易结合为稳定的氮分子。例如偶氮二异丁腈（AIBN）的分解反应为

$$(CH_3)_2\underset{\underset{CN}{|}}{C}-N=N-\underset{\underset{CN}{|}}{C}(CH_3)_2 \longrightarrow 2(CH_3)_2\underset{\underset{CN}{|}}{C}\cdot + N_2 \tag{5-48}$$

（2）逐步聚合

在反应体系中，反应初期，大部分单体很快消失，转变为二聚体、三聚体、四聚体等等。随后，在低聚物间继续进行缩聚反应，分子量逐渐增大。聚合产物分子量的分布较宽。

烃类单体的加聚反应大多是按照连锁聚合进行的，而缩聚反应大多是逐步聚合完成的。特点是先形成小聚合体，然后再结合为大聚合体。

5.4.1.2 聚合反应实施的方法

（1）本体聚合

本体聚合是指不加其他介质，只有单体本身在引发剂或催化剂、热、光等的作用下进行的聚合反应。其优点是产品纯净，不存在介质分离问题，可直接制得透明的板材、型材。聚合设备简单，可连续或间歇生产；缺点是不存在分散剂，导致反应体系黏稠度高，聚合热不易扩散，温度难控制。控制不好，轻则造成局部过热，产品有气泡，分子量分布宽，重则引起暴聚，导致爆炸事故。

（2）溶液聚合

溶液聚合是指单体和引发剂或催化剂溶于适当的溶剂中进行的聚合反应。其优点是散热控温容易，可避免局部过热，体系黏度较低，能消除凝胶效应；缺点是溶剂回收麻烦，设备利用率低，聚合速率慢，分子量不高。工业上，溶液聚合多用于聚合物溶液直接使用的场合，如涂料、胶黏剂、浸渍液、合成纤维纺丝液。

（3）悬浮聚合

悬浮聚合是指单体（油溶性）以小液滴状分散悬浮于水中所进行的聚合反应。单体中溶有引发剂，每一个小液滴相当于一个本体聚合的单元。为了防止小液滴彼此粘接，需加入分散剂。分散剂可以是水溶性高分子物质，如聚乙烯醇、明胶、淀粉等，吸附于小液滴表面，形成保护膜，或不溶于水的无机物，如碳酸盐、硫酸盐、滑石粉、高岭土等，吸附于液滴表面，起机械隔离作用。悬浮聚合的产物为粒径 0.01～5.0mm 的球形颗粒。颗粒大小与分散剂的种类及操作条件有关。悬浮聚合的优点是体系黏度低，产品分子量高，后处理相对简单；缺点是产品中含有一定量分散剂的残留物，要生产透明的或绝缘性能好的材料需将分散剂除去，后续工艺相对复杂。

（4）乳液聚合

乳液聚合是指单体在乳化剂作用和机械搅拌下，在水中分散成乳液状态进行的聚合反应。单体一般为油溶性单体，乳化剂是一类可使互不相容的油和水转变成难以分层的乳液的物质，属于表面活性剂。乳化剂浓度很低时，以分子分散状态溶解在水中，达到一定浓度后，乳化剂分子开始形成聚集体（50～150 个分子），称为胶束。形成胶束的最低乳化剂浓度，称

为临界胶束浓度（CMC）。不同乳化剂的CMC不同，愈小，表示乳化能力愈强。胶束在低浓度时为球状，高浓度时转化为棒状。

用作乳化剂的有阴离子型烷基、烷基芳基的羧酸盐，如硬脂酸钠；硫酸盐，如十二烷基硫酸钠；磺酸盐，如十二烷基磺酸钠、十四烷基磺酸钠等。阳离子型极性基团为铵盐，乳化能力不足，乳液聚合一般不用。两性型乳化剂兼具阴、阳离子基团，如氨基酸盐；非离子型乳化剂如环氧乙烷聚合物，或环氧乙烷与环氧丙烷共聚物、聚乙烯醇（PVA）等。

乳液聚合法的优点是水作分散介质，传热控温容易，可在低温下聚合，分子量高可直接用于制备乳胶的场合；缺点是要得到固体聚合物，后处理麻烦，成本较高，难以除尽乳化剂残留物。乳液聚合的产物粒度非常小，通常为0.05～1.0μm。

5.4.2 聚氯乙烯的反应机理和生产工艺

5.4.2.1 聚合反应及机理

氯乙烯发生聚合反应生成聚氯乙烯的反应方程式为

$$nCH_2=CHCl \longrightarrow \left[CH_2-\underset{\displaystyle Cl}{\underset{|}{CH}} \right]_n \tag{5-49}$$

反应过程中放出热量，聚合热约1540kJ/kg。PVC在VCM中的溶解度很低（<0.1%），而VCM却能以相当的数量溶于PVC中，而使之溶胀。

一般认为氯乙烯聚合为自由基聚合反应，需要引发剂引发反应。反应机理与反应的方式有关，下面给出悬浮聚合反应的机理推测，对本体聚合也应适用。机理如下：

① 链引发

引发剂自行分解形成一对初级自由基

$$I \xrightarrow{k_d} 2R\cdot \tag{5-50}$$

引发剂自由基进攻氯乙烯单体形成单体自由基

$$R\cdot + CH_2=CHCl \xrightarrow{k_a} RCH_2\overset{\displaystyle H}{\overset{|}{\underset{\displaystyle Cl}{\underset{|}{C}}}}\cdot \tag{5-51}$$

② 链增长

$$RCH_2\overset{\displaystyle H}{\overset{|}{\underset{\displaystyle Cl}{\underset{|}{C}}}}\cdot + CH_2=CHCl \xrightarrow{k_p} RCH_2CHClCH_2\overset{\displaystyle H}{\overset{|}{\underset{\displaystyle Cl}{\underset{|}{C}}}}\cdot \tag{5-52}$$

$$RCH_2\overset{\displaystyle H}{\overset{|}{\underset{\displaystyle Cl}{\underset{|}{C}}}}\cdot + nCH_2=CHCl \xrightarrow{k_e} R(-CH_2CHCl-)_nCH_2\overset{\displaystyle H}{\overset{|}{\underset{\displaystyle Cl}{\underset{|}{C}}}}\cdot \tag{5-53}$$

③ 链终止

向单体链转移

$$R(-CH_2CHCl-)_nCH_2\underset{\underset{Cl}{|}}{\overset{\overset{H}{|}}{C}}\cdot + CH_2CHCl \longrightarrow R(-CH_2CHCl-)_nCH_2CH_2Cl + CH_2=\underset{\underset{Cl}{|}}{C}\cdot \quad (5\text{-}54)$$

歧化终止

$$R(-CH_2CHCl-)_nCH_2\underset{\underset{Cl}{|}}{\overset{\overset{H}{|}}{C}}\cdot + R(-CH_2CHCl-)_mCH_2\underset{\underset{Cl}{|}}{\overset{\overset{H}{|}}{C}}\cdot \longrightarrow R(-CH_2CHCl-)_nCH_2CH_2Cl + R(-CH_2CHCl-)_mCH=CHCl \quad (5\text{-}55)$$

连锁聚合，引发剂种类与所选聚合工艺有关。

5.4.2.2 聚氯乙烯的生产工艺

聚氯乙烯的生产方法有悬浮聚合、本体聚合、乳液聚合和溶液聚合四种，其中悬浮聚合和本体聚合占优，特别是悬浮聚合，占 PVC 生产的 80%以上，现在甚至接近 90%。产品粒度为 100～600μm，属通用树脂，广泛用于制造 PVC 软、硬制品。乳液聚合法和悬浮聚合法得到的 PVC 树脂初始粒径为几个微米。

（1）悬浮聚合工艺

常温、常压下，氯乙烯为气体，所以悬浮聚合需首先加压，使氯乙烯转化为液体。液体氯乙烯单体在搅拌作用下分散为液滴，悬浮于水介质中，溶于单体的引发剂在一定的温度下引发聚合反应，同时加入分散剂以防液滴之间的粘接。悬浮聚合引发剂选油溶性的，如偶氮二异庚腈（ABVN）、过氧化特戊酸特丁酯（BPP）、过氧化二碳酸二（2-苯氧乙基）酯（BPPD）、过氧化碳酸酯等。分散剂通常选聚乙烯醇（PVA）和甲基纤维素。

聚合反应大多采用间歇操作，聚合物产物为固体，且需要的反应时间较长，采用带搅拌、夹套的釜式反应器。工艺流程见图 5-21。

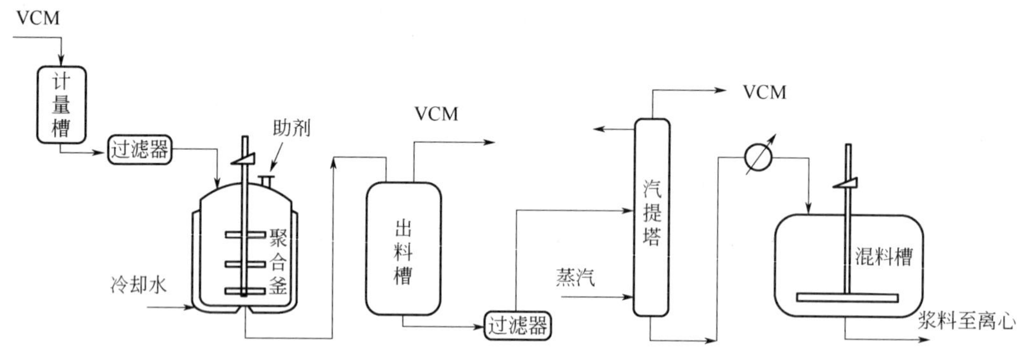

图 5-21 悬浮聚合生产 PVC 工艺流程图

先将去离子水经高位槽或泵加入聚合釜内，分散剂可在搅拌状态下自聚合釜人孔加入，也可以先溶解，再由高位计量槽加入。其他助剂可由人孔加入，而后关闭人孔，通氮气置换系统内的空气，也可用抽真空的方法排出系统内的空气。单体经计量槽计量、过滤器过滤后加入釜内。引发剂以溶液的状态自釜顶加料小罐压入。加料完毕后于聚合釜夹套内通入热水将釜内物料升温至规定的温度。当聚合反应开始发生，并有热量放出时，夹套内通冷却水，冷却水循环量足够大以保证整个反应维持在恒定的温度下进行，该过程一直到反应结束。

当氯乙烯的转化率达到一定值之后，系统压力开始下降，降至规定压力即停止反应，开始出料。悬浮的聚合产物借釜内压力压入出料槽内，然后向出料槽内通蒸汽，脱除未聚合的单体氯乙烯。脱气后的浆料自出料槽底部排出，经树脂过滤器过滤，再用浆料泵送入汽提塔，进一步用蒸汽汽提脱除其中的氯乙烯。汽提塔底部排出的浆料再经冷却器冷却降温后送入大型混料槽待离心干燥。

在常用的聚合温度（45～65℃）范围内，无链转移剂存在时，聚氯乙烯的聚合度只与温度有关。聚合度是聚氯乙烯非常重要的一个指标，国外聚氯乙烯树脂牌号是依不同的聚合度划分的，我国则用绝对黏度划分，二者存在对应关系：

η：	＞2.1	1.9～2.1	1.8～1.9	1.7～1.8
K：	＞74.2	70.3～74.2	68.0～70.3	65.2～68.0

表 5-7 为我国各种聚氯乙烯型号对应的绝对黏度及聚合温度和平均聚合度。

表 5-7　聚氯乙烯型号与聚合温度关系

型号	XY-1	XY-2	XY-3	XY-4
聚合温度/℃	47～48	50～52	54～55	56～58
绝对黏度	2.1 以上	1.9～2.1	1.8～1.9	1.6～1.8
平均聚合度	1500 以上	1300～1500	1200～1300	1000～1200

通常称为一型、二型、三型、四型。可见在聚氯乙烯的生产过程中温度的控制非常重要。既要保证整个反应过程中温度恒定，又要保证整个反应釜中温度均匀。而反应过程中由于反应速率随着时间的变化而变化，放热量也在发生变化，这就给温度控制提出了很高的要求，所以聚氯乙烯生产过程中聚合釜温度控制过程较为复杂。

研究表明，聚合反应经历如下几个阶段。

最初，转化率极低时为均相单体。

随后，PVC 在 VCM 中溶解度甚微（＜0.1%），但 VCM 却能以相当量溶于 PVC 中使之溶胀。因此在 0.1%～70%转化率内，以氯乙烯单体相和聚氯乙烯富相两相存在。两相各自的组成不变，只是单体相的量不断减少，而聚合物富相量相应增加；釜内压力就相当于 VCM 的饱和蒸气压，例如 50℃为 0.7MPa，60℃为 0.94MPa。

最后，转化率至约 70%时，单体相消失，只留下聚氯乙烯富相。聚合物富相中单体继续聚合，其蒸气压将低于 VCM 的饱和蒸气压，压力渐降。这时可以选择阻聚剂在压力降到一定的程度时使反应停止。压降 0.1～0.15MPa 即停止聚合反应得到疏松的产品，压降进一步增大到 0.2～0.25MPa 时再停止聚合反应可得到紧密型树脂。通常不让氯乙烯完全聚合，因为转化率太高，不经济，产品质量也差。

（2）聚合配方及工艺条件

聚氯乙烯的性能指标主要有聚合度、粒度、粒度分布、孔隙率和颗粒形态等，因此工艺条件的选择也主要考虑对这几个方面的影响。温度是影响聚合度的主要因素，而引发剂决定系统的温度及温度分布；分散剂、搅拌、转化率是影响颗粒特性的三大主要因素。聚合温度、引发速率、水比（水和 VCM 质量比）等对粒度也有所影响。

① 聚合温度。VCM 的聚合度主要与温度有关，通过控制温度，可以生产出不同牌号的聚氯乙烯树脂。除了考虑产品质量性能，安全问题也是控制聚合温度的一个重要考虑。VCM

聚合过程的理想反应温度如图 5-22 所示。从图中可以看出，聚合温度的控制大体分为升温控制阶段和恒温控制阶段。

升温过程是聚合温度控制的第一阶段，根据控制方案的不同，一般将升温过程分为两个步骤：第一步是全速升温，作用是将聚合釜内的物料加热升温至工艺要求的温度，以便引发聚合反应；第二步是过渡阶段，作用是将夹套内的热水快速置换为冷水，为吸收聚合反应热做准备。控制的关键是全速升温到过渡阶段的转折点（也称为“拐点”）的选取。影响拐点的因素主要有：釜温设定值、釜温测量值、夹套温度测量值、循环水温度、循环水压力、夹套温度变化率、釜内温度变化率等。

釜温达到并超过拐点温度后，控制进入过渡阶段。此时引发剂加速分解，釜内 VCM 聚合反应逐渐增强，但聚合反应放热还比较少。因此，此时夹套温度不能下降太快，否则还需要“二次升温”。反之，会使釜内物料温度超过设定值，导致反应釜温度波动，甚至引发暴聚事故。

恒温阶段，反应开始正常聚合，釜内温度与夹套温度达到平衡，通过夹套冷却水带走多余反应热，釜温控制在设定值的±0.2℃之内。釜温的冷却方式还可以采用内挡板或釜顶冷凝器，因此控制方案的制订可采取不同的策略。图 5-23 为采用夹套和内挡板两种冷却方式时的聚合温度控制系统。

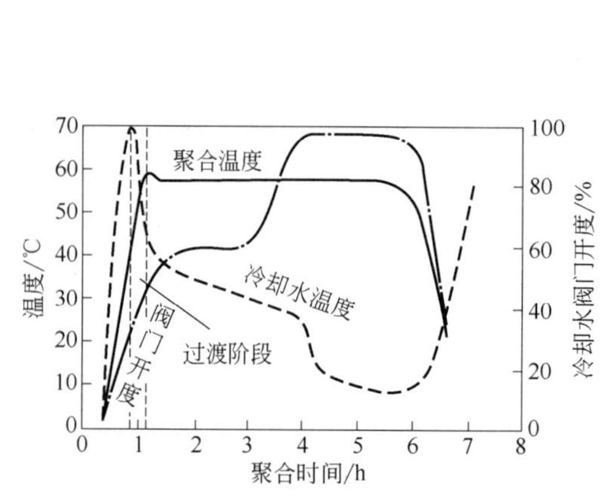

图 5-22　VCM 聚合的理想反应温度曲线

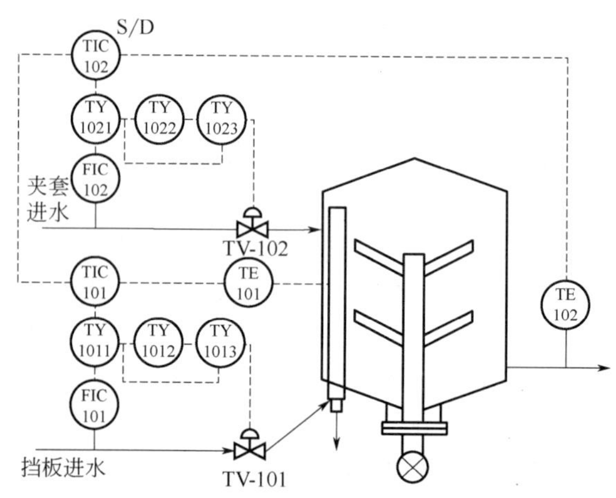

图 5-23　聚合釜温度控制系统图

② 引发剂的类型及用量。引发剂对聚氯乙烯的生产控制起非常重要的作用，因为引发剂决定聚合反应的速率变化历程。

首先温度控制对聚合反应很重要，要想得到高质量的聚氯乙烯，在恒温下进行反应非常关键。必须使放热量等于移热量。放热量与反应速率有关，引发剂不同，聚合反应的速率变化历程不同。引发剂活性太低，初始引发速率太慢，因而需要的加入量较大，这就使得后期速率太快，容易超温；引发剂活性太高，初期活性高，但衰减太快，后期活性低，转化率提不上去。适宜的引发剂应该是能够保证整个反应在较为均匀的速率下进行。

图 5-24 给出几种引发剂对应的转化率变化情况。4 活性太低，选用此种引发剂，反应后期的移热负荷较大，需严格控制；3 活性太高，反应初期移热负荷大，要严格控制；1、2 相对较为理想，反应速率变化不大，放热速率变化亦不大，因而移热负荷也没有大的波动，相对容易控制，得到的产品性能也应该较为理想。

工业上衡量引发剂活性的主要指标是半衰期 $t_{1/2}$。半衰期即衰减一半的时间。半衰期既与所处的溶剂环境有关，又与温度有关。对特定的反应，用半衰期比较不同引发剂的活性通常有两种方法：一种是比较半衰期为 10h 对应的温度，温度越高，活性越低；另一种方法是比较相同温度下的半衰期，半衰期越长，活性越低。

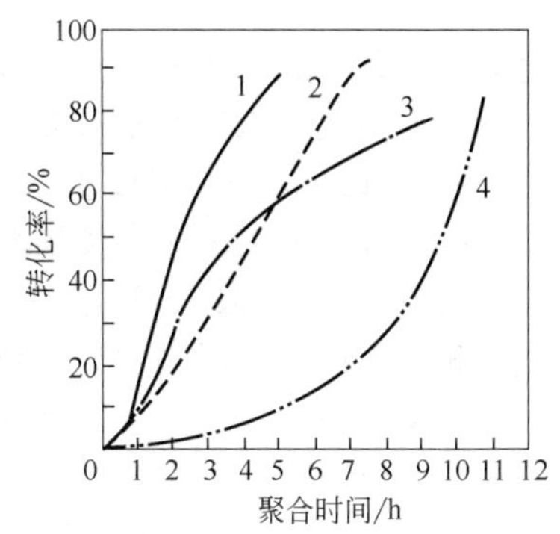

图 5-24 不同引发剂的聚合曲线

1—过氧化二碳酸二环己酯（DCPD）0.08%，52℃；2—乙酰基过氧化环己烷磺酰（ACSP）0.05%和过氧化十二酰（LPO）0.1%复合，50℃；3—ACSP 0.025%，52℃；4—偶氮二异丁腈（AIBN）0.08%，52℃

研究表明，$t_{1/2}$=2h（±0.5h）时聚合接近匀速反应。单一引发剂一般不容易满足此要求，或者只在一定温度下满足此要求。此时可选复合引发剂。如 $t_{1/2}$<2～3h 和 $t_{1/2}$>2～3h 的两种引发剂按不同比例复合使用，以满足不同聚合温度的要求。

引发剂选择时还需注意，水中溶解度越大，越容易粘釜，同一类引发剂，碳链越长，水中的溶解度越小。

引发剂量通常需进行大量的实验确定，经验公式可以帮助缩短实验的时间。

$$I(\%)=\frac{N_{\mathrm{r}}M\times10^{-4}}{1-\exp(-0.693t/t_{1/2})} \tag{5-56}$$

式中，N_r 为引发剂的理论耗量，1mol/t VC，取 0.9～1.1；M 为引发剂的分子量；t 为反应时间；$t_{1/2}$ 为引发剂的半衰期；I（%）为引发剂占单体的质量分数。

综合考虑反应器的移热能力、引发剂的种类、反应时间等，确定引发剂用量的步骤如下。

首先确定反应釜的最大热负荷，然后选定一合适的引发剂。

反应在恒定的温度下进行，要保证反应在以最快的速率进行时也能将热量及时移走。所以当反应釜的最大传热能力确定之后，希望引发剂配方设计的最大放热速率等于或小于最大传热能力，这样才能保证在整个反应过程中的温度能得到控制，二者之间要匹配。

引入概念：

$$\text{平均热负荷}=\frac{G\times1532}{t} \tag{5-57}$$

式中，G 为生产能力（氯乙烯的投料量），kg；t 为反应时间。

分布系数 R=最大热负荷/平均热负荷，一般而言分布系数由引发剂的类型确定，引发剂的半衰期越长，分布系数越大。分布系数的值大多是生产实践中累积的。分布系数同时与聚合时间有关。

根据聚合釜的传热能力（传热系数、传热面积、移热介质温差）确定最大热负荷—借助分布系数确定平均热负荷—确定反应时间—确定引发剂的加入量。

③ 分散剂的类型及用量。分散剂是一类既亲油又亲水的高分子物质，其作用是降低水的表面张力使单体分散为一个个小小的颗粒，同时分散剂包裹于小液滴的表面，阻止液滴之间凝结，以保证制得的聚氯乙烯颗粒具有适宜的粒度。分散剂的性能影响聚氯乙烯颗粒的粒度、粒度分布及颗粒的孔隙率和孔隙分布。

分散剂的分子量、结构及亲油亲水性均对产品的性能有影响。适宜的分散剂应该是既能降低水的表面张力，均匀地将单体分散于水中形成稳定的悬浮体系，又不至于将单体颗粒包得太紧，使制得的聚氯乙烯颗粒太过致密。通常水溶性越好，包裹越紧。

聚乙烯醇、甲基纤维素是普遍使用的两类分散剂，可以通过调节分子量得到不同型号的聚合物。实际生产中往往同时选择两种甚至三种分散剂进行复合使用，以达到较好的效果。如聚乙烯醇与羟丙基甲基纤维素组成的二元复合体系，还有羟丙基甲基纤维素和两种不同分子量的聚乙烯醇组成的三元复合体系。

分散剂的用量也非常关键，用量太少达不到目的，但用量太多变成乳液聚合。

④ 水比。水和 VCM 质量比简称水比。水的作用：用作分散介质，以便将 VCM 分散成液滴；溶解分散剂；作为传热介质。

由搅拌将 VCM 分散成 30～150μm 的液滴，水比为 1∶1 时，就有足够的“自由”流体，体系黏度较低，保证流动和传热。但聚合成疏松粒子后，内外孔隙和颗粒表面吸附相当量的水，致使自由流体减少，体系黏度剧增，传热困难。因此起始水比应保持在一定值以上。生产紧密型树脂时，水比一般为 1.2 左右，生产疏松型树脂时，水比往往高达 1.6～2.0。另外，在聚合后期可补加适量的水，一般控制指标为：水∶VCM=（1.1～1.4）∶1，引发剂（对水）=0.04%～0.15%，分散剂（对水）=0.05%～0.30%。

⑤ 搅拌。搅拌转速影响 PVC 的粒径、粒径分布、孔隙率及相关性质。从分散角度考虑，增加搅拌强度，液滴变细，但强度过大，将促使液滴碰撞而并粒，颗粒反而变粗，所以 PVC 的平均粒径随搅拌强度的增加先减小后增大。搅拌强度要适宜，搅拌强度与分散剂的性质也相关，应综合考虑。

⑥ 其他助剂。在聚氯乙烯（其他聚合物亦如此）的生产过程中，为改善产品性能还需添加各种各样的助剂，包括以下几种。

（a）终止剂：当达到一定转化率之后，继续反应会在聚氯乙烯的主链上生出支链，此时必须适时地加入阻聚剂使聚合反应终止。通常加入的阻聚剂是双酚 A，加入量为 0.02%（VCM）。

（b）pH 值调节剂：反应液的 pH 值影响引发剂的稳定性及分散剂的分散性，所以必须控制在适宜的范围内，一般为中性，当溶解空气中的二氧化碳使水的 pH 值有所降低时，需加入碳酸氢钠或硫化钠（有时复配使用）调节水相的 pH 值。

（c）水相阻聚剂：氯乙烯微溶于水，即在水中溶有微量的氯乙烯，长时间反应的情况下，溶于水中的氯乙烯也可能发生聚合生产一些分子量小的聚合物，这类物质易黏附在反应釜内壁上，而且会越积越多，影响热量的传递，恶化反应效果。所以通常在水中加入一些能溶于水的氯乙烯的阻聚剂。如硫化钠，一般投入量为 40～60mg/kg。

另外，在生产过程中还会加入亚硝酸钠、EDTA、有机锡等，可调节产品的表观密度，添加量一般在 1～20mg/kg 范围内。

5.4.3 聚氯乙烯生产的工艺安全分析与设计

5.4.3.1 聚合反应系统的危险性分析与安全设计

聚合反应原料具有自聚和燃爆危险性，而且如果反应过程中热量不能及时移出，随物料温度上升，发生裂解和暴聚，所产生的热量使裂解和暴聚过程进一步加剧，进而引发反应器爆炸。此外，生产过程使用的部分聚合助剂为有机过氧化物或偶氮化合物，其本身也具有较大危险性。因此在设计过程中应予以格外关注。

聚合过程是聚氯乙烯生产工艺的核心步骤，也是工艺和安全控制最复杂的部分。由于反应过程放热，操作和控制不当会造成聚合釜超温、超压。对聚合釜工艺及操作危险进行 HAZOP 分析，结果如表 5-8 所示。

通过 HAZOP 分析可见，聚合反应釜温度、压力偏差产生的后果最为直接，设计过程中通常对温度采取预防性控制措施，部分控制方案见图 5-23。压力显示相对滞后，安全设计主要考虑保护性措施，如压力的泄放等。由于聚合反应过程采用间歇方式，操作程序和精准程

表 5-8　聚合釜 HAZOP 分析结果

工艺参数	引导词	原因	后果	控制措施
聚合釜温度	MORE	1．引发剂加多，使反应剧烈； 2．冷却水减少或中断，反应热不能及时被移走； 3．冷却水温度高； 4．搅拌器损坏，影响散热，产生暴聚； 5．断电引起聚合釜超温超压	1. 反应失控、暴聚； 2．超压，聚合釜泄漏、爆炸	1．设置温度指示器； 2．设置温度高报警、高高联锁紧急停车； 3．冷却水量及水温监控； 4．引发剂称重显示，双人复核； 5．设置双重电源； 6．搅拌电机电流监控； 7．加强巡检，制定应急程序
	LESS	1．引发剂加入量小，未引发反应； 2．冷却水温度低，或提前通入冷却水	聚合度不够，单体含量增多，后续工序气体处理负荷增加	1．冷却水量及水温监控； 2．引发剂称重显示，双人复核
聚合釜压力	MORE	1．聚合釜温度高； 2．液体充装过量	物料泄漏引起中毒或爆炸	1．温度控制同上； 2．聚合物料添加计量显示、监控； 3．设置压力 DCS 远传和现场仪表； 4．设置压力高报警、高高联锁泄压； 5．设置防爆片、安全阀
	LESS	1．管道、阀门等位置泄漏； 2．降温过快； 3．卸料速度过快	1．物料泄漏引起中毒或爆炸； 2．形成负压，吸入空气，有爆炸危险	1．设置压力 DCS 远传和现场仪表； 2．控制冷却水温度流量； 3．设置泄流阀流量显示、监控； 4．现场安装可燃气体检测报警装置； 5．培训员工严格执行操作程序

度的影响显得极为突出。例如，引发剂的加入操作，不仅要考虑加入量、加入速度控制，还要复核加入种类，因为不同引发剂的引发效果不同，加错引发剂可能导致严重后果。根据 HAZOP 分析结果，聚合釜引发剂加料系统安全控制方案设计如图 5-25 所示，控制方式为：

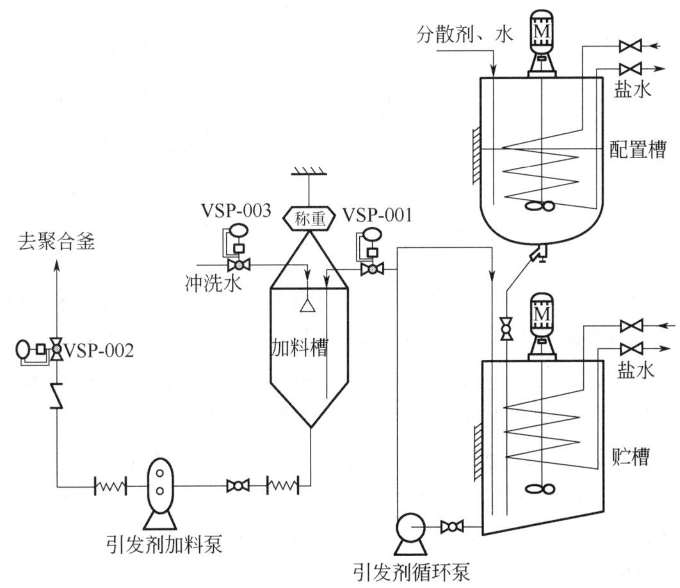

图 5-25　引发剂加料控制流程简图

① 启动引发剂加料程序；

② 根据引发剂称量前输入的引发剂分析浓度和配方用量，得到引发剂的实际需要量；

③ 判断贮槽内引发剂液位是否满足需要，引发剂加料槽残留质量是否在允许范围内；

④ 打开引发剂加料槽入口阀门 VSP-001 加入引发剂，槽内引发剂加入量达到实际需要量减去称量提前量时关闭入口阀，称量结束；

⑤ 打开引发剂加料阀 VSP-002，启动引发剂加料泵，往聚合釜内加入引发剂；

⑥ 引发剂加料槽内剩余量小于冲洗水提前量时，打开冲洗水阀 VSP-003，计量冲洗水量，冲洗残余引发剂；

⑦ 冲洗后的引发剂加料槽内残重小于进料余量时，停引发剂加料泵，关引发剂加料阀，完成引发剂加料程序。

反应过程初期需要用热水将釜温升至反应温度，待反应开始后再切换成冷却水移除反应释放的热量。通过 HAZOP 分析可以看出，冷/热水的切换及温度流量控制对聚合温度、压力都有直接影响，等温水加料安全控制方案如图 5-26 所示。控制点关键在于通过热量平衡计算得到冷/热水混合后的温度设定值。控制方式为：根据确定好的温度设定值，由温度检测元件 TIC 检测温度，根据模型计算结果将相关控制指令发送至冷/热水流量调节阀，进行冷/热水的切换和流量调节，同时在进水管路设置进水流量和压力检测仪表，通过聚合釜入口处的自控阀调节流量。

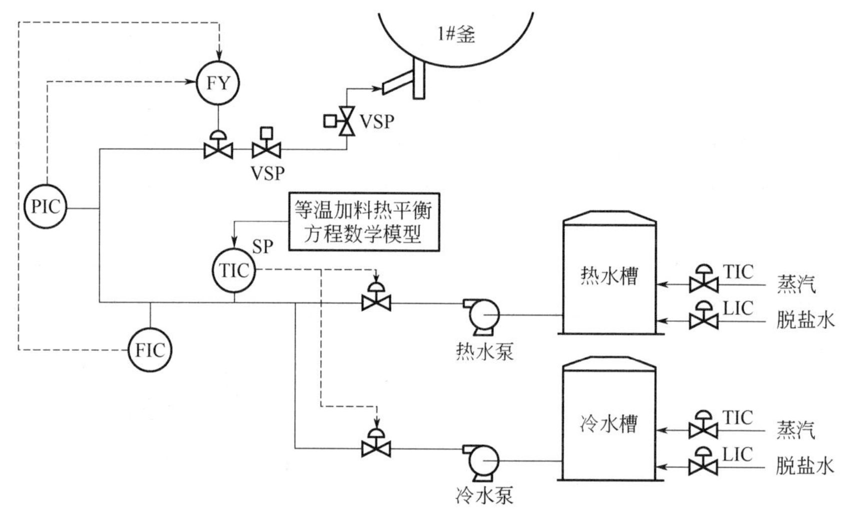

图 5-26　等温水加料安全控制流程图

聚合反应釜的容积可达几十立方米，甚至一百立方米以上，反应移热压力很大。一旦冷却水失效，反应很容易出现飞温爆炸。为确保冷却水可靠供应，工业生产装置中必须考虑设置备用泵和备用水源的冗余设计。此外，聚合釜搅拌不均匀或停止搅拌都会影响反应热的有效移除，所以生产过程中必须密切关注搅拌电机的电流变化，电流急剧减少时，立即检查搅拌桨是否断裂。水泵电源和搅拌电机按照二级以上用电负荷配置。

反应过程中一旦出现暴聚引起温度骤然升高，只靠移热并不能及时终止反应，消除反应热的释放。因此，在设计过程中设置备用阻聚剂加料系统，升温速度太快时向聚合釜内快速注入阻聚剂，使反应快速终止。

5.4.3.2　其他系统的危险性分析与安全设计

聚合反应得到的树脂浆料需要经过相应的后处理操作才能得到相应的产品。首先在聚合转化率达到 85%～90%时就要加入终止剂来结束反应。浆料需要经过汽提才能进入 PVC 干燥系统。汽提的主要目的是脱除 PVC 中的 VCM，如果不能有效脱除 VCM，在后续工序中其挥发进入大气，污染环境，还会跟空气混合形成爆炸性混合物。采用蒸汽作为汽提介质，一方面悬浮聚合过程是在水介质环境下进行的，体系本身就含有水分，另一方面蒸汽本身是惰性的，避免使用空气等介质可能引入氧带来的危险。汽提后的PVC浆料中VCM的残留量一般控制在400mg/kg以下。

脱除了VCM的PVC还需要经过离心、干燥、筛分和包装完成整个产品的生产过程。在这一系列操作中，PVC由浆料状态变为固体粉末或颗粒状态。由于PVC本身具有良好的绝缘性，在固体处理过程中很容易形成静电，一旦发生静电放电，很容易引起粉尘爆炸。所以，在工艺中要充分考虑静电可能导致的危险，特别是气流干燥过程采用空气时，注意静电导除问题，在管路、旋风分离器等位置设置跨接和接地设施，料仓也要设置静电控制和消除系统，并安装可燃气体探测报警系统，监控粉料挥发释放的可燃气体浓度。

聚合反应装置往往设置在室内，设计过程中还应考虑通风问题，避免易燃易爆气体的集聚，生产区按照甲级防爆设防。建筑物建造过程还应考虑抗爆墙和泄爆面的设计。对于风机、泵、离心机、搅拌电机等要考虑电气防爆和机械伤害的预防。

参考文献

[1] 郑石子，颜才南，胡志宏，等．聚氯乙烯生产与操作．北京：化学工业出版社，2008．
[2] 颜才南，胡志宏，曾建华．聚氯乙烯生产与操作．2版．北京：化学工业出版社，2014．
[3] 严福英．聚氯乙烯工艺学．北京：化学工业出版社，1990．
[4] 张倩．聚氯乙烯制备及生产工艺学．成都：四川大学出版社，2014．
[5] 邴涓林，黄志明．聚氯乙烯工艺技术．北京：化学工业出版社，2007．
[6] 廖学品．化工过程危险性分析．北京：化学工业出版社，2000．
[7] 崔克清，陶刚．化工工艺及安全．北京：化学工业出版社，2004．
[8] 崔克清，张礼敬，陶刚．化工安全设计．北京：化学工业出版社，2004．
[9] 全国安全生产教育培训教材编审委员会．氯化工艺作业．徐州：中国矿业大学出版社，2012．
[10] 全国安全生产教育培训教材编审委员会．聚合工艺作业．徐州：中国矿业大学出版社，2012．
[11] 吴指南．基本有机化工工艺学．修订版．北京：化学工业出版社，2019．
[12] 张峰．化工工艺安全分析．北京：中国石化出版社，2019．
[13] 国家安全生产监督管理总局．国家安全监管总局关于公布首批重点监管的危险化工工艺目录的通知．安监总管三〔2009〕116号．
[14] 刘革．氯乙烯生产技术进展及市场分析．上海化工，2020，45（4）：60-64．
[15] 戴煜敏．聚氯乙烯产业如何应对双碳约束．中国石油和化工产业观察，2021，8：32-33．
[16] 廖思超．基于过程模拟的HAZOP量化分析．青岛：青岛科技大学，2017．
[17] 何照龙，俞文光，范争争，等．HAZOP在氯化聚氯乙烯装置安全分析中的应用．安全与环保，2015，22（2）：34-38．
[18] 梁爱华．氯乙烯气柜系统安全升级改造分析．中国氯碱，2021，9：39-41．
[19] 田小娟，张亚洲，霍中德．聚氯乙烯生产中关键工序的危险因素分析和控制措施．中国氯碱，2015，5：16-21．
[20] 钱颖雪．HAZOP在氯乙烯压缩机组安全评估中的应用．电子测试，2018，24：44-45，48．
[21] 赵新强，张世平，丛津生．乙炔法合成氯乙烯固定床反应器的结构改进．河北工业大学学报，1996，25（3）：31-37，13．
[22] 朱芳振．氧氯化法生产二氯乙烷工艺技术浅析．齐鲁石油化工，2009，37（4）：284-287．
[23] 王辉，刘冰．二氯乙烷裂解炉的节能改造探究．天津化工，2015，29（4）：29-31．
[24] 李畅．氯乙烯生产装置危险性分析．中国安全生产科学技术，2007，3（5）：116-118．
[25] 张清亮，姜瑞霞，杜淼，等．固定床和流化床乙烯氧氯化工艺对比．聚氯乙烯，2015，43（10）：6-9，23．
[26] 李振宇，王鑫宇．直接氯化反应工艺的改进．聚氯乙烯，2015，43（8）：14-16．
[27] 王宏宇，马铁柱，刘景忠，等．直接氯化装置工艺参数的调整与安全、高负荷生产．聚氯乙烯，2004，32（4）：14-15，35．

[28] 马铁柱. 直接氯化反应尾气含氧控制技术的探讨. 中国氯碱，2005，1：38-40.
[29] 刘立新，郭瓦力，吴剑华，等. 乙烯直接氯化法生产二氯乙烷过程热力学分析. 化工进展，2006，25（增刊）：69-73.
[30] 刘岭梅. 乙烯中温直接氯化技术改进. 聚氯乙烯，2008，36（10）：45-46.
[31] 赵新来. 直接氯化法生产氯乙烯的新工艺. 齐鲁石油化工，2003，31（1）：37-40.
[32] 徐晓虎，陈丽娟，许开立，等. 氯乙烯单体合成的系统安全分析. 中国职业安全健康协会 2009 年学术年会论文集，256-263.
[33] 吴天祥，李运才，李红海. 乙炔与氯化氢在低温下混合的安全性研究. 聚氯乙烯，2010，38（9）：41-44.

思考题

1. 简述合成氯乙烯单体的几种典型工艺路线，并简单分析各自物料和反应的危险性。

2. 平衡氧氯化工艺生产氯乙烯单体由哪些单元构成？主要反应是什么？

3. 乙烯直接氯化法生产二氯乙烷有哪些典型工艺？各自的优缺点是什么？试从工艺和安全的角度进行分析。

4. 氯化工艺的典型安全控制要求是怎样的？

5. 简单分析二氯乙烷裂解过程的危险性及控制措施。

6. 乙烯氧氯化有哪些典型工艺？各自的反应器型式和氧化剂类型是什么？

7. 简述固定床反应器和流化床反应器的特点、危险特征及其控制方案。

8. 简单分析乙炔和氯化氢混合过程的危险性及控制措施。

9. 试分析氯乙烯气柜在生产工艺中的作用及安全控制要求。

10. 氯乙烯单体聚合过程的典型生产工艺有哪些？

11. 简要说明悬浮法氯乙烯聚合工艺的机理。

12. 试分析氯乙烯单体聚合过程中的危险性及控制措施。

13. 简单说明聚氯乙烯粉体处理工艺过程中存在的危险有害因素。

14. 以聚合反应釜操作过程为分析对象，采用 HAZOP 方法对工艺及操作的危险性进行辨识和分析，并对分析结果提出安全对策措施。

第6章

化工装置安全布置

化工装置布置设计是把化工厂生产所涉及的建筑物、构筑物、设备、管道及其他辅助设施在某一个区域安置下来。设计的合理性直接关系到基建投资的经济性，安装、操作、维修的方便性，生产操作的安全性，以及对周边环境、安全的影响，等等。厂址的选择、总厂的布局、设备的布置、管道的布置需特别考虑安全方面的问题。另外，根据生产的特点，需要在化工装置中设置相对独立的安全保障设施，包括危险性气体检测报警系统、火灾检测报警系统、消防系统、安全卫生设施、火炬系统等等。

6.1 厂址选择及总体布置

6.1.1 厂址安全选择

厂址选择是化工厂项目建设的重要环节，是一项包括政治、经济、技术的综合性的工作。必须贯彻国家建设的相关方针政策，遵守国家、地方及行业的相关法律法规，执行现行相关的标准规范。具体确立时，需组织专家经多方案比较论证，最终选出具有经济效益、环境效益、社会效益，并保证工厂可以安全稳定运行的厂址。

6.1.1.1 化工厂安全选址的原则

从安全的角度考虑，化工厂选址要遵循如下原则。

(1) 尽可能降低化工厂给周围区域带来的安全隐患和环境污染隐患

① 事故状态泄漏或散发有毒、有害、易燃、易爆气体的化工厂，要远离城镇、居住区、村庄、公共设施、国家和省级干道、国家和地方铁路干线，远离河海港区、军事设施、仓储区，远离江、河、湖、海等水源保护区。

② 化工厂不应设置在国家或地方规定的风景区、自然保护区及历史文物古迹保护区。

③ 化工厂不应设置在对飞机起降、电台通信、电视传播、雷达导航和天文、气象、地震观测以及军事设施等有影响的地区。

④ 产生环境噪声超过标准规定的工厂，不应设置在噪声敏感区域。

⑤ 化工厂要处于当地生活区的最小频率风向的上风侧。

(2) 尽量降低当地灾害性事故可能给工厂带来的安全隐患

化工厂选址要充分考虑当地的地质、水文条件，考虑当地可能发生的自然灾害，以避免引发次生灾害。

① 化工厂不应布置在地震断层及地震基本烈度高于9度的地震区。

② 化工厂不应设置在有泥石流、滑坡、流沙等直接危害的地段。

③ 化工厂不应设置在水库安全性不能保证，而库坝溃决后可能淹没的地区。

④ 化工厂所在地不应受洪水、潮水和内涝威胁。

化工厂的防洪标准要按表 6-1 执行。

表 6-1 化工厂防洪标准

等级	企业规模	防洪标准（重现期/年）	等级	企业规模	防洪标准（重现期/年）
Ⅰ	特大型	100～200	Ⅲ	中型	20～50
Ⅱ	大型	50～100	Ⅳ	小型	10～20

（3）新建化工厂尽可能进入化工园区

按照国家发改产业〔2017〕2105 号文件，即《关于促进石化产业绿色发展的指导意见》的精神，在坚持“节约资源、保护环境”的基本国策，“生态优先、绿色发展”的基本原则，以“布局合理化、产品高端化、资源节约化、生产清洁化”为企业建设目标的情况下，新建的化工项目要全部进入合规设立的化工园区中。因而在新建化工厂厂址选择时，在考虑前述问题的同时，要尽可能将工厂建设在化工园区内。园区化建设化工企业可减少安全设施的投资，降低安全管理成本。

6.1.1.2 化工厂与相邻设施的安全距离

化工厂生产装置存在多种危险因素：工厂可能会逸出有毒、有害气体，会逸出易燃易爆气体；工厂可能会排出含有复杂危险物的废液；工厂发生事故时具有一定的波及范围；工厂的高构筑物可能会坍塌；工厂上下班时，交通量会剧增；等等。基于上述问题，化工厂与周围设施必须留有一定的安全距离。化工厂与周围设施的安全距离要从如下三方面考虑。

（1）重大危险设施的事故后果危及范围

对于包含可能发生严重中毒及燃烧爆炸事故的重大危险设施的化工厂，要依据对其进行的事故后果分析模拟的结果，确立相应的安全防护距离，参见 GB/T 37243—2019《危险化学品生产装置和储存设施外部安全防护距离确定方法》。

（2）防火安全间距

对于包含可能发生一般火灾的危险设施的化工厂，根据 GB 50160—2008（2018 版）《石油化工企业设计防火标准》的规定确立相应的防火安全防护距离。石油化工企业内重点设施与相邻非化工企业、重要公共设施及同一个园区内其他化工企业重点设施的典型安全防火距离要求见表 6-2。

表 6-2 石化企业重点设施与相邻非化工企业、重要公共设施及同类企业重点设施间的安全防火间距

相邻工厂或设施	安全距离/m				
	液化烃罐组（罐外壁）	甲、乙类液体罐组（罐外壁）	可能携带可燃液体的高架火炬（火炬筒中心）	甲、乙类工艺装置或设施（最外侧设备外缘或建构筑物外侧轴线）	全厂性或区域性重要设施（最外侧设备外缘或建构筑物外侧轴线）
居民区、公共福利设施、村庄	300	100	120	100	25
相邻其他类型工厂	120	70	120	50	70
国家铁路线（中心线）	55	45	80	35	
高速公路、一级公路（路边）	35	30	80	30	
通航江、河、海岸边	25	25	80	20	
Ⅰ、Ⅱ级国家架空通信线路（中心线）	50	40	80	40	
埋地输油管道（原油及成品油）	30	30	60	30	30
明火地点	70	40	60	40	20
其他化工企业的液化烃罐组（罐外壁）	60	60	90	70	90

续表

相邻工厂或设施	安全距离/m				
	液化烃罐组（罐外壁）	甲、乙类液体罐组（罐外壁）	可能携带可燃液体的高架火炬（火炬筒中心）	甲、乙类工艺装置或设施（最外侧设备外缘或建构筑物外侧轴线）	全厂性或区域性重要设施（最外侧设备外缘或建构筑物外侧轴线）
其他化工企业的可燃液体罐组（罐外壁）	60	1.5D，但≥30，≤60	90	50	60
其他化工企业的可能携带可燃液体的高架火炬（火炬筒中心）	90	90	保证相互间不影响	90	90
其他化工企业中甲、乙类工艺装置的最外侧设备外缘或建构筑物外侧轴线	70	50	90	40	40
其他化工企业中全厂性或区域性重要设施（最外侧设备外缘或建构筑物外侧轴线）	90	60	90	40	20

注：1. 全厂性和区域性重要设施的定义参照 GB 50160—2008（2018 版）《石油化工企业设计防火标准》。

2. 生产的火灾危险性类别划分方法参见 GB 50016—2014（2018 版）《建筑设计防火规范》。

3. D 为最大储罐的直径。

（3）卫生防护距离

对于生产中涉及有毒气体或蒸汽的化工生产企业，要根据其所涉有毒物质对人体健康损害的毒性特点，参照环境空气质量要求的相关标准，根据其无组织排放量的大小及当地的风速情况、地形情况，确定生产单元边界至敏感区域的最小卫生防护距离。敏感区域主要包括居民区、学校、医院等，无组织排放是指不通过排气筒或通过 15m 高度以下排气筒排放的气体。具体可参照 GB/T 39499—2020《大气有害物质无组织排放卫生防护距离推导技术导则》进行确定。

6.1.2 化工园区的安全设计

化工园区是政府部门批准设立或认定的，由多个相关联的化工企业构成，以发展石化和化工产业为导向，地理边界和管理主体明确，基础设施和管理体系完整的工业区域。可以是纯粹的化工园区，也可以是设立在其他工业园或开发区中，相对独立的化工园区。其特征是产业耦合度高，基础设施专业性强，物质流动规模大，能量密度高，安全和环境风险高。

6.1.2.1 化工园区的安全选址与规划

化工园区的位置确立原则类同于化工厂的选址原则。从安全的角度考虑，化工园区还需执行如下选址及规划原则。

① 化工园区选址应把安全放在首位。要将园区安全与周边公共安全的相互影响降至风险可接受范围。园区要与城市建成区、人口密集区、重要设施等保持足够的安全防护距离，留有适当的缓冲带。园区内不应有居民居住。

② 化工园区应位于地方人民政府规划的专门用于危险化学品生产、储存的区域。

③ 化工园区选址要进行安全风险评估，并依据化工园区整体性安全风险评估结果和相关法规标准的要求，划定化工园区周边土地规划的安全控制线。

6.1.2.2 化工园区的准入制度

化工园区要设立严格的园区准入制度。

① 园区内新建、改建、扩建装置不准使用、生产、储存、经营列入当地危险化学品“禁限控”目录中禁止的化学产品。对“禁限控”目录中限制和控制的危险化学品，在生产、经营过程中，应遵守相关的限制和控制要求。

② 存在重大危险事故隐患，生产工艺技术落后，不具备安全生产条件的企业不准进入

化工园区。

③ 园区内危险化学品建设项目应由具有相关工程设计资质的单位设计；涉及“两重点一重大”装置的管理人员原则上需具有大专以上学历，操作人员原则上需具有高中以上文化程度。

“两重点”是指国家安监局重点监管的危险化学品和重点监管的危险化工工艺；“一重大”是指政府安监局重点监管的危险化学品重大危险源。

6.1.2.3 化工园区的总体布局

化工园区内化工、石化企业集中，事故隐患点多，风险高。安全布局需考虑如下几方面的问题。

（1）集中建设危险应对设施

考虑到火灾、爆炸、中毒事故是化工厂的典型事故类型，园区应该集中建设消防设施、应急救援设施；考虑到危险性物料输送量大，宜集中建设公共管廊、危险化学品车辆专用停车场和专用道路；考虑到园区的危险废物排放量大，宜集中建设危险废物处置设施；同时为避免突发事故给周围环境、安全带来的严重影响，宜根据情况建设用于收纳事故处理废水、废液的事故应急池等。要将上述设施纳入园区建设的总体规划中。

（2）风险梯次分布

化工园区在整体布局时，在综合考虑企业装置之间的相互影响、相互关系、公用设施保障、应急救援等因素的情况下，划分出不同的区域。对不同区域的风险进行定量计算，并尽可能实行风险梯次分布。高风险区域和风险承受能力低的区域不宜相邻布置。涉及爆炸物、毒性气体、液化易燃气体的装置或设施等高风险区域与其他区域保持足够的安全距离。

（3）避免多米诺事故发生

多米诺事故是指某一个装置的设备发生事故后，热辐射、冲击波、飞行碎片等的影响，可能造成其他一个或多个装置的设备相继发生事故。化工装置内危险化学品数量大、种类多，且相对集中，所以发生多米诺事故的风险较高。园区进行总体布局设计时，要分析企业、装置、设备的危险特点，考虑设备、装置间的相互影响，进行多米诺事故风险评价，使相应的事故风险降到可接受的程度。

6.1.2.4 化工园区的重要公共设施

园区内公共设施涉及给排水、供电、固体废料堆场、消防设施、安全健康等，相关设施安全布置需考虑如下要求。

（1）化工园区的供水、供电

化工园区供水水源应充足、可靠，园区应建设统一集中的供水设施和管网，除满足企业和园区配套设施的生产、生活用水需求外，应保证消防用水的充足、可靠供应。园区应能保障双电源供电，要在满足园区内生产、生活设施用电的同时，保障安全、环保设施的安全用电。

（2）废水、固体废物处置设施

化工园区应配套建设化工废水集中处理设施，实现化工园区内生产废水 100%的收纳、集中处理和稳定达标排放。并规划建设公共事故废水应急池，确保发生安全事故时满足废水处置的要求。化工园区宜建设危险固体废料集中处置设施，使其具备危险废物 100%的收集、100%的安全处置。

（3）消防站及应急救援设施

根据园区面积、危险性、平面布局，参照不低于《城市消防站建设标准》中特勤消防站的标准，在园区内建设消防站。消防站内的消防车种类、数量、结构以及车载灭火剂数量、装备器材、防护装具等应满足安全事故处置需要。园区要建设危险化学品专业应急救援队伍，根据风险类型和实际需求，配套建设医疗急救场所和气防站。

（4）安全风险监控体系

化工园区要建立完善的安全监控体系，包括重大危险源的监测监控，企业危险场所的视频监控，重点道路和路口的视频监控，有毒有害气体及可燃气体的监测监控，等。

6.1.3 化工厂总平面的安全设计

化工厂总平面设计是工厂的总体布置平面设计，化工厂需布置的设施包括：工艺生产设施、中央控制室、中央化验室、厂内办公设施、厂内交通设施、绿化设施、消防设施、变配电设施、储存设施、污水处理设施、火炬等等。建设在化工园区内的化工企业，设计总平面布置时需与园区的整体规划结合进行。

6.1.3.1 化工厂总平面安全布置

化工厂总体规划和安全布局原则。

（1）在生产、操作和环境条件许可的情况下，化工装置宜露天和半敞开式布置

化工装置中涉及危险性气体及蒸汽较多，这些气体和蒸汽泄漏是火灾、爆炸、中毒事故发生的主要原因，露天布置可利用大气的对流促进危险性物质的扩散。所以化工装置尽可能露天布置，如工艺有特殊要求，对环境较为敏感，或当地环境条件较为恶劣时，可将散发危险性气体或蒸汽的设备布置在半敞开式厂房内。如必须布置在封闭式厂房，则要加装机械通风设施。

（2）尽可能分区布置

为减少不同设施间的相互影响，大型化工厂厂区总平面通常按功能分区布置，可分为生产装置区、辅助生产区、公用工程区、仓储区及生活服务区。生产装置区内同类危险性设备也要分区集中布置。如明火设备区、火灾爆炸危险区、酸碱腐蚀设备区、压缩机厂房等等。如此布置，既有利于缩小事故危险后果的波及范围，也有利于各种针对性安全设施的设置及安全管理。

（3）不同区域的方位设置

不同功能区在空间位置的确定，要与当地主导风向相适应，尽可能减小危险性介质飘散带来的安全隐患。可能散发可燃气体的工艺装置、罐组、装卸区或全厂性的污水处理场等设施宜布置在人员集中场所，如控制室、机柜室、办公室、化验室、变配电室及明火或散发火花地点的全年最小频率风向的上风侧。如图6-1为某装置的总平面布置图。

（4）考虑厂区的地形、地质情况

如果厂区内地形高低不平，则控制室、机柜室、办公室、化验室、变配电室等宜布置在较高的地平面上，尽可能避免危险性物质的侵蚀；重型设备、振动机器应选择土质均匀、承载力较好的地段布置；有可能渗透腐蚀性介质的生产、储存和装卸设施，宜布置在可能受其地下水流向影响的重要设施地段的下游。

（5）各区域之间要保持一定的安全距离

总平面布置，各区域间的距离不应小于表6-3的标准。

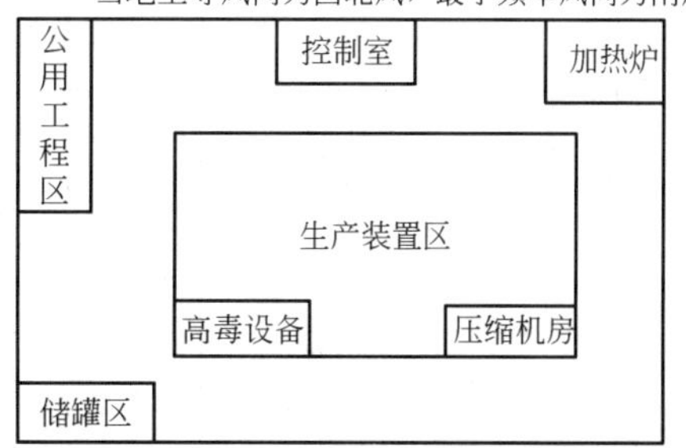

图6-1 某装置的总平面布置图

6.1.3.2 厂区道路设计的安全考虑

厂区道路既承载着各种运输车辆、消防车辆、紧急救援车辆及人员通行的任务，又具有对厂内设施进行分区的功能，是厂内的重要设施。化工装置内的道路有主干道、次干道及支道、车间引道等。从安全的角度考虑，设计时要注意如下几方面的问题。

表 6-3　石油化工装置总平面布置不同区域间的安全距离

单位：m

项目		工艺装置（单元）			全厂重要设施		地上可燃液体储罐									沸点低于45℃的甲$_B$类液体全压力式储罐	液化烃储罐					可燃气体储罐	甲类物品仓库	明火地点
							甲$_B$，乙类固定顶				浮顶、内浮顶或丙$_A$类固定顶						全压力式			全冷冻式				
		甲	乙	丙	一类	二类	>5000m^3	>1000～5000m^3	>500～1000m^3	≤500m^{3}或卧罐	>20000m^3	>5000～20000m^3	>1000～5000m^3	>500～1000m^3	≤500m^{3}或卧罐		>1000m^3	>100～1000m^3	≤100m^3	>10000m^3	≤10000m^3	>1000～50000m^3		
工艺装置（单元）	甲	30	25	20	40	35	50	40	30	25	40	35	30	25	20	40	60	50	40	70	60	25	30	30
	乙	25	20	15	35	30	40	35	25	20	35	30	25	20	15	35	55	45	35	65	55	20	25	25
	丙	20	15	10	30	25	35	30	20	15	30	25	20	15	10	30	50	40	30	60	50	15	20	20
全厂重要设施	一类	40	35	30	—	—	60	50	45	40	50	45	40	35	30	50	80	70	55	90	80	40	45	—
	二类	35	30	25	—	—	50	40	35	30	40	35	30	25	20	40	70	60	45	80	70	30	35	—
地上可燃液体储罐 甲$_B$，乙类固定顶	>5000m^3	50	40	35	60	50	注 1									40	50	45	40	40	30	30	35	40
	>1000～5000m^3	40	35	30	50	40										30	40	35	30	40	30	25	30	35
	>500～1000m^3	30	25	20	45	35										25	35	30	25	40	30	20	25	30
	≤500m^{3}或卧罐	25	20	15	40	30										20	30	25	20	40	30	15	20	25
地上可燃液体储罐 浮顶、内浮顶或丙$_A$类固定顶	>20000m^3	40	35	30	50	40										35	45	40	35	40	30	25	30	35
	>5000～20000m^3	35	30	25	45	35										30	40	35	30	40	30	20	25	30
	>1000～5000m^3	30	25	20	40	30										25	35	25	20	40	30	15	20	25
	>500～1000m^3	25	20	15	35	25										20	30	20	15	40	30	10	15	20
	≤500m^{3}或卧罐	20	15	10	30	20										15	25	15	10	40	30	8	10	15

横表

<table>
<tr><th colspan="2" rowspan="3">项目</th><th colspan="3" rowspan="2">工艺装置（单元）</th><th colspan="2" rowspan="2">全厂重要设施</th><th colspan="9">地上可燃液体储罐</th><th rowspan="3">沸点低于 45°C 的甲 $_B$ 类液体全压力式储罐</th><th colspan="5">液化烃储罐</th><th rowspan="2">可燃气体储罐</th><th rowspan="3">甲类物品仓库</th><th rowspan="3">明火地点</th></tr>
<tr><th colspan="4">甲 $_B$，乙类固定顶</th><th colspan="5">浮顶、内浮顶或丙 $_A$ 类固定顶</th><th colspan="3">全压力式</th><th colspan="2">全冷冻式</th></tr>
<tr><th>甲</th><th>乙</th><th>丙</th><th>一类</th><th>二类</th><th>>5000m^3</th><th>>1000～5000m^3</th><th>>500～1000m^3</th><th>≤500m^3 或卧罐</th><th>>20000m^3</th><th>>5000～20000m^3</th><th>>1000～5000m^3</th><th>>500～1000m^3</th><th>≤500m^3 或卧罐</th><th>>1000m^3</th><th>>100～1000m^3</th><th>≤100m^3</th><th>>10000m^3</th><th>≤10000m^3</th><th>>1000～50000m^3</th></tr>
<tr><td colspan="2">沸点低于 45°C 的甲 $_B$ 类液体全压力式储罐</td><td>40</td><td>35</td><td>30</td><td>50</td><td>40</td><td>40</td><td>30</td><td>25</td><td>20</td><td>35</td><td>30</td><td>25</td><td>20</td><td>15</td><td colspan="4" rowspan="4">注 2</td><td>40</td><td>30</td><td>25</td><td>30</td><td>35</td></tr>
<tr><td rowspan="5">液化烃储罐</td><td>全压力式和半冷冻式 >1000m^3</td><td>60</td><td>55</td><td>50</td><td>80</td><td>71</td><td>50</td><td>40</td><td>35</td><td>30</td><td>45</td><td>40</td><td>35</td><td>30</td><td>25</td><td>40</td><td>30</td><td>40</td><td>60</td><td>60</td></tr>
<tr><td>全压力式和半冷冻式 >100～1000m^3</td><td>50</td><td>45</td><td>40</td><td>70</td><td>60</td><td>45</td><td>35</td><td>30</td><td>25</td><td>40</td><td>35</td><td>25</td><td>20</td><td>15</td><td>40</td><td>30</td><td>30</td><td>50</td><td>50</td></tr>
<tr><td>全压力式和半冷冻式 ≤100m^3</td><td>40</td><td>35</td><td>30</td><td>55</td><td>45</td><td>40</td><td>30</td><td>25</td><td>20</td><td>35</td><td>30</td><td>20</td><td>15</td><td>10</td><td>40</td><td>30</td><td>25</td><td>40</td><td>40</td></tr>
<tr><td>全冷冻式 >10000m^3</td><td>70</td><td>65</td><td>60</td><td>90</td><td>80</td><td>40</td><td>40</td><td>40</td><td>40</td><td>40</td><td>40</td><td>40</td><td>40</td><td>40</td><td>40</td><td>40</td><td>40</td><td>40</td><td colspan="2" rowspan="2">注 2</td><td>50</td><td>70</td><td>70</td></tr>
<tr><td>全冷冻式 ≤10000m^3</td><td>60</td><td>55</td><td>50</td><td>80</td><td>70</td><td>30</td><td>30</td><td>30</td><td>30</td><td>30</td><td>30</td><td>30</td><td>30</td><td>30</td><td>30</td><td>30</td><td>30</td><td>30</td><td>40</td><td>60</td><td>60</td></tr>
<tr><td>可燃气体储罐</td><td>>1000～50000m^3</td><td>25</td><td>20</td><td>15</td><td>40</td><td>30</td><td>30</td><td>25</td><td>20</td><td>15</td><td>25</td><td>20</td><td>15</td><td>10</td><td>8</td><td>25</td><td>40</td><td>30</td><td>25</td><td>50</td><td>40</td><td>注 2</td><td>20</td><td>30</td></tr>
<tr><td colspan="2">甲类物品仓库</td><td>30</td><td>25</td><td>20</td><td>45</td><td>35</td><td>35</td><td>30</td><td>25</td><td>20</td><td>30</td><td>25</td><td>20</td><td>15</td><td>10</td><td>30</td><td>60</td><td>50</td><td>40</td><td>70</td><td>60</td><td>20</td><td>—</td><td>30</td></tr>
<tr><td colspan="2">明火地点</td><td>30</td><td>25</td><td>20</td><td></td><td></td><td>40</td><td>35</td><td>30</td><td>25</td><td>35</td><td>30</td><td>25</td><td>20</td><td>15</td><td>35</td><td>60</td><td>50</td><td>40</td><td>70</td><td>60</td><td>30</td><td>30</td><td>—</td></tr>
</table>

注：1. 可燃气体储罐间距与储罐大小有关，参照可燃气体储罐布置的要求，见 6.2.2.3。
2. 同类型液化烃储罐之间及其与可燃气体储罐间距离与储罐大小有关，参照液化烃储罐及可燃气体储罐布置的要求，见 6.2.2.3。
3. “—”表示无防火间距要求或参照相关标准执行。

（1）工厂出、入口的设置

工厂主要出、入口，也是主要干道的出、入口，不应少于 2 个，并宜位于不同的方位。

（2）道路总体布局

① 厂内道路通常和建构筑物的定位轴线平行或垂直布置。

② 厂内道路应相互贯通，不宜中断，当出现尽头时应设置回车场。

③ 装置、液化烃罐组、可燃液体的储罐区、可燃气体的储罐区及危险化学品仓库区应设环形消防车道，当受地形条件限制时，可设有回车场地的尽头式消防车道。

（3）路面宽度、坡度及转弯半径

① 路面宽度。路面宽度宜采用表 6-4 所示的数值。

表 6-4　工厂路面宽度的适宜值

道路类别	路面宽度/m				
	大型厂	中型厂	小型厂	消防车道	
				一般区域	危险性高的区域
主干道	9.0～12.0	7.0～9.0	6.0（7.0）		
次干道	7.0～9.0	6.0～7.0	4.0～6.0		
支道	4.0			≥6	≥9

② 路面坡度。化工厂内经常运输易燃、易爆及有毒危险品道路的最大纵坡不应大于 6%。其余的厂内道路的最大坡度不应大于表 6-5 所示的数据。

表 6-5　工厂路面的最大坡度

道路类别	主干道	次干道	支道、车间引道	消防车道
最大纵坡/%	6	8	9	8

③ 道路转弯半径。厂内道路交叉口路面内边缘转弯半径可参照表 6-6 确定。

表 6-6　工厂交叉口路面内边缘转弯半径

道路类别	路面内边缘转弯半径/m				
	主干道	次干道	支道	消防车道	
				一般区域	危险性高的区域
主干道	12～15	9～12	6～9		
次干道	9～12	9～12	6～9		
支道及车间引道	6～9	6～9	6～9	≥12	≥15

（4）路面质量的要求

不同的路面有相应的质量要求，从安全的角度考虑。

① 对防尘、防振、防噪声要求较高的路段，宜选用沥青路面。

② 对防腐要求较高的路段，宜选用耐腐蚀路面。

③ 对防火要求较高的路段，应采用不产生火花的路面材料。

（5）其他规定

① 大、中型厂，采用人、车混合交通，影响行人安全时，应设置人行道，人行道宽度不宜小于 1.5m；经常通过行人的无道路地方，也应设置人行道，人行道宽度不宜小于 0.75m。人行道的坡度超过 8%时，宜设粗糙层或踏步，危险地段应设护栏；人行道面宜高出附近地面 0.10～0.15m。

② 当道路路面高出附近地面 2.5m 以上，且在距道路边缘 15m 范围内有工艺装置或可燃气体、液化烃、可燃液体的储罐及管道时，应在道路边缘设护墩、矮墙等防护措施。

③ 液化烃、可燃液体、可燃气体的储罐区，任何储罐的中心距至少 2 条消防车道的距离均不应大于 120m。装置区及储罐区的消防道路，2 个路口间长度不应大于 300m。

6.1.3.3 竖向安全布置设计

竖向布置是指工厂设施在高度方向的安置方式，布置时需考虑预防洪水、潮水及内涝水的淹没，保证场地雨水的顺畅排出，并应满足火灾事故状态下受污染消防水的有效收集和排放。

（1）标高

考虑到防范雨水及预防有毒介质的侵害，装置地面要高于室外或邻近场地的地面。

① 一般生产及辅助生产建筑物较室外地面高 0.15～0.30m。

② 行政办公生活服务设施等建筑物室内地面较室外高 0.30～0.45m。

③ 可能散发比空气重的可燃气体的装置内，控制室、变配电室、化验室的室内地面，至少比室外地面高 0.60m。

④ 露天生产装置区地坪的标高较相邻场地高 0.10～0.30m。

（2）雨水排水系统

场地应有完整、有效的雨水排水系统，不得任意排泄到场外，根据工程性质及工厂特点选择暗管或明沟排放。

① 雨水明沟。雨水明沟的断面形式，宜采用矩形或梯形。明沟的沟底宽度，矩形明沟不宜小于 0.40m，梯形不宜小于 0.30m，明沟最小设计流速不应小于 0.4m/s，最小纵坡不应小于 2‰，有腐蚀性介质时不宜小于 5‰。厂内明沟应铺砌，并宜加设盖板，明沟边缘距建筑物基础外缘不宜小于 3m。

② 暗管排雨水。雨水口应设置在汇水集中并与雨水管道连接短捷处；雨水口的型式、数量应按汇水面积所产生的流量、雨水口的泄水能力及道路型式确定。

（3）场地坡度

从有利于排水及设施安全停放的角度考虑，装置内各类场地均需有一定的坡度。典型的场地坡度如表 6-7 所示。

表 6-7 工厂内不同场地的适宜坡度

场地类型	地面形式	适宜坡度/%	场地类型	地面形式	适宜坡度/%
室外场地	自然土壤	0.3～1.0	物料堆场	自然土壤	0.5～1.0
	沥青或水泥混凝土面层	0.3～4.0		沥青或水泥混凝土面层	0.5～2.0
				酸性装卸场地及堆场	1.0～1.5
汽车停车场	沥青或水泥混凝土面层	0.5～2.0		易燃和可燃液体装卸场地	0.5～2.0
消防车停车场	沥青或水泥混凝土面层	0.5～3.0			

6.1.3.4 全厂性管线的安全布置

化工厂内管线包括工艺管线、热力管道、电力电缆及电信电缆等，安全布置时需考虑如下几方面的问题。

（1）管线的总体布局

厂区内管线综合布置时宜按下列顺序，自建筑红线向道路布置。电信电缆，电力电缆，热力管道，各种工艺管道及压缩空气、氧气、氮气、乙炔气、煤气等的管道，管廊或管架，生产及生活给水管道，消防水管道，工业废水（生产废水及生产污水）管道，生活污水管道，雨水排水管道。

管线可以地上敷设也可以地下敷设，地下敷设时大多敷设在管沟内。有可燃性、爆炸危险性、毒性及腐蚀性介质的管道，应采用地上敷设；有条件的管线宜采用共架或共构敷设。

（2）地下管线的安全敷设

地下敷设有管沟敷设、直埋敷设、套管敷设和隧道敷设几种，敷设时需注意以下几点。

① 管线与管沟的位置。管线和管沟不应布置在建筑物、构筑物的基础压力影响的范围内；地下管线不应敷设在有腐蚀性物料的包装或罐装、堆存及装卸场地的下面。

② 合理安置管道的高低位置。有腐蚀性介质的管道及碱性、酸性介质的排水管道，应该在其他管道的下面；热力管道应该在可燃气体管道、给水管道的上面。

③ 不适宜共构敷设的管线。热力管道不应与电力、通信电缆和压力管道共构；可燃液体、可燃气体、毒性气体及液体的管道不应与腐蚀性介质管道共构；可燃液体、可燃气体管道严禁与消防水管道共构；可燃液体、可燃气体管道不应与电力、通信电缆管道共构。

④ 合理设置安全距离。地下管线与建筑物、构筑物基础，地下管线之间要符合最小水平距离要求，可参见 GB 50489—2009《化工企业总图运输设计规范》。

（3）地上管线的安全敷设

地上敷设管线时，可采用管架、低架、管墩、建筑物支撑式和地面式。敷设时注意如下几点。

① 有甲、乙类火灾危险性、腐蚀性及毒性介质的管道，除使用该管线的建构筑物外，均不得采用建筑物支撑式敷设。

② 管架布置时，管架的净空高度及基础位置，不得影响交通运输、消防及检修。部分架空管线、管架跨越道路时的最小净空高度要求见表 6-8。

表 6-8　管架底部边缘的净空高度

名称	最小净空高度/m	名称	最小净空高度/m	
消防车道	4.5	道路（从路拱算起）	一般管道	危险性介质管道
人行道（从路面算起）	2.5	厂区道路 装置道路	5.0 4.5	5.0

③ 可燃气体、液化烃、可燃液体管道，不得穿越与其无关的化工生产单元或设施。

④ 架空电力线路不应跨越生产火灾危险性属于甲、乙类的建筑物、构筑物的生产装置，以及储存可燃性、爆炸性物料的罐区及仓库区；引入厂区的 35kV 及以上的架空高压输电线路，应减少在厂区内的长度，并应沿厂区边缘布置。

⑤ 管架外边线与建筑物、构筑物之间要符合最小距离的要求，具体参见 GB 50489—2009《化工企业总图运输设计规范》。

6.1.3.5　厂区绿化安全设计

厂区绿化可以净化空气、减轻污染、调节温度和湿度、降低生产噪声，起到优化厂区的生态质量的作用；绿化还可以阻止火焰蔓延、降低火焰传播速率、吸收有毒有害气体、吸收放射性物质、吸收和黏滞污染粉尘，起到提高工厂整体安全性的作用；绿化可美化生产环境、愉悦工作人员心情。厂区需要进行绿化设计，绿化率在 12%～25%之间。从安全的角度考虑，绿化时注意如下问题。

（1）绿植的选择

① 化工装置区不应种植含油脂较多及易着火树种，不应种植易飞扬毛絮的树种，应选

择水分较多、枝叶茂密、根系深、萌蘖力强，且有利于防火、防爆的绿植。

② 散发有害气体的生产、储存和装卸设施周围，应种植对有害气体耐性及抗性强的植物，广植地被植物或草皮，稀植时植矮小乔木和灌木。

③ 产生环境噪声污染的车间、生产装置或对防噪声要求较高设施周围宜选用分支点低、枝叶茂密的常绿乔木，并宜与灌木相结合，组成紧密结构的复层防噪声林带。

④ 散发粉尘的生产、储存和装卸设施附近宜栽植枝叶茂密、叶面粗糙、叶片挺硬、有绒毛、滞尘力强的常绿树，并宜种植地被植物或草皮。

（2）厂内绿化禁忌要求

① 液化烃罐组防火堤内严禁绿化。

② 可燃液体储罐组防火堤内，不得种植树木。

③ 工艺装置及可燃液体、液化烃罐组与周围消防车道之间不得种植可能妨碍消防操作的绿篱或茂密的灌木丛。

6.2 车间安全布置设计

车间布置设计包括：装置布置方式的确立、装置的整体布局、设备的平立面定位等。

6.2.1 工艺装置的安全布置设计

化工装置布置是化工设计的核心内容之一，从安全的角度考虑，装置布置时需考虑如下几方面的问题。

6.2.1.1 装置内设备整体布局

化工装置内的设备宜露天或半露天布置，可利用大气的对流扩散危险性介质，减少危险性介质在装置内的滞留时间，降低装置的安全隐患。

（1）装置内部分区

为方便消防灭火，安全及其他辅助设施的设置，装置内部需分成不同的区域。

① 甲、乙类装置内部，应用道路将装置分隔成占地面积不大于 10000m² 的设备、建筑物区。如图 6-2 为某乙烯装置区的布置图。

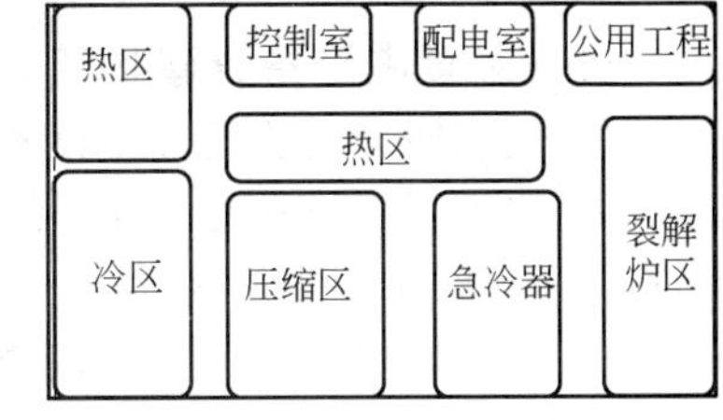

图 6-2 某乙烯装置区的布置图

② 装置内道路路面宽度不应小于 6m，设备、建筑物区的宽度不应大于 120m，相邻两设备、建筑物区的防火间距不应小于 15m。

③ 当大型石油化工装置的设备、建筑物区占地面积大于 10000m² 时，在设备、建筑物区四周应设环形道路。

（2）根据设备特点布局

装置内部不同特点的设备布置在不同的方位或地点。

① 明火设备，宜集中布置在装置的边缘，并宜位于可燃气体、液化烃和甲$_B$、乙$_A$类设备的全年最小频率风向的下风侧。

② 高压（10～100MPa）和超高压（100MPa 以上）设备宜布置在装置的一端或一侧，有爆炸危险的超高压甲、乙类设备，宜布置在防爆构筑物内。

如超高压的氨合成反应器宜布置在合成氨装置的边缘，并独立布置在防爆框架内；超高压的聚乙烯装置的釜式或管式反应器宜布置在防爆构筑物内。

③ 产生噪声的车间与非噪声作业车间，高噪声车间与低噪声车间应分开布置。在满足工艺流程要求的前提下，宜将高噪声设备相对集中，并采取相应的隔声、吸声、消声、减振等控制措施。

④ 粉尘、毒物的发生源应布置在工作场所内自然通风或进风口的下风侧；放散不同有毒物质的生产过程如布置在同一建筑物内时，使用或产生高毒物质的工作场所应与其他工作场所隔离。

⑤ 有爆炸危险的设备宜避开厂房的梁、柱等主要承重构件布置。应限制和缩小爆炸危险区域的范围，并宜将不同等级的爆炸危险区或爆炸危险区与非爆炸危险区分隔在各自的厂房或界区内。关于爆炸危险区域划分，参照 GB 50058—2014《爆炸危险环境电力装置设计规范》。

（3）竖向布置

从安全的角度考虑，装置内设备的高低位置设置时需考虑如下几点。

① 装置的可燃气体、液化烃和可燃液体设备采用多层构架布置时，除工艺要求外，构架不宜超过 4 层。

② 操作温度低于其自燃点的甲、乙、丙类可燃液体设备不宜布置在操作温度等于或高于其自燃点的危险介质的设备上方，若一定要布置在上方，应该用由不燃烧材料制作的全封闭式楼板隔离。

③ 空气冷却器不宜布置在操作温度等于或高于其自燃点的危险介质的设备上方。

④ 放散大量热量或有害气体的厂房宜为单层建筑。当厂房是多层建筑物时，放散热和有害气体的生产设施宜布置在建筑物的高层。

⑤ 噪声与振动较大的生产设备宜安置在单层厂房内。当设计需要将这些生产设备安置在多层厂房内时，宜将其安置在底层，并采取有效的隔声和减振措施。

6.2.1.2　设备与设备，设备与建构筑物间的安全距离

（1）装置内设备、建构筑物防火安全距离

① 危险性介质的设备与设备、设备与建构筑物之间，要符合表 6-9 所示的防火间距。

② 甲类厂房与重要公共建筑之间的防火间距不应小于 50.0m，与明火或散发火花地点之间的防火间距不应小于 30.0m。

③ 高层厂房与甲、乙、丙类液体储罐，可燃、助燃气体储罐，液化石油气储罐，可燃材料堆场的防火间距不应小于 13.0m。

（2）设备与设备，设备与建构筑物的最小净距

考虑到设备的安装、操作及安全生产，以及节约投资等，设备与设备，设备与建构筑物间均需符合最小净距要求，参见 HG/T 20546—2009《化工装置设备布置设计规定》和 SH 3011—2011《石油化工工艺装置布置设计规范》。

6.2.1.3　标准高度及净空高度

考虑到操作及安全的要求，所有的设施均需满足一定的布置高度要求。架空设施均有一定的净空高度要求。

（1）设施的标高

考虑到防范雨水与危险性液体介质的侵蚀，化工厂车间布置时，室内地面要高于室外地面，具体要求参见 6.1.3.3。降雨强度大的地区，室内地面与室外地面的高度差要根据具体的情况确定。

表 6-9　石油化工装置内不同类型设备间的安全距离

单位：m

项目		控制室、机柜室、变配电所、化验室、办公室	明火设备	可燃气体压缩机或压缩机房		操作温度低于其自燃点的工艺设备：装置储罐（总容积/m^3）：可燃气体 200～1000		液化烃 50～100	可燃液体 100～1000		其他工艺设备或其房间：可燃气体		液化烃	可燃液体		操作温度等于或高于其自燃点的工艺设备	含可燃液体的污水池、隔油池、酸性污水罐、含油污水罐	丙类物品仓库、乙类物品储存间
				甲	乙	甲	乙	甲$_A$	甲$_B$、乙$_A$	乙$_B$、丙$_A$	甲	乙	甲$_A$	甲$_B$、乙$_A$	乙$_B$、丙$_A$			
控制室、机柜室、变配电所、化验室、办公室		—	15	15	9	15	9	22.5	15	9	15	9	15	15	9	15	15	15
明火设备		15	—	22.5	9	15	9	22.5	15	9	15	9	22.5	15	9	4.5	15	15
操作温度低于其自燃点的工艺设备：可燃气体压缩机或压缩机房	甲	15	15	—	—	9	7.5	15	9	7.5	9	7.5	9	9	7.5	9	9	15
	乙	9	9	—	—	7.5	7.5	9	7.5	7.5	—	—	7.5	—	—	4.5	—	9
装置储罐（总容积/m^3）：可燃气体 200～1000	甲	15	15	9	7.5	—	—	—	—	—	9	7.5	9	9	7.5	9	9	15
	乙	9	9	7.5	7.5	—	—	—	—	—	7.5	—	7.5	7.5	—	9	7.5	9
液化烃 50～100	甲$_A$	22.5	22.5	15	9	—	—	—	—	—	9	7.5	9	9	7.5	15	9	15
可燃液体 100～1000	甲$_B$、乙$_A$	15	15	9	7.5	—	—	—	—	—	9	7.5	9	9	7.5	9	9	15
	乙$_B$、丙$_A$	9	9	7.5	7.5	—	—	—	—	—	7.5	—	7.5	7.5	—	9	7.5	9
其他工艺设备或其房间：可燃气体	甲	15	15	9	—	9	7.5	9	9	7.5	—	—	—	—	—	4.5	—	9
	乙	9	9	7.5	—	7.5	—	7.5	7.5	—	—	—	—	—	—	—	—	9
液化烃	甲$_A$	15	22.5	9	7.5	9	7.5	9	9	7.5	—	—	—	—	—	7.5	—	15
可燃液体	甲$_B$、乙$_A$	15	15	9	—	9	7.5	9	9	7.5	—	—	—	—	—	4.5	—	9
	乙$_B$、丙$_A$	9	9	7.5	—	7.5	—	7.5	7.5	—	—	—	—	—	—	—	—	9
操作温度等于或高于其自燃点的工艺设备		15	4.5	9	4.5	9	9	15	9	9	4.5	—	7.5	4.5	—	—	4.5	15
含可燃液体的污水池、隔油池、酸性污水罐、含油污水罐		15	15	9	—	9	7.5	9	9	7.5	—	—	—	—	—	4.5	—	9
丙类物品仓库、乙类物品储存间		15	15	15	9	15	9	15	15	9	9	9	15	9	9	15	9	—
装置储罐组（总容积/m^3）：可燃气体 1000～5000	甲、乙	20	20	15	15	*	*	20	15	15	15	15	20	15	15	15	15	15
液化烃 100～500	甲$_A$	30	30	30	25	25	20	*	25	20	25	20	30	25	20	30	25	25
可燃液体 1000～5000	甲$_B$、乙$_A$	25	25	25	20	20	15	25	*	*	20	15	25	20	15	25	20	20
	乙$_B$、丙$_A$	20	20	20	15	15	15	20	*	*	15	15	20	15	15	20	15	15

注：“—”表示无防火间距要求或参照相关标准执行，“*”表示装置储罐集中成组布置。

为稳定及安全运行，装置内所有的设备及设施均需设置一定的基础，部分设备及设施的基础高度要求见表 6-10。详细的设计参见 HG/T 20546—2009《化工装置设备布置设计规定》和 SH 3011—2011《石油化工工艺装置布置设计规范》。

表 6-10　化工装置内部分设施的标高

项目		距基准点的高度/mm	相对标高/m
柱脚基础	顶面	150	EL+0.150
离心泵底板底面	大泵	150	EL+0.150
	中、小泵	300	EL+0.300
斜梯和直梯基础	顶面	100	EL+0.100
卧式容器和换热器	底面	600（最小）	EL+0.600（最小）
立式容器和特殊设备	环形底座或支腿底面	200	EL+0.200

注：基准标高（室内或室外地面）EL±0.000。

（2）净空高度

对于架空布置的设备、设施，考虑到设施下面空间的安全使用及架空设备下方的安全操作，均有一定的净空高度要求，具体参见 HG/T 20546-2009《化工装置设备布置设计规定》和 SH 3011—2011《石油化工工艺装置布置设计规范》。

6.2.1.4　建构筑物的耐火性能及对应的要求

（1）建筑材料的耐火性

建筑材料的耐火性能指组成建筑物的主要构件在明火或高温作用下燃烧与否及燃烧的难易程度。分不燃烧体（非燃烧体）、难燃烧体和燃烧体。

① 不（非）燃烧体。用不燃烧材料做成的构件。不燃烧材料系指在空气中受到火烧或高温作用时不起火、不微燃、不炭化的材料。如建筑中采用的金属材料和天然或人工的无机矿物材料。

② 难燃烧体。用难燃烧材料做成的构件或用燃烧材料做成而用非燃烧材料作保护层的构件。难燃烧材料系指在空气中受到火烧或高温作用时难起火、难微燃、难炭化，当火源移走后燃烧或微燃立即停止的材料。如沥青混凝土、经过防火处理的木材、用有机物填充的混凝土和水泥刨花板等。

③ 燃烧体。用燃烧材料做成的构件。燃烧材料系指在空气中受到火烧或高温作用时立即起火或微燃，且火源移走后仍继续燃烧或微燃的材料。如木材等。

从安全的角度考虑，化工装置在建筑材料的选用中要注意如下两点：

① 化工生产中的设备本体（不含衬里）及其基础，管道（不含衬里）及其支、吊架和基础应采用不燃烧材料，但储罐底板垫层可采用沥青砂。

② 设备和管道的保温层应采用不燃烧材料，当设备和管道的保温层采用阻燃型泡沫塑料制品时，其氧指数不应小于 30。

（2）耐火极限

建构筑物的耐火极限指对任一建筑构件按时间-温度标准曲线进行耐火试验，在标准耐火试验条件下，建筑构件、配件或结构从受到火的作用时起，至失去承载能力、完整性或隔热性时止所用的时间，以小时（h）表示。

（3）耐火等级

厂房和仓库的耐火等级分为一、二、三、四共四个级别，相应建筑构件的材料燃烧性能和耐火极限，除另有规定外，不应低于表 6-11 所列的要求。

表 6-11　不同耐火等级厂房和仓库建筑物构件的燃烧性能及耐火极限　　单位：h

构件名称		耐火等级			
		一级	二级	三级	四级
墙	防火墙	不燃烧 3.00	不燃烧 3.00	不燃烧 3.00	不燃烧 3.00
	承重墙	不燃烧 3.00	不燃烧 2.50	不燃烧 2.00	难燃烧 0.50
	楼梯间和前室的墙；电梯井的墙	不燃烧 2.00	不燃烧 2.00	不燃烧 1.50	难燃烧 0.50
	疏散走道两侧的墙	不燃烧 1.00	不燃烧 1.00	不燃烧 0.50	难燃烧 0.25
	非承重外墙；房间隔墙	不燃烧 0.75	不燃烧 0.50	难燃烧 0.50	难燃烧 0.25
柱		不燃烧 3.00	不燃烧 2.50	不燃烧 2.00	难燃烧 0.50
梁		不燃烧 2.00	不燃烧 1.50	不燃烧 1.00	难燃烧 0.50
楼板		不燃烧 1.50	不燃烧 1.00	不燃烧 0.75	难燃烧 0.50
屋顶承重构件		不燃烧 1.50	不燃烧 1.00	难燃烧 0.50	可燃烧
疏散楼梯		不燃烧 1.50	不燃烧 1.00	不燃烧 0.75	可燃烧

防火墙是防止火灾蔓延至相邻建筑或相邻水平防火分区，且耐火极限不低于 3.00h 的不燃性墙体；承重墙是指支撑着上部楼层及楼层上其他设施重量的墙体；非承重墙是指不支撑上部楼层重量的墙体，非承重墙只起到把一个房间和另一个房间隔开的作用。

甲、乙类厂房和甲、乙、丙类仓库内的防火墙，其耐火极限不应低于 4.00h。

（4）厂房的许用层数及防火分区

① 建筑层数及防火分区面积。从安全生产的角度考虑，设备宜露天或半露天布置。受工艺特点或自然条件限制，设备需布置在建筑物内时，则要根据厂房的火灾类别和建筑物的耐火等级确定其最多允许层数及防火分区最大允许占地面积，如表 6-12 所示。

表 6-12　不同火灾类别厂房的建筑层数及防火分区面积

生产的火灾危险性类别	厂房的耐火等级	最多允许的层数	每个防火分区的最大允许建筑面积/m^2			
			单层厂房	多层厂房	高层厂房	地下或半地下
甲	一级	宜采用单层	4000	3000	不允许	不允许
	二级		3000	2000		
乙	一级	不限	5000	4000	2000	不允许
	二级	6	4000	3000	1500	
丙	一级	不限	不限	6000	3000	500
	二级	不限	8000	4000	2000	500
	三级	2	3000	2000	不允许	不允许
丁	一级、二级	不限	不限	不限	4000	1000
	三级	3	4000	2000	不允许	不允许
	四级	1	1000	不允许	不允许	不允许
戊	一级、二级	不限	不限	不限	6000	1000
	三级	3	5000	3000	不允许	不允许
	四级	1	1500	不允许	不允许	不允许

防火分区是在建筑内部采用防火墙、楼板及其他防火分隔设施分隔而成，能在一定时间内防止火灾向同一建筑的其余部分蔓延的局部空间。

② 不同火灾类别的设备共用建筑的要求。GB 50016—2014（2018 版）将生产、储存介质按火灾危险性的高低不同，分为甲、乙、丙、丁、戊 5 个级别。设备的火灾危险性类别应按其处理、储存或输送介质的火灾危险性类别或使用过程特征的火灾危险性类别确定，房间的火灾危险性类别与房间内设备的火灾危险性类别有关。不同火灾危险性类别的设备布置时有下述规定：

（a）同一个建筑内宜设置相同火灾类型的设备。

（b）当同一房间内布置不同火灾危险性类别的设备时，房间的火灾危险性类别应按其中火灾危险性类别最高的设备确定。但当火灾危险性类别最高的设备所占面积比例小于 5%，且发生事故不足以蔓延到其他部位时，可按火灾危险性类别较低的设备处理。

（c）当同一建筑物分隔为不同火灾危险性类别的房间时，中间应为防火墙。人员集中的房间应布置在火灾危险性类别较小的建筑物的一端。

6.2.1.5 平台与梯子

从安全的角度考虑，在需要操作和经常检修的架空场所应设置平台和到达平台的梯子。梯子有斜梯和永久性直扶梯。

（1）平台的设置及要求

① 宜设置平台的位置。设备或管道上需要操作、检修、检查、调节和观察的地点需要设置平台。如：加热炉上，地面难以接近的烧嘴及视孔处；装置的取样点处；距地面超出一定高度的设备人孔、手孔处；人工加料口处；距地面或框架平台 1.8m 以上的手动阀、仪表、取样阀、安全阀等处。

② 平台的宽度不应小于 0.8m，净空高度不宜小于 2.2m。

③ 平台周围应设置安全护栏，安全护栏的高度不宜低于 1.05m，距离地面超过 20m 的平台，其安全护栏的高度不宜低于 1.2m；除平台入口处，平台边缘及平台开孔的周围应设置踢脚板。

（2）斜梯的设置及要求

① 厂房或框架的主要操作平台，操作人员经常巡视（每班至少一次到达该处）的区域应设置斜梯。

② 斜梯的最小宽度为 600mm，斜梯着地前方宽度应为 900～1200mm；斜梯的角度为 45°～59°。

③ 两个平台高差＞300mm 时，需设中间踏步。

④ 斜梯的垂直高度不能大于 5.1m，超过时应增加中间休息平台。

（3）永久性直梯的设置及要求

① 装置的操作和维修人员不需要经常巡视的辅助操作平台和容器的操作平台，可设置直梯，如人孔平台，塔顶部平台等。

② 直梯的宽度宜为 400～700mm；除烟囱上的直梯，每段直梯的高度不应大于 9.0m，超过时应增加中间休息平台。

③ 从地面起设直梯，高度≥4.0m 时，应加安全保护圈，从 2.5m 处向上设置；从平台起设直梯，高度≥2.5m 时，应加安全保护圈，从 2.2m 处向上设置。

6.2.1.6 安全疏散

装置内要设置足够的安全出口和安全疏散通道，以保证发生事故时人员能安全撤离。

（1）安全出口

① 厂房内每个防火分区或一个防火分区的每个楼层，其安全出口的数量应根据需疏散的人员确定，且不应少于 2 个，作业人数少或火灾危险性小时可设置一个。

地下或半地下的设施，当有多个防火分区相邻布置，并采用防火墙分隔时，每个防火分区必须至少有一个直通室外的独立安全出口。

② 厂房内任一点至最近安全出口的直线距离不应大于表 6-13 所列数值。

表 6-13　厂房内任一点至最近安全出口的直线距离　　单位：m

生产的火灾危险性类别	耐火等级	单层厂房	多层厂房	高层厂房	地下或半地下厂房
甲	一、二级	30	25	—	—
乙	一、二级	75	50	30	—
丙	一、二级 三级	80 60	60 40	40 —	30 —
丁	一、二级 三级 四级	不限 60 50	不限 50 —	50 — —	45 — —
戊	一、二级 三级 四级	不限 100 60	不限 75 —	75 — —	60 — —

③ 厂房内每个防火分区或一个防火分区的每个楼层，其相邻 2 个安全出口最近边缘之间的水平距离不应小于 5m。

④ 涉及可燃气体、液化烃和可燃液体设备的联合平台或构架平台应设置不小于 2 个通往地面的梯子，作为安全疏散通道。

⑤ 建筑物的安全疏散门应向外开启。甲、乙、丙类房间的安全疏散门，不应少于 2 个；面积≤100m^2 的房间可只设 1 个。

（2）安全疏散通道

安全疏散通道是具有防火和防烟能力，发生事故时引导人们向安全区域撤离的通道。对于多层建构筑物，外楼梯是主要的纵向疏散通道。

① 疏散楼梯、通道、门的净宽度可参照表 6-14 确定。

表 6-14　疏散楼梯、通道、门的宽度要求

项目	宽度/m	项目	宽度/m
疏散楼梯宽度	≥1.10	二层以上门的宽度	≥0.90
疏散通道宽度	≥1.40	首层门的宽度	≥1.20

当人数较多时，通道及门的宽度要按需要疏散的人数，参照 GB 50016—2014（2018 版）计算确定。

② 相邻的构架、平台宜用走桥连通，走桥可作为一个安全疏散通道。

③ 相邻安全疏散通道之间的距离不应大于 50m。

④ 涉及的物质危险性较高时，为方便疏散，平台不宜太长，如涉及甲类气体和甲、乙$_A$类液体，构架平台的长度要小于 8m；涉及乙类气体和乙$_B$、丙类液体，构架平台的长度要小于 15m。

⑤ 高层厂房和甲、乙、丙类多层厂房的疏散楼梯应采用封闭楼梯间或室外楼梯。

6.2.1.7 厂房和仓库的防爆

有爆炸危险的厂房和仓库要设有避免爆炸事故发生的措施，并在厂房或厂房中有爆炸危险的部位设置泄压设施。

（1）防爆措施

① 有爆炸危险的设备宜避开厂房的梁、柱等主要承重构件布置。应限制和缩小爆炸危险区域的范围。

② 散发较空气轻的可燃气体、可燃蒸气的甲类厂房，宜采用轻质屋面板的全部或局部作为泄压面积，顶棚尽量平整、避免死角，厂房上部空间应通风良好。

③ 散发较空气重的可燃气体、可燃蒸气的甲类厂房以及有粉尘、纤维爆炸危险的乙类厂房，应采用不发火花的地面。采用绝缘材料作为整体面层时，应采取防静电措施。

④ 散发可燃粉尘、纤维的厂房内表面应平整、光滑，并易于清扫。

（2）厂房或仓库泄压

对有爆炸危险的厂房或仓库，应在整个厂房或局部设置必要的泄压设施。

① 泄压面积的确定。厂房的泄压面积按式（6-1）计算。

$$A=10CV^{2/3} \tag{6-1}$$

式中，A 为泄压面积，m^2；V 为厂房容积，m^3；C 为泄压比，m^2/m^3。

泄压比可参照 GB 50016—2014《建筑设计防火规范》（2018 年版）选取。当厂房的长径比大于 3 时，宜将该建筑划分为长径比不大于 3 的多个计算段来确定。

② 泄压材料及位置。泄压设施宜采用轻质屋面板，轻质墙体和易于泄压的门、窗等；宜采用安全玻璃等爆炸时不会产生尖锐碎片的材料。泄压要避开人员密集场所和主要交通道路，并宜靠近有爆炸危险的部位。

6.2.2 典型设施的安全布置设计

6.2.2.1 控制室、变配电室、化验室、机柜室等的安全布置

控制室、化验室、办公室等地人员较为密集，变配电室、机柜室的设施较为重要，布置时需重点关注。

① 装置的控制室、化验室、办公室等宜布置在生产装置外，并宜与全厂性或区域性设施统一安置。

② 当控制室、变配电室、化验室、机柜室、办公室等布置在装置内时，应布置在装置的一侧，位于爆炸危险区范围以外，并宜位于涉及危险性气体设备和散发粉尘、水雾、有毒设备的全年最小频率风向的下风侧。同时注意下面几点。

（a）办公室、休息室等不应设置在甲、乙类厂房内，确需贴邻该类厂房时，其耐火等级不应低于二级，并应采用耐火极限不低于 3.00h 的防爆墙与厂房分隔，且应设置独立的安全出口；办公室、休息室设置在丙类厂房内时，应用耐火极限不低于 2.50h 的防火隔墙和 1.00h 的楼板与其他部位分隔，并应设置独立的安全出口。

（b）控制室不得与设有甲、乙 $_A$ 类设备的房间布置在同一建筑物内，若必须布置在同一建筑物内时，需设置独立的防火分区。

（c）平面布置位于爆炸危险附加 2 区的办公室、化验室室内地面及控制室、机柜室、变配电室的设备层地面应高于室外地面 0.6m 以上。

（d）化验室、办公室等面向火灾危险性设备侧的外墙宜为无门、无窗、无洞口的，耐火

极限不低于 3.00h 的不燃烧材料实体墙，当确需设置门窗时，应采用防火门窗。

（e）控制室、机柜室面向火灾危险性设备侧的外墙应为无门、无窗、无洞口，耐火极限不低于 3.00h 的不燃烧材料实体墙。

（f）控制室、化验室的室内不得安装可燃气体、液化烃和可燃液体的在线分析仪器。

（g）控制室、机柜室应远离产生振动和噪声的设备，否则采取隔振和防噪声措施。

（h）控制室、机柜室应避开电磁干扰的区域，否则应采取防护措施。

6.2.2.2 加热炉的安全布置

加热炉为明火设备，且设备结构较为复杂，布置时需考虑如下几方面的问题。

（1）空间布局

① 加热炉与其他明火设备宜集中布置在装置的边缘，并靠近消防通道。

② 加热炉应位于装置内可燃气体、液化烃、甲 $_B$、乙 $_A$类可燃液体设备的全年最小频率风向的下风侧。

（2）安全距离

加热炉可能有燃料气分液罐、灭火蒸汽分汽缸、引风机、鼓风机等附属设备，布置时既要考虑加热炉与其他设施间的安全距离，也要考虑与其附属设施间的安全距离。

① 作为明火设备，加热炉与危险性物料储罐、压缩机及其他工艺设备或设施间的安全距离参见表 6-9。

② 当有两台加热炉并排设立时，二者间的净距要大于 3m。

③ 加热炉与检修道路边缘之间的距离不应小于 3m。

④ 加热炉炉体与其附属的燃料气分液罐、燃料气加热器之间的防火距离不应小于 6m。

⑤ 加热炉炉体与燃料油切断阀以及用于加热炉灭火的蒸汽总管分汽缸的距离不应小于 15m。

（3）其他要求

① 加热炉附近 12m 内所有地下排水沟、水井、管沟都必须密封，以防可燃气体在沟内聚积而引起火灾。

② 加热炉要设置看火平台，平台的最小宽度为 750mm，以保证看火孔（门）前有足够的通道。

③ 加热炉周围需要有消防设施和一定的消防空间，以保证发生火灾时能进行消防作业和人员疏散。

6.2.2.3 储罐的安全布置

储罐即存放液态或气态的化工生产用原料、中间产品及产品的设施。由于化工厂的原料、中间产品及产品都需要有一定的存量，所以罐区是化工企业危险性最大的区域之一，多数属于重大危险源。储罐布置时尤其要考虑安全方面的要求。

储罐安全布置时要考虑介质的性质及储罐的类型。储罐的类型依分类方法不同而不同，如按所属位置分，分为地上储罐、地下储罐和半地下储罐，从安全的角度考虑，化工装置中的储罐一般选用地上储罐；按储存压力分有常压储罐、低压储罐和加压储罐；按储存温度分有常温储罐和低温储罐；按储罐的外形分有立式储罐、卧式储罐和球形储罐。而立式储罐又有固定顶式、浮顶式和内浮顶式等等。

（1）不同类型介质的储存方式

粗略地，不同类型的介质可参照表 6-15 选择储罐的类型。

表 6-15　不同储存介质对应的储罐类型

介质类型	危险特性	储存压力 p（表压）或温度	储罐外形	备注
可燃液体	甲$_B$，沸点低于 45℃，或在 37.8℃时的饱和蒸气压大于 88kPa	低压或压力式 $p>6.9$kPa	球罐、卧式罐	
	其余甲$_B$、乙$_A$	常压 $p\leqslant 6.9$kPa	浮顶式罐、内浮顶式罐	容积＜200m^{3}可选用其他储罐
	乙$_B$、丙$_A$、丙$_B$、丁	常压	固定顶罐、浮顶罐、内浮顶罐、卧式罐	
液化烃		压力式	球罐、卧式罐	
		低温式	固定顶罐、卧式罐	
可燃气体		低压 压力式	气柜 球罐、卧式罐	
助燃气体		低压 压力式	气柜 球罐、卧式罐	
酸、碱		常压	固定顶罐或卧式罐	

注：卧式罐的容积一般小于 100m^3。

生产装置中的储罐总容积，液化烃罐≤100m^3，可燃气体或可燃液体罐≤1000m^3 时，可布置在装置内，否则要单独设置罐区。

（2）储罐安全布置的总体要求

① 甲、乙、丙类储罐宜露天、地上布置。

② 罐区宜布置在工厂的边缘，远离装置区，相对独立；四周要有通道，方便消防车的进出，并宜布置在明火或易散发火花地点的全年最小频率风向的上风侧。

③ 甲、乙、丙类液体储罐（区）宜布置在地势较低的地带。

④ 液化烃罐组、可燃液体罐组不宜紧靠排洪沟布置。

⑤ 罐区与其他区、其他设施间的安全距离参照表 6-9。

⑥ 可燃气体、助燃气体、液化烃和可燃液体的储罐基础、防火堤、隔堤及管架（管墩）等，均应采用不燃烧材料，防火堤的耐火极限不得小于 3.00h；液化烃、可燃液体的保温层应采用不燃烧材料；当保冷层采用阻燃型泡沫塑料制品时，其氧指数不应小于 30。

液化烃是指在 15℃时，蒸气压大于 0.1MPa 的烃类液体及其他类似的液体，不包括液化天然气。液化烃属甲$_A$火灾危险性物质。

（3）防火堤及防火隔堤

甲、乙、丙类液体的地上式、半地下式储罐或储罐组，为了防止储罐破裂导致危险性物料到处流淌，殃及周围设施，通常在可能因事故导致储罐破裂的储罐或罐组周围设置防火堤或围堤。为减小防火堤内储罐发生少量液体泄漏事故时的影响范围，储罐组内的储罐间有时需设置隔堤。

① 防火堤和防火隔堤应采用非燃烧材料制作。防火堤及隔堤应能承受所容纳液体的静压，并密实、闭合、不渗漏。

② 每一个罐组的防火堤至少要设置两组人行台阶或坡道，并设置在不同的方位上。同一方位上两个相邻人行台阶或坡道之间的距离不宜大于 60m。

③ 防火堤要设置含油污水排水管和雨水排水管。含油污水排水管应在防火堤的出口处设置水封设施，雨水穿堤处应采取防止可燃液体流出堤外的措施。

④ 多品种的液体罐组内应设置隔堤，同一罐组内的储罐个数较多时也要设置隔堤，隔堤应设置人行踏步或坡道。

（4）可燃液体储罐的安全布置

可燃液体是除液化烃以外的其他火灾危险性液体，是石化企业储存规模最大的液体类型。

① 可燃液体储罐组的要求。储罐应成组布置，布置在同一个防火堤内的一个或多个储罐为一组。为保证安全储存，减少事故隐患，方便消防灭火，同一罐组中储罐的类型、储罐的总容量、储罐的个数、储罐的排数及储罐的间距都有一定的要求。

（a）罐组的安排。可燃液体储罐，同一罐组内，宜布置火灾危险性类别相同或相近的储罐。不同类别介质储罐可同罐组或不可同罐组的一般要求见表 6-16。

表 6-16　可燃液体储罐可否同罐组的规定

不可同罐组	可同罐区组
不同火灾危险性类别的储罐； 沸溢性液体的储罐与非沸溢性液体的储罐； 地上式、半地上式和地下式； Ⅰ级、Ⅱ级毒性液体的储罐和其他易燃、可燃液体储罐	单罐容积小于等于 $1000m^3$ 的不同火灾危险性类别的储罐； 可燃液体的压力储罐和液化烃的全压力储罐； 可燃液体的低压储罐和常压储罐； 轻、重污油储罐

注：沸溢性油品是指含水并在燃烧时具有热波特性的油品，如原油、渣油、重油等。这类油品含水率一般为质量分数 0.3%～4.0%。

（b）每个罐组的储存容量。可燃液体储罐，每个罐组的最大容量应符合表 6-17 的要求。

表 6-17　可燃液体储罐罐组的容量

罐组类型	最大容量/m^3	罐组类型	最大容量/m^3
浮顶罐组	600000	固定顶罐组	120000
内浮顶罐组，采用钢制单盘或双盘	360000	固定顶、浮顶式、内浮顶式混合。其中浮顶式、内浮顶式的容积可折半计算	120000
内浮顶罐组，采用易熔材料制作	240000		

（c）每个罐组内的储罐个数。可燃液体储罐，每个罐组内储罐个数可按表 6-18 确定。

表 6-18　可燃液体储罐罐组的储罐个数

单罐容积 V/ m^3	最多个数	单罐容积 V/ m^3	最多个数
含有 $V>50000$ 的储罐时	4	含有 $1000 \leqslant V<10000$ 的储罐时	16
含有 $10000<V \leqslant 50000$ 的储罐时	12	$V<1000$	个数不限

（d）罐组内储罐的排数及最小罐间距。罐组内的储罐布置不宜超过 2 排。两排立式储罐的间距要符合表 6-19 的规定，但最小不应小于 5m。罐组内两罐的间距符合表 6-19 的规定。

表 6-19　罐组内相邻可燃液体地上储罐的防火间距

<table>
<tr><th rowspan="3">液体类别</th><th colspan="4">储罐型式</th></tr>
<tr><th colspan="2">固定顶</th><th rowspan="2">浮顶罐、内浮顶罐</th><th rowspan="2">卧式罐</th></tr>
<tr><th>≤$1000m^3$</th><th>>$1000m^3$</th></tr>
<tr><td>甲$_B$，乙</td><td>$0.75D$</td><td>$0.6D$</td><td rowspan="2">$0.4D$</td><td rowspan="3">0.8m</td></tr>
<tr><td>丙$_A$</td><td colspan="2">$0.4D$</td></tr>
<tr><td>丙$_B$</td><td>2m</td><td>5m</td><td>$0.4D$，最大为 15m</td></tr>
</table>

注：D 为相邻两罐中较大罐的直径，当单罐容积＞$1000m^3$ 时，D 取直径和高度中的较大值。

② 可燃液体罐区的防火堤及防火隔堤。对可燃液体储罐组防火堤的高度、容量及隔堤的设置情况均有要求。

（a）防火堤的有效容量不应小于罐组内 1 个最大储罐的容量。

（b）防火堤的高度。立式储罐组的防火堤不应低于 1.0m（以堤内设计地坪标高为准），不宜高于 2.2m（以堤外 3m 范围内设计地坪标高为准）；卧式储罐组的防火堤高度不应低于 0.5m（以堤内设计地坪标高为准）。

（c）防火堤的平面尺寸。防火堤内侧基脚线至立式储罐外壁的水平距离不应小于罐壁高度的一半。防火堤内侧基脚线至卧式储罐外壁的水平距离不应小于 3m。

（d）关于隔堤的设置。可燃液体罐区需要相互分隔的情况参见表 6-20。

表 6-20 相互之间需要设置隔堤的储罐

序号	储罐	序号	储罐
1	甲 $_B$、乙 $_A$ 类可燃液体储罐和其他可燃液体储罐	5	水溶性可燃液体储罐和非水溶性可燃液体储罐
2	助燃剂储罐和可燃液体储罐	6	强氧化剂储罐和可燃液体储罐
3	具有腐蚀性液体储罐和可燃液体储罐	7	相互接触能引起化学反应的可燃液体储罐
4	轻污油储罐和重污油储罐		

隔堤的容量及个数设置可参照表 6-21 确定。

表 6-21 隔堤的可燃液体储罐容量及个数

单罐容积 V/m^3	介质情况	隔堤设置
V≥20000		每罐一隔
5000＜V＜20000	甲 $_B$、乙 $_A$ 类可燃液体	每个储罐间设不低于 300mm 的围堰
	其余	每个隔堤内不超过 4 罐
V≤5000		每个隔堤内总容积≤20000m^3
	沸溢性液体	每个隔堤内不超过 2 罐

隔堤内的有效容积不应小于隔堤内 1 个最大储罐容积的 10%；立式储罐组内隔堤的高度不应低于 0.5m；卧式储罐组内隔堤的高度不应低于 0.3m。

③ 相邻罐组防火堤的外基脚线之间应留有宽度不小于 7m 的消防空地。

④ 可燃液体的专用泵应设置在防火堤外，与储罐的安全距离见表 6-22。

表 6-22 可燃液体储罐专用泵与储罐的间距

储罐类型		距离/m	储罐类型		距离/m
甲 $_B$、乙类固定顶罐	容积＞500m^3	12	浮顶罐、内浮顶罐、丙 $_A$ 类固定顶罐	容积＞500m^3	10
	容积≤500m^3	10		容积≤500m^3	8

当专用泵单独成组布置时，与可燃液体储罐的防火间距不限。

（5）液化烃罐组的安全布置

液化烃常温常压下为气体，以液体的形式储存时有 3 种方式：①常温加压，即全压力式；②加压、低温，即半冷冻式；③常压、低温，即全冷冻式。全冷冻式储存时可以选单防罐、双防罐或全防罐。①和②的储存特性相对接近。

单防罐（单容罐）：带隔热层的单壁储罐或由内罐和外罐组成的储罐，其内罐能适应储存低温冷冻液体的要求，外罐主要是支撑和保护隔热层，并能承受气体吹扫的压力，但不能储存内罐泄漏出的低温冷冻液体。

双防罐（双容罐）：由内罐和外罐构成的储罐。其内罐和外罐都能适应储存低温冷冻液体，在正常条件下，内罐储存低温冷冻液体，外罐能够储存内罐泄漏的冷冻液体，但不能限制内罐泄漏的冷冻液体所产生的气体排放。

全防罐（全容罐）：由内罐和外罐组成的储罐。其内罐和外罐都能适应储存低温冷冻液体，内外罐之间的距离为1～2m，罐顶由外罐支撑，在正常操作条件下内罐储存低温冷冻液体，外罐既能储存冷冻液体，又能限制内罐泄漏液体所产生的气体排放。

液氨属于乙$_{A}$类危险性物质，但其在常温常压下为气体，储存方式与液化烃类似，也需加压或（和）降温，无特殊说明时，其布置方式及要求同液化烃。

① 液化烃储罐的分组布置。全压力式或半冷冻式液化烃储罐要和全冷冻式液化烃储罐分别成组布置；储罐不能适应罐组内任一介质泄漏所产生的最低温度时，不应布置在同一罐组内。

② 液化烃罐组的容量

（a）全压力式或半冷冻式液化烃储罐组的总容积不应大于 40000m^3；全冷冻式液化烃储罐组的总容积不应大于 200000m^3。

（b）每组全压力式或半冷冻式储罐的个数不应多于 12 个；每组全冷冻式储罐的个数不宜超过 2 个。

（c）液化烃罐组内的储罐不应超过 2 排。

③ 液化烃储罐的间距。液化烃储罐的间距应符合表 6-23。

表 6-23　液化烃储罐的间距要求

储存方式或储罐型式		球罐	卧（立）罐
全压力式或半冷冻式	有事故排放至火炬的措施	0.5D	1.0D
	无事故排放至火炬的措施	1.0D	
全冷冻式储罐	容积均≤100m^3	1.5m	
	容积＞100m^3	0.5D	

④ 液化烃储罐的防火堤及防火隔堤。全冷冻式液化烃和液氨的双防罐或全防罐罐组可不设防火堤。全冷冻式液化烃单防罐及全压力式或半冷冻式液化烃储罐的周围应设置防火堤及防火隔堤，并满足下列要求。

（a）防火堤的容积。全压力式或半冷冻式储罐组液化烃和全冷冻式液化烃单防罐防火堤，堤内有效容积不应小于 1 个最大储罐的容积。全冷冻式液氨的单防罐组，堤内有效容积不应小于 1 个最大储罐容积的 60%。

（b）防火堤的高度。全压力式或半冷冻式液化烃储罐组防火堤的高度为 0.6m；全冷冻式单防罐组防火堤的高度宜大于罐泄漏的最高液位。

（c）防火堤平面尺寸。全压力式或半冷冻式液化烃储罐，防火堤内基脚线距储罐外壁距离不小于 3m；全冷冻式液化烃单防罐，防火堤内基脚线距储罐外壁的距离，取最高液位与防火堤高度的差，再加液面上气相的当量压头。具体计算可参阅 GB 50160—2008《石油化工企业设计防火规范》（2018 年版）。

（d）隔堤的设置。全压力式或半冷冻式液化烃储罐组，隔堤的设置应使得隔堤内各储罐容积之和不大于 8000m^3，隔堤的高度不大于 0.3m；全冷冻式液化烃储罐单罐应每罐一隔，隔堤较防火堤低 0.2m。

液化烃堤内应采用现浇混凝土地面，并应坡向外侧。

⑤ 储罐的附属设施。半冷冻式或全冷冻式液化烃的专用泵应布置在防火堤外，与储罐的防火间距不小于 15m。

化工厂涉及硫酸、硝酸、盐酸、氢氧化钠溶液等的储存时，通常独立设置酸、碱罐区。

罐区容积及防火堤设计可按乙类液体罐区处理，同时防火堤内地面、设备基础、防火堤堤身内侧及集水坑均应作防腐处理。

6.2.2.4 厂内库房的安全布置

仓库主要用来放储存固体物品和一些液体的轻便容器。石油化工企业应设置独立的化学品和危险化学品库区。

（1）化学品和危化品仓库布置的一般要求

① 甲、乙类物品仓库不应布置在装置内。若工艺需要，储量不大于 5t 的乙类物品存储间和丙类物品仓库可布置在装置内，但要位于装置的边缘。

② 甲类物品的库房宜单独设置，当储量小于 5t 时，可与乙、丙类物品库房共用一座建筑物，但应设独立的防火分区。

③ 乙、丙类物品的储量，宜按装置 2 至 15 天的产量或需求量计算确定。

④ 化学品应按其化学物理特性分类储存，当物料性质不允许相互接触，如氧化性物质和还原性物质间，酸性物质和碱性物质间应用实体墙隔开，并各设出、入口。

⑤ 库房应通风良好。

⑥ 可能产生爆炸性混合气体或在空气中能形成粉尘、纤维等爆炸性混合物的库房，仓库内应采用不发生火花的地面，需要时应设防水层。

（2）防火间距

① 甲类仓库。甲类仓库与其他设施间的安全距离见表 6-3。

② 乙、丙类仓库。乙、丙类仓库与其他设施间的安全距离可按甲类减少 25%处理，或参阅 GB 50016—2014（2018 版）执行。

某些储存危险性较高的物质，如合成纤维、合成橡胶、合成树脂、尿素、硝酸铵、二硫化碳等，储存时都有相应的具体要求，可参阅相应的规范。

6.2.2.5 危险性介质压缩机及泵类安全布置

压缩机、泵等输送流体的机械设备，属于易泄漏危险性介质的设备，存在安全隐患，设计时需考虑安全方面的问题。

（1）可燃气体压缩机

可燃气体压缩机布置时，在考虑工艺、安装、维修等要求的情况下，从安全的角度考虑要注意下述各点。

① 可燃气体压缩机，宜布置在敞开或半敞开式厂房内。

② 单机驱动功率≥150kW 的甲类气体压缩机厂房，不宜与其他甲、乙、丙类房间共用一幢建筑物。

③ 压缩机的上方，不得布置甲、乙、丙类液体工艺设备，自用的高位润滑油箱除外。

④ 比空气轻的可燃气体压缩机半敞开式或封闭式厂房的顶部，应采取通风措施。

⑤ 除检修承重区外，可燃气体压缩机厂房的楼板宜采用透空钢格板。

⑥ 比空气重的可燃气体压缩机厂房的地面，不宜设地坑或地沟。厂房内应有防止气体积聚的措施。

⑦ 压缩机的基础应与厂房结构的基础及压缩机附属设备的基础脱离。

⑧ 单层布置的压缩机，当基础较高时，应设置操作平台。

⑨ 往复式压缩机的安装高度，在满足进、出口接管高度要求，管道附件高度要求的情况下，为了减少振动，要尽可能降低。

⑩ 压缩机距周围设施的距离不小于 2m；压缩机房与其他设施间的安全距离见表 6-9。

⑪ 压缩机两侧要留出消防通道。

（2）液化烃泵、可燃液体泵

① 液化烃、可燃液体泵宜露天或半露天布置。

② 液化烃、操作温度大于等于其自燃点的可燃液体泵的上方，不宜布置甲、乙、丙类工艺设备，若在其上方布置甲、乙、丙类工艺设备时，应用不燃烧材料的封闭式楼板进行隔离保护。并设水喷雾（水喷淋）系统或用消防水炮保护。

③ 液化烃、操作温度大于等于其自燃点的可燃液体泵不宜布置在管架或可燃液体设备的下方。否则应设水喷雾（水喷淋）系统或用消防水炮保护，并应覆盖泵体及泵进、出口管道上的易泄漏部位。

④ 室内布置的液化烃泵、操作温度大于等于其自燃点的可燃液体泵及操作温度小于其自燃点的可燃液体泵，应分别布置在不同的房间内，各房间之间的隔墙应为防火墙。各类泵房的门窗间距离不宜小于4.5m。

⑤ 甲、乙$_A$类液体泵房的地面，不宜设地坑或地沟。

⑥ 两台泵之间、两排泵之间、泵端与墙之间都要有一定的安全距离，具体可参照HG/T 20546—2009《化工装置设备布置设计规定》和SH 3011—2011《石油化工工艺装置布置设计规范》。

6.2.2.6 其他设备的安全布置

（1）反应器的安全布置

反应器可能具有质量大、操作温度高、操作压力高的特点。根据需要可露天（气固相催化反应器）、半露天或室内布置（釜式反应器）。气固相催化反应器露天布置时，通常用裙座落地布置，釜式反应器通常在室内架空布置。安全布置要点如下。

① 高压或超高压的反应器宜布置在装置的一端或一侧，有爆炸危险的超高压反应器宜布置在防爆构筑物内。如氨合成反应器通常布置在合成氨装置的边缘，并设独立的防爆框架。

② 针对反应温度较高的情况，裙座的高度要保证有足够的散热长度，使支座与构筑物的接触面上的温度不致过高。要求钢筋混凝土不高于100℃，钢结构不高于150℃。

③ 针对质量较大的反应器，支座、支架要根据载荷（包括静载荷和动载荷）作特殊的处理。

④ 反应器要与其他设备间具有足够的安全距离。

（2）塔器的安全布置

塔器类，如精馏塔、吸收塔等通常为细高型设备，而且会与再沸器、回流泵、进料泵、中间槽、冷凝器等设备联系密切，布置时需统一考虑。大直径的塔一般在室外，用裙座落地布置在管廊一侧，与其关联的设备布置在管廊平台上，或管廊下地面上，或附近地面上；用法兰连接的多节组合塔或直径小于600mm的塔安装在室内或框架内。安全布置要点如下。

① 塔的附近要留出维修及吊装空间，一般地，管廊侧配管，另一侧为维修通道及吊装空间。人孔位于维修侧。

② 塔与管廊之间，塔与其他塔之间要有足够的安全距离。

③ 塔上要设置用于检修、操作、查看监测仪表、出入人孔等的平台，平台四周要设围栏，并设安全到达各平台的梯子。具体设置要求参见6.2.1.5。

④ 塔的安装高度要考虑出料情况。当利用内压和重力流出料时，塔的高度要考虑流体能克服输送时的阻力降；当用泵抽吸时，安装高度要考虑泵的正吸入压头。

（3）管壳式换热器的安全布置

换热器是化工装置中数量较多的设备类型，其中管壳式换热器使用最多。管壳式换热器可以卧式并列布置，也可以立式中心线对齐布置。安全布置要点如下。

① 操作温度等于或高于物料自燃点或超过250℃的换热器的上方和下方，如无不燃烧材料的隔板隔离保护，不应布置其他可燃介质设备。

② 换热器宜布置在地面上，当数量较多时可布置在构架上。

③ 布置时要考虑维修和清理时方便抽出管束的要求。卧式布置时管束从管廊或墙体的反方向抽出，前方留出足够的空间。立式布置时，上方留出足够的空间。

④ 换热器之间、换热器与其他设备之间的净距不宜小于 0.8m，与周边设备间的距离要符合 HG/T 20546—2009《化工装置设备布置设计规定》的要求。

⑤ 换热器的安装高度应保证其底部连接管道的最低净空不小于 150mm。

⑥ 立式换热器顶部如有气相空间的小排气阀，且排气阀高度较高时，应设直梯或临时梯子。

6.2.3 车间布置图的绘制规定

车间布置设计的结果主要通过车间的平立面布置图来体现。绘制和阅读车间布置图是表达和检查安全布置设计内容的重要技能。

6.2.3.1 车间平立面布置图的内容

（1）一组示图：平面布置图和立面布置图

① 平面布置图。表达建构筑物在平面的结构、大小，建筑物的内部分隔情况；表达设备与建构筑物，设备与设备在平面的相对位置，如图 6-3 所示。

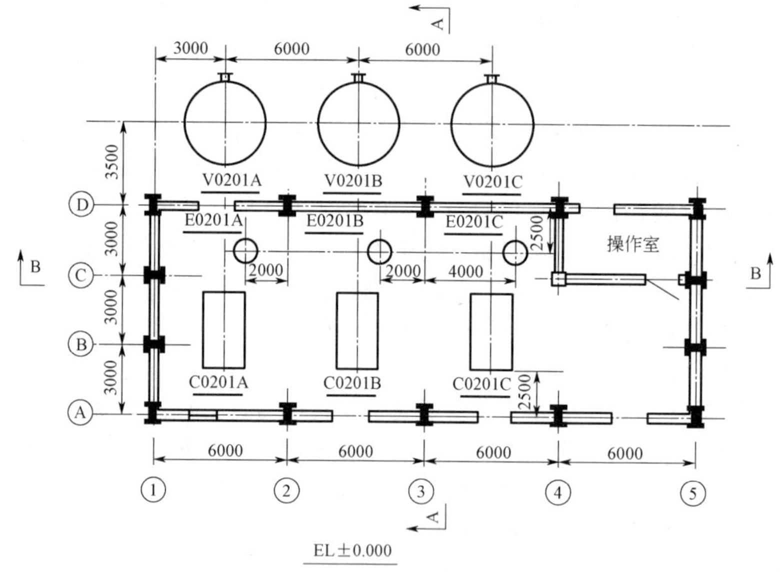

图 6-3 平面布置图图例

② 立面布置图。立面布置图是在平面布置图的某一个位置剖切之后绘制的，表达建构筑物在立面的结构、形状，表达建构筑物的标高，表达设备在立面的相对位置，表达设备的支撑方式。如图 6-4 所示。

（2）安装方向标

安装方向标绘制在平面布置图的右上方，标明建筑方位。方向标有多种画法，可参照图 6-5 绘制，方向标的圆圈直径为 20mm。

（3）说明、附注

位于平立面布置图的右端，对图纸配置或图纸绘制中特殊符号的说明。

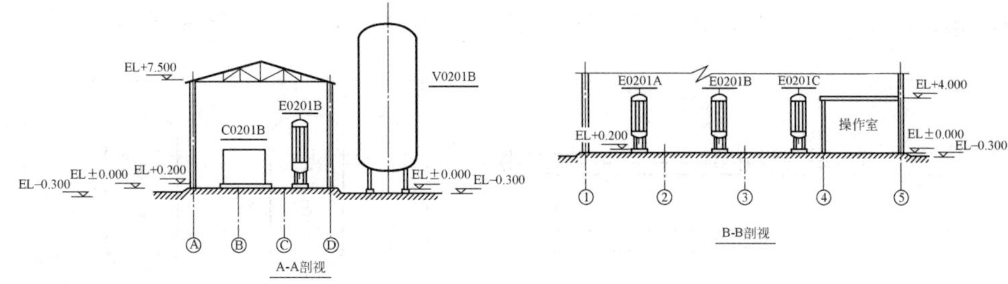

图 6-4　立面布置图图例

（4）标题栏

位于图的右下角，反映图名、图纸的绘制及设计信息。

（5）设备表

对于设备较多的主项，为方便识图，在该主项的每个平立面布置图上，标题栏的上方绘制设备表，其中列出本布置图中包含的设备，给出其对应的位号、名称及标高等信息。

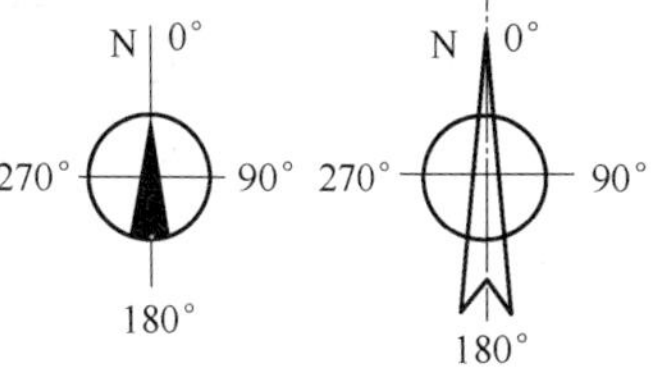

图 6-5　安装方向标图例

6.2.3.2　车间平立面布置图的绘制规定

（1）总体要求

① 图幅。平立面布置图通常为 A1 号图纸，一张图表达不完全时，可以绘制多张图纸。

② 比例。平立面布置图要求完全按比例绘制，通常选 1∶100，当设备较少时可以选 1∶50，设备较多，但结构及位置关系较为简单时，可以选 1∶200。一套装置分段布置时，必须选同样的比例。

③ 图线。设备的轮廓线用粗线，可见的用粗实线，被挡的用粗虚线；建构筑物用中实线；尺寸线、引出线等用细实线，设备中心线，建构筑物的柱网线用细点划线。

（2）示图的配置

① 平面图的配置。平面图通常一层一幅，一张图纸表达多层布置情况时，图幅由下至上、由左至右按层绘制。每一幅平面图的中下方要注明相应布置图的标高。EL±0.000 为标高的基准。

② 立面图的配置。立面布置图是在平面布置图的某一个位置剖切之后绘制的，在能表达清楚的情况下，越少越好。立面图与平面图的对应关系要作出相应的标记。如图 6-3、图 6-4 所示。

（3）示图的绘制

① 建构筑物。先绘制厂房或框架的柱网结构，因为其是平面定位的基准。然后按建筑图纸所示位置画出门、窗、墙、柱、楼梯、操作平台、吊轨、栏杆、安装孔、管廊架、管沟、明沟、散水坡、围堰、通道等。具体可参照 HG/T 20546—2009 绘制。装置内如有控制室、配电室、生活及辅助间，应写出各自的名称，如图 6-3、图 6-4 所示。

② 设备。按比例画出所有设备，通常按内径画，壁厚较大时按外径画，给出主要的接管。与设备相关的支架、平台、梯子也按比例画出。

绘制时关注立式设备和卧式设备在平、立面图上的区别。图 6-6 为部分平面布置图图例，图 6-7 为部分立面布置图图例。

③ 设备位号。每一个设备的旁边都要标注其位号，位号线为粗实线，只注位号，不注名称，如图 6-3、图 6-4 所示。

（4）尺寸的标注

设备的平立面布置图是按比例绘制的，所以图形绘制完毕后要标注尺寸。平面尺寸的单位为 mm，尺寸基准为建构筑物的定位轴线或建筑边线，以尺寸线的形式标注，如图 6-3 所示；立面尺寸的单位为 m，精确到小数点后 3 位，即 mm，尺寸的基准通常是室内地面，以标高的形式标注，如图 6-4 所示。如果大多数设备都在室外，基准就选室外地面。

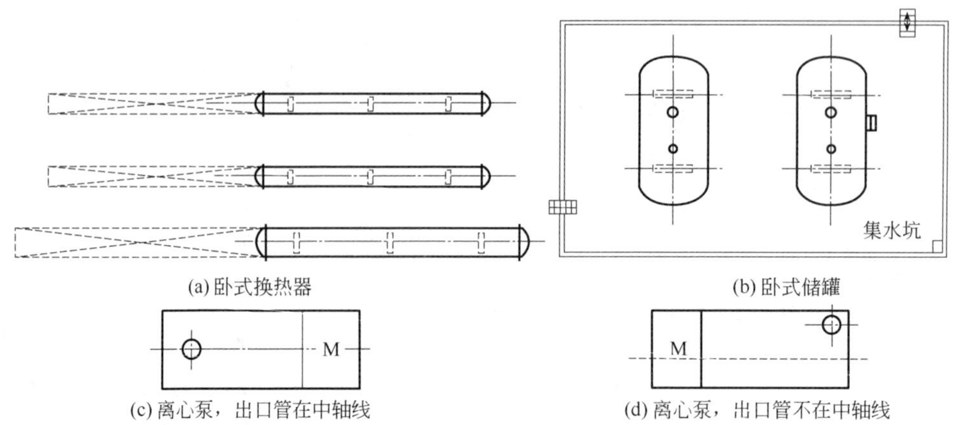

图 6-6　部分设备平面布置图图例

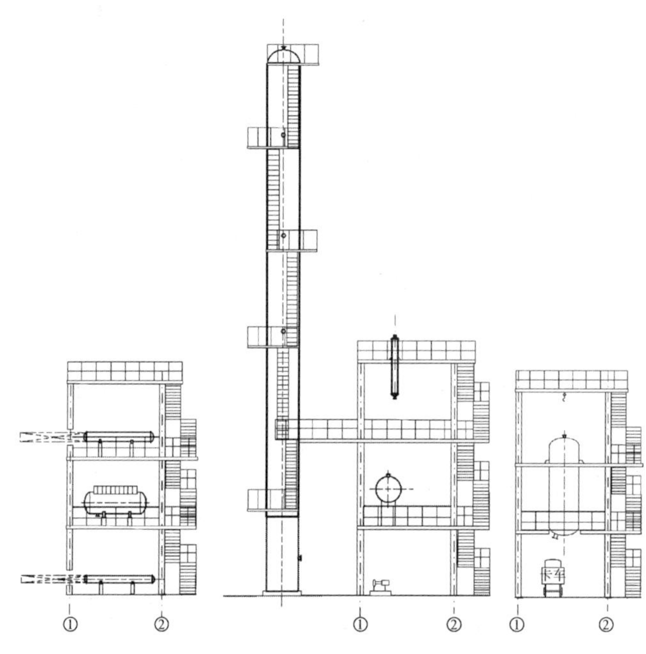

图 6-7　部分设备立面布置图图例

① 建构筑物的平面尺寸。建构筑物的平面尺寸主要包括：厂房、管廊、框架等定位轴线间的距离，建构筑物的大小，平台、楼梯的宽度。

② 设备的平面尺寸。立式设备中心线的位置；卧式设备中心线和固定端支座的位置；泵、压缩机中心线和出口管中心线的位置。

直接与主要设备有密切关系的附属设备，如再沸器、喷射器、回流冷凝器等，应以主要设备，如精馏塔的中心线为基准予以标注。

③ 建构筑物的立面尺寸。楼层、操作平台、管廊的顶面标高，管沟、明沟的底面标高。

④ 设备的立面尺寸。立式设备一般标注支撑点的标高（基础的标高）；卧式设备一般标注中心线的标高；泵、压缩机根据设备的结构不同可能标注主轴中心线标高、底盘标高或支撑点的标高。

图 6-8 为一平立面布置图例图。

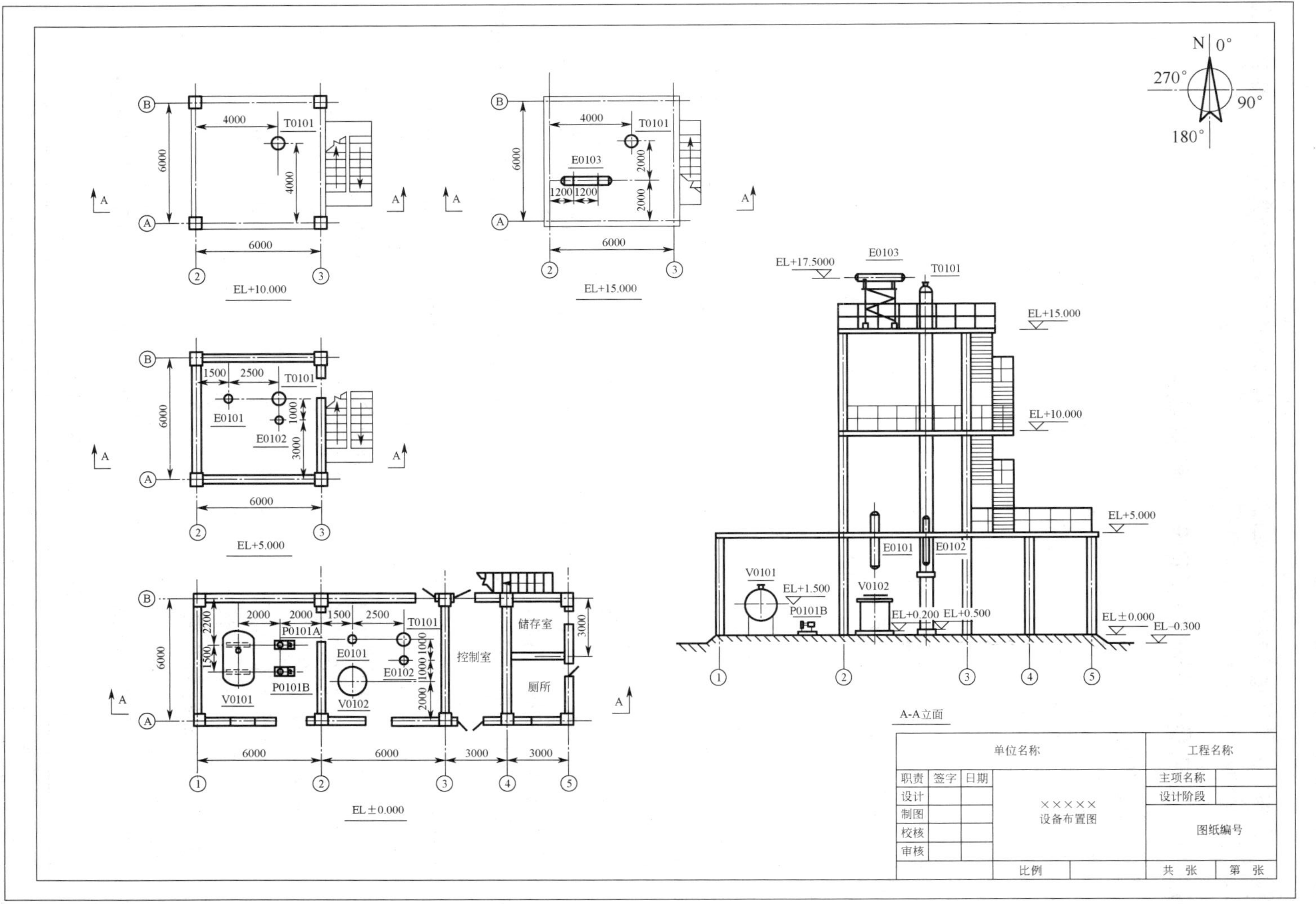

图 6-8　平立面布置图图例

6.3 管道安全布置设计

管道布置的任务是确定管道的空间走向、连接方式及管道的支撑和固定方式。包括工艺及公用物料管道的布置，生产污水管道的布置。

6.3.1 工艺及公用物料管道安全布置要点

（1）管道安全连接

管道连接方式与管道的材料有关，选择连接方式时要特别考虑其密封性。

① 可燃气体、液化烃、可燃液体的金属管道除需要采用法兰连接外，均应采用焊接连接。公称直径≤25mm 的可燃气体、液化烃、可燃液体的金属管道和阀门采用锥管螺纹连接时，除能产生缝隙腐蚀的介质管道外，应在螺纹处采用密封焊。

② 工艺管道与阀门、设备开口连接，除要求法兰或螺纹连接外，应焊接连接。

③ 液化烃、液氯、液氨管道不得采用软管连接，可燃液体管道不得采用非金属软管连接。

（2）管道空间走向的安全设计

管道空间走向的确定是管道布置的主要任务之一。从安全的角度考虑，布置时需注意如下问题。

① 可燃气体、液化烃、可燃液体的管道，应架空或沿地敷设。必须采用管沟敷设时，应采取防止可燃气体、液化烃、可燃液体在管沟内积聚的措施，并在进、出装置及厂房处密封隔断。

② 管道宜集中成排布置，地上敷设的管道应布置在管廊或管墩上，沿地面敷设的管道，穿越人行通道时，应设置跨越桥。

③ 管道不应穿越防火墙。

④ 可燃气体、液化烃、可燃液体的管道，不得穿过与其无关的建筑物。

⑤ 含有挥发性气体、蒸汽的各类管道不宜从仪表控制室和劳动者经常停留或通过的辅助用室的空中或地下通过。

⑥ 在跨越罐区泵房的可燃气体、液化烃和可燃液体的管道上不应设置阀门及易发生泄漏的管道附件。

⑦ 腐蚀性介质、有毒介质和高压介质管道的布置应避免由阀门及易发生泄漏的管道附件造成对人身和设备的危害。易发生泄漏部位不应布置在人行通道或机泵的上方。

⑧ 工艺和公用工程管道共架多层敷设时，宜将介质温度≥250℃的管道布置在上层；液化烃及腐蚀性介质管道布置在下层；必须布置在下层的介质温度≥250℃的管道，可布置在外侧，但不应与液化烃管道相邻。

⑨ 氧气管道与可燃气体、液化烃、可燃液体的管道共架敷设时，氧气管道应布置在一侧，与可燃气体、液化烃和可燃液体的管道间宜用公用工程管道隔开。

（3）管道布置时的距离要求

① 净空高度。管道在地上敷设时，要考虑到管道下方设施的安全运行及安全通行，要满足管道上阀门、管件等的安装高度要求，具有一定的净空高度，一般可参照表 6-24 执行。

表 6-24　管道的净空高度

管道类型		跨越设施	最小净空高度/m
架空敷设	可燃气体、液化烃和可燃液体	厂区和装置区道路	5.0

续表

管道类型		跨越设施	最小净空高度/m
架空敷设	所有管道	检修道路、消防道路	4.5
		地面有人通行	2.2
	管廊的高度	管廊下有消防车通道	4.5
		管廊下为泵的检修通道	3.2
地面敷设	全厂性管道	普通地面	0.40
	装置内管道		0.15

② 埋地深度。装置内埋地管道的埋设深度应根据最大冻土深度、地下水位、管道不受损坏等原则确定。一般地，按表 6-25 执行。

表 6-25　埋地管道距地面的距离

地面类型	管顶距路面最小高度/m	地面类型	管顶距路面最小高度/m
无混凝土铺砌的区域	0.5	机械车辆通行的区域	0.7
有混凝土铺砌的区域	0.3		

③ 水平安全距离。考虑到管道及管件的方便操作及安全运行因素，减少相互间的影响，管架、管廊边缘与邻近设施间，不同类型的管道与管道之间、管道与邻近设施之间要有一定的安全距离，具体要求参见 SH 3012—2011《石油化工金属管道布置设计规范》和 HG 20549—1998《化工装置管道布置设计规定》。

④ 管道穿越厂内道路的要求。管道穿越厂内铁路或道路时，交角不宜小于 60°，穿越的管段应敷设在管涵或套管内，若为液化烃管道穿越，则应敷设在套管内。套管两端伸出路基边坡不得小于 2m。套管的深度要符合表 6-26 的要求。

表 6-26　管道套管的埋地深度

管道类型	路面类型	最小距离/m	管道类型	路面类型	最小距离/m
液化烃管道	铁路	套管顶距轨道底 1.4	液化烃管道	道路	套管顶距路面 1.0
非液化烃管道	铁路	套管顶距轨道底 1.2	非液化烃管道	道路	套管顶距路面 0.7

（4）静电接地

化工管道在输送介质的过程中可能因产生和积聚静电而造成危害，应采取静电接地措施。管道系统的静电接地有如下要求。

① 对爆炸、火灾危险场所内可能产生静电危险的管道，均应采取静电接地措施。

② 可燃气体、液化烃、可燃液体、可燃固体的输送管道，在下列部位应设静电接地。

（a）进出装置或设施处、分岔处。

（b）管道泵及泵入口永久过滤器、缓冲器处。

（c）长距离无分叉管道应每隔 100m 接地一次。

（d）平行管道净距小于 100mm 时，应每隔 20m 加跨接线；交叉管道净距小于 100mm 时，应加跨接线。

（e）金属管道中间有非金属管段、管件或其他构件时，两端金属管应分别接地，或用截面积不小于 $6mm^2$ 的铜芯软绞线跨接后接地。

（f）非金属管段上的所有金属件都要接地。

③ 每组专设的静电接地体的接地电阻值宜小于 100Ω。

6.3.2 含可燃液体的生产污水管道安全布置要点

（1）一般规定

含可燃液体的污水、被严重污染的雨水应排入生产污水管道，一般采用暗管或覆土厚度不小于 200mm 的暗沟排放。但注意下列液体不得排入生产污水管道。

① 可燃液体的凝结液。

② 与排水点管道中的污水混合后，温度超过 40℃的水。

③ 混合时产生化学反应能引起火灾或爆炸的污水。

（2）安全水封（井）的设置

安全水封（井）是化工装置污水与污水总管连接处的安全设施，如图 6-9 所示为其中典型的一种水封（井）形式。水封（井）将夹带于排水管中的气体释放、收集并排放出去，是防止排污水中危险性气体互窜而引发事故的一种重要设施，多种设施排水处要设水封（井），其水封高度不得小于 250mm。

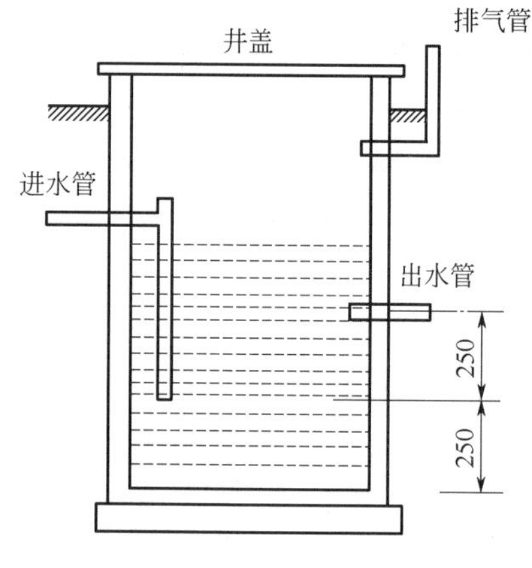

图 6-9 安全水封（井）

① 工艺装置内的塔、加热炉、泵、冷换设备等区域围堰的排水出口处要设水封（井）。

② 工艺装置、罐组或其他设施及建筑物、构筑物、管沟的排水出口处要设水封（井）。

③ 全厂性的污水排放支干管与干管交汇处的支干管排水出口处要设水封（井）。

④ 全厂性的污水排放支干管、干管的管段超过 300m 时，应用水封（井）隔开。

⑤ 当建筑物用防火墙分隔成多个防火分区时，每个防火分区的生产污水管道应有独立的排出口并设水封（井）。

⑥ 罐组内的生产污水管道应有独立的排出口，且应在防火堤外设置水封（井）。

⑦ 可燃气体、液化烃、可燃液体的管道采用管沟敷设时，管沟内的污水，应经水封（井）排入生产污水管道。

（3）其他规定

① 甲、乙类工艺装置内生产污水管道的支干管、干管的最高处宜设检查口，并宜设排气管，防止危险性气体在管道内积累。排气管设置的要求如下。

（a）排气管的管径不宜小于 100mm。

（b）排气管的出口应高出地面 2.5m 以上，并应高出距排气管 3m 范围内的操作平台、空气冷却器 2.5m 以上。

（c）距明火、散发火花地点 15m 半径范围内不应设排气管。

前述水封（井）排气管也有相同的要求。

② 甲、乙类工艺装置内，生产污水管道的检查井井盖与盖座接缝处应密封，且井盖不得有孔洞。

③ 接纳消防废水的排水系统应按最大消防水量校核排水系统能力，并应设有防止受污染的消防水排出厂外的措施。

6.4 化工装置专业安全设施的设置

化工生产装置中，除了有生产所必需的设备、建构筑物、管道、仪表、阀门、附件等以外，还需设置许多相对独立的，专门为预防、遏制事故发生，缓解事故损失的安全设施。根据《中华人民共和国安全生产法》的要求，相应的安全设施应与主体工程同时设计，同时施工，同时投入使用。

6.4.1 危险性气体检测报警系统

危险性气体包括可燃气体、有毒气体及助燃气体氧气。在生产或使用危险性气体的生产及储运设施的区域内，泄漏气体中危险性气体浓度可能因达到报警设定值而带来安全隐患时，应设置危险性气体检测报警系统。

危险性气体检测报警系统：安装在检测点的气体探测器测定气体的浓度并转化为电信号，传送给报警控制单元，报警控制单元接收探测器的输出信号、显示和记录被检测气体的浓度，并根据浓度情况向安装在现场的现场报警器发出声、光报警信号，同时向消防控制室图形显示装置或其他有人值守的显示记录设备发送气体浓度报警信号和报警控制单元故障信息。

6.4.1.1 危险性气体的相关概念

（1）可燃气体

可燃气体指甲类气体或甲、乙$_A$类可燃液体汽化后形成的可燃气体或可燃蒸气。爆炸下限和爆炸上限是可燃气体的主要燃爆性能参数，通常用体积分数表达（%）。

① 爆炸下限（LEL，Lower Explosion Limit）。可燃气体发生爆炸时的下限浓度（%）。

② 爆炸上限（UEL，Upper Explosion Limit）。可燃气体发生爆炸时的上限浓度（%）。

（2）有毒气体

有毒气体，指劳动者在职业活动过程中，通过皮肤接触或呼吸可导致死亡或永久性健康伤害的毒性气体或毒性蒸气。有毒气体的浓度限值有两种类型。

① 职业接触限值（OEL，Occupational Exposure Limit）。劳动者在职业活动中长期反复接触，不会对绝大多数接触者的健康引起有害作用的容许接触水平。其中有三种：最高容许浓度，时间加权平均容许浓度和短时间接触容许浓度。

（a）最高容许浓度（MAC，Maximum Allowable Concentration），是在工作地点，一个工作日内，任何时间均不应超过的有毒化学物质的浓度。

（b）时间加权平均容许浓度（PC-TWA，Permissible Concentration-Time Weighted Average），是以时间为权数规定的 8h 工作日的平均容许接触水平。

（c）短时间接触容许浓度（PC-STEL，Permissible Concentration-Short Term Exposure Limit），是在遵守时间加权平均容许浓度前提下，容许短时间（15min）接触的浓度。

② 直接致害浓度（IDLH，Immediately Dangerous to Life or Health Concentration）。在工作地点，环境中空气污染物浓度达到某种危险水平，如可致命或致永久损害健康，或使人立即丧失逃生能力的浓度。

6.4.1.2 化工装置危险性气体检测报警系统的设置要求和报警阈值

（1）危险性气体检测报警系统的设置要求

化工装置中涉及的气体可能有毒，可能可燃，可能既有毒又可燃，或是他们的混合气体，设置时有如下要求。

① 泄漏气体中有毒气体浓度可能达到报警设定值时，应设置有毒气体检测报警系统。

② 泄漏气体中可燃气体浓度可能达到报警设定值，其中没有有毒气体时，应设置可燃气体检测报警系统。

③ 泄漏气体既属于可燃气体又属于有毒气体的单组分介质，应设有毒气体检测报警器系统，如 CO 气体。

④ 泄漏气体为有毒气体和可燃气体同时存在的多组分混合气体，泄漏时可燃气体和有毒气体同时有可能达到报警设定值，应分别设置可燃气体检测报警器和有毒气体检测报警系统，如 H_2 和 CO 的混合气。

（2）危险性气体检测报警值的设定

可燃气体和有毒气体检测报警，分为一级报警和二级报警。常规的检测报警，为一级报警；报警的同时，输出信号至联锁保护系统，停止生产的为二级报警。如氯乙烯聚合反应釜附近要设氯乙烯气体二级检测报警系统，当氯乙烯浓度达到二级报警阈值时，启动联锁系统，停车。设二级报警的同时要设一级报警。

① 可燃气体报警值设定

（a）可燃气体的一级报警设定值应≤25%LEL。

（b）可燃气体的二级报警设定值应≤50%LEL。

② 有毒气体报警值设定

（a）有毒气体的一级报警设定值应≤100%OEL。

（b）有毒气体的二级报警设定值应≤200%OEL。

（c）不能满足上述要求时，有毒气体的一级报警设定值应≤5%IDLH；有毒气体的二级报警设定值应≤10%IDLH。

③ 氧气的报警设定值

（a）环境氧气的过氧报警设定值宜为体积分数 23.5%。

（b）环境氧气的欠氧报警设定值宜为体积分数 19.5%。

常见易燃气体、蒸汽，有毒气体、蒸汽的特性数据可参阅 GB/T 50493—2019《石油化工可燃气体和有毒气体检测报警设计标准》。

6.4.1.3　危险性气体检测报警系统的构成及基本特性

危险性气体检测报警系统由危险性气体探测器、现场报警器和报警控制单元组成。

（1）危险性气体检测报警系统设置的总体要求

① 可燃气体和有毒气体检测报警信号应送至有人值守的现场控制室、中心控制室等处显示报警；二级报警的报警信号以及报警控制单元的故障信号应送至联动的消防控制室和（或）其他联动控制系统。

② 可燃气体和有毒气体检测报警系统应独立于其他系统单独设置。

③ 可燃气体和有毒气体检测报警系统的气体探测器、报警控制单元、现场报警器等的供电负荷，按一级用电负荷中特别重要的负荷考虑，宜设置 UPS 不间断电源系统。

（2）气体探测器的要求

气体探测器有催化燃烧型、红外线气体型、光致电离型、半导体型、光致电离型、电化学型、热传导型、红外图像型等，危险性气体探测器的选用，应根据探测器的技术性能、被测气体的理化性质、被测介质的组分种类、检测精度要求、探测器材质与现场环境的相容性及生产环境特点等确定。选择时可参阅 GB/T 50493—2019《石油化工可燃气体和有毒气体检测报警设计标准》。

① 可燃气体探测器必须取得国家指定机构或其授权检验单位的计量器具型式批准证书、防爆合格证和消防产品型式检验报告。

② 有毒气体探测器必须取得国家指定机构或其授权检验单位的计量器具型式批准证书。安装在爆炸危险场所的有毒气体探测器还应取得国家指定机构或其授权检验单位的防爆合格证书。

（3）现场报警器的选用

① 危险性气体的现场报警器应按照生产设施及储运设施的装置或单元进行报警分区，区域报警器的数量宜使在该区域内任何地点的现场人员都能感知到报警。

② 区域报警器的报警信号声压值应高于 110dB（A），且距报警器 1m 处总声压值不得高于 120dBA。

（4）报警控制单元的要求

报警控制单元应具备下述基本功能。

① 能为危险性气体探测器及其附件供电。

② 能手动消除声、光报警信号，再次有报警信号输入时仍能发出报警。

③ 具有相对独立、互不影响的报警功能，能区分和识别报警场所位号。

④ 当报警系统本身发生故障时，能发出与危险性气体检测报警时有明显区别的声、光故障报警信号。

⑤ 系统具有记录、存储和显示功能：记录报警时间，显示当前报警部位的总数，具有按时间顺序排列的历史事件记录功能。

6.4.1.4 危险性气体探测器的安装点及要求

（1）危险性气体探测器的设置地点

可燃气体和有毒气体探测器的检测点，应根据气体的理化性质、释放源的特性、生产场地的布置情况、地理条件、环境气候条件、探测器的特点、检测报警可靠性要求、操作巡检路线等因素进行综合分析后确定。设置于危险性气体容易积聚、便于采样检测和仪表维护的位置。

化工生产装置中常选择下列可燃气体和（或）有毒气体释放源周围布置检测点。

① 气体压缩机和液体泵的动密封处。

② 液体采样口和气体采样口。

③ 液体（气体）排液（气）口和放空口。

④ 经常拆卸的法兰和经常操作的阀门组。

⑤ 液化烃、甲$_B$、乙$_A$类液体等产生可燃气体的液体储罐的防火堤内。

⑥ 明火加热炉与可燃气体释放源之间。

⑦ 处于爆炸危险区域 2 区范围内的在线分析仪表间。

⑧ 控制室、机柜间的空调新风引风口。

⑨ 有人进入巡检操作且可能积聚比空气重的可燃气体或有毒气体的工艺阀井、管沟等场所。

⑩ 在生产过程中可能导致环境氧气浓度变化，出现欠氧、过氧的，有人员进入活动的场所，应设置氧气探测器。

（2）探测器的平面位置

探测器应安装在无冲击、无振动、无强电磁场干扰、易于检修的场所。

① 释放源处于露天或敞开式布置的设备区域内，或液化烃、甲 $_B$、乙 $_A$ 类液体防火堤内，可燃气体探测器距其监控的释放源的水平距离不宜大于 10m，有毒气体探测器距其监控的释放源的水平距离不宜大于 4m。

② 释放源处于封闭式厂房或局部通风不良的半敞开厂房内，可燃气体探测器距其监控的释放源的水平距离不宜大于 5m；有毒气体探测器距其监控的释放源的水平距离不宜大于 2m。

（3）探测器的纵向位置

① 检测比空气重的可燃气体或有毒气体时，探测器的安装高度宜距地面 0.3～0.6m。

② 检测比空气轻的可燃气体或有毒气体时，探测器的安装高度宜在释放源上方 2.0m 内。

③ 检测比空气略重的可燃气体或有毒气体时，探测器的安装高度宜在释放源下方 0.5～1.0m。

④ 检测比空气略轻的可燃气体或有毒气体时，探测器的安装高度宜高出释放源 0.5～1.0m。

⑤ 环境氧气探测器的安装高度宜距地面 1.5～2.0m。

⑥ 探测器安装地点与周边工艺管道或设备之间的净空不应小于 0.5m。

⑦ 比空气轻的可燃气体或有毒气体释放源处于封闭或局部通风不良的半敞开厂房内时，应在厂房内最高点气体易于积聚处增设可燃气体或有毒气体探测器。

轻重气体依据泄漏介质分子量与环境空气分子量的比值确定。

（a）当比值大于或等于 1.2 时，则泄漏的气体重于空气。

（b）当比值大于或等于 1.0、小于 1.2 时，则泄漏的气体略重于空气。

（c）当比值为 0.8～1.0 时，则泄漏的气体略轻于空气。

（d）当比值小于或等于 0.8 时，则泄漏的气体轻于空气。

6.4.2 火灾自动报警系统

火灾自动报警系统是探测火灾早期特征、发出火灾报警信号，为人员疏散、防止火焰蔓延和启动自动灭火设备提供控制和指示功能的系统。

图 6-10 为某石化企业罐区的火灾探测报警、联动灭火系统结构图。

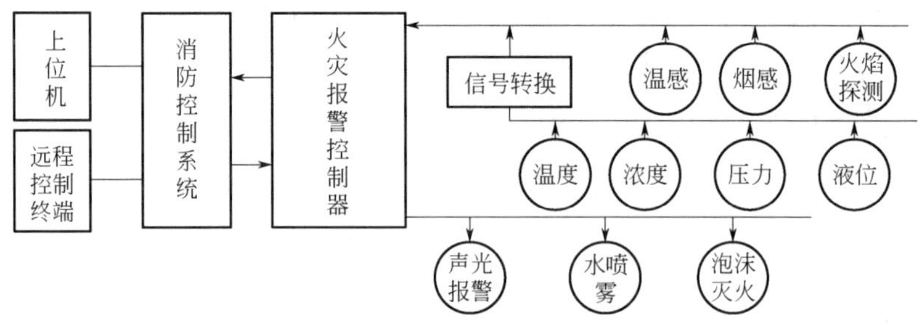

图 6-10 某石化企业罐区火灾探测报警、联动灭火系统的结构图

火灾自动报警系统有如下 3 种形式。

① 区域报警系统。只是报警，不联动自动消防设备。

② 集中报警系统。在报警的同时，需要联动自动消防设备，但只设置一台具有集中控制功能的火灾报警控制器和消防联动控制器，只有一个消防控制室。

③ 控制中心报警系统。设置两个及以上集中报警系统，或有两个及以上消防控制室，其中一个为主消防控制室。主消防控制室内可以显示所有的火灾报警信号和联动控制仪表的

状态信号，并能控制重要的消防设备。各分消防控制室内可以显示其他消防控制室所控制消防设备的状态，但不能对其进行控制。

6.4.2.1 火灾自动报警系统的构成及基本特性

火灾自动报警系统由火灾探测器、触发装置及火灾报警装置或（和）消防联动系统构成。

（1）火灾探测器及触发装置

火灾报警系统可能由火灾探测器探测的信号引发启动，也可能人工触发启动。

火灾探测器是将火灾的特征物理量，如温度、烟雾、气体和辐射光强等转换成电信号，并将信号传送给火灾报警装置的设施。按作用原理分为：火焰感光探测器、感温探测器、烟雾探测器、可燃气体探测器等。应根据保护场所可能发生火灾的部位和燃烧材料的性质，以及火灾探测器的类型、灵敏度和响应时间等选择相应的火灾探测器。表 6-27 为常见火灾探测器类型及适用的场所。

表 6-27　常见火灾探测器类型及适用场所

探测器类型	探测器描述	适用场所
感烟探测器	响应现场的烟雾浓度，当烟雾浓度达到设定的阈值时，探测器会发出报警信号，并引发报警及联动系统	火灾初期有阴燃阶段，产生少量的热，很少或没有火焰辐射的场所；火灾发展迅速，并同时产生大量热、烟和火焰辐射的场所
感温探测器	探测器中的热敏元件响应现场的温度变化信息，如异常温度、温升速率、温差等，当其中的某一检测值达到报警阈值时，发出报警信号，并引发报警及联动系统	火灾发展迅速，可产生大量热的场所
火焰感光探测器	火焰感光探测器又称感光式火灾探测器，响应火灾的光特性，即探测火焰燃烧的光照强度和火焰的闪烁频率，当采集到的现场光强度达到报警阈值后，发出报警信号，并引发报警及联动系统	火灾发展迅速，有强烈的火焰辐射和少量的烟、热的场所
可燃气体探测器	可燃气体浓度达到阈值时，发出报警信号，并引发报警及联动系统。	使用、生产可燃气体或可燃蒸气的场所；火灾初期有阴燃阶段，早期可设 CO 火灾探测器

（2）火灾报警装置

火灾报警装置是火灾报警系统的核心组成部分，负责监视探测器及系统自身的工作状态，接收、转换、处理火灾探测器输出的报警信号，进行声、光报警，指示报警的具体部位及时间，并向联动系统发出控制信号。火灾报警装置同时还为火灾探测器提供稳定的工作电源。

（3）消防联动系统

消防联动系统是由火灾探测报警系统的火灾信号触发，或手动触发，进行灭火、远程显示及报警等一系列动作的系统。根据灭火系统的不同分为自动喷水联动灭火系统、消防栓联动系统、自动泡沫灭火系统等等。

6.4.2.2 火灾自动报警系统的设置及要求

（1）化工装置火灾探测报警系统的设置点

① 生产区、公用及辅助生产设施、全厂性重要设施和区域性重要设施，应分区域设置区域性火灾自动报警系统，或集中报警系统。

② 甲、乙类装置区周围和罐组四周道路边应设置手动火灾报警按钮，其间距不宜大于 100m。

③ 单罐容积大于等于 30000m^3 的浮顶罐密封圈处应设置火灾自动报警系统。

（2）火灾探测报警系统的一般要求

① 区域性火灾报警控制器应设置在该区域的控制室，或其他24h有人值班的场所，其全部信息应通过网络传输到中央控制室。

② 全厂性消防控制中心宜设置在中央控制室或生产调度中心，并宜配置可显示全厂消防报警平面图的终端。

③ 火灾自动报警系统要供电稳定，保证在任何情况下的持续供电时间不小于 8h。

6.4.2.3 火灾探测器、手动触发装置及现场火灾报警器的设置要求

（1）火灾探测器的保护范围

① 探测区域的每个房间应至少设置一个火灾探测器。

② 不同类型探测器的保护范围不同，可参阅 GB 50116—2013《火灾自动报警系统设计规范》，也可根据生产企业设计说明书确定。

（2）手动火灾报警按钮的设置

① 每个防火分区应至少设置一个手动火灾报警按钮，从分区内的任何位置到最近的手动火灾报警按钮的步行距离不应大于 30m。

② 手动火灾报警按钮宜设置在疏散通道或出、入口处。

③ 手动火灾报警按钮应设置在明显的和便于操作的部位，且应有明显的标志。

（3）现场火灾报警器的设置

① 火灾报警器应设置在每个楼层的楼梯口、消防电梯前室、建筑内部拐角等处的明显部位，且不宜与安全出口指示标志灯具设置在同一面墙上。

② 每个报警区域内应均匀设置火灾报警器，其声压不应小于 60dB（A）；在环境噪声大于 60dB（A）的场所，其声压级应高于背景噪声 15dB（A）。

③ 当火灾报警器采用壁挂式安装时，其底边距地面高度应大于 2.2 m。

④ 每个报警区域宜设置一台区域显示器（火灾显示盘）；区域显示器应设置在出、入口等明显和便于操作的部位。

6.4.3 消防系统

化工生产过程涉及的火灾危险性物料品种多、危险等级高、数量大，而且生产过程中存在大量的火灾、爆炸诱发因素，是火灾、爆炸事故隐患大且后果严重的工业过程，必须设置适当的消防灭火设施。

6.4.3.1 化工装置的消防灭火设施

用于化工装置的消防灭火设施有：灭火器、消火栓、消防水炮、水喷雾（水喷淋）灭火系统、蒸汽灭火系统、泡沫灭火系统、干粉灭火系统等。

（1）灭火器

灭火器是一种可携式灭火工具，是最常见的灭火设施之一，存放在公共场所或可能发生火灾的地方。不同类型的灭火器内装填的灭火剂不同，用于扑灭不同类型的火灾。表 6-28 为化工装置常用灭火器类型、灭火剂作用原理及适用场所，供选用时参考。

表 6-28 化工装置灭火器类型及适宜熄灭的火灾类型

灭火器类型		作用原理	适用火灾类型	不适宜火灾类型
干粉（碳酸氢钠或磷酸铵盐）灭火器	手提式，6kg 或 8kg，驱动气体为二氧化碳，压力 1.5MPa	主要利用气体吹出高分散、易流动的粉粒灭火。灭火机制主要是粉粒可吸附火焰中的活性基团，并与之发生反应，使燃烧反应终止，另外也有窒息和冷却作用	石油、有机溶剂等可燃、易燃液体；可燃气体；电气设备的初期火灾	金属火灾
	推车式，20kg 或 50kg，驱动气体为氮气，压力 1.5MPa			

续表

灭火器类型		作用原理	适用火灾类型	不适宜火灾类型
泡沫（主要是空气泡沫）灭火器	手提式，9L	喷射出的大量泡沫，黏附在可燃物上，使可燃物与空气隔绝，窒息	木材、棉布等固体物质火灾；汽油、柴油等非水溶性液体火灾	水溶性可燃、易燃液体；带电火灾
	推车式，60L			
二氧化碳灭火器	手提式，5kg 或 7kg	一则隔绝空气使燃烧窒息，二则二氧化碳迅速气化，吸收大量的热量，起到冷却的作用	电气设备火灾；精密仪器、贵重设备火灾；图书档案火灾；可燃、易燃液体；可燃气体	金属火灾
	推车式，30 kg			

（2）消火栓

消火栓是一种固定的消防设施，是供消防车从市政给水管网或室外消防给水管网取水实施灭火的设施，也可以直接连接水带、水枪出水灭火。

（3）消防水炮

消防水炮是以水作介质，远距离扑灭火灾的灭火设备。适用于生产装置区、储罐区的灭火。有自动消防水炮、固定手动消防水炮、电动消防水炮及移动消防水炮等。

自动消防水炮，也称作自动跟踪定位射流灭火装置，利用火焰传感器，自动跟踪定位火源位置，接收到火灾发生信号后，灭火装置立即启动，对火源进行水平方向和垂直方向的智能扫描，确定两个方向的具体方位后，中央控制器发出指令，启动水泵、打开阀门，灭火装置对准火源进行射水灭火，火源扑灭后，中央控制器发出指令，停止射水。自动跟踪定位射流灭火装置喷射的为柱状水，射程远，保护范围广，灭火能力强，可以全天候自动监测保护范围内的火灾。

固定手动消防水炮为现场手动操作的喷水灭火设备。其炮身可做水平回转、俯仰转动，其定位锁紧可靠，便于消防人员撤离火场。适宜安装在生产装置区及罐区。

电动消防水炮可遥控调节消防水炮的射水角度，能很好地保护灭火人员的人身安全。

移动消防水炮为装设在消防车上的消防水炮，用于消防车不易进入的空间灭火。

（4）水喷雾（喷淋）灭火系统

水喷雾灭火系统是利用水雾喷头在一定水压下将水流分解成细小水雾滴进行灭火或防护冷却的一种固定式灭火系统。可以自动触发，也可以手动触发。

水喷雾灭火系统可用于扑救固体物质火灾、丙类液体火灾和电气火灾；也可用于可燃气体和甲、乙、丙类液体的生产、储存装置及装卸设施的防护冷却。不得用于遇水发生化学反应，造成燃烧、爆炸的火灾，以及着火物质遇水会明显受损害的火灾。

（5）蒸汽灭火系统

蒸汽灭火系统是将装置中的蒸汽通过简单的管网系统连接到火源地实施灭火的设施。过程中蒸汽稀释或置换燃烧区内的可燃气体和助燃气体（氧气），使可燃气体浓度低于燃烧下限或使空气中氧的浓度降低，不足以维持燃烧，从而熄灭。水蒸气对易燃液体和可燃气体火灾均具有良好的灭火作用。与水喷淋灭火相比，蒸汽在扑灭高温设备火灾时，会降低设备因热胀冷缩的应力作用而遭破坏的程度；蒸汽灭火不留残迹，对被保护设备、器材污染小；蒸汽还方便引入。蒸汽灭火系统的缺点是冷却作用小，不适用于大容积、大面积的火灾。

蒸汽灭火系统常设置于加热炉的炉膛，甲、乙、丙类液体泵房，甲类气体压缩机房，操作温度大于等于其自燃点的气体或液体设备附近。

（6）泡沫灭火系统

泡沫灭火系统是指泡沫灭火剂与水按一定比例混合，经泡沫产生装置产生灭火泡沫，而后用于熄灭火灾的灭火系统，由泡沫供应设备、消防水供给设备、泡沫比例混合器、泡沫混合液管道、泡沫产生器及控制阀组构成。

泡沫灭火主要是利用泡沫比空气轻，流动性、抗烧性好等特点，在非水溶性液体表面形成覆盖层，进而通过对燃烧物的冷却降温、窒息、隔断作用将火焰熄灭。

泡沫灭火系统按所用发泡剂的发泡倍数分为低倍数泡沫灭火系统、中倍数泡沫灭火系统和高倍数泡沫灭火系统，对应灭火剂的发泡倍数分别为≤20倍，20～200倍之间和200～1000倍之间。低倍数泡沫的泡沫密度大，不随燃烧产生的热气流上升，泡沫喷射距离远，喷射的有效高度高，灭火覆盖范围大，是可燃液体罐区较有效的灭火剂。

泡沫灭火系统有固定式泡沫灭火系统、半固定式泡沫灭火系统和移动式泡沫灭火系统。固定式泡沫灭火系统是泡沫供应设备、消防水供给设备、泡沫比例混合器、泡沫混合液管道、泡沫产生器等全部永久安装在装置区内被保护的设施附近。半固定式灭火系统是指泡沫比例混合器、泡沫混合液管道、泡沫产生器等装设在现场，泡沫供应设备和（或）消防水供给设备为移动的。移动式泡沫灭火器的泡沫供应设备、泡沫比例混合器、泡沫混合液管道、泡沫产生器等全是移动的。

泡沫灭火系统不适宜下列物质的灭火：硝化纤维、炸药等在无空气的环境中仍能迅速氧化的化学物质和强氧化剂；钾、钠、烷基铝、五氧化二磷等遇水发生危险化学反应的活泼金属和化学物质。

（7）干粉灭火系统

干粉灭火系统是以氮气或其他惰性气体为动力，向干粉罐内提供压力，推动干粉罐内的干粉灭火剂，通过管路输送到干粉炮、干粉枪或固定喷嘴喷出，射向火源，切割火焰，破坏燃烧链，达到扑灭和抑制火灾的目的。

干粉灭火的效率高、速度快，可扑救易燃、可燃液体，可燃气体火灾；干粉绝缘性好，可扑救电气设备火灾；干粉灭火系统可用于不宜用水扑灭的火灾。干粉灭火剂对人有强烈的窒息作用，因而其应用场所会有所限制。

干粉灭火系统按应用方式可分为全淹没灭火系统和局部应用灭火系统。全淹没灭火系统是在规定的时间内，向防护区喷射一定浓度的干粉，并使其均匀地充满整个防护区的灭火系统。适用于较小封闭空间，火灾燃烧表面不易确定且不会复燃的场合，如可燃液体泵房。局部应用灭火系统是由一个适当的灭火剂供应源组成，它能将灭火剂直接喷放到着火物上或认为危险的区域。常用于扑救甲、乙、丙类液体的敞顶罐或槽，不怕粉末污染的电气设备的火灾。

干粉灭火剂的类型较多，选用时需与其性质匹配。

6.4.3.2 化工装置消防灭火设施的一般要求

化工企业应设置与生产、储存、运输的物料特性和操作条件相适应的消防设施，供专职消防人员和岗位操作人员使用。

（1）消防站

① 大中型石油化工企业应设消防站，消防站的规模要和企业规模、火灾危险性及固定消防设施相匹配。

② 消防站应根据被保护对象的特性，配备适宜的消防车辆，以大型泡沫消防车为主，且应配备干粉或干粉-泡沫联用车。

③ 消防站宜设置向消防车快速灌装泡沫液的设施。

④ 消防站应配置不少于2门遥控移动消防水炮，其水量不应小于30L/s。

⑤ 消防站的站内设施要包括：车库、通信室、办公室、执勤宿舍、药剂库、器材库、培训学习室、训练场、警铃等。

（2）消防水源和消防水泵

化工装置要设置可靠的消防水源和可靠工作的消防水泵。

① 当消防用水由工厂水源直接供给时，工厂给水管网的进水管不应少于 2 条。当其中 1 条发生事故时，另 1 条应能满足 100%的消防用水和 70%的生产、生活用水总量的要求。

② 当消防用水由消防水池（罐）供给时，工厂给水管网的进水管，应能满足消防水池（罐）的补充水和 100%的生产、生活用水总量的要求。

③ 消防水泵应采用自灌式引水系统。

④ 消防水泵宜有独立的吸水管，2 台以上成组布置时，其吸水管不应少于 2 条，其中 1 条检修时，其余吸水管应能确保吸取全部消防用水量。

⑤ 成组布置的水泵，至少应有 2 条出水管与环状消防水管道连接，其中 1 条检修时，其余出水管应能输出全部消防水量。

⑥ 消防水泵、消防水稳压泵应分别设置备用泵，备用泵的能力不得低于最大一台工作泵的能力。

⑦ 消防水泵应在接到报警 2min 以内投入运行。

（3）消防用水量

① 厂区的消防用水总量。厂区消防用水总量应根据由装置生产规模确立的可能同时发生 1 处或 2 处最大火灾的用水量来确定。具体如表 6-29 所示。

表 6-29　化工装置区的消防用水总量

厂区占地面积/m^2	考虑同一时间火灾的处数	消防水量确定
≤1000000	1 处	厂区内发生火灾消防用水量最大处
＞1000000	2 处	两处之和：1 处为厂区生产设施发生火灾消防用水量最大处；另 1 处为辅助生产设施处

某一处着火的消防用水量要根据具体的情况计算确定。大中型石化企业的消防用水量，应在计算的基础上，另外增加不小于 10000m^3 的储存量。

化工生产装置内消防用水主要分如下几个区域：生产装置区、辅助生产设施区、罐区、办公建筑区等。

② 生产装置区和辅助生产设施区消防用水量。生产装置区和辅助生产设施区消防用水量可参照表 6-30 确定。

表 6-30　化工装置内生产装置区和辅助生产设施区消防用水量

设施类型		消防用水量/（L/s）		持续供水时间/h
生产装置区	装置类型	装置规模		3
		中型	大型	
	石油化工	150～300	300～600	
	炼油	150～230	230～450	
	合成氨及氨加工	90～120	120～200	
辅助生产设施区		50		2

③ 罐区的消防用水量。石化装置的罐区是消防的重点部位，消防用水量要根据罐内介质、罐的大小、罐体的类型及设置的消防灭火设施类型等确定，并考虑邻近罐冷却的需水量。

三类重点罐区，可燃液体储罐的消防需水量可参照表 6-31 确定；全压力式或半冷冻式液化烃储罐的消防用水量可参照表 6-32 确定；全冷冻式液化烃储罐的消防用水量可参照表 6-33

确定。液化烃罐区的消防用水持续时间按 6h 计算。

表 6-31　可燃液体储罐的消防需水量

灭火设施	储罐型式		供水范围	供水强度	供水时间
移动式水枪冷却	着火罐	固定顶罐	罐周全长	0.8L/（m·s）	直径大于 20m 时，供水时间不小于 6h，其余的不小于 4h
		浮顶罐、内浮顶罐	罐周全长	0.6L/（m·s）	
	邻近罐		罐周全长	0.7L/（m·s）	
固定式水冷却	着火罐	固定顶罐	罐壁表面积	2.5L/（m^2·min）	
		浮顶罐、内浮顶罐	罐壁表面积	2.0L/（m^2·min）	
	邻近罐		罐壁表面积的 1/2	2.5L/（m^2·min）	

表 6-32　全压力式或半冷冻式液化烃储罐消防用水量

容积	适宜灭火设施	移动消防供水量按组内最大储罐用水量考虑	固定消防供水量按被保护罐及邻近罐的表面积计算
≥1000m^3	固定式水喷雾（水喷淋）+移动消防冷却水	≥80L/s	① 着火罐冷却水供水强度≥9L/（m^2·min）； ② 1.5*D* 范围内的邻近罐冷却水供水强度≥9L/（m^2·min）； ③ 1.5*D* 范围内的邻近罐超过 3 个按 3 个罐计算； ④ 消防水炮的供水量不低于计算量的 1.3 倍
≥400m^3 <1000m^3	固定式水喷雾（水喷淋）+移动消防冷却水 或：固定水炮+移动消防冷却水	≥45L/s	
>100m^3，<400m^3		≥30L/s	
≤100m^3	移动消防冷却水	≥100L/s	

表 6-33　全冷冻式液化烃储罐消防用水量

罐体类型	主要消防方式	固定消防水量	移动消防水量
单防罐，外壁钢制	罐顶固定喷淋水+罐壁可移动	4L/（m^2·min）	着火罐：2.5L/（m^2·min）+1.5*D* 内邻近罐：1.25L/（m^2·min）
双防罐、全防罐，外壁为钢筋混凝土	管道进、出口等局部危险处水喷雾	20L/（m^2·min）	

（4）消防水管网及消火栓

化工装置内要设置足够的消防水管网及消火栓系统。

① 大型石油化工企业应设置独立的消防水系统，不应与循环冷却水系统合并，也不应用于其他用途。

② 大型石油化工企业的工艺装置区，罐区、应设独立的稳高压消防给水系统，压力宜为 0.7～1.2MPa（表压）；其他场所可采用低压消防水，但要保证最不利点的消防栓水压不低于 0.15MPa（表压）。

③ 消防给水管道应环状布置，且进水管不应少于 2 条。

④ 消防给水管道应始终保持充水状态。

⑤ 化工装置内，罐区及装置的四周道路边要设置消火栓，宜为地上式消火栓，一般的设置要求见表 6-34。

表 6-34　化工装置内消火栓的设置

项目	一般要求	项目	一般要求
敷设方式	沿路敷设	大口径出水口朝向	路面

续表

项目	一般要求	项目	一般要求
距路面距离/m	≥1，≤5	保护半径/m	≤120
距建筑物距离/m	≥5	消火栓间距/m	≤60

（5）灭火器

化工装置内要按规范设置适宜类型、适宜数量、适宜大小的灭火器。控制室、机柜室、电信室、化验室等宜设置气体型灭火器。生产装置和罐区主要设置手提式干粉式灭火器，一般地，可参照表 6-35 设置。详细的设置要求可参照 GB 50140—2005《建筑灭火器配置设计规范》。

表 6-35　装置内灭火器的配置

项目		要求	项目	要求
灭火剂类型	可燃气体、可燃液体	钠盐型干粉灭火剂	装置内灭火器配置	每一配置点不少于 2 个，多层构件要分层配置
	可燃固体	磷酸铵型干粉型灭火剂		
	汽油、柴油等非水溶性液体火灾	泡沫灭火剂		
最大保护距离/m	甲类装置	9	可燃气体、液化烃、可燃液体地上储罐区	防火堤内每 400m^2 配置 1 个；每个储罐不宜超过 3 个
	乙、丙类火灾	12		

危险性大的重要场所要增设手推式灭火器。

6.4.3.3　典型区域灭火设施的设置

化工装置内不同单元的操作特点不同，危险性特点也不同，需针对性地设置灭火设施。

（1）可燃液体罐区的消防

可燃液体罐区除按表 6-31 设置消防水系统外，为迅速阻断火灾的发展，还需要设置泡沫灭火系统。可燃液体罐区泡沫灭火系统设置，需注意下述两点。

① 灭火系统的选择。基于低倍数泡沫灭火剂密度较大，抗风干扰性好，泡沫喷射距离远，喷射的有效高度高，灭火覆盖范围大的特点，罐区通常选低倍数泡沫灭火系统。基于响应快、覆盖范围合理的特点，罐区首选固定式泡沫灭火系统。单罐容积较大的甲类、乙类、闪点≤90℃的丙类固定顶罐、浮顶罐及浮盘为易熔材料的内浮顶罐均需设置固定式泡沫灭火系统。

罐容积较小或罐壁较低的非水溶性可燃液体储罐、润滑油罐等可选半固定式或移动式泡沫灭火系统。

② 泡沫液储存量。大中型石化企业的消防用泡沫液量应经计算确定，且装置内的泡沫储存量或可依托的泡沫液量不应少于 100m^3。

（2）液化烃罐区的消防

液化烃罐区主要设置消防冷却水系统，并配置移动式干粉灭火设施。

① 全压力式、半冷冻式液化烃罐区的消防

全压力式、半冷冻式液化烃罐区，消防冷却水的设置可参照表 6-32 确定。同时考虑下述要求。

（a）当采用固定式消防冷却水系统时，对储罐的阀门、液位计、安全阀等要同时设水喷淋或喷雾保护。

（b）固定式消防冷却水管道：储罐容积大于 400m^3 时，供水竖管应采用 2 条，并对称布置在罐的两侧；大型球罐采用固定水喷雾系统时，罐体管道设置宜分为上半球和下半球 2 个独立供水系统。

（c）当用消防水炮保护时，所有储罐都应在消防水炮的保护范围内。

② 全冷冻式液化烃罐区的消防。全冷冻式液化烃储罐的罐顶应设置固定式喷淋冷却水系统和移动冷却水系统，具体如表 6-33 所示。同时储罐四周应设固定水炮及消火栓。

（3）生产装置内消防设施

生产装置区内根据生产的特点，根据生产所涉及物质的危险性特征设置可移动灭火器、消防栓、水喷淋系统及蒸汽灭火系统。另注意如下几点要求。

① 大型明火设备附近要设置消防水幕或蒸汽幕系统，用来防止火灾蔓延。如乙烯装置的裂解炉区、合成氨生产的转化炉、气化炉附近要设有消防水幕或蒸汽幕，将其与邻近装置隔开。

② 工艺装置内甲、乙类设备的构架平台高出其所处地面 15m 时，应沿梯敷设半固定式消防给水竖管，平台面积较大时，需增设消防竖管，竖管的间距不宜大于 50m。

③ 液化烃及操作温度大于等于其自燃点的可燃液体泵，应设置水喷雾（水喷淋）系统或固定消防水炮进行雾状冷却保护，喷淋强度不宜低于 9L/（m^2 · min）。

④ 高度超过 24m，长度超过 50m 的可燃气体、液化烃和可燃液体设备的大型构架，如乙烯裂解炉区的附近，要设置不小于 15m×10m 的消防扑救场地。

6.4.4 安全卫生设施

化工生产过程涉及较多的危险化学品，以及电离辐射、噪声、高温、低温等环境，这些都可能给现场工作人员带来职业危害，为了避免或减弱对应的危害，需设置符合规定的职业卫生安全设施。国家安全生产监督管理总局令,《建设项目职业病防护设施“三同时”监督管理办法》（2017 年 5 月 1 日起施行）规定要求，职业病危害防护设施应与主体工程同时设计，同时施工，同时投入使用。

6.4.4.1 机械通风设施

良好的通风可以稀释环境中危险性物质的浓度，是避免粉尘、毒气危害的有效措施，在化工装置中要依据车间自然通风的风向和风力、扬尘和逸散毒物的性质、作业点的位置和数量及作业方式，设置相应的机械通风设施。机械通风设施包括全面通风设施、局部通风设施及事故通风设施。

① 全面通风。全面通风又称作稀释通风，是对某一个空间（房间）进行通风换气，用送入室内的新鲜空气稀释整个空间内的粉尘或毒气浓度，降低整个空间的危险物温度，使其符合卫生标准要求，同时把室内被污染的污浊空气直接或经过净化处理后排放到室外大气中去。全面通风包括全面送风和全面排风，或两者同时进行。

② 局部通风。局部通风是采用局部气流，使人员工作的地点不受有害物质的污染，以形成良好的局部工作环境。局部通风具有通风效果好、风量节省等优点。

③ 事故通风。工厂中有一些工艺过程，由于操作事故和设备故障而突然产生大量有毒气体或有燃烧、爆炸危险的气体、粉尘或气溶胶物质。事故通风就是在上述相应的工艺设备附近设置机械通风系统，起到防止相应危险对工作人员造成伤害和防止事故进一步扩大的作用。

（1）通风系统的设置原则

① 尽可能采用自然通风，当自然通风不能满足卫生、环保或生产工艺要求时，采用机械通风或自然与机械联合通风。

② 厂房内放散热、蒸汽、粉尘和有害气体的生产设备应设置局部排风装置。

③ 同时放散热、蒸汽和有害气体，或仅放散密度比空气小的有害气体的生产厂房，除设局部排风外，要增设全面通风。

④ 散发粉尘、有害气体、热、湿的房间，当发生源分散或者不固定而无法采用局部排风，或者设置局部排风仍难以达到卫生要求时，应采用或辅以全面通风。

⑤ 下列情况设置事故通风系统。

（a）放散有爆炸危险气体、粉尘或气溶胶等物质时，应设置防爆通风系统或诱导式事故排风系统。

（b）具有自然通风的单层建筑物，所放散的可燃气体密度小于室内空气密度时，宜设置事故送风系统。

（2）普通通风设计的技术原则

① 放散粉尘、有害气体的房间，室内应维持负压；要求空气清洁的房间，室内应维持正压。

② 对生产过程中不可避免放散的有害物质，在排放前应采取通风净化措施，并应达到相关污染物排放标准的要求。

③ 控制室、电子设备机房等工艺设备有防尘、防腐蚀要求的房间，新风宜净化，净化措施应包括过滤颗粒物、吸附或吸收有害气体等。

④ 进风口设计时需注意以下几点。

（a）应设置在室外空气较清洁的地点。

（b）近距离内有排风口时，应低于排风口。

（c）进风口的下缘距离室外地坪不宜小于 2m，当设置在绿化地带时，不宜小于 1m。

（d）应避免进风、排风短路。

通风量的计算参照 GB 50019—2015《工业建筑供暖通风与空气调节设计规范》。

⑤ 为避免相互影响，下述情况需单独设置排风系统。

（a）不同的物质混合后能发生爆炸、燃烧，或能形成毒害更大的物质或腐蚀性物质的房间和设备。

（b）混合后易使蒸汽凝结并聚积粉尘的房间和设备。

（c）散发剧毒物质的房间和设备。

（3）事故通风系统的设计要求

① 事故通风量宜根据工艺设计条件通过计算确定，且换气次数不应小于 12 次/h。

② 事故通风的吸风口应设在有毒气体或爆炸危险性物质放散量可能最大或聚集最多的地点。

③ 事故通风排风口设计时需注意以下几点。

（a）不应布置在人员经常停留或经常通行的地点。

（b）排风口与进风口的水平距离不应小于 20m。

（c）当排气中含有可燃气体时，排风口距可能溅落火星的地点应大于 20m。

（d）排风口不得朝向室外空气动力阴影区和正压区。

④ 工作场所设置有毒气体或可燃气体检测报警装置时，事故通风装置应与报警装置联锁。

⑤ 事故通风的通风机应分别在室内及靠近外门的外墙上设置电气开关。

⑥ 设置有事故排风的场所，若不具备自然进风条件时，应同时设补风系统，补风机应与事故排风机联锁。

6.4.4.2 紧急冲淋设施

为了减缓有害液体喷溅、外溢等给操作人员带来的伤害，化工装置内要设置紧急冲淋器、洗眼器等紧急冲淋系统。典型的紧急冲淋系统由紧急冲淋水管网、紧急冲淋器和（或）洗眼器组成。

① 紧急冲淋器。紧急情况下，能够喷出足量的冲洗液冲淋人体全身并保持一定时间，消除或减少人体因接触有害物质而产生不良症状或有害效应的设备。

② 洗眼器。紧急情况下，能够喷出足量的冲洗液清洗眼部和（或）面部并保持一定时间，消除或减少有害效应的设备。

（1）紧急冲淋设施的设置

① 一套装置或联合装置应设置至少一套紧急冲淋系统。

② 生产过程中可能接触到对人员的眼睛、皮肤或其他部位造成严重伤害的有害物质及其场所应设置紧急冲淋系统。

③ 生产、储运液体有害物质和可能产生化学灼伤物质的场所要设置紧急冲淋系统，有害物质易泄漏或量大的场所应设置紧急冲淋系统。典型的有害物质和典型的冲淋器设置场所如表 6-36 所示，详细的内容可参照 SH/T 3205—2019《石油化工紧急冲淋系统设计规范》。

表 6-36　需设置紧急冲淋设施的典型有害物质和典型场所

典型的有害液体	典型的冲淋器设置场所
氢氧化钠溶液、氨水、甲基二乙醇胺（MDEA）、甲醇、单乙醇胺、硫酸、盐酸、硝酸、苯酚、氢氰酸、丙烯腈、四氯乙烯、环丁砜	常减压装置的氨水罐、氨水泵附近；加氢装置的硫化剂罐、硫化剂泵附近；乙烯装置的碱洗塔塔釜泵组、新鲜碱液罐、废碱液罐附近；合成氨装置的液氨罐区，脱硫、脱碳的碱液罐附近；污水处理场的污水浓缩脱水车间、加药间等场所；循环水场的加药间

④ 使用有害物质的分析化验场所应设置紧急冲淋器或洗眼器。

⑤ 危险化学品库中存放有害物质时，应在库房出、入口和主要通道等处设置紧急冲淋器和洗眼器。

（2）紧急冲淋设施设置的基本要求

① 紧急冲淋器、洗眼器的位置应使得事故状况下使用人员能在 10s 内到达，且距相关场所的距离不大于 15m。

② 紧急冲淋器、洗眼器的阀门开启时间不大于 1s。

③ 紧急冲淋器、洗眼器的冲洗水上水水质应符合 GB 5749—2022《生活饮用水卫生标准》的规定，并应为不间断供水。冲洗液温度宜在 15～35℃之间，入水口压力（表压）应为 0.1～0.4MPa，喷头工作压力不小于 0.1MPa，入水口应设过滤器。

④ 紧急冲淋器喷头流量应≥76L/min，在距离地面 2.08～2.44m 处，拉手距地面距离≤1.65m；洗眼器喷头流量≥1.5L/min，距地面 0.9～1.1m，水柱高度 150～300mm，并留有手臂移动辅助洗眼空间。

⑤ 紧急冲淋器、洗眼器的排水应纳入工厂污水管网。

⑥ 爆炸危险区内的紧急冲淋系统应符合 GB 50058—2014《爆炸危险环境电力装置设计规范》的相关规定。

⑦ 紧急冲淋器和洗眼器附近应设置安全提示牌。

6.4.4.3　防噪声、防辐射

（1）防噪声

① 在满足工艺流程要求的前提下，宜将高噪声设备相对集中布置。

② 产生噪声的车间，应在控制噪声发生源的基础上，采取减轻噪声影响的措施，包括隔声、吸声、消声等，对振幅、功率大的设备设计减振基础。

③ 对噪声要求较高的场所，采取相应的隔声、吸声、消声措施，或设置隔声室。

（2）防辐射

① 对于在生产过程中有可能产生非电离辐射的设备，应制定非电离辐射防护规划，采取有效的屏蔽、接地、吸收、反射性隔离设施，使劳动者非电离辐射作业的接触水平符合 GBZ 2.2—2007《工作场所有害因素职业接触限值 第 2 部分：物理因素》的要求。

② 设计劳动定员时应考虑电磁辐射环境对装有心脏起搏器病人等特殊人群的健康影响。

③ 电离辐射防护应按 GB 18871—2002《电离辐射防护与辐射源安全基本标准》规定执行。

6.4.4.4 卫生用室

卫生用室是为保障劳动者在生产活动中的身体健康而设置的浴室、盥洗室等。需要根据车间的卫生特征设置。

（1）车间卫生特征分级

根据接触有害物质的情况，化工生产车间的卫生特征分为 4 个级别，如表 6-37 所示。

表 6-37 化工生产车间的卫生特征分级

卫生特征	1 级	2 级	3 级	4 级
有毒物质	易经皮肤吸收引起中毒的剧毒物质，如：有机磷农药、三硝基甲苯、四乙基铅	易经皮肤吸收或有恶臭的物质，或高毒物质，如：丙烯腈、吡啶、苯酚	其他毒物；虽经皮肤吸收，但易挥发，如：苯	不接触有害物质或粉尘，不污染或轻度污染身体，如：仪表、金属冷加工、机械加工
粉尘		严重污染全身或对皮肤有刺激的粉尘，如：炭黑、玻璃棉	一般粉尘（棉尘）	
其他	处理传染性材料、动物原料，如：皮毛	高温作业、井下作业	体力劳动强度Ⅲ级或Ⅳ级	

（2）浴室的设置

浴室的位置、每个淋浴器的使用人数因车间的卫生特征等级不同而不同，具体要求可参见表 6-38。

表 6-38 车间的浴室设置要求

车间卫生特征	1 级	2 级	3 级	4 级
每个淋浴器的使用人数上限	3	6	9	12
浴室位置	车间内		车间附近或厂区	厂区或居住区

（3）盥洗设施

车间应设盥洗室或盥洗设备。接触油污的车间，应供应热水。盥洗水龙头的数量应根据卫生特征及相应的使用人数确定，按表 6-39 执行。

表 6-39 车间盥洗水龙头数量的一般要求

车间卫生特征级别	每个水龙头的使用人数/人	车间卫生特征级别	每个水龙头的使用人数/人
1、2 级	20～30	3、4 级	31～40

另外，根据职业接触特征，对易沾染病原体或易经皮肤吸收的剧毒或高毒物质的特殊工种和污染严重的工作场所，应设洗消室、消毒室及专用洗衣房等。

6.4.4.5 职业病危害警示及应急救援

对存在或可能产生职业病危害的生产车间及设备应按照 GBZ 158—2003《工作场所职业

病危害警示标识》设置职业病危害警示标志。

（1）安全色及图形

表 6-40 给出部分常用的警示图形。

表 6-40　部分常用的警示图形

安全色		典型的警示图形
红	禁止、阻止	禁止烟火　禁止入内　禁止停留　禁止启动
黄	提醒注意	当心中毒　当心腐蚀　当心感染 当心电离辐射　易燃易爆　注意防尘
蓝	指令，必须遵守	注意通风　必须穿防护服　必须戴手套　必须戴防护眼镜
绿	允许、安全	紧急出口 EXIT 紧急出口　救援电话　冲淋洗液装置

（2）安全警示线

安全警示线用于界定和划分危险区域，向人们传递某种注意或警告的信息，以避免人身伤害。包括防止踏空线、防止碰头线、防止绊脚线、生产通道边缘警戒线等。警示线有红色或红白相间、黄色、绿色等颜色，适用场所见表 6-41。

表 6-41　警示线颜色及适用场所

警示线	适用场所
红色或红白相间	高毒物品作业场所、放射作业场所、紧邻事故危害源周边
黄色	一般有毒物品作业场所、紧邻事故危害区域的周边
绿色	事故现场救援区域的周边

警示线距有毒物品作业场所边缘的距离≥30cm，警示线宽度为 10cm。

（3）职业病危害告知卡

职业病危害告知卡是针对某一职业病危害因素，以简洁的图形和文字告知劳动者危害后果及其防护措施的提示卡，如图 6-11 所示。包括名称、健康危害、理化特性、警示标识、指令标识及应急处理等。要求设置在相关作业场所的醒目位置。

（4）职业病警示标识的设置

需要设置警示标识的典型场所如表 6-42 所示。

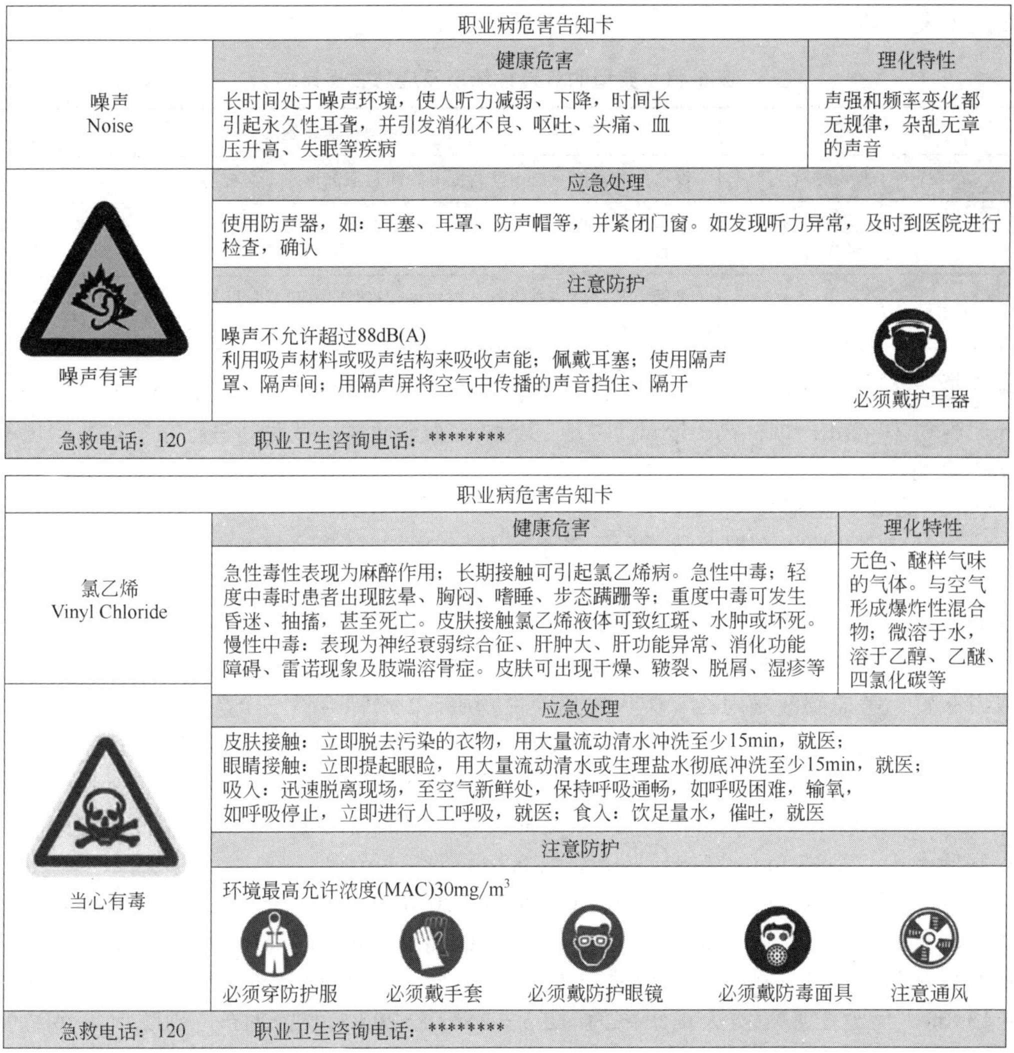

职业病危害告知卡		
噪声 Noise	健康危害	理化特性
	长时间处于噪声环境，使人听力减弱、下降，时间长引起永久性耳聋，并引发消化不良、呕吐、头痛、血压升高、失眠等疾病	声强和频率变化都无规律，杂乱无章的声音
噪声有害	应急处理	
	使用防声器，如：耳塞、耳罩、防声帽等，并紧闭门窗。如发现听力异常，及时到医院进行检查，确认	
	注意防护	
	噪声不允许超过88dB(A) 利用吸声材料或吸声结构来吸收声能；佩戴耳塞；使用隔声罩、隔声间；用隔声屏将空气中传播的声音挡住、隔开	必须戴护耳器
急救电话：120	职业卫生咨询电话：********	

职业病危害告知卡		
氯乙烯 Vinyl Chloride	健康危害	理化特性
	急性毒性表现为麻醉作用；长期接触可引起氯乙烯病。急性中毒：轻度中毒时患者出现眩晕、胸闷、嗜睡、步态蹒跚等；重度中毒可发生昏迷、抽搐，甚至死亡。皮肤接触氯乙烯液体可致红斑、水肿或坏死。慢性中毒：表现为神经衰弱综合征、肝肿大、肝功能异常、消化功能障碍、雷诺现象及肢端溶骨症。皮肤可出现干燥、皲裂、脱屑、湿疹等	无色、醚样气味的气体。与空气形成爆炸性混合物；微溶于水，溶于乙醇、乙醚、四氯化碳等
当心有毒	应急处理	
	皮肤接触：立即脱去污染的衣物，用大量流动清水冲洗至少15min，就医； 眼睛接触：立即提起眼睑，用大量流动清水或生理盐水彻底冲洗至少15min，就医； 吸入：迅速脱离现场，至空气新鲜处，保持呼吸通畅，如呼吸困难，输氧，如呼吸停止，立即进行人工呼吸，就医；食入：饮足量水，催吐，就医	
	注意防护	
	环境最高允许浓度(MAC)30mg/m^3 必须穿防护服　必须戴手套　必须戴防护眼镜　必须戴防毒面具　注意通风	
急救电话：120	职业卫生咨询电话：********	

图 6-11　职业病危害告知卡图例

表 6-42　化工装置典型的职业病危害场所及警示标识

危害场所	警示标识	指令标识	提示标识	职业病危害告知卡
有毒作业	当心中毒	戴防毒面具；穿防护服；注意通风	紧急出口；救援电话	有毒有害物质职业病危害告知卡
产生粉尘	注意防尘	戴防尘口罩		粉尘告知卡
可能灼伤或腐蚀作业	当心腐蚀	穿防护服；戴防护手套；穿防护鞋	紧急冲淋	腐蚀告知卡
电光性伤眼作业	当心弧光	戴防护镜		弧光告知卡
生物性职业病危害	当心感染	穿防护服；戴防护口罩；戴防护手套		生物危害告知卡

（5）应急救援设施

应急救援设施是指针对突发性事件（事故）而设置的，可以快速响应并实施救护，以有效预防和减少人民生命财产伤亡和损失的设施和设备。典型的危险性场所及其必要的应急救援设施见表 6-43。

表 6-43 典型的危险性场所及应急救援设施

危险性场所	应急救援设施
存在或产生有毒物质	设置紧急冲淋系统、防毒面具、应急撤离通道、必要的泄险区
可能发生化学性灼伤及经皮肤黏膜吸收引起急性中毒	紧急冲淋系统、个人防护用品、急救箱、急救药品、转运病人的担架、应急救援通信设施等
使用剧毒或高毒物质	设紧急救援站或有毒气体防护站，并按要求配备救援人员及设施，如氧气充装泵、救护车、防毒面具及警铃、电话、对讲机等

【例 6-1】 某合成氨厂的液氨低温储存在 2 个立式单防罐内，每个罐的直径 12.5m，高 8.5m，容积 1042m^3，顶标高 14.8m。当地主导风向为西北风。试对其进行布置，并给出相应的安全设施。

（一）储罐安全布置

（1）氨储罐要露天布置，位于厂区最小频率风向的上风侧，南侧或东南侧。

（2）按 GB 50160—2008（2018 版），液氨储罐布置时主要执行液化烃储罐布置的相关规定。

（3）罐组及罐容。根据 GB 50160—2008（2018 版）的规定，液化烃全冷冻式储罐宜单独成组布置。考虑到液氨为乙$_A$类火灾危险性物质，2 个储罐设一个防火堤，但防火堤内设置隔堤，即每罐一隔。符合安监总管三〔2013〕76 号文中一罐一隔的要求。

（4）防火堤、隔堤的尺寸

① 防火堤的高度。对全冷冻式防火堤的高度没有具体规定，参照可燃液体防火堤的高度不宜低于 1m，选 1.0m，隔堤较防火堤低 0.2m，选 0.8m。

② 储罐距防火堤的距离。GB 50160—2008（2018 版）规定全冷冻式液化烃储罐距防火堤的净距不小于液面高度加液面上气相当量压头的高度与防火堤高度的差。防火堤高 1.0m、液面高度加顶部气化空间，保守选罐的顶部标高 14.8m，储罐与防火堤距离不小于 14.8−1.0=13.8m，储罐中心距防火堤距离为 12.5÷2+13.8=20.05，选 21m，则防火堤短边长为 21×2=42（m）。

两罐净距要大于 12.5/2=6.25m，选 10m，则防火堤长边为 21+6.25+10+6.25+21=64.5（m），选 65m。

③ 防火堤容积。按 GB 50160—2008（2018 版）规定，全冷冻式单防罐堤内有效容积不应小于 1 个最大储罐容积的 60%，即 1042×0.6=625（m^3）。

每个隔堤的容积为：（65×42/2−3.14×6.25^2）×0.8=994（m^3）＞625（m^3），满足要求。

④ 其他

（a）每个隔堤的不同方向设人行梯子。

（b）防火堤及隔堤应为不燃烧实体防护结构，并能承受所容纳液体的静压及温度变化，且不渗漏。堤内采用现浇混凝土地面，并应坡向外侧。每个隔堤的低点角落设置集水池。

（5）平台及梯子。储罐较高，需设置平台及梯子，以方便对储罐顶部安全阀、仪表等的维护。每个罐设旋转爬梯，整个罐顶可作为平台，沿外圈设防护栏。

（6）消防通道。按 GB 50160—2008（2018 版）的规定：罐组四周设置环形防火通道，通道的宽度不低于 6m，路面内缘转弯半径不小于 12m。氨储罐的平面布置图如图 6-12 所示。

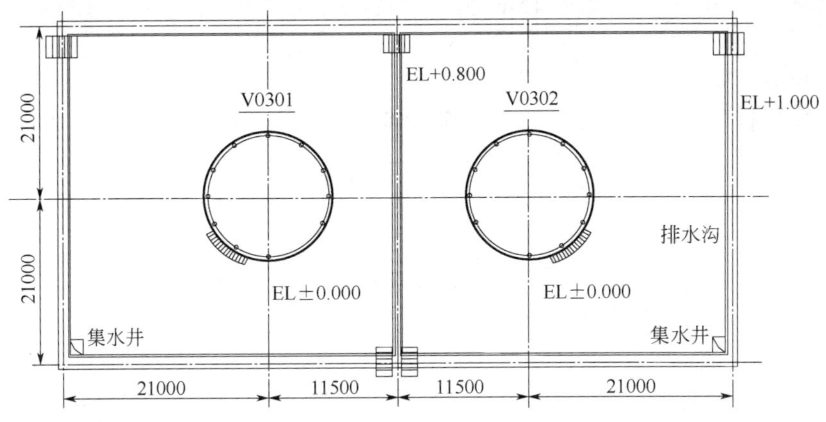

图 6-12　氨储罐的平面布置图

（二）消防系统

（1）消防系统的形式。氨罐主要设消防水系统。按表 6-33，液化烃，单防罐，设固定式水喷淋+罐壁可移动消防冷却水系统。固定水喷淋系统可遥控或自动启动。

（2）消防水量。着火罐：固定喷淋水量，4L/（m^2•min），移动喷淋水量 2.5L/（m^2•min），再加上 1.5D 内邻近罐：1.25L/（m^2•min）。消防水持续时间按 6h 计算。没有其他条件，按 1 个着火，1 个邻罐确定消防水量。

$$\pi(6.25^2+12.5\times8.5)\times(4+2.5+1.25)\times6\times60=1273024(\mathrm{L})=1274\mathrm{m}^3。$$

（3）消防水管道及消火栓布置要求。每个储罐固定式喷淋水供水管道设 2 条，对称布置在储罐的两头，冷却水控制阀组设于防火堤外。在防火堤外设置地上式消火栓，防火堤宽度小于 60m，长度为 75m，可以在其长边各设置 2 个消火栓，间距小于 60m。另根据需要，在防火堤外合适的位置设置消防水炮。

（4）灭火器。防火堤面积约 2730m^2，每个隔堤内设置 3 个干粉灭火器。

（三）危险性气体检测系统

液化烃、甲 $_B$、乙 $_A$ 类液体等产生可燃气体的液体储罐的防火堤内应设置危险性气体检测器，对于氨来讲，毒性的限制大于燃爆的限制，按有毒气体确定报警阈值。

（1）报警值的确定。氨的职业接触限值（OEL）之一，时间加权平均容许浓度 PC-TWA 为 20mg/m^3，一级报警值可选 100%OEL（20mg/m^3），二级报警选 200%OEL（40mg/m^3）。二级报警与消防水喷淋系统联动。

（2）探测器设置的位置。平面位置的确立依据：液化烃、甲 $_B$、乙 $_A$ 类液体防火堤内，有毒气体探测器距其监控的释放源的水平距离不宜大于4m。纵向位置的确立依据：检测比空气轻的可燃气体或有毒气体时，探测器的安装高度宜在释放源上方 2.0m 内。氨的分子量为 17.0，空气的平均分子量为 28.9，17.0/28.9=0.588，为较空气轻的气体。

在每个氨罐的东南方向，纵向较出口管道阀门、进口法兰、仪表法兰及其他可能漏液或漏气的泄放点高出 2m，横向距上述可能泄漏点 4m 的位置，设置多个氨气探测器；在每个集水井的下风侧 4m 远的距离设氨气探测器。将探测结果传送至控制室和消防控制室。

（四）火灾探测系统

储罐上设多点感温探测器，连接火灾报警及水喷淋灭火系统。在防火堤外适宜的位置设置手动火灾报警按钮。

（五）安全卫生设施

（1）在储罐防火堤内，距储罐 15m 范围内的某个合适的位置设紧急冲淋器和（或）洗眼器。

（2）设置相应的安全标志。

在防火堤外醒目位置设禁止烟火、禁止吸烟及如图 6-13 所示的职业病危害告知卡等。

职业病危害告知卡		
氨(液氨、气氨) Ammonia	健康危害	理化特性
	可经呼吸道进入人体，主要损害呼吸系统；表现为流泪、流涕、咳嗽、胸闷，重者呼吸困难，咳红色泡沫样痰。液态氨可致呼吸道、皮肤、眼睛灼伤	无色气体，有强烈刺激性及腐蚀性。易溶于水，氨气与空气混合后，遇明火易爆炸。与氟、氯等剧烈反应
	应急处理	
 当心有毒	抢救人员穿戴防护用具，速将患者移至空气新鲜处，去除污染衣物，注意保暖、安静；皮肤污染或溅入眼内，用流动清水清洗至少20min，呼吸困难输氧，必要时用合适的呼吸器进行人工呼吸；立即与医疗单位联系抢救	
	注意防护	
	工作环境中加权平均容许浓度(PC-TWA)20mg/m^3；短时间接触容许浓度(PC-STEL)不超过30mg/m^3；直接致害浓度(IDLH)为360mg/m^3。避免直接接触液氨。禁止明火、火花，禁止使用电气设备，工作场所禁止吸烟 必须穿防护服　必须戴手套　必须戴防护眼镜　必须戴防毒面具	
急救电话：120	职业卫生咨询电话：********	

图 6-13　氨的职业病危害告知卡

6.4.5　火炬系统

火炬是用来处理化工厂无法收集和再加工的易燃、可燃、有毒气体及蒸汽，并及时、稳定、充分地将上述气体转化为符合环保要求的不燃和无害物质的特殊燃烧设施。火炬系统是保证工厂安全生产，减少环境污染的重要系统。送往火炬的气体包括正常生产时切断阀、安全阀及驰放系统排放的可燃气体及有毒、有害气体，开停车时部分不合格的气体。大型化工厂都建有全厂性火炬系统。火炬系统通常设置在工厂（装置）的边界线以外。

6.4.5.1　火炬系统的设置

（1）火炬系统设置的原则

① 火炬系统的处理能力要足够，应保证工艺装置异常释放的可燃气体均能被处理。

（a）大型炼油厂或石油化工厂设置的火炬系统不宜少于 2 套，在满足可燃性气体安全排放的前提下，几套火炬之间可进行切换操作。

（b）火炬系统的处理能力不低于其中最大装置排放量的 100%和其余装置排放量的 30%之和。

② 火炬系统的运行要稳定，应保证工艺装置异常释放的可燃气体能顺利排放并燃烧。

（a）低温可燃性气体排入全厂性火炬系统时，应确保含有水分的可燃性气体排放系统管网不产生冰冻。

（b）各装置在紧急事故时排入火炬系统的可燃性气体，在装置边界处的压力不宜低于

0.15MPa（表）。

（c）热值低于 7880kJ/m^3（标准状态）的气体，在排入全厂性火炬系统前，应进行热值调整。

（d）排放可燃性气体的装置多，排放量大，排放压力及温度差别较大时，应设置两个或多个不同排放压力的排放管网系统。

（2）不应排入全厂性火炬系统的气体

从火炬系统本身运行的安全性考虑，下述气体不应排入全厂性火炬系统。

① 能与可燃性气体排放系统内的介质发生化学反应的气体。

② 易聚合、对排放系统管道的通过能力有不利影响的可燃性气体，如环氧乙烷气体。

③ 氧气体积分数大于 2%的可燃气体。

④ 剧毒介质（如氢氰酸）或腐蚀性（如酸性）气体。

⑤ 最大允许排放背压较低，排入全厂性火炬系统存在安全隐患的气体。

6.4.5.2 火炬系统的类型

（1）火炬的类型

火炬通常按照燃烧器离地面的距离不同分为高架火炬和地面火炬，如图 6-14 所示。

① 高架火炬。高架火炬是燃烧器（火炬头）通过塔架布置在远离地面的高空，使火焰在顶端自由充分燃烧的火炬系统。高架火炬燃烧后的烟气直接排入大气，随气流扩散至较远的地方。

② 地面火炬。地面火炬的燃烧器设置在离地面较近的燃烧器基础或支柱上，火炬四周设置防辐射隔热罩和防风消音墙，火焰及热辐射被控制在隔热罩及消音墙内。

高架火炬

地面火炬

图 6-14 高架火炬和地面火炬

为适应火炬气排放量的变化，高效率地燃烧所有的火炬排放气，地面火炬通常采用全自动分级燃烧，系统通过压力变送器联锁运行。当火炬总管的压力值达到排放设定值时，自动控制点火器点燃 1 级长明灯，压力继续升高，达到第 1 级燃烧器的启动压力设定值，并且第 1 级长明灯正常燃烧的情况下，打开第 1 级燃烧器的控制阀，第 1 级燃烧器由长明灯点燃，并保持正常燃烧。当火炬气排放量大于第 1 级燃烧器的负荷时，总管压力继续上升，达到第 2 级排放设定值时，自动点燃第 2 级长明灯，并接着点燃第 2 级燃烧器，以此类推，逐级点燃。当火炬气排放量降低，燃烧器还可以逐级熄灭。

（2）高架火炬和地面火炬的比较

高架火炬和地面火炬各有优缺点，大致的优缺点对比见表 6-44。

表 6-44 高架火炬与地面火炬的对比

项目	高架火炬	地面火炬
处理气体类型	各种工况下的可燃气体和有毒可燃气体。一旦火炬熄灭，可在高空排放	可燃气体及轻度有毒可燃气体
处理量	较大	相对小
投资	较小	较大
燃尽率	通常固定流通截面，排气量变化时，燃尽率会降低，需要增设蒸汽管线或鼓风机系统	采用分级燃烧和多台燃烧器控制燃烧，燃尽率高

续表

项目	高架火炬	地面火炬
噪声	气流速率快，噪声较大	设有消声墙，噪声小
占地面积	保证安全防护距离，占地较大	较小
光污染	燃烧火焰长，有光污染	防辐射隔热罩保护，无污染
热辐射	热辐射较大，通过调节架空高度调节辐射强度	防辐射隔热罩保护，辐射小
维护	不方便	方便

可见，当处理的火炬气体量较小，且毒性较低时，适宜选地面火炬，需要处理的火炬气量较大，或者排放的火炬气毒性较高时，需设置高架火炬。大型装置可以同时设置两类火炬。

6.4.5.3 火炬系统的构成

（1）高架火炬

高架火炬由火炬筒体、火炬头、分液罐、水封罐、点火器等构成，如图 6-15 所示。分液罐用于分离火炬气在输送过程中冷凝下来的液体，分离下来的液态有机物可送回装置利用。此液体不分离，夹带在火炬气中燃烧，一方面影响火炬气的燃烧性能，另一方面容易导致燃烧的液滴下落，即形成火雨。

水封罐的作用有二：一是平衡压力，当火炬总管压力较低时，排放气体被水封住，不排入火炬筒，当火炬总管的压力超过水封的压力时，排放气体冲破水封排向火炬头燃烧；二是隔离火炬筒燃烧系统与火炬气输送管网系统，防止某种原因使得火炬管网的压力较低时，火炬筒内燃烧气及空气等反流入火炬气输送系统引发事故，即具有阻火和止逆的作用。水封罐内可设置一挡板，分离水封水中的油性液体，一并由凝液泵抽出，返回装置。

分子密封内充入压力较高的吹扫气，使得在无火炬气排入火炬头时，火炬管内气体维持正压，阻止火炬头内空气反流入吹扫系统及火炬管网系统，吹扫气通常为氮气。

（2）地面火炬

地面火炬由分离罐、水封罐、长明灯及自动点火装置、地面燃烧器、防风消音墙（同时具有防辐射隔热功能）等构成。

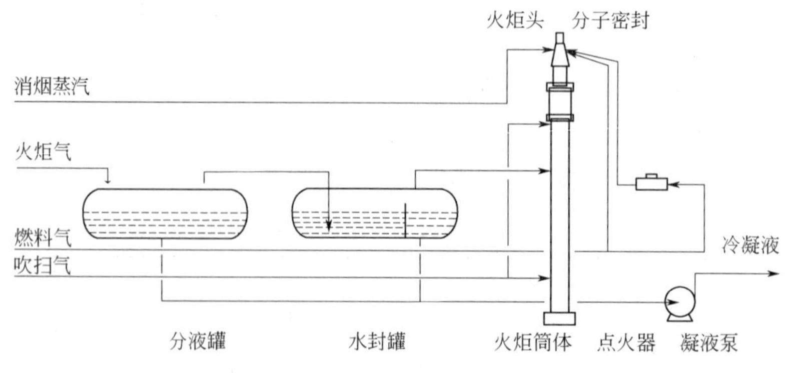

图 6-15 高架火炬系统流程图

火炬系统的具体设计要求可参阅 SH 3009—2013《石油化工可燃性气体排放系统设计规范》。

6.4.6 化工装置的其他安全防护设施

6.4.6.1 防雷击设施

雷击可能损害化工装置设备、设施，雷击放电可引发化工装置发生火灾事故。防雷击设施就是装置内为防止和减少雷击引起设备损坏和人身伤亡而增设的辅助设施。防雷击设施主要由接闪器、引下线及防雷接地体构成。

接闪器是直接接受雷击的避雷针、避雷带（线）、避雷网以及用作接闪的金属屋面和金属构件等。用于连接接闪器和接地体的设施叫作引下线。接地体是与土壤直接接触的金属导体或导体群，其作用是将闪电电流导入地下。部分金属生产设备或设施可兼作接闪器和（或）引下线及（或）接地体。

石油化工装置的各种场所，根据能形成爆炸性气体混合物的环境状况和空间气体的消散条件，划分为户外装置区和厂房房屋类，分别针对性地设置防雷设施。厂房房屋类场所的防雷设计可参阅 GB 50057—2010《建筑物防雷设计规范》。本节主要介绍户外装置区的防雷设计要求。

（1）户外装置区防雷设计的要点

① 石油化工装置的户外装置区，需要进行防雷设计的设施如下。

（a）安置在地面的高大、耸立的生产设备。

（b）通过框架或支架安置在高处的生产设备和引向火炬的主管道。

（c）安置在地面上的大型压缩机、成群布置的机泵等转动设备。

（d）在空旷地区的火炬、烟囱和排气筒。

（e）安置在高处易遭受直击雷的照明设施。

② 可以作为接闪器的生产设备金属实体：

（a）用作接闪器的生产设备应为整体封闭、焊接结构的金属静设备。

（b）用作接闪器的生产设备应有金属外壳，其易受直击雷的顶部和外侧上部应有足够的厚度，如钢制设备的壁厚≥4mm。

③ 需另外设置接闪器的设备：

（a）转动设备。

（b）不能满足厚度要求的金属静设备。

（c）非金属外壳的静设备。

④ 防直击雷引下线的要求：

（a）高大炉体、塔体、桶仓、大型设备、框架等的引下线要在两根以上，引下线的间距不应大于 18m。

（b）在高空布置、较长的卧式容器和管道应在两端设置引下线，间距超过 18m 时增加引下线的数量。

（c）引下线应以尽量直和最短的路径直接引到接地体上，应有足够的截面和厚度，并在地面以上加机械保护。

（d）要保证引下线与接闪器及接地体之间有良好的电气连接。

（e）明敷引下线宜采用热镀锌圆钢或扁钢，圆钢直径不应小于 8mm，扁钢截面积不应小于 $50mm^2$、厚度不应小于 2.5mm。

（f）下属生产设施可兼作引下线：安置在地面上高大、耸立的生产设备的金属壳体；生产设备通过金属框架或支架安装时的金属框架；采用箍筋绑扎和焊接连接的框架柱内纵向主钢筋。

⑤ 防雷接地体的要求。接地体有自然接地体和人工接地体。各类直接与大地接触的金属构件、金属井管、钢筋混凝土建筑物的基础、金属管道和设备等兼具接地功能的金属导体称为自然接地体。如果自然接地体的电阻能满足要求并不对自然接地体产生安全隐患，在没有强制规范要求时就可以用来作接地体，否则需增设人工接地体。埋入地中专门用作接地的金属导体称为人工接地体，它包括铜包钢接地棒、铜包钢接地极、铜包扁钢、电解离子接地极、柔性接地体、接地模块等等。

(a) 利用金属外壳作为接闪器的生产设备，应将金属外壳底部不少于 2 处接至接地体。

(b) 设置专用接闪器的，应有引下线直接接至接地体。

(c) 不同类型接地体的最小尺寸及电阻的要求，可参阅 GB 50650—2011《石油化工装置防雷设计规范》(2022 年版)。

(2) 不同类型设备的防雷要求

GB 50650—2011 中对各类设备区域，包括炉区，塔区，罐区，静设备区，机械设备区，框架，管架和管道处，粉、粒料桶仓，可燃液体装卸站，冷却塔，烟囱和火炬等的防雷设计有具体的要求，可参照执行。

6.4.6.2 防静电

静电是静止状态的电荷，包括正电荷和负电荷，不同性质的电荷之间接触时会放电，放电会给周围的环境造成危害。化工生产过程中人员、物流的移动、碰撞，使得静电的产生很难避免。静电可能带来如下几种危害。

① 静电打火引发燃烧、爆炸，因为化工生产中涉及的易燃易爆物料较多。

② 电击人员，扰乱人员的正常操作，引发次生事故。

③ 静电会干扰仪器设备的正常运行。

所以化工厂设计时必须考虑静电可能带来的危害及其预防措施。预防静电危害从两方面着手，一则尽可能避免静电的产生和积累，二则尽快地主动消散静电。为了更好地预防，首先需了解静电产生的原因。

(1) 静电产生的原因

化工生产中，静电产生的原因主要有如下两个。

① 不同性能物质之间的接触-分离，如物流的转移、输送过程，物流与载体间的相互接触、分离。物体或物质间的相对运动速度越快，静电荷产生的越多，材料的绝缘性越好，静电荷的产生量越大。

② 不同电阻率的物质连接在一起，如金属阀门与非金属垫片之间，使得带电层中的电子转移较困难，造成静电电荷的聚集。

(2) 避免静电的产生和积累

为了避免静电的产生，设计时做如下考虑。

① 选用金属作为输送危险性介质的管道材料，并对不同流体的输送速度有严格的规定，特别是可能有不同相的杂质混入时。参见第 3 章的相关内容。

② 大型容器灌装烃类液体时，宜从底部进入，若不得已从顶部进入，需将注油管伸入罐内离罐底不大于 200mm 的位置。

③ 需要灌装烃类物质时，在烃类物质过滤器的出口加设缓和器，使相应的物流通过缓和器缓和，尽可能释放静电后再输出进行灌装。

④ 粉体的粒径越小，越易产生静电，应尽量避免利用或形成粒径在 75μm 或更小的细微颗粒；

对于强烈带电的粉料，包装时宜先输入小体积的金属接地容器，待静电消除后再装入大料仓。

（3）消除静电的措施

① 静电接地。静电接地是消除静电最简单、最有效、最常用的方法，是防止静电危害最基本的措施。包括直接接地、间接接地、静电跨接等。

（a）设备。固定设备应进行静电接地，直径≥2.5m 或容积≥$50m^3$ 的设备，接地点不应少于 2 处，沿设备外沿均匀布置，间距不得大于 30m；有振动性的固定设备，其振动部件要接地；与地绝缘的金属部件，如法兰，应用引出线接地。

（b）管道。管道的接地处理方法参见 6.3.1。

② 装设静电消除器。对于可能产生大量静电，又不能以接地的方式消除静电的管道末端可设置静电消除器。如，高压可燃气体对空排放时，宜在排放口装设专用的感应式消电器。

静电消除器是利用外部设备或装置产生需要的异性电荷以中和消除带电体上的电荷。静电危险场所要使用防爆型静电消除器。

（4）防止人体带电

① 爆炸危险场所设置明显的防护标志，提示作业人员穿防静电工作服、防静电鞋。

② 不应在爆炸危险场所穿脱衣服、帽子及类似物。

③ 泵房的门外、油罐的上罐扶梯入口处、油罐的采样口处、装卸作业区内操作平台的扶梯入口处、装置采样口处等场所应设人体静电消除装置。

参考文献

[1] GB 50187—2012 工业企业总平面设计规范.
[2] GB 50489—2009 化工企业总图运输设计规范.
[3] GB 50016—2014 建筑设计防火规范（2018 版）.
[4] GB 50160—2008 石油化工企业设计防火标准（2018 版）.
[5] GB/T 37243—2019 危险化学品生产装置和储存设施外部安全防护距离确定方法.
[6] GB/T 39499—2020 大气有害物质无组织排放卫生防护距离推导技术导则.
[7] GB 50058—2014 爆炸危险环境电力装置设计规范.
[8] 中国石化集团上海工程有限公司．化工工艺设计手册．4 版．北京：化学工业出版社，2009.
[9] 王子宗．石油化工设计手册：第 1～4 卷．修订版．北京：化学工业出版社，2015.
[10] GB/T 39217—2020 化工园区综合评价导则.
[11] 化工园区安全风险排查治理导则（试行），2019.
[12] GB 50074—2014 石油库设计规范.
[13] 崔克清，张敬礼，陶刚．化工安全设计．北京：化学工业出版社，2004.
[14] 尹先清．化工设计．北京：石油工业出版社，2010.
[15] 徐永洲，杨基和．石油化工工程设计基础．北京：中国石化出版社，2009.
[16] HG/T 20519—2009 化工工艺设计施工图内容和深度统一规定.
[17] HG/T 20546—2009 化工装置设备布置设计规定.
[18] SH 3011—2011 石油化工工艺装置布置设计规范.
[19] SH/T 3007—2014 石油化工储运系统罐区设计规范.
[20] GB 50316—2000 工业金属管道设计规范（2008 版）.
[21] SH 3012—2011 石油化工金属管道布置设计规范.
[22] GB/T 50493—2019 石油化工可燃气体和有毒气体检测报警设计标准.
[23] 张丽，陈曼．可燃气体和有毒气体检测器在化工装置中的设置．石油化工自动化，2013，49（5）：20-23.
[24] GB 50116—2013 火灾自动报警系统设计规范.
[25] 纵恒，王文伟，陈阳娟．大型石油化工储罐区消防安全系统设计．合肥工业大学学报（自然科学版），2012，35（9）：1259-1263.
[26] GB 50140—2005 建筑灭火器配置设计规范.

[27] GB 50084—2017 自动喷水灭火系统设计规范.
[28] GB 50219—2014 水喷雾灭火系统技术规范.
[29] GB 50151—2021 泡沫灭火系统设计规范.
[30] GB 50347—2004 干粉灭火系统设计规范.
[31] HG 20571—2014 化工企业安全卫生设计规范.
[32] GBZ 1—2010 工业企业设计卫生标准.
[33] SH/T 3205—2019 石油化工紧急冲淋系统设计规范.
[34] GBZ 158—2003 工作场所职业病危害警示标识.
[35] GB 50019—2015 工业建筑供暖通风与空气调节设计规范.
[36] GBZ 2.1—2019 工作场所有害因素职业接触限值 第 1 部分：化学有害因素.
[37] GBZ 2.2—2007 工作场所有害因素职业接触限值 第 2 部分：物理因素.
[38] SH 3009—2013 石油化工可燃性气体排放系统设计规范.
[39] GB 50650—2011 石油化工装置防雷设计规范（2022）.
[40] QSY 1431—2011 防静电安全技术规范.
[41] GB 12158—2006 防止静电事故通用导则.

思考题

1．化工厂安全选址主要考虑哪几方面的问题？

2．如何理解化工园区的准入制度？

3．确定化工厂与其他设施或工厂的安全距离时需从哪些方面考虑？

4．什么是建筑物的防火分区？确立建筑物的防火分区面积时需考虑哪些因素？

5．装置安全布置时需考虑哪些方面的问题？

6．加热炉安全布置需考虑哪些方面的问题？

7．平台和梯子是重要的安全设施，设计时需考虑哪些方面的问题？

8．什么是液化烃？液化烃的储存方式有哪几种？全压力式液化烃罐组的容量有什么限制？

9．管道布置的方式有哪些？工厂内可燃气体管道布置时需考虑哪些方面的问题？

10．为保证发生事故时人员能安全撤离，装置布置时需做哪些考虑？

11．为避免生产中静电引发的事故，设备、管道布置时需做哪些考虑？

12．什么是危险性气体？危险性气体检测报警阈值如何确定？试列举化工装置中常需要设置危险性气体探测器的地点。

13．试述火灾探测报警系统的构成，火灾探测器的类型及特点。

14．试述火炬系统的作用、类型及特点。

15．化工装置常设置哪些安全卫生设施？